土建类高职高专创新型规划教材

土力学与地基基础

(第2版)

主　编　刘　颖
副主编　徐玉芬　李红霞
参　编　（以拼音为序）
柯洁铭　王莹瑜　夏正兵
赵　慧　张国平　张国生

东南大学出版社
·南京·

内容提要

本书根据高职高专院校土木工程类教学要求，并按国家颁布的有关设计新规范、新标准编写而成。

全书共分十四章，主要内容包括土的物理性质及工程分类、土的渗透性、土中应力分布及计算、土的压缩性及地基沉降计算、土的抗剪强度、土压力计算、土坡稳定分析、地基承载力、岩土工程勘察、天然地基上浅基础的设计、桩基础、沉井基础、特殊性土及地基处理。

本书可作为高职高专土木类建筑工程技术、工程造价、工程监理及相关专业教学用书，也可作为土木类工程技术人员参考书。

图书在版编目(CIP)数据

土力学与地基基础/刘颖主编. —2 版. —南京：东南大学出版社，2013.8（2015.1 重印）

ISBN 978-7-5641-4460-9

Ⅰ.①土… Ⅱ.①刘… Ⅲ.①土力学—高等职业教育—教材 ②地基—基础（工程）—高等职业教育—教材 Ⅳ.①TU4

中国版本图书馆 CIP 数据核字(2013)第 195929 号

土力学与地基基础(第 2 版)

出版发行：东南大学出版社
社　　址：南京市四牌楼 2 号　邮编 210096
出 版 人：江建中
责任编辑：史建农　戴坚敏
网　　址：http：//www.seupress.com
电子邮箱：press@seupress.com
经　　销：全国各地新华书店
印　　刷：南京京新印刷厂
开　　本：787 mm×1 092 mm　1/16
印　　张：18
字　　数：441 千字
版　　次：2013 年 8 月第 1 版
印　　次：2015 年 1 月第 2 次印刷
书　　号：ISBN 978-7-5641-4460-9
印　　数：3 001—6 000 册
定　　价：35.00 元

序

东南大学出版社以国家2010年要制定、颁布和启动实施教育规划纲要为契机，联合国内部分高职高专院校于2009年5月在东南大学召开了高职高专土建类系列规划教材编写会议，并推荐产生教材编写委员会成员。会上，大家达成共识，认为高职高专教育最核心的使命是提高人才培养质量，而提高人才培养质量要从教师的质量和教材的质量两个角度着手。在教材建设上，大会认为高职高专的教材要与实际相结合，要把实践做好，把握好过程，不能通用性太强，专业性不够；要对人才的培养有清晰的认识；要弄清高职院校服务经济社会发展的特色类型与标准。这是我们这次会议讨论教材建设的逻辑起点。同时，对于高职高专院校而言，教材建设的目标定位就是要凸显技能，摒弃纯理论化，使高职高专培养的学生更加符合社会的需要。紧接着在10月份，编写委员会召开第二次会议，并规划出第一套突出实践性和技能性的实用型优质教材；在这次会议上大家对要编写的高职高专教材的要求达成了如下共识：

一、教材编写应突出“高职、高专”特色

高职高专培养的学生是应用型人才，因而教材的编写一定要注重培养学生的实践能力，对基础理论贯彻“实用为主，必需和够用为度”的教学原则，对基本知识采用广而不深、点到为止的教学方法，将基本技能贯穿教学的始终。在教材的编写中，文字叙述要力求简明扼要、通俗易懂，形式和文字等方面要符合高职教育教和学的需要。要针对高职高专学生抽象思维能力弱的特点，突出表现形式上的直观性和多样性，做到图文并茂，以激发学生的学习兴趣。

二、教材应具有前瞻性

教材中要以介绍成熟稳定的、在实践中广泛应用的技术和以国家标准为主，同时介绍新技术、新设备，并适当介绍科技发展的趋势，使学生能够适应未来技术进步的需要。要经常与对口企业保持联系，了解生产一线的第一手资料，随时更新教材中已经过时的内容，增加市场迫切需求的新知识，使学生在毕业时能够适合企业的要求。坚决防止出现脱离实际和知识陈旧的问题。在内容安排上，要考虑高职教育的特点。理论的阐述要限于学生掌握技能的需要，不要囿于理论上的推导，要运用形象化的语言使抽象的理论易于为学生认识和掌握。对于实践性内容，要突出操作步骤，要满足学生自学和参考的需要。在内容的选择上，要注意反映生产与社会实践中的实际问题，做到有前瞻性、针对性和科学性。

三、理论讲解要简单实用

将理论讲解简单化，注重讲解理论的来源、出处以及用处，以最通俗的语言告诉学生所学的理论从哪里来用到哪里去，而不是采用烦琐的推导。参与教材编写的人员都具有丰富的课堂教学经验和一定的现场实践经验，能够开展广泛的社会调查，能够做到理论联系实

际，并且强化案例教学。

四、教材重视实践与职业挂钩

教材的编写紧密结合职业要求，且站在专业的最前沿，紧密地与生产实际相连，与相关专业的市场接轨，同时，渗透职业素质的培养。在内容上注意与专业理论课衔接和照应，把握两者之间的内在联系，突出各自的侧重点。学完理论课后，辅助一定的实习实训，训练学生实践技能，并且教材的编写内容与职业技能证书考试所要求的有关知识配套，与劳动部门颁发的技能鉴定标准衔接。这样，在学校通过课程教学的同时，可以通过职业技能考试拿到相应专业的技能证书，为就业做准备，使学生的课程学习与技能证书的获得紧密相连，相互融合，学习更具目的性。

在教材编写过程中，由于编著者的水平和知识局限，可能存在一些缺陷，恳请各位读者给予批评斧正，以便我们教材编写委员会重新审定，再版的时候进一步提升教材质量。

本套教材适用于高职高专院校土建类专业，以及各院校成人教育和网络教育，也可作为行业自学的系列教材及相关专业用书。

高职高专土建系列规划教材编审委员会

前　　言

随着高等教育事业的蓬勃发展，民办学院、高职高专越来越成为高等教育中不可忽视的一支力量，能否编写出适合这类学校的教材成为能否培养出技能型、应用型人才的重要因素。在这种思想的指导下，东南大学出版社邀请各相关院校参加了此次教材的编写工作。

《土力学与地基基础》适合土木类各相关专业的专科生使用，也可供工程技术人员参考，在章节的编写上以建筑工程为主，兼顾道路、桥梁等专业的要求选择教材内容，为此增加了流网、桩基础、沉井基础等内容；同时，考虑到今后考证的需要，本书在章节、习题的选择上参考了“全国注册土木工程师（岩土）”的要求设置，各高校可根据自身专业特点选用有关章节。

本书的编写原则是：基本原理和方法的选用以够用为原则，兼顾发展和反映国内外的研究；理论部分的阐明要求深入浅出，讲清基本概念和原理；应用部分结合现有规范，以现有的工程实例为主，有利于培养学生实际工作的能力。内容与次序的安排有利于自学，并编入一定的例题、习题、思考题以供学生学习和练习使用。

本书由主编刘颖拟订大纲和统稿。

本书在编写过程中参考了国内同类教材及相关资料，在此向原作者表示感谢！同时，对为本书付出辛勤劳动的编辑同志表示衷心的感谢！由于编者水平和能力有限，书中定有不当之处，恳请读者不吝指正。

编　者

2013 年 6 月

目 录

1 土的物理性质及工程分类 …… (1)
1.1 土的成因和三相组成 …… (1)
1.2 土的结构和构造 …… (6)
1.3 土的物理性质指标 …… (8)
1.4 土的物理状态指标 …… (11)
1.5 土的工程分类 …… (13)
2 土的渗透性 …… (21)
2.1 概述 …… (21)
2.2 达西渗透定律 …… (23)
2.3 渗透系数的测定 …… (24)
2.4 流网及其工程应用 …… (26)
3 土中应力分布及计算 …… (31)
3.1 概述 …… (31)
3.2 土中自重应力 …… (31)
3.3 基础底面压力计算及分布 …… (33)
3.4 地基土中附加应力 …… (37)
4 土的压缩性及地基沉降计算 …… (49)
4.1 概述 …… (49)
4.2 土的压缩性指标 …… (49)
4.3 地基沉降计算 …… (56)
4.4 应力历史对土变形的影响 …… (64)
4.5 沉降与时间的关系 …… (65)
5 土的抗剪强度 …… (76)
5.1 概述 …… (76)
5.2 土的抗剪强度规律与极限平衡条件 …… (77)
5.3 土的抗剪强度的试验及其指标 …… (82)
5.4 关于土的抗剪强度指标的讨论 …… (88)
6 土压力计算 …… (93)
6.1 概述 …… (93)
6.2 静止土压力计算 …… (95)
6.3 朗肯土压力计算 …… (97)
6.4 库仑土压力计算 …… (103)
6.5 挡土墙设计 …… (109)
7 土坡稳定分析 …… (118)
7.1 概述 …… (118)
7.2 无黏性土坡的稳定分析 …… (119)
7.3 黏性土坡的稳定分析 …… (120)

7.4 土坡稳定分析的几个问题 …………………………………… (124)
8 地基承载力 …………………………………… (126)
8.1 概述 …………………………………… (126)
8.2 临塑荷载与临界荷载 …………………………………… (127)
8.3 极限承载力 …………………………………… (130)
8.4 地基承载力设计值 …………………………………… (133)
8.5 影响地基承载力因素 …………………………………… (135)
9 岩土工程勘察 …………………………………… (137)
9.1 岩土工程勘察分级 …………………………………… (137)
9.2 岩土工程勘察阶段、内容及要求 …………………………………… (138)
9.3 岩土工程勘察方法 …………………………………… (140)
9.4 岩土工程分析评价和成果报告 …………………………………… (146)
9.5 验槽 …………………………………… (151)
10 天然地基上浅基础的设计 …………………………………… (154)
10.1 地基基础的设计原则 …………………………………… (154)
10.2 浅基础的类型 …………………………………… (157)
10.3 基础埋深的确定 …………………………………… (161)
10.4 基础底面尺寸的确定 …………………………………… (165)
10.5 无筋扩展基础设计 …………………………………… (171)
10.6 钢筋混凝土基础设计 …………………………………… (175)
11 桩基础 …………………………………… (195)
11.1 概述 …………………………………… (195)
11.2 单桩基础设计 …………………………………… (199)
11.3 群桩承载力 …………………………………… (205)
11.4 桩基础设计 …………………………………… (211)
12 沉井基础 …………………………………… (224)
12.1 概述 …………………………………… (224)
12.2 沉井的施工 …………………………………… (228)
12.3 沉井的设计与计算 …………………………………… (233)
12.4 沉井基础算例 …………………………………… (242)
13 特殊性土 …………………………………… (253)
13.1 湿陷性黄土 …………………………………… (253)
13.2 膨胀土 …………………………………… (258)
13.3 红黏土 …………………………………… (261)
13.4 其他特殊土 …………………………………… (262)
14 地基处理 …………………………………… (267)
14.1 概述 …………………………………… (267)
14.2 换填垫层法 …………………………………… (269)
14.3 重锤夯实法与强夯法 …………………………………… (272)
14.4 桩土复合地基法 …………………………………… (274)
参考文献 …………………………………… (277)

1 土的物理性质及工程分类

本章概要：了解土的形成和特性，土的结构与构造；正确理解土的三相组成、土的颗粒级配等基本概念；掌握土的物理性质指标及换算关系，土的物理状态指标及其测定方法；初步掌握岩土的工程分类。

本章重点：土的物理性质指标及换算关系，土的物理状态指标及黏性土的液限和塑限测定方法。

1.1 土的成因和三相组成

1.1.1 土的成因

“土”在不同的学科领域有不同的含义。**就土木工程领域而言，土是指覆盖在地表没有胶结和弱胶结的颗粒堆积物。**这种颗粒堆积物基本都形成于第四纪时期，第四纪是距今最近的地质年代，其沉积的历史相对较短，通常称为“第四纪沉积物”。

在自然界，土的形成过程十分复杂。根据它们的来源，可分为有机土和无机土两大类。有机土是指植物完全或部分分解的堆积物；无机土是指由地表岩石在漫长的地质年代经风化、搬运、堆积作用形成的堆积物。从工程角度看，无机土更适合作为建筑物的地基或建筑材料。因此，工程上所说的土多为无机土。

坚硬岩石经过风化、搬运、剥蚀等外力作用，破碎成大小不等的岩石碎块或矿物颗粒(其中部分矿物可转化为次生矿物)，这些岩石碎屑物质在斜坡重力作用、流水作用、风力作用、冰川作用及其他外力作用下被搬运到别处，在适当的条件下沉积成各种类型的土体。实际上在土粒被搬运的过程中，颗粒大小、形状及矿物成分仍在进一步变化，并在沉积过程中常因分选作用而使土在成分、结构、构造和性质上表现出有规律的变化。按成因类型，工程上的土可分为残积土、坡积土、洪积土、冲积土、湖泊沉积土、海洋沉积土、风积土及冰川沉积土等。

1) 残积土

残积土是指岩石经风化后未被搬运而残留于原地的碎屑物质，它处于岩石风化壳的上部，向下则逐渐变为半风化的半坚硬岩石，与新鲜岩石之间没有明显的界限，是渐变的过渡关系。

2) 坡积土

雨水或雪水将高处的风化碎屑物冲洗，顺坡向下搬运，堆积在较平缓的山坡或坡脚处形成坡积土。坡积土的物质成分与高处残积土有直接的关系，坡积土的粒度成分有明显的分选性，从斜坡至坡脚，由上至下颗粒由粗变细。在垂直剖面上，下部与基岩接触处往往是碎石土、角砾土，其中填充有黏性土或砂土，上部较细，多为黏性土。

3）洪积土

由暴雨或融雪水形成的暂时性山洪急流带来的碎屑物质在山沟的出口处或山前倾斜平原堆积而形成的扇形沉积物，简称洪积扇。离山口近处堆积了分选性差的粗碎屑物质，离山口远处，因水流速度减小，沉积物逐渐变细，由粗碎屑土（如块石、砾石、粗砂土）逐渐过渡到分选性较好的砂类土、黏性土。

4）冲积土

冲积土是由河流的流水作用将碎屑物质搬运到河谷中坡降平缓的地段堆积而成的，它发育于河谷内及山区外的冲积平原中，可分为山区河谷冲积土和平原河谷冲积土等类型。其特点是呈现明显的层理构造，磨圆度和分选性均较好。

5）湖泊沉积土

湖泊沉积土可分为湖边沉积土和湖心沉积土。湖边沉积土是湖浪冲蚀湖岸形成的碎屑物质在湖边沉积而形成的，其中近岸沉积的多是粗颗粒的卵石、圆砾和砂土，承载力相对较高，远岸沉积的则是细颗粒的砂土和黏性土。湖心沉积土是由河流和湖流挟带的细小悬浮颗粒到达湖心后沉积形成的，主要是黏土和淤泥，常夹有细沙、粉砂薄层，土的压缩性高，强度很低。

6）海洋沉积土

按海水深度及海底地形，海洋可分为滨海区、浅海区、陆坡区和深海区，相应的四种海相沉积物性质也各不相同。滨海相沉积物主要由卵石、圆砾和砂等组成，具有基本水平或缓倾的层理构造，其承载力较高，但透水性较大；浅海相沉积物主要由细颗粒砂土、黏性土、淤泥和生物化学沉积物组成，较滨海相沉积物疏松、含水量高、压缩性大而强度低；陆坡相和深海相沉积物主要是有机质软泥，成分均一。

7）风积土

风积土是在干旱的气候条件下，岩石的风化碎屑物被风吹扬，搬运一段距离后，在有利的条件下堆积起来的一类土，最常见的是风成砂及风成黄土，黄土具有湿陷性。

8）冰川沉积土

由冰川剥落、搬运形成的堆积物称为冰川堆积物。其中，几乎未经流水搬运直接从冰层中搁置下来的称为冰渍土；由冰川融化水搬运，堆积在冰层外围的冲积土称为冰水冲积土，具有与河流冲积土类似的性质，通常由砾、砂和粉砂组成，是优良的透水材料和混凝土骨料。

总之，土的成因决定了土的类别。

1.1.2 土的三相组成

土作为岩石风化产物沉积而成的松散堆积物是一种集合体，是由各种大小不同的土粒、水和气体按某一比例组合而成。土颗粒之间贯穿着孔隙，孔隙间存在水和空气。当土是由土粒、空气和水组成时，土体为固相、气相和液相组成的三相体系。土的三相组成比例会随着环境条件的变化而改变，例如天气的晴雨、地下水的升降和建筑物荷载的施加等。当土的三相组成比例发生变化时，土的状态和工程性质也发生变化，如下雨时土含水量增加，黏土会变软，而晒干的黏土则会很硬。因此，要研究土的性质首先要研究构成土的三相体本身的性质，以及它们的含量和相互作用对土性质的影响。

1）土的固体颗粒

（1）土粒的矿物成分

固体土颗粒是土的三相组成中决定土工程性质的主要成分。其组成包括无机矿物颗粒和有机质，是构成土骨架的基本物质；土中的无机矿物成分可为原生矿物和次生矿物两大类。

原生矿物是岩浆在冷凝过程中形成的矿物，如石英、长石、云母等。次生矿物是由原生矿物经过风化作用后形成的新矿物，如黏土矿物和碳酸盐矿物等。次生矿物按其与水的作用可分为易溶的、难溶的和不溶的，次生矿物的水溶性对土的性质有重要的影响。黏土矿物是对土的性质影响最大的一类矿物，主要有蒙脱石、伊利石和高岭石三种。由于其亲水性不同，当其含量不同时土的工程性质也就不同。蒙脱石亲水性很强，所以当土中蒙脱石含量较大时，会具有较大的吸水膨胀和脱水收缩的特性；伊利石亲水性不如蒙脱石，其吸水膨胀性和脱水收缩性也较蒙脱石小；高岭石的亲水性、膨胀性、收缩性比伊利石还小，属于较稳定的黏土矿物。

土中的有机质对土的性质也有影响。有机质含量高的土通常具有较大的压缩性。在工程应用中，规定有机质含量大于5%的土不宜用作填筑材料。

（2）土颗粒的大小

天然土是由大小不同的颗粒组成的。土粒的大小称为粒度。土颗粒的大小相差悬殊，有大于200 mm的漂石，也有小于0.005 mm的黏粒，两者相差几万倍。颗粒大小不同的土，其工程性质也各异。天然土的粒径一般是连续变化的。为了描述方便，工程上常把大小相近的土粒合并为组，称为粒组。表1-1给出了《土的工程分类标准》(GB/T 50145—2007)对土粒组的划分。

表1-1　土的粒组划分

粒组统称	巨粒		粒组						细粒	
粒组名称	漂石或块石	卵石或碎石	圆砾或角砾			砂粒			粉粒	黏粒
			粗	中	细	粗	中	细		
粒径范围(mm)	>200	60～200	20～60	5～20	2～5	0.5～2	0.25～0.5	0.075～0.25	0.005～0.075	<0.005

（3）粒度成分及其表示方法

工程上常用土中各种不同粒组的相对含量（以干土质量的百分比表示）来描述土颗粒的组成情况，这种指标称为土的颗粒级配或粒度成分，它可用以描述土中不同粒径土粒的分布特征。

常用的粒度成分表示方法有表格法、累计曲线法和三角坐标法。

① 表格法：是以列表形式直接表达各粒组的百分含量。它用于粒度成分的分类是十分方便的。如表1-2所示。

表 1-2　土的粒组成分表

粒组(mm)	土样 A	土样 B
10～5	—	25.0
5～2	3.1	20.0
2～1	6.0	12.3
1～0.5	16.4	8.0
0.5～0.25	41.5	6.2
0.25～0.10	26.0	4.9

② 累计曲线法：是一种图示方法。通常用半对数纸绘制，横坐标表示粒径，纵坐标为小于某一粒径土粒的累计百分含量，如图 1-1 所示。从累计曲线的坡度可以大致判断土粒的均匀程度或级配是否良好。如曲线较陡(曲线 C)，表示粒径大小相差不多，土粒较均匀，为级配不良；反之，曲线平缓(曲线 B)，则表示粒径大小相差悬殊，级配良好。如果在累计曲线上出现平台段，在平台段内，只有横坐标粒径的变化，而没有纵坐标的增加，表示平台段内粒径含量为 0，存在不连续粒径，级配不良(如曲线 A)。

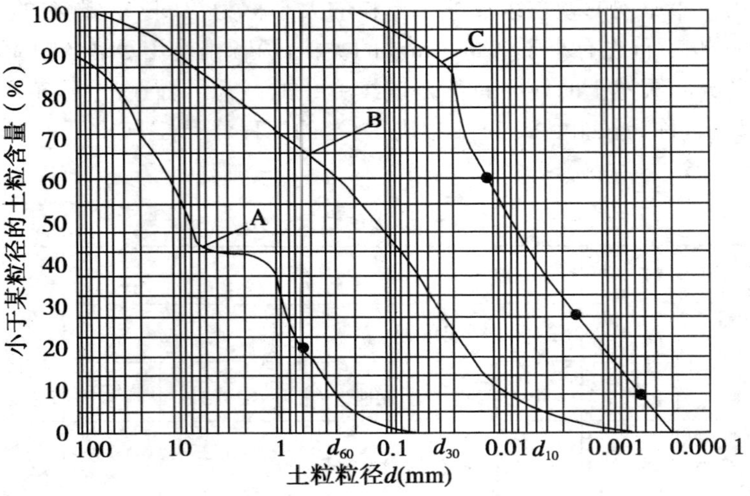

图 1-1　土的累计曲线

在累计曲线上，可以确定土粒级配的两个指标：

$$\text{不均匀系数 } C_u = \frac{d_{60}}{d_{10}} \tag{1-1}$$

$$\text{曲率系数 } C_c = \frac{d_{30}^2}{d_{60}d_{10}} \tag{1-2}$$

式中：d_{60}、d_{30}、d_{10}——分别相当于累积曲线上小于某粒径土的百分含量为 60%、30%、10% 的土粒所对应的粒径(mm)；

d_{60}——限制粒径；

d_{10}——有效粒径。

不均匀系数 C_u 反映大小不同粒组的分布情况，$C_u<5$ 的土称为匀粒土，级配不良；C_u 越大，表示粒组分布范围越广，但如果 C_u 过大，表示可能缺失中间粒径，属不连续级配，故需同时用曲率系数来评价。工程上，将同时满足 $C_u \geqslant 5$ 和 $C_c=1\sim3$ 两个条件的土，称为级配良好的土。

③ 三角坐标法：也是一种图示法，是利用等边三角形内任意一点至三个边平行距离总和等于三角形边长的原理来表示组成土的三个粒组的相对含量。三角坐标法只适用于划分三个粒组的情况。例如，当黏性土划分为砂土、粉粒和黏粒组时，就可以用图 1－2 所示的三角坐标。

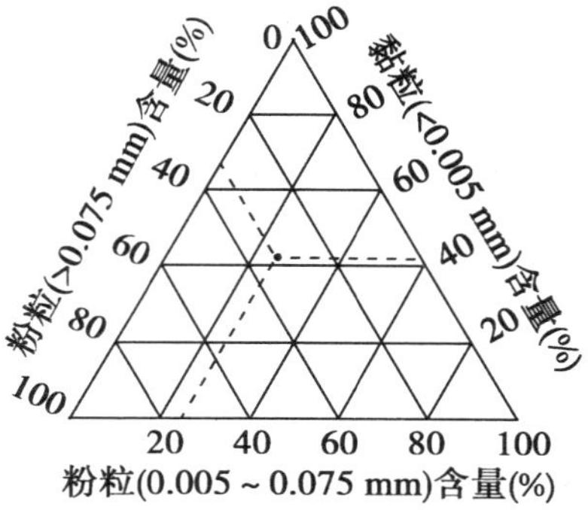

图 1－2　三角坐标法

图 1－3　标准筛图

(4) 粒度成分分析方法

常用的粒度成分分析方法有两种，对粒径大于 0.075 mm 的土粒常用筛分析的方法，而对于小于 0.075 mm 的土粒则用沉降分析的方法。

筛分法是用一套不同孔径的标准筛（如 200 mm、20 mm、2 mm、0.5 mm、0.25 mm、0.075 mm），把风干、分散的代表性土样中的各种粒组分离出来。这和建筑材料的粒径级配筛分试验是类似的。对于很细的粒组难以用筛分法分离出来，这就需要用沉降分析法。将筛分法和沉降分析法的结果综合在一起就可以得到完整的以累计百分含量表示的粒度成分。

沉降分析法有密度计法（比重计法）和移液管法，其理论是土粒在水中的沉降原理，如图 1－4 所示。将定量的土样与水混合倾注于量筒中。悬液经过搅拌，在刚停止搅拌的瞬时，各种粒径的土粒在悬液中是均匀分布的，此时单位体积悬液内含有的土粒质量即悬液浓度在上下不同深度处是相等的。但静置一段时间后，土粒在悬液中下沉，较粗的颗粒沉降较快，图中在深度 L_i 处只含有不大于 d_t 粒径的土粒，悬液浓度降低了。如在 L_i 深度处考虑一小区段 $m\sim n$，通过 $m\sim n$ 段悬液的浓度与开始浓度之比，可求得不大于 d_t 的累计百分含量。

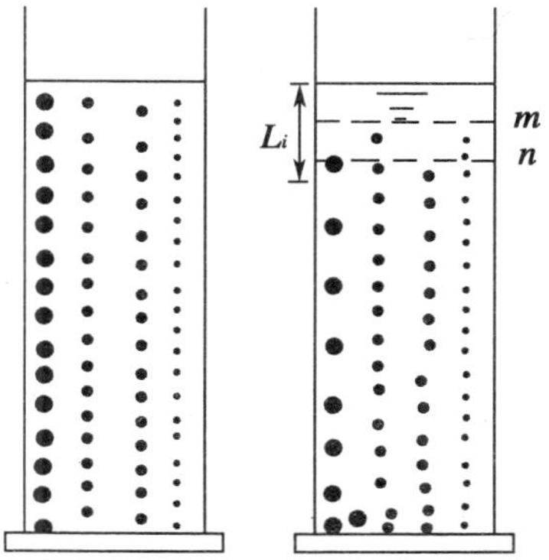

图 1－4　土粒在溶液中下沉

2）土中的水

在自然条件下，土中总是含水的。土中水可处于液态、固态或气态。存在于土中的液态水，按照水与土相互作用程度的强弱，可分为结合水和自由水两大类。

结合水是指受电分子吸引力吸附在土粒表面的土中水（图 1－5）。这种电分子吸引力高达几千到几万个大气压，使水分子和土粒表面牢固地黏结在一起。它又可分为强结合水和弱结合水两种。强结合水紧靠土粒表面，其性质接近于固体，密度约为 1.2～2.4 g/cm^3，冰点为－78℃，不能传递静水压力，具有极大的黏滞度、弹性和抗剪强度。在强结合水外围的结合水膜称为弱结合水，它不能传递静水压力，但水膜较厚的弱结合水会向邻近较薄的水膜缓慢移动，因弱结合水使黏性土具有可塑性，冻结温度－0.5℃～－30℃。

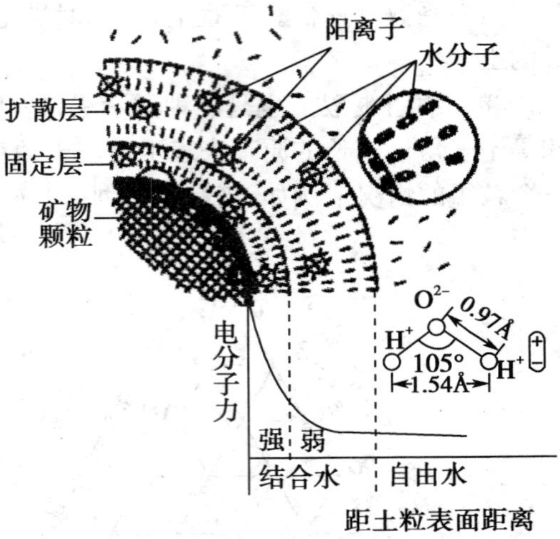

图 1－5　土粒和水分子间相互作用示意图

自由水是离土粒较远，存在于土粒表面电场作用以外的水。水分子自由排列，能够传递静水压力，可在土的孔隙中流动，冰点为 0℃，有溶解盐类的能力。自由水按所受作用力的不同，又可分为重力水和毛细水两种。重力水是土体孔隙中受重力作用而运动，并能产生浮力的水。当存在水头差时，它将产生流动。重力水对土中的应力状态和开挖基槽、基坑以及修筑地下构筑物时所应采取的排水、防水措施有重要的影响。毛细水不仅受到重力作用，还受到表面张力的支配，能沿着土中细小的孔隙从潜水层上升到一定高度。在工程中，毛细水的上升对于建筑物地下部分的防潮措施和地基土的浸湿、冻胀等有重要影响。此外，在干旱地区，地下水中的可溶盐随毛细水上升后不断蒸发，盐分使靠近地表处形成盐渍土。

3）土中的气体

土中的气体存在于土孔隙中未被水所占据的部位。与大气相连通的气体对土的力学性质影响不大。而与大气隔绝的封闭气泡对土的工程性质影响很大，使土在外力作用下的弹性变形增加，进水性减小。

含气体的土称为非饱和土，非饱和土的工程性质研究已形成土力学的一个新分支。

1.2　土的结构和构造

1.2.1　土的结构

土的结构是指土粒之间的相互排列及其联结形式，土的结构与组成土的颗粒大小、颗粒形状、矿物成分和沉积条件有关。一般可分为单粒结构、蜂窝结构和絮状结构三种基本类型。

单粒结构是在沉积过程中由重力堆积而形成的结构，如图 1－6(a)、(b)所示。单粒结构为砂土和碎石土的主要结构形式，其特点是土粒间存在点与点的接触。根据形成条件的不同，可分为疏松状态和密实状态。疏松的单粒结构稳定性能差，当受到震动及其他外力作用时，土粒易发生移动，土中孔隙减小，引起土的较大变形。密实的单粒结构则较稳定，力学性能好，是良好的天然地基。

蜂窝结构是主要由粉粒(0.075～0.005 mm)组成的土的结构形式，粒径在0.075～0.005 mm左右的土粒在水中沉积时，基本上以单个土粒下沉。当碰上已沉积的土粒时，由于它们之间的相互引力大于其重力，因此土粒就停留在最初的接触点上不再下沉，形成具有很大孔隙的蜂窝状结构，见图1-6(c)所示。由于蜂窝结构的土具有一定程度的粒间连接，可承担一定的水平静荷载，但当承受较大水平荷载或动力荷载时其结构将破坏，引起土的很大变形，地基发生破坏。

絮状结构是由黏粒(<0.005 mm)集合体组成的结构形式。黏粒能够在水中长期悬浮，不因自重而下沉。当这些悬浮在水中的黏粒被带到电解质浓度较大的环境中(如海水)，黏粒凝聚成絮状的集粒(黏粒集合体)而下沉，并相继和已沉积的絮状集粒接触，形成类似蜂窝而孔隙很大的絮状结构，见图1-6(d)所示。絮状结构的土工程性质往往很差，如因扰动破坏了土的天然结构，则土的强度明显降低、压缩性增大，不宜做天然地基。

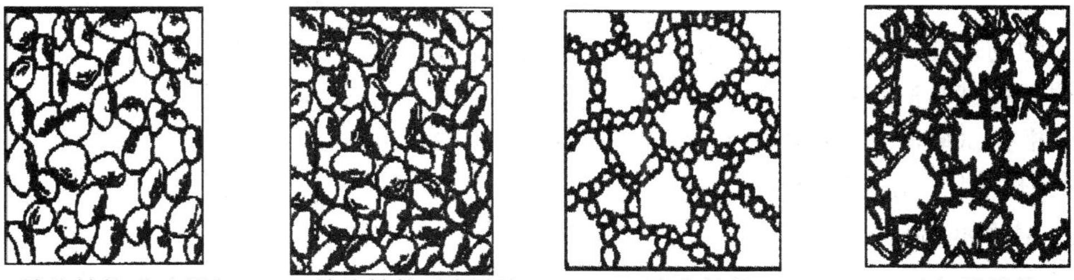

(a) 单粒结构（疏松）　(b) 单粒结构（紧密）　(c) 蜂窝结构　(d) 絮状结构

图1-6　土的结构

1.2.2　土的构造

土中的物质成分和颗粒大小等都相近的各部分土层之间的相互关系的特征称为土的构造。土的构造最主要特征就是成层性，即层理构造。它是在土的形成过程中，由于不同阶段沉积的物质成分、颗粒大小或颜色不同，而沿竖向呈现的成层特征，常见的有水平层理构造和带有夹层、尖灭和透镜体等交错层理构造，见图1-7所示。土的构造的另一特征是土的裂隙性，裂隙的存在大大降低土体的强度和稳定性，增大透水性，对工程不利。此外，还应注意到土中有无腐殖质、贝壳、结核体等包裹物以及天然或人为孔洞存在。这些构造特征都造成土的不均匀性。

(a) 水平层理　(b) 交错层理

图1-7　土的层理构造

1.3 土的物理性质指标

土是固、液、气三相的分散体系，这三者在数量上的比例关系不仅可以描述土的物理性质和它所处的状态，而且在一定程度上还可以用来反映土的力学性质。所谓土的物理性质指标就是指表示图中三相比例关系的一些物理量。

1.3.1 土的三相图

把自然界中土的三相混合分布的情况分别集中起来，固体集中于下部，液体居于中间，气体集中于上部，图左边标出各相的质量，图右边标明各相的体积。这样形成的图称为土的三相图，如图 1-8 所示。

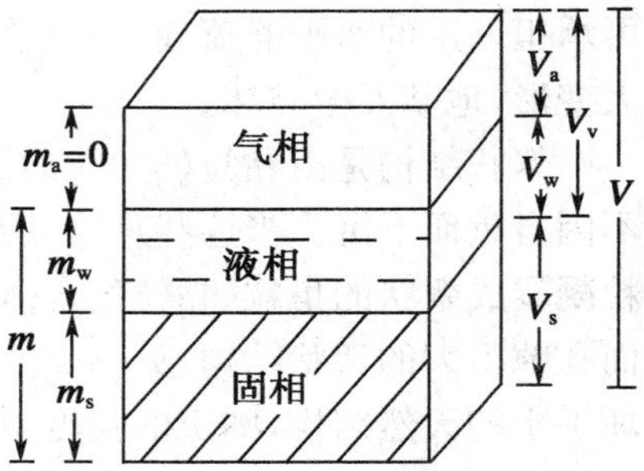

图 1-8 土的三相图

1.3.2 土的物理性质(三相比例)指标

土的物理性质指标共有 9 个，可分为两大类：一类是必须通过试验测定的，称为试验指标，共有 3 个——土的密度、土粒密度、含水量；另一类是可以根据试验测定的指标换算的，称为换算指标，这类指标有 6 个——干密度、饱和密度、浮密度、孔隙比、孔隙率、饱和度。

1）试验指标

(1) 土的密度 ρ：土的密度是单位体积土的质量，由下式表示：

$$\rho=\frac{m}{V}=\frac{m_w+m_s}{V_a+V_w+V_s}(\mathrm{g/cm^3}) \tag{1-3}$$

天然状态下土的密度变化范围较大。一般黏性土为 1.8～2.0 $\mathrm{g/cm^3}$，砂土为 1.6～2.0 $\mathrm{g/cm^3}$。

当土的密度采用国际单位制计算重力 G 时，由土的质量产生的单位体积的重力称为重力密度，简称重度 γ，重力等于质量乘以重力加速度，则重度由密度乘以重力加速度，其单位是 $\mathrm{kN/m^3}$，工程上为简化计算常将重力加速度取为 10 $\mathrm{m/s^2}$。

$$\gamma=\frac{G}{V}=\frac{mg}{V}=\rho g=10\rho(\mathrm{kN/m^3}) \tag{1-4}$$

(2) 土粒密度 ρ_s：土粒密度是指干土粒的质量 m_s 与其体积 V_s 之比，由下式表示：

$$\rho_s=\frac{m_s}{V_s}(\mathrm{g/cm^3}) \tag{1-5}$$

土粒相对密度 d_s 是指土的质量与 4℃时同体积水的质量之比，其值与土粒密度相同，但没有单位，在土的三相指标计算时必须乘以水的密度值才能平衡量纲。

与土粒密度相对应的土粒重度 γ_s 为土粒密度与重力加速度的乘积，公式为

$$\gamma_s=\rho_s g=10\rho_s(\mathrm{kN/m^3}) \tag{1-6}$$

一般土的土粒密度值见表1-3所示。

表1-3　土粒密度的一般数值

土名	砂土	砂质粉土	黏质粉土	粉质黏土	黏土
土粒密度(g/cm^3)	2.65～2.69	2.70	2.71	2.72～2.73	2.74～2.76

(3) 含水量 w：含水量是指土中水的质量 m_w 与固体(土粒)质量 m_s 之比，含水量通常以百分数表示：

$$w=\frac{m_w}{m_s}\times 100\% \tag{1-7}$$

2) 换算指标

(1) 干密度 ρ_d：干密度是固体(土粒)质量 m_s 与土的总体积 V 之比，可由下式表示：

$$\rho_d=\frac{m_s}{V}(g/cm^3) \tag{1-8}$$

土的干密度越大，土越密实，强度越高，土稳定性越好。干密度常用作填土密实度的施工控制指标。与土的干密度相对应的土的干重度 γ_d 是指单位体积内土粒的重量，由下式表示：

$$\gamma_d=\frac{W_s}{V}=\frac{m_s g}{V}=\rho_d g=10\rho_d(kN/m^3) \tag{1-9}$$

(2) 饱和密度 ρ_{sat}：土的饱和密度是指当土的孔隙中全部充满水时的密度，即全部充满孔隙的水的质量 m_w 与土的固相质量 m_s 之和与土的总体积 V 之比，由下式表示：

$$\rho_{sat}=\frac{m_w+m_s}{V}=\frac{\rho_w V_v+m_s}{V}(g/cm^3) \tag{1-10}$$

土在饱和状态下，单位体积土的重量称为土的饱和重度 γ_{sat}，表示为

$$\gamma_{sat}=\frac{W_w+W_s}{V}=\frac{r_w V_v+r_s V_s}{V}(kN/m^3) \tag{1-11}$$

(3) 浮(有效)密度 ρ'：位于地下水位以下的土，受到浮力作用，此时土中固体颗粒的质量扣除同体积固体颗粒排开水的质量与土样体积之比，称为土的浮(有效)密度，可由下式表示：

$$\rho'=\frac{m_s-\rho_w V_s}{V}(g/cm^3) \tag{1-12}$$

与其相应，单位土体积中土粒的重量扣除浮力后所得的重量即为土的浮重度 γ'，表示为

$$\gamma'=\frac{W_s-r_w V_s}{V}=\frac{(m_s-\rho_w V_s)g}{V}=\rho' g=10\rho'(kN/m^3) \tag{1-13}$$

根据浮重度的定义可知：$\rho'=\rho_{sat}-\rho_w$。

从上述四种土的密度或重度的定义可知，同一土样各种密度或重度在数值上有如下

关系：

$$\rho_{sat} > \rho > \rho_d > \rho' \quad 或 \quad \gamma_{sat} > \gamma > \gamma_d > \gamma'$$

(4) 孔隙比 e：孔隙比为土中孔隙体积与土粒体积之比，可用下式表示：

$$e = \frac{V_v}{V_s} \tag{1-14}$$

孔隙比是一个重要的物理性质指标，可以用来评价天然土层的密实程度。

(5) 孔隙率 n：孔隙率为土中孔隙体积与土的总体积之比，常用百分数形式表示：

$$n = \frac{V_v}{V} \times 100\% \tag{1-15}$$

土的孔隙比和孔隙率是表征土的密实程度的重要指标。数值越大，表明土中孔隙体积越大，即土越疏松；反之，越密实。但两者间也存在区别，土的孔隙比为孔隙体积与土粒体积之比，其值可以大于1；孔隙率为孔隙体积与土的总体积之比，其值必小于1。

(6) 土的饱和度 S_r：土的饱和度为孔隙中水的体积与孔隙体积之比，常用百分数表示：

$$S_r = \frac{V_w}{V_v} \times 100\% \tag{1-16}$$

饱和度反映土中孔隙被水充满的程度，对于饱和土，孔隙完全被水充满，$S_r = 100\%$；对于干土，孔隙中没有水，均为气体，$S_r = 0\%$。

1.3.3 三相比例指标的换算

在土的三相指标中，当已知3个试验指标，求换算指标时，可假设土的总体积 $V=1$ 进行计算；当已知土粒密度等指标时，可假设土粒体积 $V_s=1$，进行其他指标的计算。其换算关系可见表1-4。显然，记忆这些换算指标不是件容易的事，在实际应用中，只要掌握每个指标的物理意义，运用三相图就能推导出这些公式。

【例1-1】 某原状土样，已知试验指标 $\gamma=16.5\ \text{kN/m}^3$，$\gamma_s=27.2\ \text{kN/m}^3$，$w=10\%$，求 e、S_r 和 γ_d。

【解】 已知试验指标，求换算指标，令 $V=1\ \text{m}^3$，$W=\gamma V=16.5\times1=16.5\ \text{kN}$

$w = \frac{m_w}{m_s} = \frac{W_w}{W_s} = 10\%$，则 $W_w = 0.1W_s$；$W = W_s + W_w$，$W_s = 15\ \text{kN}$，$W_w = 1.5\ \text{kN}$

$$V_w = \frac{W_w}{\gamma_w} = \frac{1.5\ \text{kN}}{10\ \text{kN/m}^3} = 0.15\ \text{m}^3$$

$$V_s = \frac{W_s}{\gamma_s} = \frac{15\ \text{kN}}{27.2\ \text{kN/m}^3} = 0.55\ \text{m}^3$$

$$e = \frac{V_v}{V_s} = \frac{V - V_s}{V_s} = \frac{1 - 0.55}{0.55} = 0.82$$

$$S_r = \frac{V_w}{V_v} \times 100\% = \frac{0.15}{0.45} \times 100\% = 33\%$$

$$\gamma_d = \frac{W_s}{V} = \frac{15\ \text{kN}}{1\ \text{m}^3} = 15\ \text{kN/m}^3$$

表 1-4　土的三相比例指标常用换算公式

指　标	符　号	表达式	用试验指标换算的公式	用其他指标计算的公式
孔隙比	e	$e=\dfrac{V_v}{V_s}$	$e=\dfrac{\gamma_s(1+w)}{\gamma}-1$	
孔隙率	n	$n=\dfrac{V_v}{V}\times 100\%$	$n=1-\dfrac{\gamma}{\gamma_s(1+w)}$	
干重度	γ_d	$\gamma_d=\dfrac{W_s}{V}$	$\gamma_d=\dfrac{\gamma}{1+w}$	$\gamma_d=\dfrac{\gamma_s}{1+e}$
饱和重度	γ_{sat}	$\gamma_{sat}=\dfrac{W_s+\gamma_w V_v}{V}$	$\gamma_{sat}=\dfrac{\gamma(\gamma_s-\gamma_w)}{\gamma_s(1+\omega)}+\gamma_w$	$\gamma_{sat}=\dfrac{\gamma_s+e\gamma_w}{1+e}$
浮重度	γ'	$\gamma'=\dfrac{W_s-\gamma_w V_s}{V}$	$\gamma'=\dfrac{\gamma(\gamma_s-\gamma_w)}{\gamma_s(1+w)}$	$\gamma'=\gamma_{sat}-\gamma_w$
饱和度	S_r	$S_r=\dfrac{V_w}{V_v}\times 100\%$	$S_r=\dfrac{\gamma\gamma_s w}{\gamma_w[\gamma_s(1+w)-\gamma]}$	$S_r=\dfrac{w\gamma_s}{e\gamma_w}$

1.4　土的物理状态指标

所谓土的物理状态，是指在天然状态下，土所表现出来的干湿、软硬、松密程度等。对于黏性土而言，因黏土矿物含量高、颗粒细小，其物理状态与含水量关系非常密切，因此用含水量来表示土的物理状态；砂土（无黏性土）颗粒较大，所含矿物颗粒较少，土体间孔隙对土的工程性质影响很大，因此用孔隙比或相对密实度衡量砂土物理状态。

1.4.1　黏土的界限含水量

同一种黏性土随其含水量的不同，分别处于流动状态、可塑状态、半固态及固态。当黏性土含水量很大时（如饱和淤泥、钻探或沉井施工中的泥浆），不能保持其形状，极易流动，则称其处于流动状态。当黏性土的含水量在某范围内，可用外力使其塑成任何形状而不致发生裂缝，当外力移去后能够保持已有形状而不恢复原状的性质称为可塑性。黏土的可塑性是一个非常重要的性质，对于陶瓷工业、农业和土木工程都具有极其重要的意义。当含水量继续减少时，土的可塑性逐渐消失，从可塑状态逐渐变为半固体状态、固体状态。

土从一种状态变到另一种状态的分界点称为分界含水量，流动状态与可塑状态间的分界含水量称为液限（w_L）；可塑状态与半固体状态间的分界含水量称为塑限（w_P）；半固体状态与固体状态间的分界含水量称为缩限（w_S）。黏性土的含水量及液限、塑限、缩限间的关系见图 1-9 所示。

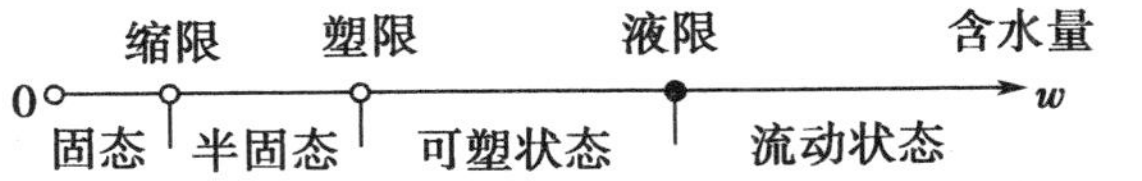

图 1-9　黏性土的物理状态与含水量的关系

1）塑性指数 I_P

液限和塑限之差称为塑性指数，记为 I_P，习惯上略去百分号，即

$$I_P = w_L - w_P \tag{1-17}$$

塑性指数表示土处在可塑状态的含水量变化范围，其值的大小取决于土颗粒吸附结合水的能力，也与土中黏粒含量有关，黏粒含量越多，土的比表面积越大，塑性指数就越高。

2）液性指数 I_L

土的天然含水量和塑限的差值与塑性指数之比称为液性指数，记为 I_L，即

$$I_L = \frac{w - w_P}{I_P} = \frac{w - w_P}{w_L - w_P} \tag{1-18}$$

液性指数表征了土的天然含水量与分界含水量之间的相对关系。当 $I_L \leqslant 0$ 时，$w \leqslant w_P$，表示土处于坚硬状态；当 $I_L > 1$ 时，$w > w_P$，土处于流动状态。因此，根据 I_L 值可以判定土的软硬状态。《建筑地基基础设计规范》(GB 50007—2002)给出了划分的标准，见表 1－5 所示。

表 1－5　黏性土状态的划分

状态	坚硬	硬塑	可塑	软塑	流塑
液性指数 I_L	$I_L \leqslant 0$	$0 < I_L \leqslant 0.25$	$0.25 < I_L \leqslant 0.75$	$0.75 < I_L \leqslant 1$	$I_L > 1$

【例 1－2】 某土样的液限为 37.4%，塑限为 23.0%，天然含水率为 26.0%，问该土样处于何种状态？

【解】 已知 $w_L = 37.4\%$，$w_P = 23.0\%$，$w = 26.0\%$，则 $I_P = w_L - w_P = 0.144$，

$I_L = \dfrac{w - w_P}{I_P} = \dfrac{0.26 - 0.23}{0.144} = 0.21$，所以该土处于硬塑状态。

1.4.2　砂土的密实度

土的密实度通常是指单位体积中固体颗粒的含量。根据土颗粒含量的多少，天然状态下的砂、碎石等处于从密实到松散的不同物理状态。呈密实状态时，强度较大，可作为良好的天然地基；呈松散状态时，则是不良地基。

描述砂土密实状态的指标有以下几种：

1）孔隙比 e

孔隙比 e 可以用来表示砂土的密实度。对于同一种土，当孔隙比小于某一限度时，处于密实状态。孔隙比越大，则土越松散。砂土的这种特性是由它所具有的单粒结构所决定的，这种用孔隙含量表示密实度的方法虽然简便却有其明显的缺陷，即没有考虑到颗粒级配这一重要因素对砂土密实状态的影响。另外，由于取原状砂土和测定孔隙比存在实际困难，因此在实用上也存在问题。

2）相对密实度 D_r

为了较好的表明砂土所处的密实状态，可采用将现场土的孔隙比 e 与这种土所能达到最密实时的孔隙比 e_{min} 和最松时的孔隙比 e_{max} 相对比的方法，来表示孔隙比为 e 时土的密实度。这种度量密实度的指标称为相对密实度 D_r，即

$$D_r = \frac{e_{max} - e}{e_{max} - e_{min}} \tag{1-19}$$

式中：e——砂土在天然状态下或某种控制状态下的孔隙比；

e_{max}——砂土在最疏松状态下的孔隙比，即最大孔隙比；

e_{min}——砂土在最密实状态下的孔隙比，即最小孔隙比。

当 $D_r=0$ 时，$e=e_{max}$，表示土处于最疏松状态；当 $D_r=1.0$ 时，$e=e_{min}$，表示土处于最密实状态。用相对密实度 D_r 判定砂土密实度的标准如下：

$0 < D_r \leqslant 1/3$ 疏松　　$1/3 < D_r \leqslant 2/3$ 中密　　$2/3 < D_r < 1$ 密实

应当指出，虽然已制定出一套测定最大孔隙比和最小孔隙比的试验方法，但要准确测定各种土的 e_{max} 和 e_{min} 却比较困难，因此相对密实度这一指标在理论上虽然能够更合理的确定土的密实状态，但由于以上原因，通常多用于填方工程的质量控制中，对于天然土尚难以应用。

3）*动力触探确定砂土的密实度*

天然砂土的密实度，可按原位标准贯入试验的锤击数 N 进行评定。标准贯入试验是用规定的锤重(63.5 kg)和落距(76 cm)把标准贯入器打入土中，记录贯入一定深度(30 cm)所需要的锤击数 N 的原位试样方法。标准贯入试验的贯入锤击数反映了土层的松密和软硬程度，是一种简便的测试手段。《岩土工程勘察规范》(GB 50021—2001)规定砂土的密实度应根据标准贯入锤击数按表 1-6 的规定划分为密实、中密、稍密和松散四种。

表 1-6　砂土密实度评定表

密实度	松散	稍密	中密	密实
N 值	$N\leqslant10$	$10<N\leqslant15$	$15<N\leqslant30$	$N>30$

1.5　土的工程分类

对天然形成的土来说，其成分、结构和性质千变万化，工程性质也千差万别。为了判别土的工程特性和评价土作为地基或建筑材料的适宜性，有必要对土进行分类。分类体系的建立是将工程性质相近的土归为一类，以便对土作出合理的评价和选择适当的方法对土的特性进行研究。

目前，我国的分类方法迄今尚未统一，不同的部门根据各自的行业特点建立了各自的分类标准。本节主要介绍《建筑地基基础设计规范》(GB 50007—2002)的分类法和《土的工程分类标准》(GB/T 50145—2007)。

1.5.1　建筑地基基础设计规范

作为建筑地基上的土(岩)，可分为岩石、碎石土、砂土、粉土、黏性土和人工填土。

1）*岩石*

岩石是指颗粒间牢固黏结，呈整体或具有节理裂隙的岩体。

(1) 岩石的坚硬程度

岩石的坚硬程度可根据岩块的饱和单轴抗压强度 f_r 分为坚硬岩、较硬岩、较软岩、软岩、极软岩，如表 1－7 所示。当缺乏饱和单轴抗压强度资料时，可在现场通过观察定性划分，划分标准如表 1－8 所示。

岩石的风化程度可分为未风化、微风化、中风化、强风化和全风化。

表 1－7　岩石坚硬程度的划分

坚硬程度级别	坚硬岩	较硬岩	较软岩	软岩	极软岩
饱和单轴抗压强度标准值 f_r(MPa)	>60	30～60	15～30	5～15	≤5

表 1－8　岩石坚硬程度的定性划分

名　称		定性鉴定	代表性岩石
硬质岩	坚硬岩	锤击声音清脆，有回弹，震手，难击碎；基本无吸水反应	未风化～微风化的花岗岩、闪长岩、辉绿岩、玄武岩、安山岩等
	较硬岩	锤击声音清脆，有轻微回弹，稍震手，较难击碎；有轻微吸水反应	1. 微风化的坚硬岩； 2. 未风化～微风化的大理岩、板岩、石灰岩、钙质砂岩等
软质岩	较软岩	锤击声不清脆，无回弹，较易击碎；指甲可刻出印痕	1. 中风化的坚硬岩和较硬岩； 2. 未风化～微风化的凝灰岩、千枚岩、砂质岩、泥灰岩等
	软岩	锤击声哑，无回弹，有凹痕，易击碎；浸水后，可捏成团	1. 强风化的坚硬岩和较硬岩； 2. 中风化的较软岩； 3. 未风化～微风化的泥质砂岩、泥岩等
极软岩		锤击声哑，无回弹，有较深凹痕，手可捏碎；浸水后，可捏成团	1. 风化的软岩； 2. 全风化的各种岩石； 3. 各种半成岩

(2) 岩石的完整程度

岩石的完整程度按表 1－9 划分为完整、较完整、较破碎、破碎和极破碎。

表 1－9　岩石完整程度划分

完整程度等级	完整	较完整	较破碎	破碎	极破碎
完整性指数	>0.75	0.55～0.75	0.35～0.55	0.15～0.35	<0.15

2) *碎石土*

碎石土是粒径大于 2 mm 的颗粒含量超过总质量的 50%的土。

碎石土根据粒组含量及颗粒形状分为漂石或块石、卵石或碎石、圆砾或角砾。其分类标准见表 1－10 所示。

表 1-10　碎石土的分类

土的名称	颗粒形状	粒组含量
漂石 块石	圆形及亚圆形为主 棱角形为主	粒径大于 200 mm 的颗粒含量超过总质量的 50%
卵石 碎石	圆形及亚圆形为主 棱角形为主	粒径大于 20 mm 的颗粒含量超过总质量的 50%
圆砾 角砾	圆形及亚圆形为主 棱角形为主	粒径大于 2 mm 的颗粒含量超过总质量的 50%

3）砂土

砂土是指粒径大于 2 mm 的颗粒含量不超过总质量的 50%，粒径大于 0.075 mm 的颗粒超过总质量 50%的土。按粒组含量，砂土分为砾砂、粗砂、中砂、细砂和粉砂。其分类标准见表 1-11 所示。

表 1-11　砂土的分类

土的名称	粒组含量
砾砂	粒径大于 2 mm 的颗粒含量占总质量的 25%～50%
粗砂	粒径大于 0.5 mm 的颗粒含量超过总质量的 50%
中砂	粒径大于 0.25 mm 的颗粒含量超过总质量的 50%
细砂	粒径大于 0.075 mm 的颗粒含量超过总质量的 85%
粉砂	粒径大于 0.075 mm 的颗粒含量超过总质量的 50%

4）粉土

粉土是指粒径大于 0.075 mm 的颗粒含量不超过总质量的 50%，塑性指数 $I_P \leqslant 10$ 的土，它的性质介于砂土和黏性土之间。

5）黏性土

黏性土是指塑性指数 $I_P > 10$ 的土。

按塑性指数可将黏性土分为粉质黏土和黏土。分类标准见表 1-12 所示。

表 1-12　黏性土的分类

塑性指数 I_P	土的名称
$I_P > 17$	黏土
$10 < I_P \leqslant 17$	粉质黏土

6）人工填土

人工填土是指由于人类活动形成的堆积物。其物理成分较杂乱，均匀性较差。人工填土根据其物质组成和成因，可分为素填土、压实填土、杂填土、充填土。

除了上述 6 种土类外，还有一些特殊土，包括淤泥、淤泥质土、膨胀土、湿陷性黄土、红黏土等，这些土将在以后的章节中介绍。

1.5.2　土的工程分类标准

对土进行分类时，首先应判别土属于有机土还是无机土。若土的全部或大部分是有机质土时，该土就属于有机土；否则，就属于无机土。有机质含量可以由试验测定，也可凭颜色、气味鉴定，如色暗、味臭、含纤维质的，一般为含有机质的土。若属无机土，则根据土内各粒组的相对含量把土分为巨粒土、含巨粒土、粗粒土和细粒土四大类，各大类的进一步细分如下：

(1) 巨粒土和含巨粒土的分类

巨粒土和含巨粒土按土中粒径大于 60 mm 的巨粒含量区分。若土中巨粒含量多于 50%，则该土属于巨粒土；若土中巨粒含量在 15%～50%之间，则该土属含巨粒土。

(2) 粗粒土的分类

若土中巨粒土含量少于 15%，则剔除巨粒，根据余土再按粗粒土或细粒土分类。若土中粒径大于 0.075 mm 的粗粒土含量多于 50%，则该土属粗粒土。粗粒土分砾类土和砂类土两类。若土中粒径大于 2 mm 的砾粒含量多于 50%则该土属砾类土，否则属砂类土。

(3) 细粒土的分类

若土中粒径小于 0.075 mm 的细粒含量多于或等于 50%，且粗粒含量少于 25%，则该土属细粒土。细粒土可按塑性图(图 1－10)进一步细分。塑性图中横坐标为液限，纵坐标为塑性指数。图中 A 线方程式：$I_P=0.73(w_L-20)$，A 线上侧为黏土，下侧为粉土；B 线方程式为 $\omega_L=50\%$，$\omega_L\geqslant 50\%$为高液限，$\omega_L<50\%$为低液限。

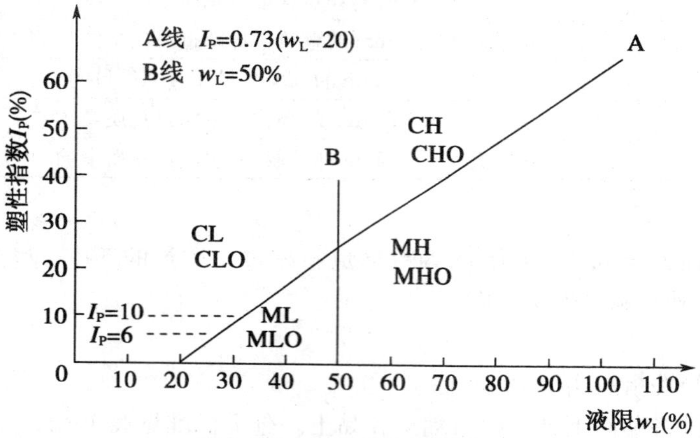

图 1－10　细粒土分类塑性图

【实验训练】

一、土的密度实验

1. 实验目的：测定土在天然状态下单位体积的质量。
2. 实验方法：环刀法。
3. 实验仪器：环刀(内径 61.8 mm，高 20 mm，面积 30 cm²)、天平、修土刀、凡士林等。

环刀

电子天平

修土刀

4. 实验步骤

(1) 调整天平平衡，称量环刀质量，并填入表 1 中。

(2) 按工程需要取原状土或制配所需状态的扰动土，整平两端，将环刀内壁涂一薄层凡士林，刀口向下放在土样上。

(3) 修土刀将土样上部削成略大于环刀直径的土柱，然后将环刀垂直下压，边压边削至土样伸出环刀上部为止。削去两端余土，使其与环刀口面齐平，并用剩余土样测定含水量。

(4) 擦净环刀外壁，称环刀与土的质量，准确至 0.01 g。

(5) 本实验需进行二次平行测定，其平行差值不得大于 0.03 g/cm^3，求其算术平均值。

5. 实验数据整理

按下列公式计算：
$$\rho = \frac{m_1 - m_2}{V} = \frac{m}{V}$$

式中：m_1——环刀及土的质量(g)；

m_2——环刀的质量(g)；

m——湿土的质量(g)；

V——环刀的体积(cm^3)。

表 1　密度实验计算表(环刀法)

实验编号	环刀+湿土的质量	环刀本身的质量	环刀体积(cm^3)	密度	平均密度	备注
1			60			
2			60			
3			60			
4			60			

二、含水量实验

1. 实验目的：测定土的含水量，了解土的含水情况。

2. 实验方法：烘干法。

3. 实验仪器：电热烘箱、电子天平、铝盒、修土刀等。

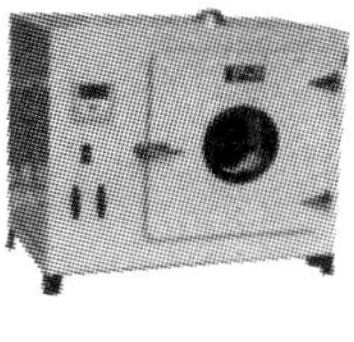
电热烘箱

铝盒

4. 实验步骤

(1) 先称量好带有编号的盒盖、盒身的两个铝盒，分别记录质量数值 m_0 并填入表 2 中。

(2) 从原状或扰动土样中选取具有代表性的试样约 15～30 g；对有机质土、砂类土和整体状构造冻土取样为 50 g 左右，放在称量盒内，立即盖好盒盖，称盒盖、盒身及湿土的质量，准确至 0.01 g，将数值 m_1 填入表 2 中。

(3) 打开盒盖，放入烘箱中在温度 105～110℃下烘至恒重，烘干时间对黏性土、粉土不得少于 8 h，对砂土不得少于 6 h，对含有机质超过干土质量 5%的土应将温度控制在 65～70℃的恒温下烘至恒重。取出土样，盖好盒盖，称重并记录干土及铝盒的质量，将数值 m_2 填入表 2 中。

5. 实验数据整理

$$w = \frac{m_1 - m_2}{m_2 - m_0}$$

表 2　含水量实验表

实验日期	盒身编号	盒盖编号	铝盒质量 m_0(g)	铝盒加湿土的质量 m_1(g)	铝盒加干土的质量 m_2(g)	含水质量 m_1-m_2(g)	含水率 ω $(m_1-m_2)/(m_2-m_0)$	含水率平均值

本实验必须对两个试样进行平行测定，测定的差值：当含水率小于 10%时为 0.5%；当含水率小于 40%时为 1%；当含水率等于、大于 40%时为 2%。取两次测值的平均值，以百分数表示。

三、液塑限实验

1. 实验目的：测定土由半固体状态变为可塑状态以及土由可塑状态变为流体状态的界限含水量。

2. 实验仪器：光电式联合测定仪、电子天平、电热烘箱、铝盒、调土刀、滴管、吹风机、凡士林等。

光电式联合测定仪

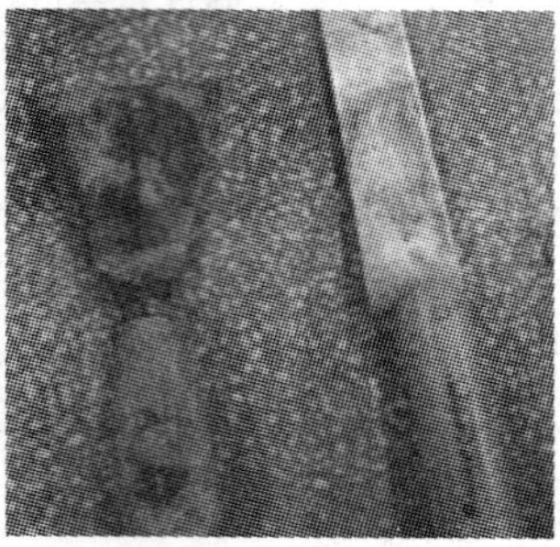

调土刀

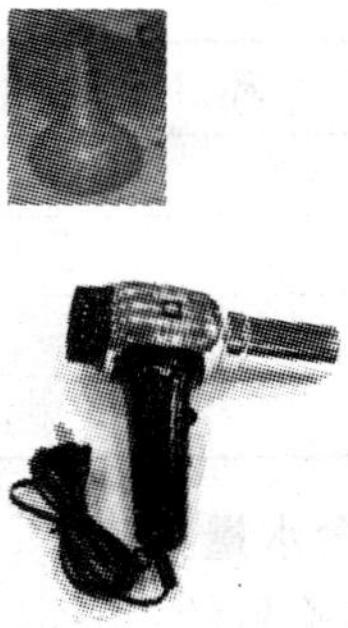

滴管、吹风机

3. 实验步骤

(1) 本试验宜采用天然含水试样，当土样不均匀时，采用风干试样，当试样中含有粒径大于 0.5 mm 的土粒和杂物时，应过 0.5 mm 筛。

(2) 当采用天然含水土样时，取代表性土样 250 g；采用风干试样时，取 0.5 mm 筛下的代表性土样 200 g。将试样放在橡皮板上用纯水将土样调成均匀膏状，放入调土皿，浸润过夜。

(3) 将制备的试样充分调拌均匀，填入试样杯中。填样时不应留有空隙，对较干的试样应充分搓揉，密实地填入试样杯中，填满后刮平表面。

(4) 将试样杯放在联合测定仪的升降座上，在圆锥上抹一薄层凡士林，接通电源，使电磁铁吸住圆锥。

(5) 调节零点，将屏幕上的标尺调在零位，调整升降座，使圆锥尖接触试样表面，指示灯亮时圆锥在自重下沉入试样，经 5 s 后测读圆锥下沉深度(显示在屏幕上)，取出试样杯，挖去锥尖入土处的凡士林，取锥体附近的试样不少于 10 g，放入称量盒内，测定含水率。

(6) 将全部试样再加水或吹干并调匀，重复(3)、(4)的步骤分别测定第二点、第三点试样的圆锥下沉深度及相应的含水率。液塑限联合测定点应不少于三点。

注：圆锥入土深度宜为 3～4 mm，7～9 mm，15～17 mm。

（7）以含水量为横坐标，圆锥入土深度为纵坐标在双对数坐标纸上绘制关系曲线（如右图），三点应在一条直线上，如图中 A 线。当三点不在一条直线上时，通过高含水量的点和其余两点连成两条直线，在下沉为 2 mm处查得相应的两个含水量，当两个含水量的差值小于 2%时，应以两点含水量的平均值与高含水量的点连一直线如图 B 线，当两个含水量的差值≥2%时，应重做试验。

（8）在含水率与圆锥下沉深度的关系图上查得下沉深度为 17 mm（或 10 mm）所对应的含水量为液限，查得下沉深度为 2 mm 所对应的含水量为塑限，取值以百分数表示，准确至 0.1%。

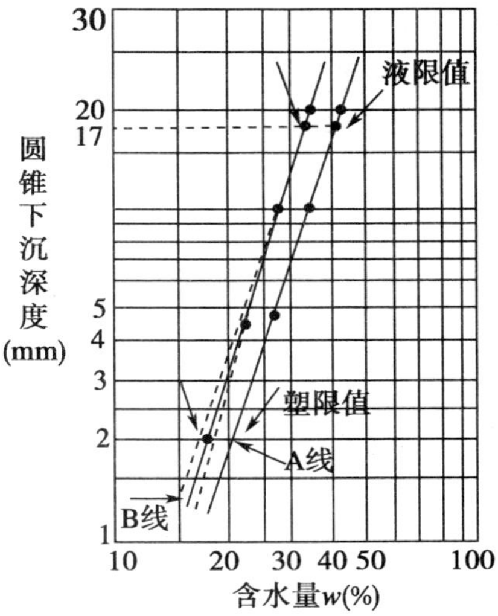

入土深度与含水量的关系

4. 成果整理

（1）按式（1）计算塑性指数

$$I_P = w_L - w_P \tag{1}$$

式中：I_P——塑性指数，精确至 0.1；

w_L——液限（%）；

w_P——塑限（%）。

（2）按式（2）计算液性指数

$$I_L = \frac{w_0 - w_P}{I_P} \tag{2}$$

式中：I_L——液性指数，精确至 0.01；

w_0——天然含水量（%）。

表 3　液塑限联合测定表

圆锥入土深度(mm)						
圆锥平均入土深度(mm)						
铝盒号						
盒重(g)						
盒＋湿土重(g)						
盒＋干土重(g)						
含水量 w(%)						
平均含水量 w(%)						
塑限 w_P(%)						
液限 w_L(%)						
塑性指数 I_P						
液性指数 I_L						
备　　注						

思考与练习

一、选择题

1. 含次生矿物最多的土是(　　)。

A. 黏土　　B. 粉土　　C. 砂土

2. 毛细水的上升,主要是水受到(　　)的作用。

A. 水与空气交界面处的表面张力　　B. 孔隙水压力差

C. 黏土颗粒电场引力

3. 若土的粒径级配曲线很陡,则表示(　　)。

A. 粒径分布较均匀　　B. 不均匀系数较大　　C. 级配良好

4. 某土样的液限 $w_L=32\%$,塑限 $w_P=14\%$,含水量 $w=36\%$,孔隙比 $e=1.2$,该土定名为(　　)。

A. 粉质黏土　　B. 黏土　　C. 淤泥质黏土

5. 在某住宅地基勘察中,已知一个钻孔原状土试样结果为:重度 $\gamma=17\ \text{kN/m}^3$,含水量 $w=22.0\%$,土粒密度 $\rho_s=2.72\ \text{g/cm}^3$,该土样的孔隙比为(　　)。

A. 0.952　　B. 0.867　　C. 0.98　　D. 0.974

二、简答题

1. 何谓土的粒径级配?粒径级配的纵坐标表示什么?不均匀系数 $C_u>10$ 反映土的什么性质?

2. 土中水包括哪几种?结合水有何特性?

3. 无黏性土最重要的物理状态指标是什么?用孔隙比 e、相对密实度 D_r 和标准贯入试验击实数 N 来划分密实度有何优缺点?

4. 既然可用含水量表示土中含水量的多少,为什么还要引入液性指数评价黏性土的软硬程度?

5. 地基土分哪几大类?各类土划分的依据是什么?

三、计算题

1. 已知某土样的试验相关数据如下:① 天然重度 $\gamma=18.8\ \text{kN/m}^3$,天然含水率 $w=30\%$,土粒重度 $\gamma_s=27\ \text{kN/m}^3$;② 液限试验后,取湿土 15.2 g,烘干后质量 10.7 g;③ 搓条试验后,取湿土条 6.5 g,烘干后质量 5.2 g。求:(1) 土的孔隙比 e 和土样完全饱和时的含水率 w、重度 γ;(2) 确定土的名称及物理状态。

2. 已知某土样的 $\gamma_s=27.2\ \text{kN/m}^3$,孔隙比为 0.95,饱和度为 0.37。若将此土样的饱和度提高到 0.90,每 1 m^3 的土中应加多少水?

2 土的渗透性

本章概要：了解渗透及土的渗透性的概念；掌握达西定律的物理意义及适用范围；了解渗透系数的测定方法；了解流网的概念及特性，初步掌握其工程应用；理解流土的概念。

本章重点：土的渗透性及渗透性概念，达西定律及其适用范围。

2.1 概　　述

2.1.1 工程实例

如图 2-1 为深基坑施工时常用的防渗、护壁围护结构，在开挖基坑的过程中，通常是基坑外土层中的地下水位高于基坑内水位而形成水头差，地下水将通过坑外土层绕过板桩渗入坑内。图 2-2、图 2-3 是水利工程中的坝基、闸基，在上、下游水位压力差的作用下，水将从上游河底进入坝、闸基的地基，沿地基土中的孔隙渗向下游，再从下游河床逸出。

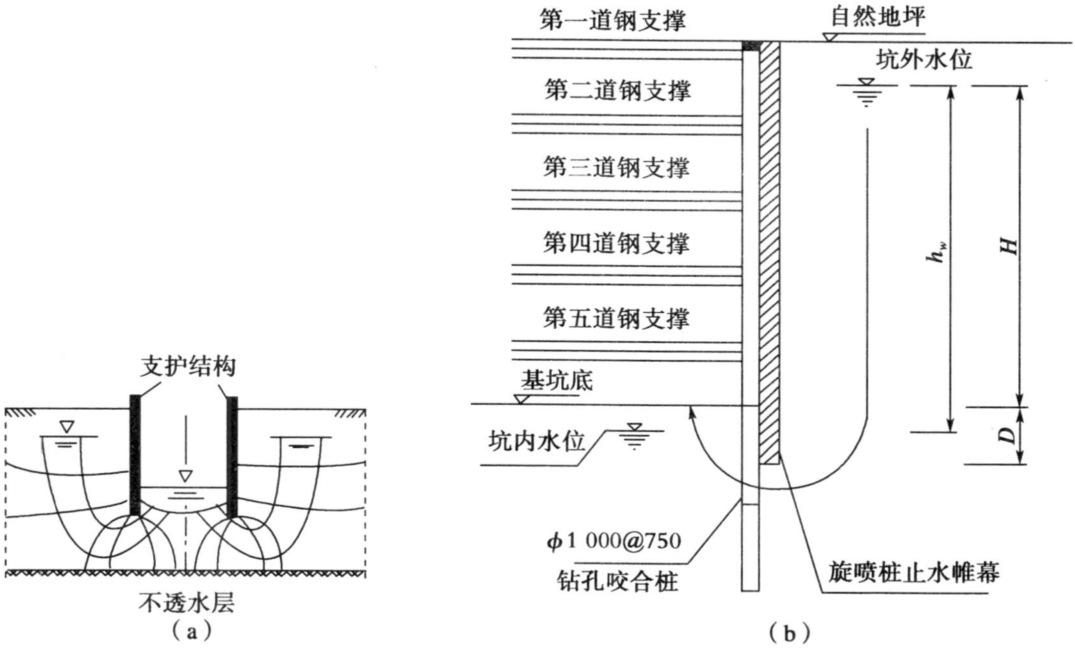

图 2-1　基坑的渗流

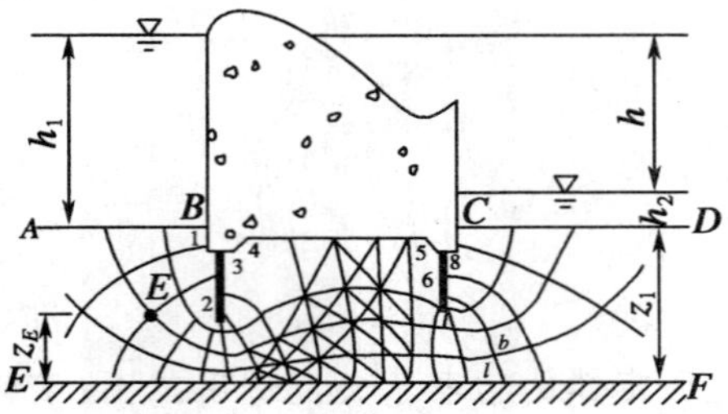

图 2-2　坝基的渗流

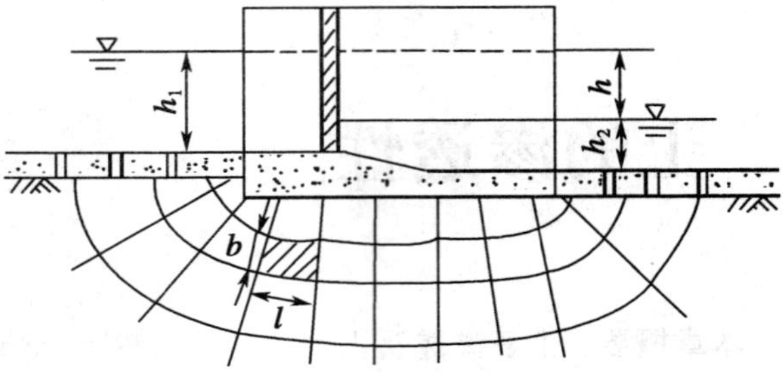

图 2-3　闸基的渗流

2.1.2　渗透的概念

由前一章的内容可知，土是一种多孔介质，由固体颗粒组成的骨架和充填骨架间孔隙的流体（水和空气）所组成。骨架间的孔隙是连通的，**在水位差作用下，水穿过土中相互连通的孔隙发生流动的现象，称为土中水的渗透（或渗流）。土能够让水等流体通过的性质，称为土的渗透性。**

水在土中渗透，一方面会造成水能损失，影响工程效益；另一方面将引起土体内部应力状态的变化，从而改变水工建筑物或地基的稳定，严重时还会酿成事故，如图 2-4 所示。此外，土的渗透性的强弱，对土体的固结、强度以及工程施工都有非常重要的影响。因此，在工程设计与施工中应正确分析可能出现的渗流情况，必要时采取合理的防渗技术措施。

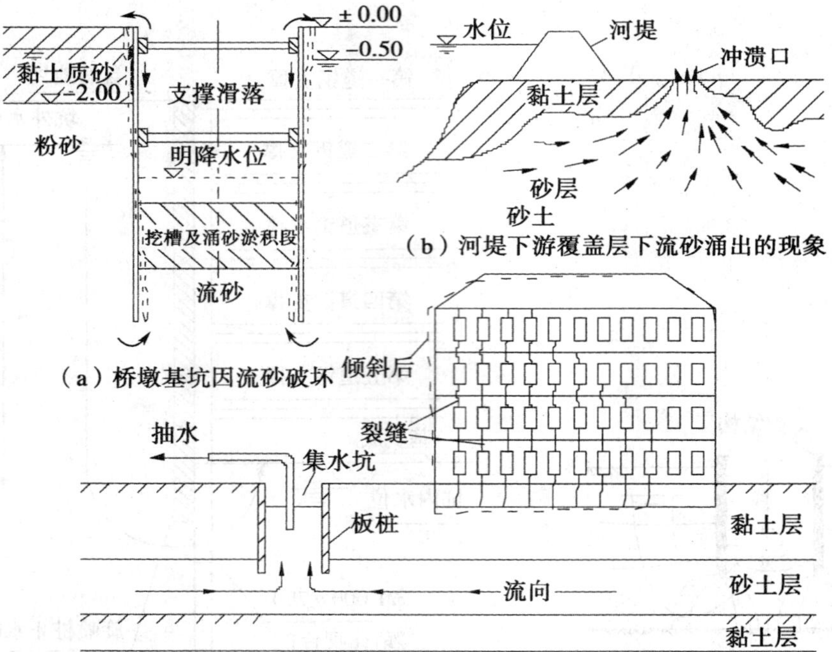

（a）桥墩基坑因流砂破坏

（b）河堤下游覆盖层下流砂涌出的现象

（c）流砂涌向基坑引起房屋不均匀下沉

图 2-4　流砂现象引起破坏示例

2.2 达西渗透定律

2.2.1 达西渗透试验与渗透定律

地下水在土体孔隙中渗透时，由于渗透阻力的作用，沿程必然伴随着能量的损失。为了揭示水在土体中的渗透规律，1856 年法国学者达西(H. Darcy)对砂土进行了渗透实验，实验装置如图 2-5 所示。装置中的 2 是横截面积为 A 的直立圆筒，其上端开口，在圆筒侧壁装有两支相距为 L 的测压管。筒底以上一定距离处装一滤板 3，滤板上填放颗粒均匀的砂土 1。水由上端注入圆筒，多余的水从溢水管 4 溢出，使筒内的水位维持一个恒定值。渗透过砂层的水从短水管 5 流入量杯 6 中，并以此来计算单位时间的渗流量 q。设 Δt 时间内流入量杯的水体体积为 ΔV，则渗流量为 $q=\Delta V/\Delta t$。两测压管水面高差 h 为两断面Ⅰ-Ⅰ、Ⅱ-Ⅱ之间的水头损失。达西在分析了大量实验资料之后，发现土中渗透的渗流量 q 与圆筒截面积 A 及水头损失 h 成正比，与断面间距 L 成反比，即

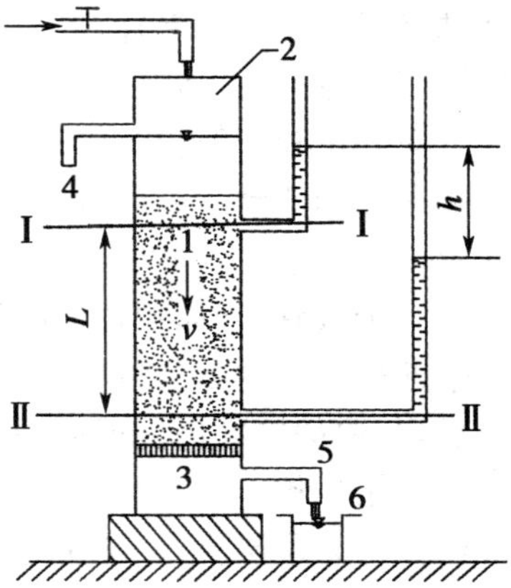

图 2-5　达西渗透实验装置图

$$q=kA\frac{h}{L}=kAi \tag{2-1}$$

或

$$v=\frac{q}{A}=ki \tag{2-2}$$

式中：q——渗流量(cm^3/s 或 m^3/s)；

v——渗透速度(cm/s 或 m/s)；

i——水力梯度，也称水力坡降，$i=h/L$，无因次；

h——渗流路径长度 L 内的水头差(cm 或 m)；

k——渗透系数，其值等于水力梯度为 1 时水的渗透速度(cm/s 或 m/s)；

L——渗流路径的长度(cm 或 m)；

A——试样截面面积(cm^2 或 m^2)。

式(2-1)和式(2-2)所表示的关系称为达西定律，它是渗透的基本定律。

应该指出，水在土中的渗透不是土的整个截面，而仅仅是通过该截面内土粒间的孔隙。因此，水在孔隙中的实际渗透速度 v' 比达西定律中的渗透速度 v 大，两者的关系如下：

$$v'=\frac{v}{n} \tag{2-3}$$

式中：n——孔隙率。

2.2.2 达西定律的适用范围

达西定律是由砂质土体实验得到的，后来推广应用于其他土体如黏土和具有细裂隙的岩石等。进一步的研究表明，在某些条件下，渗透并不一定符合达西定律，因此在实际工作中我们还要注意达西定律的适用范围。

水质点的运动轨迹称为流线。当流线不相交，水质点彼此不相混掺时的水的运动称为层流；当流线相交、水质点互相混掺、轨迹曲折混乱时的水的运动称为紊流。土中水的渗流运动除了层流和紊流外，还有一个过渡区，它们各有不同的渗透规律。一般认为达西定律仅适用于层流区，其适用上限为层流区和过渡区的分界点。

对砂土和一般黏土而言，土中水的渗透速度一般很小，其渗流可以看作是一种水流流线互相平行的流动——层流，$v-i$ 关系成线性变化，渗流运动规律符合达西定律，如图 2-6①所示。

对少数黏土(如颗粒极细的高压缩性土、可自由膨胀的黏性土等)而言，它们的渗透存在一个起始水力梯度 i_b，这种土只有在达到起始水力梯度后才能发生渗透。这类土在发生渗透后，其渗透速度仍可近似的用直线表示，即 $v = k(i-i_b)$，如图 2-6②所示。

对粗颗粒土(如粗砂、砾、卵石等)而言，由于其孔隙很大，当水力梯度较小时，流速不大，渗流可认为是层流，$v-i$ 关系成线性变化，达西定律仍然适用，如图 2-7 所示。当水力梯度较大时，流速增大，渗流将过渡为不规则的相互混杂的流动形式——紊流，这时 $v-i$ 关系呈非线性变化，达西定律不再适用。

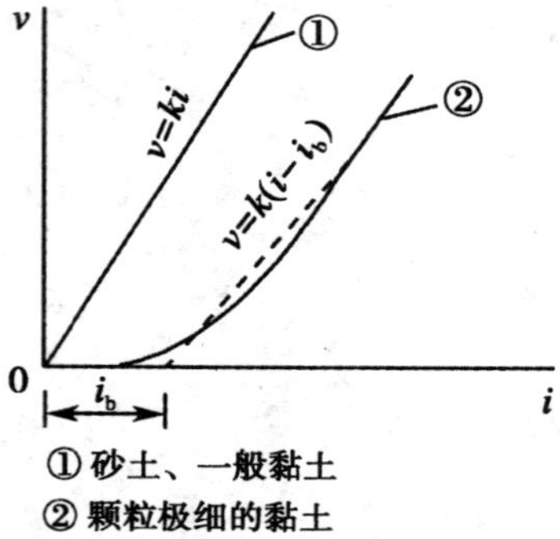

图 2-6 细粒土的 $v-i$ 关系

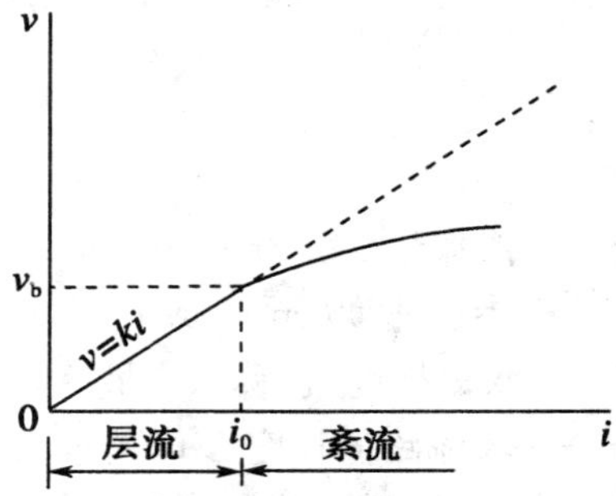

图 2-7 粗粒土的 $v-i$ 关系

2.3 渗透系数的测定

渗透系数 k 综合反映了土的渗透性能，是土的重要力学性能指标之一。影响渗透系数大小的因素很多，主要取决于土体颗粒的形状、大小、不均匀系数、黏粒含量、矿物成分和水的黏滞性、温度等。要建立计算渗透系数 k 的精确理论公式比较困难，通常可通过实验方法确定，目前采用的有实验室测定法和野外测定法，本章主要介绍实验室测定法。

实验室测定渗透系数 k 根据所用试验装置的差异又分为常水头试验和变水头试验。

1）常水头试验——整个试验过程水头不变化

常水头试验时将高度为 L、横截面积为 A 的试样装入垂直放置的圆筒中，从土样的上端注入与现场温度完全相同的水，并用溢水口使水头保持不变。土样在不变的水头差 Δh 作用下产生渗流，当渗流达到稳定后，量测经过一定时间 t 流经试样的水量为 Q，算得土样单位时间内的渗流量 $q=Q/t$，根据式(2－1)可求得

$$k=\frac{q\cdot L}{A\cdot h}=\frac{Q\cdot L}{A\cdot h\cdot t} \tag{2-4}$$

常水头试验适用于透水性较大($k>10^{-3}$ cm/s)的土，应用粒组范围大致为细砂到中等卵石。

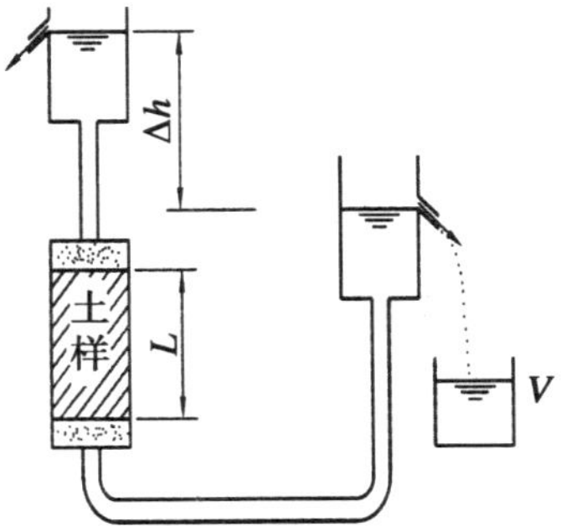

图 2－8　常水头渗透试验装置示意图

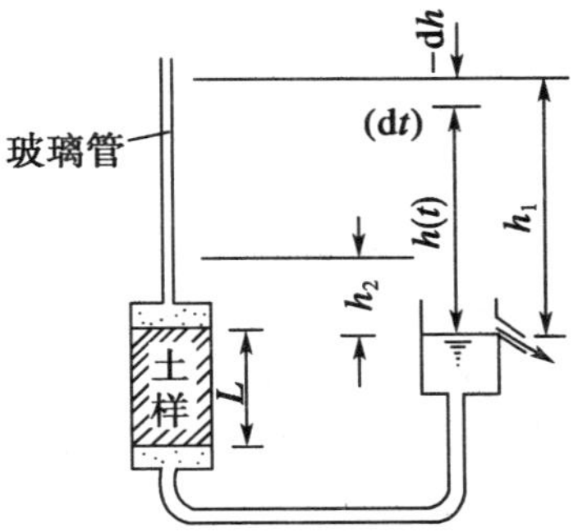

图 2－9　变水头渗透试验装置示意图

2）变水头试验——整个试验过程水头随时间变化

将高度为 L、横截面积为 A 的试样装入垂直放置的圆筒中，圆筒顶盖上连有带刻度的垂直玻璃管，其截面积为 a。实验时使与现场温度完全相同的水自上而下垂直通过试样，并用溢水口使右边管中的水头保持不变。土样在随时间变化的水头差 h 作用下产生渗流，设在时刻 t_1 时玻璃管内的水面距参考面(右边管中的水面)的高程 h_1，时刻 t_2 时，水面下降至 h_2，则可用下式求得渗透系数：

$$k=2.3\frac{aL}{A(t_2-t_1)}\lg\frac{h_1}{h_2} \tag{2-5}$$

或

$$k=\frac{aL}{A(t_2-t_1)}\ln\frac{h_1}{h_2} \tag{2-6}$$

变水头试验适用于透水性差、渗透系数小(10^{-7} cm/s$<k<10^{-3}$ cm/s)的黏性土。

为了使实验室测定法的测定结果接近实际情况，试验时应取几个不同的水力梯度，使水头差在一定的范围内变化，通过对不同水力梯度测得的渗透系数取平均值的方法确定渗透系数。此外，应该指出，室内试验所得的 k 值对于被试验土样是可靠的，但由于试验采用的试样只是现场土层中的一小块，加之在取样时的扰动，都会导致不易取得具有代表性的原状土样，特别是砂土。因此，为了正确反映整个渗流区的实际情况，应选取足够数量的未扰动土样进行多次试验。

2.4 流网及其工程应用

2.4.1 流网的概念及特性

1）流网的概念

平面稳定渗流基本微分方程的解可以用渗流区平面内两簇相互正交的曲线来表示。其中一簇为流线，它代表水流的流动路径，另一簇为等势线，在任一条等势线上，各点的测压水位或总水头都在同一水平线上。工程上**把这种等势线簇和流线簇交织成的网格图形称为流网**，如图 2-10 所示。流网图可以用模拟试验和数值计算方法求得，对简单边界条件，也可用理论分析求解，甚至用目测绘制。

2）流网的特性

（1）流线与等势线两两正交。

（2）对均匀土而言，在流网网格中，网格的长度 l 与宽度 b 之比通常取为定值，一般取 1.0，使方格网成为曲边正方形。

（3）两相邻等势线间的水头差相等。

（4）任意两相邻流线间的单位渗流量相等。

相邻流线间的渗流区域称为流槽，每一流槽的单位渗流量与该流槽的等势线水头差 Δh、渗透系数 k 等有关，与流槽位置无关。

3）流网的绘制

流网的绘制方法大致有三种：解析法、实验法（常用水电比拟法）、近似作图法（也称手描法）。其中，解析法虽然严密，但数学上求解还存在较大困难。水电比拟法在操作上比较复杂，不易在工程中推广应用。目前常用的方法还是近似作图法。近似作图法的步骤大致为：先按流动趋势画出流线，然后根据流网正交性画出等势线，形成流网。如发现所画的流网不成曲边正方形时，需反复修改等势线和流线直至满足要求。

2.4.2 流网的工程应用

正确绘制流网后，可用其计算各点的水力梯度、渗透速度、渗流区的孔隙水压力，供稳定分析和渗流控制设计之用。

图 2-10 为一水坝地基的流网，假定整个流网中流线的数量为 m（包括边界线），等势线的数量为 n（包括边界等势线），上下游水头差为 h。

1）水力梯度计算

根据流网的特性，在任意两条等势线之间的水头损失相等，则任意两等势线间的水头差 Δh 为

$$\Delta h = \frac{h}{n-1} \tag{2-7}$$

式中：Δh——任意两等势线间的水头差(m)；

h——上下游水位差(m)；

n——流网的等势线数量。

对于流网中的某一网格(沿等势线方向的宽度为 a,沿流线方向的长度为 b,如图 2-10 所示),其水力梯度 i 为

$$i=\frac{\Delta h}{b} \tag{2-8}$$

式中:i——网格的水力梯度;

Δh——任意两等势线间的水头差(m);

b——网格沿流线方向的长度(m)。

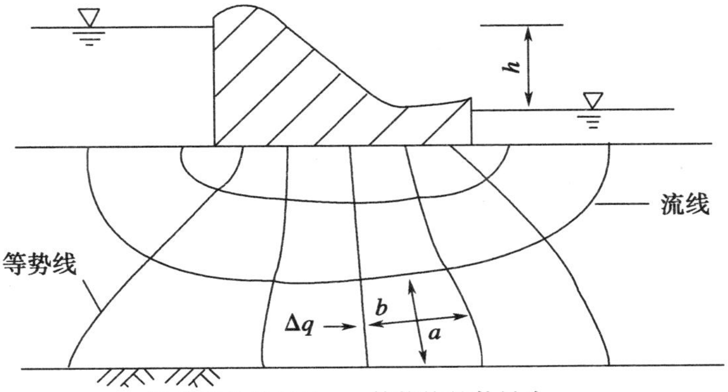

图 2-10 坝基流网

2) 渗透速度计算

计算渗流区中某一网格内的渗透速度,该网格的流线方向的长度为 b。根据式(2-2)、(2-7)、(2-8)得所求的网格内的渗透速度 v 为

$$v=k\cdot i=k\cdot\frac{\Delta h}{b}=k\cdot\frac{h}{(n-1)b} \tag{2-9}$$

式中:v——网格内的渗透速度(cm/s 或 m/s);

h——上下游水位差(cm 或 m);

b——网格的流线方向的长度(cm 或 m);

k——渗透系数(cm/s 或 m/s);

n——等势线数量。

3) 渗流量计算

根据上述流网的特性(4)可知,相邻流线间的每一流槽通过的渗流量相同,则

$$\Delta q=v\Delta A \tag{2-10}$$

式中:Δq——每相邻两流线间(即每一流槽)的单宽渗流量(cm^3/s 或 m^3/s);

v——网格内的渗透速度(cm/s 或 m/s);

ΔA——流槽的过水断面面积,$\Delta A=a\times1.0$(沿垂直于纸面方向取单位长度)。

故式(2-10)可改写为

$$\Delta q = v \cdot a \tag{2-11}$$

式中：a——网格的沿等势线方向的长度(m)。

将式(2-9)代入上式，得

$$\Delta q = \frac{kh}{(n-1)b} \cdot a = \frac{kh}{(n-1)} \cdot \frac{a}{b} \tag{2-12}$$

式中各符号意义同前。

因地基中流网的流线数目为 m，故有$(m-1)$个流槽，则从地基中渗流区流过的单宽渗流量 q(单宽是指沿垂直于纸面取单位长度)为

$$q = (m-1)\Delta q = \frac{(m-1)kh}{(n-1)} \cdot \frac{a}{b} \tag{2-13}$$

式中：q——地基中渗流区流过的单宽渗流量(cm^3/s 或 m^3/s)；

式中其他符号意义同前。

因为流网中各网格为近似曲边正方形，即 $a=b$，所以

$$\Delta q = \frac{kh}{(n-1)} \tag{2-14}$$

$$q = (m-1)\Delta q = \frac{(m-1)kh}{(n-1)} \tag{2-15}$$

式中各符号意义同前。

4) 渗透力的计算

(1) 渗透力的概念

在水头差的作用下，水在土体中渗流，将受到土颗粒的阻力，同时水也会对土施以拖曳力，两者是作用力与反作用力的关系。**单位土体内土粒所受到的拖曳力称为渗透力(或动水压力)。**

在有渗流的情况下，由于渗透力的存在，将使土体内部受力情况(包括大小和方向)发生变化。一般来说，这种变化对土体的整体稳定是不利的，但对于局部稳定的影响应具体情况具体分析。如图2-11所示，a 点，由于渗透力方向与重力方向一致，渗透力促使土体压密、强度提高，对稳定是有利的；b、c 两点的渗透力方向与重力近乎正交，使土粒有向下游方向移动的趋势，对稳定不利；d 点的渗透力方向向上，与重力相反，对稳定最为不利，尤其是当向上的渗透力大于土体的有效重力时，土粒将被渗透水冲出，造成流土破坏，如不及时防治，将会引起整个建筑物的失稳。

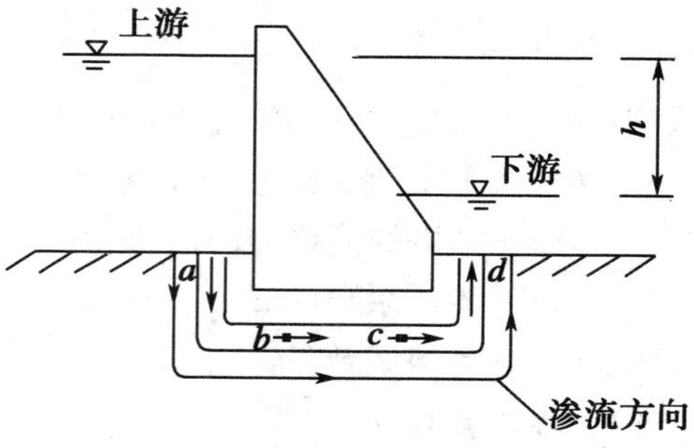

图2-11　水在土中的渗透力

在实际工程中像上述的自下而上的渗流情况很多，如在有地下水的情况下开挖基坑底部发生的渗流；开挖渠道时底部发生的渗流；在饱和软黏土地基上加载，把地基中的水自下而上挤出来形成的渗流等。当渗透力大于土体的有效重力时，土颗粒完全失重，随渗透水一

起悬浮和上涌，也完全失去抗剪强度。这时的土表层就变得完全像液体一样，即地层遭到破坏，产生流荡、大规模用水、涌土，最终导致工程场地受到严重破坏，这种破坏现象称为流土。工程中，流土现象易在粉细砂、粉土地层中发生，故也成为流砂。黏土不易发生流土，因为其渗透系数 k 很小，黏土颗粒间的联结强度较高。此外，中粗砂、砾砂，颗粒较大，通常不会发生流土。

(2) 渗透力的计算

作用在单位土体内土粒上的渗透力为

$$j = \gamma_w i \tag{2-16}$$

式中：j—— 渗透力(kN/m^3)；

i——水力梯度；

γ_w——水的重度(kN/m^3)。

因为 i 为无量纲数，所以渗透力的量纲与重度的相同，是一种体积力。渗透力的作用方向与水流方向一致，其大小随 i 的增加而增加。

由以上流网的工程应用可知，由流网的疏密情况可确定水力梯度、渗透速度、渗透力的分布情况。流网中网格疏处，水力梯度小，渗透速度小，渗透力也小；网格密处，水力梯度大，渗透速度大，渗透力也大。

【例 2-1】 板桩支挡结构如图 2-12 所示，由于基坑内外土层存在水位差而发生渗流，渗流流网如图中所示。已知土层渗透系数 $k=2.5\times10^{-3}$ cm/s，A 点、B 点分别位于基坑底面以下 1.2 m 和 2.8 m。试求：

(1) 整个渗流区的单位宽度流量 q；

(2) AB 段的平均渗透速度 v_{AB}。

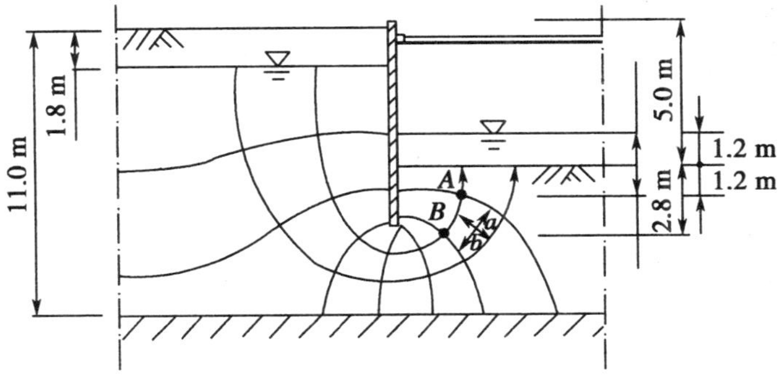

图 2-12 板桩支挡结构中的土的渗透计算

【解】 (1) 基坑内外的总水头差：

$$h = (11.0 - 1.8) - (11.0 - 5.0 + 1.2) = 2 \text{ m}$$

流网图中共有 4 条流线，9 条等势线，即 $n=9$，$m=4$。在流网中选取一网格，如 A，B 点所在的网格，其长度与宽度为 $a=b=1.5$ m，则根据式(2-15)求得整个渗流区的单宽渗流量 q 为

$$q=\frac{(4-1)\times2.5\times10^{-3}\times10^{-2}\times2}{(9-1)}=1.875\ \mathrm{m^3/s\cdot m}=1.62\ \mathrm{m^3/d\cdot m}$$

(2) 任意两等势线间的水头差：

$$\Delta h=\frac{h}{n-1}=\frac{2}{9-1}=0.25\ \mathrm{m}$$

由式(2-9)可求得 AB 段的平均渗透速度：

$$v_{AB}=k\cdot\frac{\Delta h}{b}=2.5\times10^{-3}\times10^{-2}\times\frac{0.25\times10^3}{1.5\times10^3}=0.42\times10^{-3}\ \mathrm{cm/s}$$

思考与练习

一、选择题

1. 影响黏性土渗透性的主要因素是(　　)。

A. 土的有效粒径　　B. 黏土矿物表面活性作用

C. 原状结构土的孔隙比的大小　　D. B+C

2. 如图习题图 2-1，土样装在直径 0.2 m、测量长度 0.8 m 的圆桶中，测得水头差 0.2 m，流量 0.01 m³/d，则渗透系数为(　　)m/d。

A. 1.273　　B. 0.256 5

C. 0.318 3　　D. 0.636 5

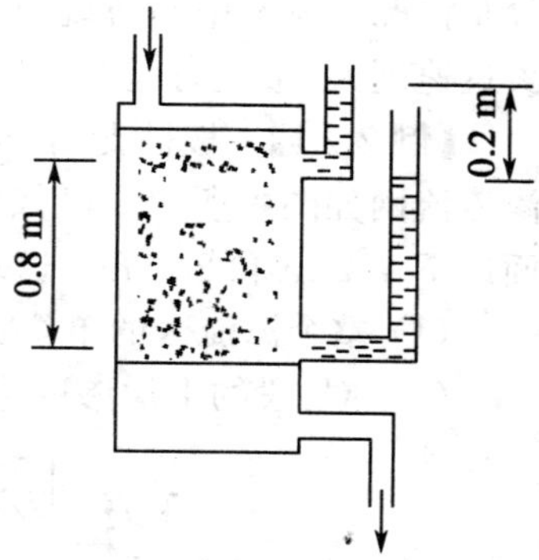

习题图 2-1

二、简答题

1. 达西定律的含义是什么？适用于什么情况？如果在砾石中渗流，水力坡降较大时，达西定律是否仍适用？

2. 达西定律中的渗透速度与实际渗透速度有什么不同？它们是什么关系？

3. 为何选用不同的渗透试验方法？各适用于什么情况？

4. 影响渗透系数的因素有哪些？

5. 流网的特性有哪些？

6. 什么情况下会发生流土现象？

三、计算题

1. 习题图 2-2 所示为一简单的常水头渗透试验装置，试样的截面面积为 120 cm²，若经 10 s，由量筒测得流经试样的水量为 150 cm³，试问试样的渗透系数为多少？

2. 设做变水头渗透试验的黏土试样的截面面积为 30 cm²，厚度为 4cm，渗透仪细玻璃管的内径为 0.4 cm，试验开始时的水位差为 145 cm，经时段 7 min 25 s 观察到水位差为 130 cm，试验时的水温为 20℃，试求试样的渗透系数。

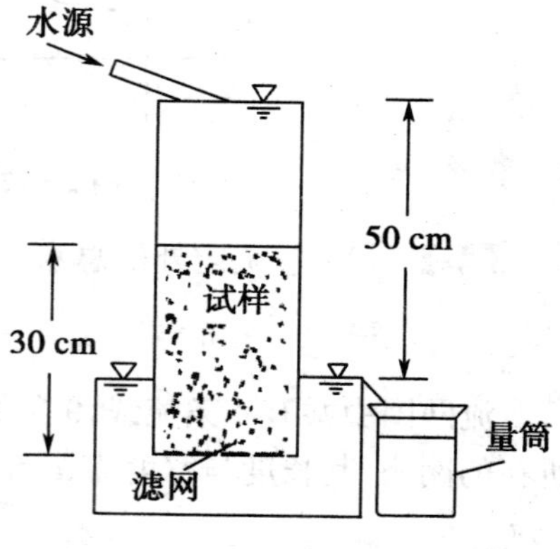

习题图 2-2

3 土中应力分布及计算

本章概要：了解地基土中应力的主要类型，熟悉其分布规律，掌握土的自重应力、基底压力和基底附加压力的含义和计算；理解地基附加应力的含义，熟悉不同荷载类型；不同作用面积下附加压力的计算方法。

本章重点：土的自重应力、基底压力计算。

3.1 概　　述

为了计算地基沉降以及对地基进行强度与稳定性分析，必须知道土中应力分布。**土中应力包括土的自重应力和附加应力。土的自重应力是在未建造基础前，由土体本身重力引起的应力；附加应力是由建筑物荷载或地基堆载等在土中引起的应力（新增应力）。**

一般自重应力不产生地基变形（新填土除外）；而附加应力是产生地基变形的主要原因。

土中应力求解通常利用弹性理论，即假定地基土是均匀、连续、各向同性的半无限空间线性变形体。这样的假定与土的实际情况不符，因为土是成层的非均质的各向异性体。但该方法计算简单，并且当应力变化不大时，计算结果与实际较为接近，可以满足实际工程的需要。

3.2 土中自重应力

3.2.1 均质土的自重应力

当把地基土视为均质的半无限空间体时，土体在自重作用下只能产生竖向变形，而无侧向位移和剪切变形。因此，在深度 z 处平面上，土体因自身重力产生的竖向应力 σ_{cz}（以后简称自重应力）等于单位面积上土柱体的重力，如图 3-1 所示。即

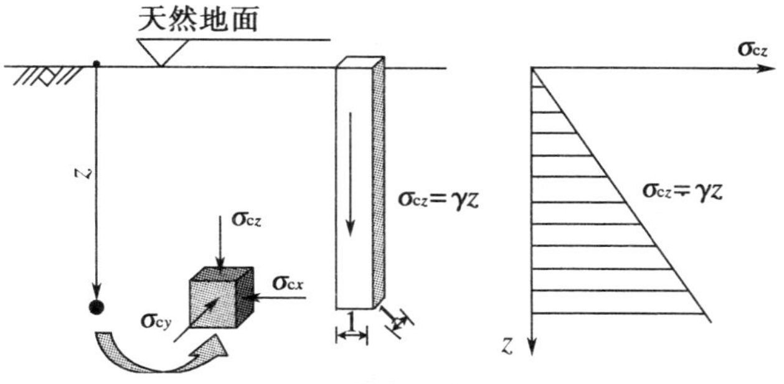

图 3-1　土的自重应力分布图

$$\sigma_{cz} = \gamma z \tag{3-1}$$

式中：γ——土的重度。

从公式(3－1)可知，自重应力沿水平面均匀分布，随深度 z 线性增加，呈三角形分布图形。

地基中除有作用于水平面上的竖向自重应力外，在竖直面上还作用有水平的侧向自重应力。由于土柱体在重力作用下无侧向变形和剪切变形，可以证明，侧向自重应力 σ_{cx} 和 σ_{cy} 与 σ_{cz} 成正比，剪应力均为零，即

$$\sigma_{cx} = \sigma_{cy} = K_0\sigma_{cz} \tag{3-2}$$

$$\tau_{xy} = \tau_{yz} = \tau_{zx} = 0 \tag{3-3}$$

式中：K_0——土的侧压力系数或静止土压力系数，由实测或按以下经验公式确定：

$$K_0 = 1 - \sin\varphi \tag{3-4}$$

式中：φ——土的内摩擦角。

3.2.2 成层土的自重应力

通常地基土为成层土或有地下水存在，各层土的重度不同。如图 3－2 所示，若各土层的厚度为 h_i，重度为 γ_i，则在深度 z 处土的自重应力可通过对各层土自重应力的累加求得，即

$$\sigma_{cz} = \gamma_1 h_1 + \gamma_2 h_2 + \cdots + \gamma_n h_n = \sum_{i=1}^{n} \gamma_i h_i \tag{3-5}$$

式中：γ_i——第 i 层土的天然重度，对地下水位以下的土层取有效重度 γ'_i(kN/m^3)；

h_i——第 i 层土的厚度(m)；

n——从天然地面到深度 z 处土的层数。

由于只有通过土粒接触点传递的粒间应力才能使土粒相互挤密，从而引起地基的变形，而且粒间应力对地基土的强度具有重要影响，因此，粒间应力又称为有效应力。土的自重应力可定义为土自身有效重力在土体中引起的应力。土中竖向和侧向自重应力一般均指有效应力。所以，对地下水位以下土层必须用有效重度 γ' 代替天然重度 γ。

由图 3－2 可知，自重应力分布曲线的变化规律为：

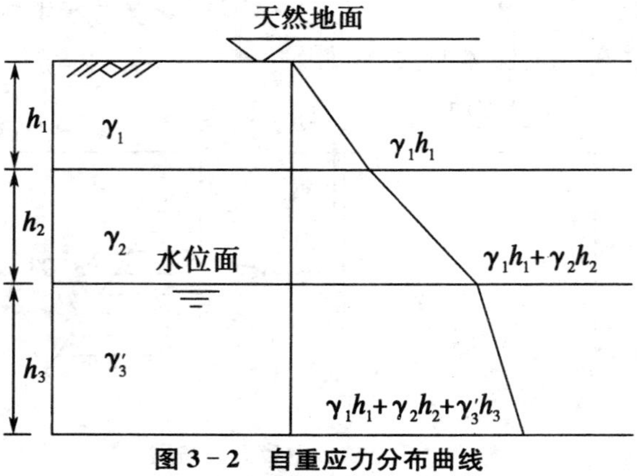

图 3－2　自重应力分布曲线

(1) 土的自重应力分布曲线是一条折线，拐点在土层交界处和地下水位处。

(2) 同一层土的自重应力按直线变化。

(3) 自重应力随深度的增加而增大。

如果地下水位以下存在不透水层(如岩层或只含结合水的坚硬黏土层)，由于不透水层中不存在水的浮力，所以层面及以下的自重应力应按上覆土层的水土总重计算。

【例 3-1】 某工程地基土层及其物理性质指标如图 3-3 所示，试计算土中自重应力并绘出分布图。

【解】 $\sigma_{cz1} = \gamma_1 h_1 = 17.5 \times 2.0 = 35$ kPa

$\sigma_{cz2} = \gamma_1 h_1 + \gamma'_2 h_2 = 35 + (17.9 - 10) \times 2.5 = 54.75$ kPa

$\sigma_{cz3} = \gamma_1 h_1 + \gamma'_2 h_2 + \gamma'_3 h_3 = 54.75 + (19.3 - 10) \times 4.0 = 91.95$ kPa

绘出土层中的自重应力 σ_{cz} 分布如图 3-3 所示。

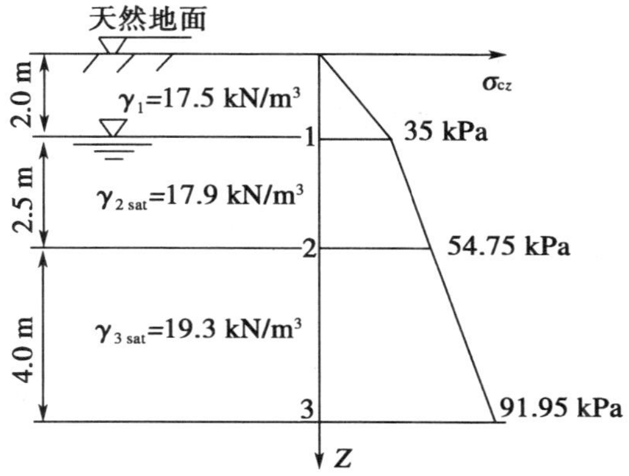

图 3-3 土的自重应力计算及分布

3.3 基础底面压力计算及分布

建筑物的荷载通过基础传给地基，在基础底面与地基之间产生接触压力，称为基底压力。它既是基础作用于地基表面的力，又是地基作用于基础的地基反力。要计算上部荷载在地基中产生的附加应力，就必须首先研究基底压力的大小与分布规律。

3.3.1 基底压力的分布

基底压力的分布与基础的大小和刚度、荷载的大小和分布、地基土的性质、基础埋置深度等许多因素有关，它涉及上部结构、基础和地基相互作用的问题。实测表明，基底压力的分布有以下几种形态。

1) 柔性基础

柔性基础如土坝、路基等，抗弯刚度很小，如同放在地基上的柔软薄膜，在竖向荷载作用下没有抵抗弯曲变形的能力，基础随着地基一起变形，基础底面的沉降中部大而边缘小。因此，基底压力的分布与上部荷载分布情况相同，如图 3-4(a)所示。如果要使柔性基础底面各点沉降相同，则必定要增加边缘荷载，减少中部荷载，如图 3－4(b)所示。

(a) 荷载均布时　(b) 沉降均匀时

图 3－4　柔性基础基底压力分布

2）刚性基础

刚性基础如箱形基础、素混凝土基础等，抗弯刚度很大，受荷后基础不挠曲。如上述柔性基础各点沉降相同的情况，在中心荷载作用下，刚性基础的基底压力分布也是边缘大、中部小。但由于基础边缘地基土塑性变形的产生，基础边缘处的基底压力不可能超过一定的数值，压力发生重分布。因此，开始时基底压力呈马鞍形分布，中间小而边缘大；随着荷载增大，边缘地基土塑性区逐渐扩大，边缘基底压力不再增加，应力向基础中心转移，使基底压力呈抛物线分布；若荷载继续增大，接近地基的破坏荷载时，基底压力会继续发展呈钟形分布，如图 3－5 所示。

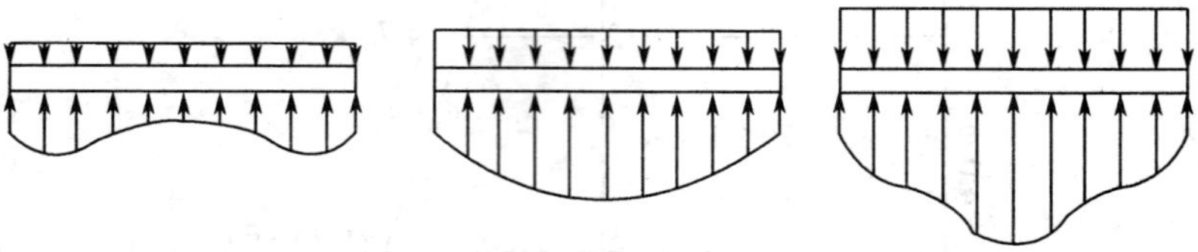

(a) 马鞍形　(b) 抛物线形　(c) 钟形

图 3－5　刚性基础基底压力分布

实际工程中，基础介于柔性和绝对刚性之间，一般具有较大的刚度。由于受到地基承载力的限制，作用在基础上的荷载不会太大，基础又有一定的埋深，基底压力大多属于马鞍形分布，比较接近直线。因此，工程中近似认为基底压力按直线分布，按照材料力学公式简化计算。

3.3.2　基底压力的简化计算

1）轴心受压基础

基础所受荷载的合力通过基底形心，假定基底压力为均匀分布，如图 3－6 所示，则

$$p_k = \frac{F_k + G_k}{A} \tag{3-6}$$

式中：p_k——相应于荷载效应标准组合时，基础底面处的平均压力值(kPa)；

F_k——相应于荷载效应标准组合时，上部结构传至基础顶面的竖向力值(kN)；

G_k——基础自重和基础上的土重(kN)；$G_k = \gamma_G A d$，其中 γ_G 为基础和回填土的平均重度，一般取 20 kN/m^3，但在地下水位以下应取有效重度；

d——基础埋深，必须从设计地面或室内外平均设计地面算起(m)；

A——基础底面面积(m^2)。

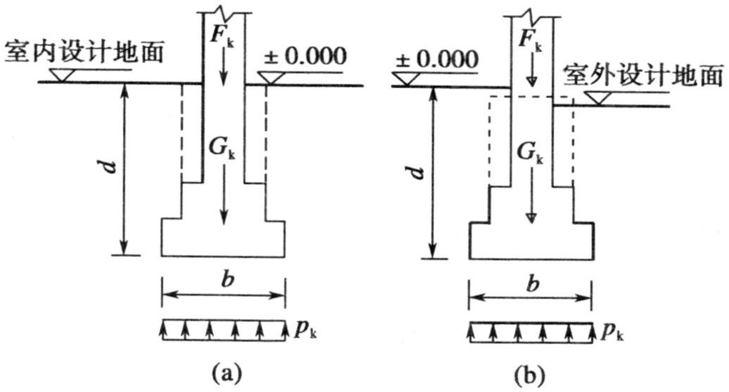

图 3-6　中心荷载作用下基底压力分布

对于基础 $l/b \geqslant 10$ 的条形基础，通常沿基础长度方向取 1 m 来计算，此时公式(3-6)中 A 取基础宽度 b，而 F_k 和 G_k 则为每延米内的相应值，单位为 kN/m。

2) 偏心受压基础

单向偏心荷载作用下，通常将基底长边方向取与偏心方向一致，如图 3-7 所示，此时基底边缘压力如下式：

$$p_{\rm kmin}^{\rm kmax} = \frac{F_k + G_k}{bl} \pm \frac{M_k}{W} = \frac{F_k + G_k}{bl}\left(1 \pm \frac{6e}{l}\right) \quad (3-7)$$

式中：$p_{\rm kmax}$，$p_{\rm kmin}$——相应于荷载效应标准组合时，基础底面边缘的最大、最小压力值(kPa)；

M_k——相应于荷载效应标准组合时，作用于基础底面的力矩值(kN·m)；

W——基础底面的抵抗矩($\rm m^3$)；

$$W = \frac{bl^2}{6}$$

e——偏心距(m)。

$$e = \frac{M_k}{F_k + G_k}$$

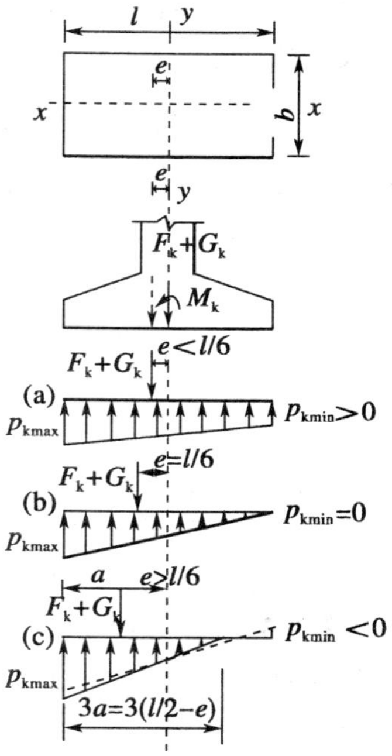

图 3-7　偏心荷载作用下基底压力分布的几种情形

由式(3-7)可知，按照荷载偏心距 e 的大小，基底压力的分布可能出现如下三种情况：

(1) 当 $e<l/6$ 时，$p_{\rm kmin}>0$，基底压力呈梯形分布，如图 3-7(a)所示；

(2) 当 $e=l/6$ 时，$p_{\rm kmin}=0$，基底压力呈三角形分布，如图 3-7(b)所示；

(3) 当 $e>l/6$ 时，$p_{\rm kmin}<0$，地基反力出现拉力，如图 3-7(c)所示。

由于地基土不可能承受拉力，此时产生拉应力部分的基底将与地基土局部脱开，使基底压力重新分布。根据偏心荷载与基底压力的平衡条件，偏心荷载合力 F_k+G_k 作用线应通过三角形基底压力分布图的形心，由此得出

$$\frac{3a}{2}p_{kmax}b = F_k + G_k$$

即
$$p_{kmax} = \frac{2(F_k + G_k)}{3ab} = \frac{2(F_k + G_k)}{3b(l/2 - e)} \tag{3-8}$$

3.3.3 基底附加压力

基础通常埋置在天然地面以下一定深度处，该处原有自重应力因基坑开挖而被卸除。由于天然土层在自重作用下的变形已经完成，因此只有超出基底处原有自重应力的那部分应力才使地基产生附加变形。使地基产生附加变形的基底压力称为基底附加压力 p_0。因此，基底附加压力是上部结构和基础传至基底的基底压力与基底处原有的自重应力之差，按下式计算（如图 3－8）：

$$p_0 = p_k - \sigma_{cz} = p_k - \gamma_0 d \tag{3-9}$$

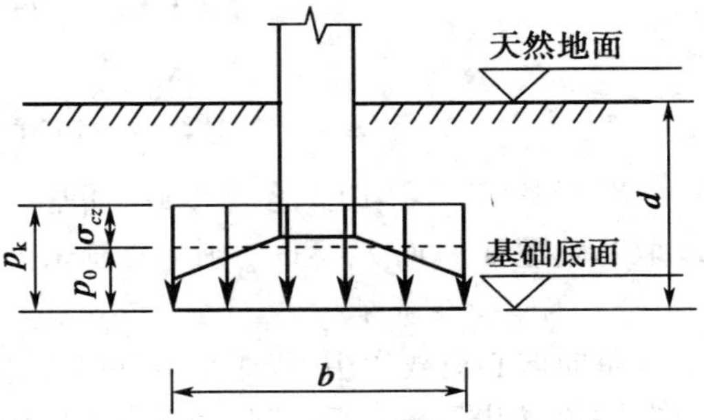

图 3－8　基底附加压力计算

式中：σ_{cz}——基底处土的自重应力标准值（kPa）；

γ_0——基础底面标高以上天然土层的加权平均重度，其中地下水位以下的土层用有效重度计算；

$$\gamma_0 = \frac{\gamma_1 h_1 + \gamma_2 h_2 + \cdots + \gamma_n h_n}{h_1 + h_2 + \cdots + h_n}(\mathrm{kN/m^3})$$

d——基础埋置深度（m）。

需要指出的是，以上公式用于地基承载力计算；如果用于计算地基变形量，所求基底压力和基底附加压力则为相应于荷载效应准永久组合时的压力值。

【例 3－2】 某矩形单向偏心受压基础，基础底面尺寸为 b=2 m，l=3 m。其上作用荷载如图 3－9 所示，F_k=300 kN，M_k=120 kN·m，试计算基底压力（绘出分布图）和基底附加压力。

【解】（1）基础及其上回填土的重量

$$G_k = 20 \times 2 \times 3 \times 1.5 = 180 \text{ kN}$$

（2）偏心距

$$e = \frac{M_k}{F_k + G_k} = \frac{120}{300 + 180}$$
$$= 0.25 \text{ m} < \frac{l}{6} = 0.5 \text{ m}$$

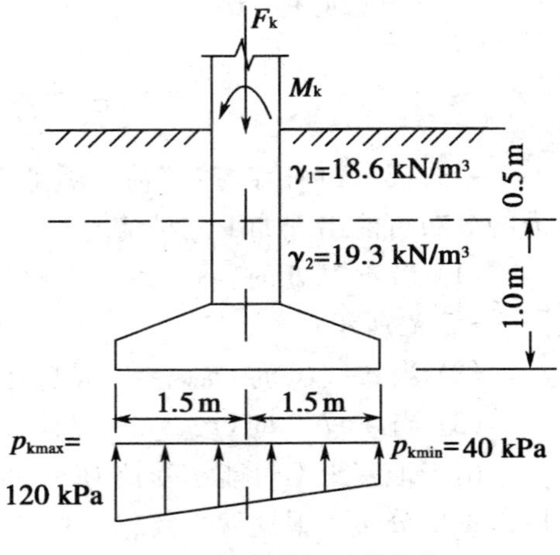

图 3－9　基底附加压力分布

(3) 基底压力

$$p_{kmin}^{kmax}=\frac{F_k+G_k}{bl}\pm\frac{M_k}{W}=\frac{F_k+G_k}{bl}\left(1\pm\frac{6e}{l}\right)$$

$$=\frac{300+180}{2\times3}\left(1\pm\frac{6\times0.25}{3}\right)=80\times(1\pm0.5)=\begin{matrix}120\\40\end{matrix}\ \text{kPa}$$

基底压力的分布图形见图 3-9 所示。

(4) 基底以上土的加权平均重度

$$\gamma_0=\frac{\gamma_1h_1+\gamma_2h_2}{h_1+h_2}=\frac{18.6\times0.5+19.3\times1.0}{0.5+1.0}=19.07\ \text{kN/m}^3$$

(5) 基底附加压力

$$p_{0min}^{0max}=p_{kmin}^{kmax}-\gamma_0d=\begin{matrix}120\\40\end{matrix}-19.07\times1.5=\begin{matrix}91.4\\11.4\end{matrix}\ \text{kPa}$$

3.4 地基土中附加应力

地基土中的附加应力是由建筑物荷载所引起的应力增量，目前采用弹性理论求解的方法计算。因此，需对地基做如下假设：

(1) 地基是半无限空间弹性体。

(2) 地基土是均匀连续的，即变形模量 E 和侧膨胀系数 μ 各处相等。

(3) 地基土是等向的，即各向同性的，同一点的 E 和 μ 各个方向相等。

即假设地基是均匀连续、各向同性的半无限空间弹性体。按照弹性力学，地基附加应力计算分为空间问题（如集中力、矩形荷载、圆形荷载）和平面问题（如线荷载、条形荷载）。

3.4.1 竖向集中力作用下地基附加应力

在半无限空间弹性体表面作用一个竖向集中力时，如图 3-10，在半空间内任一点所引起的应力和位移的弹性力学解由法国人布西奈斯克(J. Boussinesq, 1885)求得。其中在建筑工程中常用的竖向附加应力 σ_z 表达式为

$$\sigma_z=\frac{3p}{2\pi}\cdot\frac{z^3}{R^5}=\alpha\frac{p}{z^2}\qquad(3-10)$$

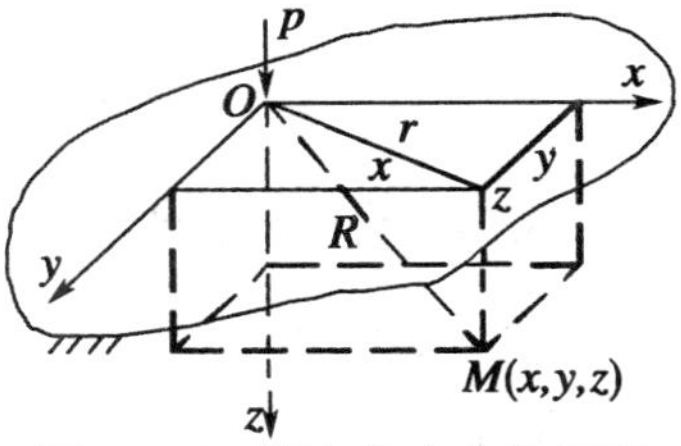

图 3-10 竖向集中力作用下土中附加应力

式中：α——竖向集中力作用下地基竖向附加应力系数，可由式(3-11)计算，也可由表 3-1 查得。

$$\alpha=\frac{3}{2\pi[1+(r/z)^2]^{5/2}}\qquad(3-11)$$

表 3－1　竖向集中荷载作用下地基竖向附加应力系数 α

r/z	α	r/z	α	r/z	α	r/z	α	r/z	α
0.00	0.477 5	0.50	0.273 3	1.00	0.084 4	1.50	0.025 1	2.00	0.008 5
0.05	0.474 5	0.55	0.246 6	1.05	0.074 4	1.55	0.022 4	2.20	0.005 8
0.10	0.465 7	0.60	0.221 4	1.10	0.065 8	1.60	0.020 0	2.40	0.004 0
0.15	0.451 6	0.65	0.197 8	1.15	0.058 1	1.65	0.017 9	2.60	0.002 9
0.20	0.432 9	0.70	0.176 2	1.20	0.051 3	1.70	0.016 0	2.80	0.002 1
0.25	0.410 3	0.75	0.156 5	1.25	0.045 4	1.75	0.014 4	3.00	0.001 5
0.30	0.384 9	0.80	0.138 6	1.30	0.040 2	1.80	0.012 9	3.50	0.000 7
0.35	0.357 7	0.85	0.122 6	1.35	0.035 7	1.85	0.011 6	4.00	0.000 4
0.40	0.329 4	0.90	0.108 3	1.40	0.031 7	1.90	0.010 5	4.50	0.000 2
0.45	0.301 1	0.95	0.095 6	1.45	0.028 2	1.95	0.009 5	5.00	0.000 1

对公式(3－10)进行分析，可以得到集中力作用下地基附加应力 σ_z 的分布特征，如图3－11所示。在荷载轴线上，$r=0$，竖向附加应力 σ_z 随着深度 z 的增加而减小；在任一水平线上，深度 z 为定值，当 $r=0$ 时，σ_z 最大，但随着 r 的增大，σ_z 逐渐减小；在 $r>0$ 的竖直线上，当 $z=0$ 时，$\sigma_z=0$，随着 z 的增大，σ_z 逐渐增大，但当 z 增大到一定深度时，σ_z 由最大值逐渐减小。

如果将地基中 σ_z 相同的点连接起来，便得到如图 3－12 所示的附加应力 σ_z 的等值线。由图可知，附加应力呈泡状向四周扩散分布，距离集中力作用点越远，附加应力就越小。

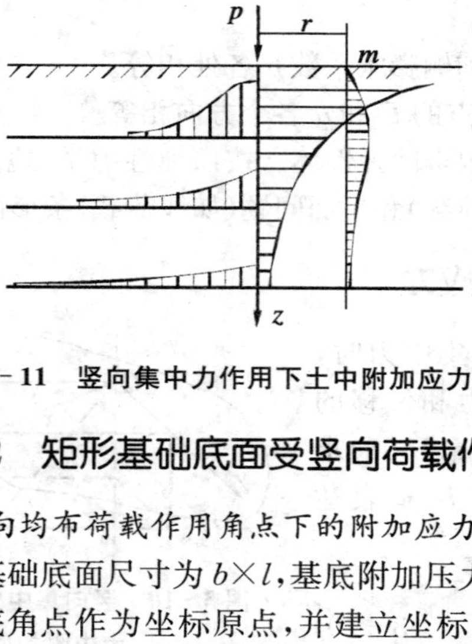

图 3－11　竖向集中力作用下土中附加应力分布

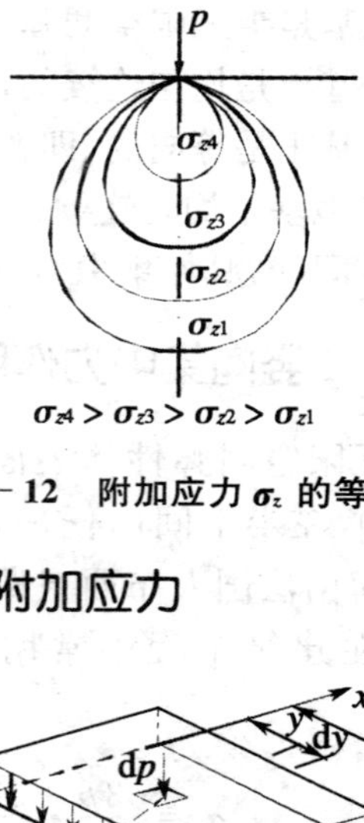

图 3－12　附加应力 σ_z 的等值线

3.4.2　矩形基础底面受竖向荷载作用时地基中附加应力

1）竖向均布荷载作用角点下的附加应力

矩形基础底面尺寸为 $b\times l$，基底附加压力均匀分布。将基底角点作为坐标原点，并建立坐标系，如图3－13所示。在矩形内取一微面积 $dxdy$，微面积上的荷载为 $dp=p_0dxdy$，则在角点下任一深度 z 处的 M 点由集中力 dp 引起的竖向附加应力 $d\sigma_z$ 可由公式(3－10)求得

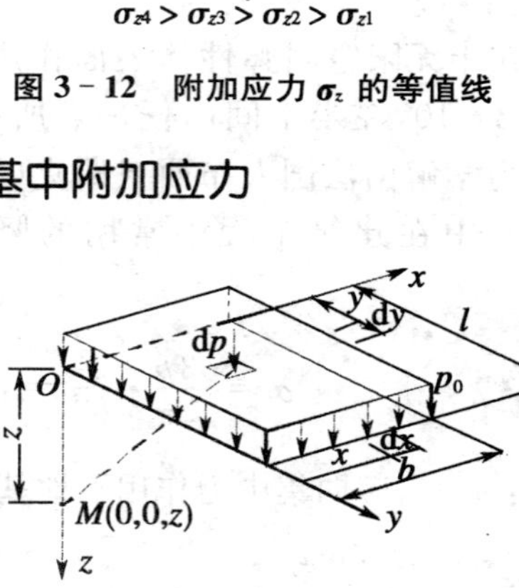

图 3－13　均布矩形荷载角点下的附加应力

$$d\sigma_z=\frac{3}{2\pi}\times\frac{p_0z^3}{(x^2+y^2+z^2)^{5/2}}dxdy \tag{3-12}$$

将其在基底范围内进行积分，即得

$$\sigma_z = \iint_A \mathrm{d}\sigma_z = \frac{3p_0 z^3}{2\pi}\int_0^b\int_0^l \frac{1}{(x^2+y^2+z^2)^{5/2}}\mathrm{d}x\mathrm{d}y$$

$$= \frac{p_0}{2\pi}\left[\frac{blz(b^2+l^2+2z^2)}{(b^2+z^2)(l^2+z^2)\sqrt{b^2+l^2+z^2}} + \arctan\frac{bl}{z\sqrt{b^2+l^2+z^2}}\right] \tag{3-13}$$

令

$$\alpha_c = \frac{1}{2\pi}\left[\frac{blz(b^2+l^2+2z^2)}{(b^2+z^2)(l^2+z^2)\sqrt{b^2+l^2+z^2}} + \arctan\frac{bl}{z\sqrt{b^2+l^2+z^2}}\right]$$

则

$$\sigma_z = \alpha_c p_0 \tag{3-14}$$

式中：α_c——矩形基础底面受竖向均布荷载作用时角点下土的竖向附加应力系数，由 $m=l/b$、$n=z/b$ 查表 3-2 求得，但需注意，l 为基底长边，b 为基底短边；

p_0——基底附加压力；

z——由基础底面起算的地基深度。

表 3-2　竖向均布矩形荷载角点下土的竖向附加应力系数 α_c

$n=z/b$	$m=l/b$											
	1.0	1.2	1.4	1.6	1.8	2.0	3.0	4.0	5.0	6.0	10.0	≥10
0.0	0.250	0.250	0.250	0.250	0.250	0.250	0.250	0.250	0.250	0.250	0.250	0.250
0.2	0.249	0.249	0.249	0.249	0.249	0.249	0.249	0.249	0.249	0.249	0.249	0.249
0.4	0.240	0.242	0.243	0.243	0.244	0.244	0.244	0.244	0.244	0.244	0.244	0.244
0.6	0.223	0.228	0.230	0.232	0.232	0.233	0.234	0.234	0.234	0.234	0.234	0.234
0.8	0.200	0.207	0.212	0.215	0.216	0.218	0.220	0.220	0.220	0.220	0.220	0.220
1.0	0.175	0.185	0.191	0.195	0.198	0.200	0.203	0.204	0.204	0.204	0.205	0.205
1.2	0.152	0.163	0.171	0.176	0.179	0.182	0.187	0.188	0.189	0.189	0.189	0.189
1.4	0.131	0.142	0.151	0.157	0.161	0.164	0.171	0.173	0.174	0.174	0.174	0.174
1.6	0.112	0.124	0.133	0.140	0.145	0.148	0.157	0.159	0.160	0.160	0.160	0.160
1.8	0.097	0.108	0.117	0.124	0.129	0.133	0.143	0.146	0.147	0.148	0.148	0.148
2.0	0.084	0.095	0.103	0.110	0.116	0.120	0.131	0.135	0.136	0.137	0.137	0.137
2.2	0.073	0.083	0.092	0.098	0.104	0.108	0.121	0.125	0.126	0.127	0.128	0.128
2.4	0.064	0.073	0.081	0.088	0.093	0.098	0.111	0.116	0.118	0.118	0.119	0.119
2.6	0.057	0.065	0.072	0.079	0.084	0.089	0.102	0.107	0.110	0.111	0.112	0.112
2.8	0.050	0.058	0.065	0.071	0.076	0.080	0.094	0.100	0.102	0.104	0.105	0.105
3.0	0.045	0.052	0.058	0.064	0.069	0.073	0.087	0.093	0.096	0.097	0.099	0.099
3.2	0.040	0.047	0.053	0.058	0.063	0.067	0.081	0.087	0.090	0.092	0.093	0.094
3.4	0.036	0.042	0.048	0.053	0.057	0.061	0.075	0.081	0.085	0.086	0.088	0.089
3.6	0.033	0.038	0.043	0.048	0.052	0.056	0.069	0.076	0.080	0.082	0.084	0.084
3.8	0.030	0.035	0.040	0.044	0.048	0.052	0.065	0.072	0.075	0.077	0.080	0.080
4.0	0.027	0.032	0.036	0.040	0.044	0.048	0.060	0.067	0.071	0.073	0.076	0.076
4.2	0.025	0.029	0.033	0.037	0.041	0.044	0.056	0.063	0.067	0.070	0.072	0.073
4.4	0.023	0.027	0.031	0.034	0.038	0.041	0.053	0.060	0.064	0.066	0.069	0.070
4.6	0.021	0.025	0.028	0.032	0.035	0.038	0.049	0.056	0.061	0.063	0.066	0.067
4.8	0.019	0.023	0.026	0.029	0.032	0.035	0.046	0.053	0.058	0.060	0.064	0.064
5.0	0.018	0.021	0.024	0.027	0.030	0.033	0.043	0.050	0.055	0.057	0.061	0.062
6.0	0.013	0.015	0.017	0.020	0.022	0.024	0.033	0.039	0.043	0.046	0.051	0.052
7.0	0.009	0.011	0.013	0.015	0.016	0.018	0.025	0.031	0.035	0.038	0.043	0.045
8.0	0.007	0.009	0.010	0.011	0.013	0.014	0.020	0.025	0.028	0.031	0.037	0.039

续表 3-2

$n=z/b$	$m=l/b$											
	1.0	1.2	1.4	1.6	1.8	2.0	3.0	4.0	5.0	6.0	10.0	≥10
9.0	0.006	0.007	0.008	0.009	0.010	0.011	0.016	0.020	0.024	0.026	0.032	0.035
10.0	0.005	0.006	0.007	0.007	0.008	0.009	0.013	0.017	0.020	0.022	0.028	0.032
12.0	0.003	0.004	0.005	0.005	0.006	0.006	0.009	0.012	0.014	0.017	0.022	0.026
14.0	0.002	0.003	0.004	0.004	0.004	0.005	0.007	0.009	0.011	0.013	0.018	0.023
16.0	0.002	0.002	0.003	0.003	0.003	0.004	0.005	0.007	0.009	0.010	0.014	0.020
18.0	0.001	0.002	0.002	0.002	0.003	0.003	0.004	0.006	0.007	0.008	0.012	0.018
20.0	0.001	0.001	0.002	0.002	0.002	0.002	0.004	0.005	0.006	0.007	0.010	0.016
25.0	0.001	0.001	0.001	0.001	0.001	0.002	0.002	0.003	0.004	0.004	0.007	0.013
30.0	0.001	0.001	0.001	0.001	0.001	0.001	0.002	0.002	0.003	0.003	0.005	0.011
35.0	0.000	0.000	0.001	0.001	0.001	0.001	0.001	0.002	0.002	0.002	0.004	0.009
40.0	0.000	0.000	0.000	0.000	0.001	0.001	0.001	0.001	0.001	0.002	0.003	0.008

2）竖向均布荷载作用任意点下的附加应力

如图 3-14，若要求解地基中任意点 o 下的附加应力，可通过 o 点将荷载面积划分为若干矩形面积，使 o 点处于划分的这若干个矩形面积的共同角点上，再利用公式(3-14)和应力叠加原理即可求得，这种方法称为角点法。

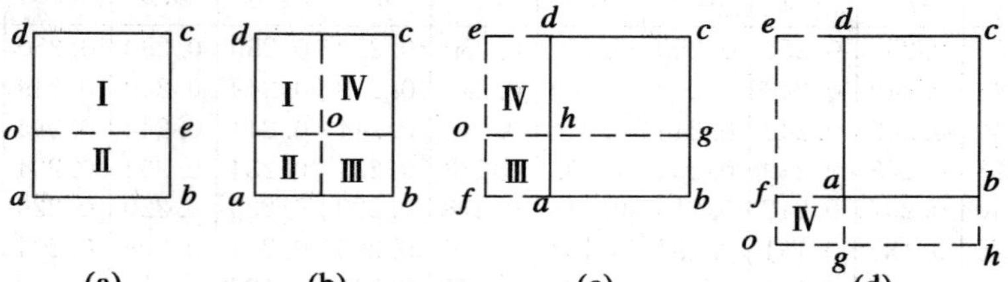

图 3-14 角点法计算均布矩形荷载下地基附加应力

(1) 矩形基础底面边上 o 点下的附加应力，如图 3-14(a)所示

$$\sigma_z = (\alpha_{c\mathrm{I}} + \alpha_{c\mathrm{II}})p_0 \tag{3-15}$$

式中：$\alpha_{c\mathrm{I}}$，$\alpha_{c\mathrm{II}}$——分别表示相应于面积Ⅰ、面积Ⅱ角点下的附加应力系数。但需注意，l 为任一矩形荷载面的长边，b 则为短边，以下相同。

(2) 矩形基础底面以内 o 点下的附加应力，如图 3-14(b)所示

$$\sigma_z = (\alpha_{c\mathrm{I}} + \alpha_{c\mathrm{II}} + \alpha_{c\mathrm{III}} + \alpha_{c\mathrm{IV}})p_0 \tag{3-16}$$

(3) 矩形基础底面边缘以外 o 点下的附加应力，如图 3-14(c)所示

此时荷载面 $abcd$ 可看作由Ⅰ($ofbg$)与Ⅲ($ofah$)之差和Ⅱ($oecg$)与Ⅳ($oedh$)之差合成的，因此

$$\sigma_z = (\alpha_{c\mathrm{I}} + \alpha_{c\mathrm{II}} - \alpha_{c\mathrm{III}} - \alpha_{c\mathrm{IV}})p_0 \tag{3-17}$$

(4) 矩形基础底面角点以外 o 点下的附加应力，如图 3-14(d)所示

此时荷载面 $abcd$ 可看作由Ⅰ($ohce$)扣除Ⅱ($ohbf$)和Ⅲ($ogde$)之后再加上Ⅳ($ogaf$)而成的，因此

$$\sigma_z = (\alpha_{c\mathrm{I}} - \alpha_{c\mathrm{II}} - \alpha_{c\mathrm{III}} + \alpha_{c\mathrm{IV}})p_0 \tag{3-18}$$

【例 3-3】 如图 3-15 所示，某矩形轴心受压基础，基础底面尺寸为 $b=2$ m，$l=3$ m，基础埋深 $d=1.0$ m，基底附加压力 $p_0=100$ kPa，试计算基础中点下土的附加应力并绘出应力分布图。

【解】 采用角点法，将基底划分为四块相同的小矩形，则小矩形面积的长边 $l=1.5$ m，短边 $b=1$ m，$m=l/b=1.5/1=1.5$。基础中点下土的附加应力 $\sigma_z=4\alpha_{c\mathrm{I}}\,p_0$，计算过程见下表。

点	z(m)	z/b	$\alpha_{c\mathrm{I}}$	$\sigma_z=4\alpha_{c\mathrm{I}}\,p_0$(kPa)
0	0	0	0.250	100
1	0.8	0.8	0.214	85.6
2	1.6	1.6	0.137	54.8
3	2.4	2.4	0.085	34.0
4	3.2	3.2	0.056	22.4
5	4.0	4.0	0.038	15.2
6	4.8	4.8	0.028	11.2

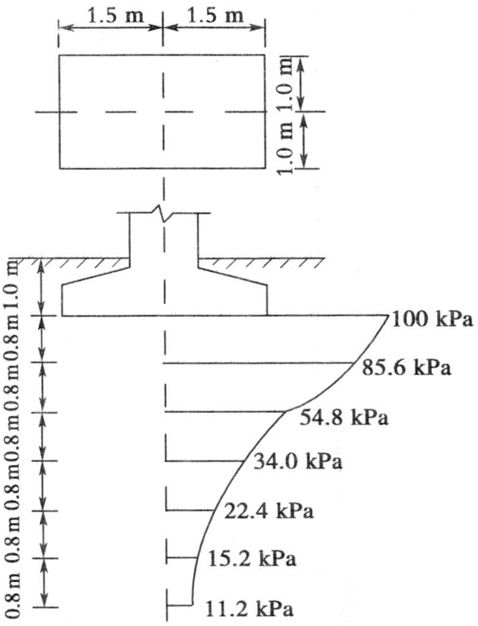

图 3-15 附加应力分布图

3) 竖向三角形分布荷载作用角点下的附加应力

对于单向偏心受压基础，基底附加压力一般呈梯形分布，此时可将梯形分布分解为均匀分布和三角形分布的叠加来进行计算。

如图 3-16，将坐标原点 O 建立在荷载强度为零的一个角点上，荷载为零的角点记作 1 角点，荷载为 p_0 的角点记作 2 角点，则 1 角点下 z 深度处的竖向附加应力为

$$\sigma_z = \alpha_{t1}\,p_0 \qquad (3-19)$$

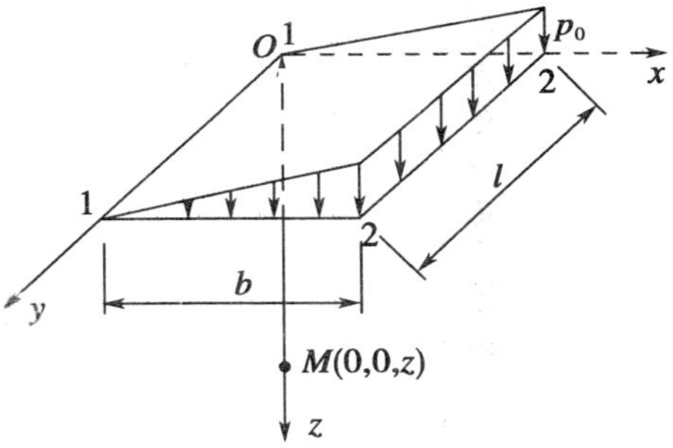

图 3-16 三角形分布矩形荷载作用下的附加应力

式中：α_{t1}——1 角点下土的竖向附加应力系数，按式(3-20)计算或由 $m=l/b$、$n=z/b$ 查表 3-3 求得。需要注意的是，b 为沿三角形分布荷载方向的边长。

$$\alpha_{t1}=\frac{mn}{2\pi}\left[\frac{1}{\sqrt{m^2+n^2}}-\frac{n^2}{(1+n^2)\sqrt{m^2+n^2+1}}\right] \qquad (3-20)$$

同理，可求得荷载最大值边角点 2 下 z 深度处的竖向附加应力为

$$\sigma_z=(\alpha_c-\alpha_{t1})\,p_0=\alpha_{t2}\,p_0 \qquad (3-21)$$

式中：α_{t2}——2 角点下土的竖向附加应力系数，由 $m=l/b$、$n=z/b$ 查表 3-3 求得。

对于地基中任意点的竖向附加应力，则可应用上述均布和三角形分布的矩形荷载角点下附加应力系数 α_c、α_{t1}、α_{t2}，考虑荷载的叠加以及荷载面积的叠加，应用角点法计算。

表 3-3 竖向三角形分布的矩形荷载角点下土的竖向附加应力系数 α_{t1}、α_{t2}

z/b \ l/b / 点	0.2		0.4		0.6		0.8		1.0	
	1	2	1	2	1	2	1	2	1	2
0.0	0.000 0	0.250 0	0.000 0	0.250 0	0.000 0	0.250 0	0.000 0	0.250 0	0.000 0	0.250 0
0.2	0.022 3	0.182 1	0.028 0	0.211 5	0.029 6	0.216 5	0.030 1	0.217 8	0.030 4	0.218 2
0.4	0.026 9	0.109 4	0.042 0	0.160 4	0.048 7	0.178 1	0.051 7	0.184 4	0.053 1	0.187 0
0.6	0.025 9	0.070 0	0.044 8	0.116 5	0.056 0	0.140 5	0.062 1	0.152 0	0.065 4	0.157 5
0.8	0.023 2	0.048 0	0.042 1	0.085 3	0.055 3	0.109 3	0.063 7	0.123 2	0.068 8	0.131 1
1.0	0.020 1	0.034 6	0.037 5	0.063 8	0.050 8	0.085 2	0.060 2	0.099 6	0.066 6	0.108 6
1.2	0.017 1	0.026 0	0.032 4	0.049 1	0.045 0	0.067 3	0.054 6	0.080 7	0.061 5	0.090 1
1.4	0.014 5	0.020 2	0.027 8	0.038 6	0.039 2	0.054 0	0.048 3	0.066 1	0.055 4	0.075 1
1.6	0.012 3	0.016 0	0.023 8	0.031 0	0.033 9	0.044 0	0.042 4	0.054 7	0.049 2	0.062 8
1.8	0.010 5	0.013 0	0.020 4	0.025 4	0.029 4	0.036 3	0.037 1	0.045 7	0.043 5	0.053 4
2.0	0.009 0	0.010 8	0.017 6	0.021 1	0.025 5	0.030 4	0.032 4	0.038 7	0.038 4	0.045 6
2.5	0.006 3	0.007 2	0.012 5	0.014 0	0.018 3	0.020 5	0.023 6	0.026 5	0.028 4	0.031 8
3.0	0.004 6	0.005 1	0.009 2	0.010 0	0.013 5	0.014 8	0.017 6	0.019 2	0.021 4	0.023 3
5.0	0.001 8	0.001 9	0.003 6	0.003 8	0.005 4	0.005 6	0.007 1	0.007 4	0.008 8	0.009 1
7.0	0.000 9	0.001 0	0.001 9	0.001 9	0.002 8	0.002 9	0.003 8	0.003 8	0.004 7	0.004 7
10.0	0.000 5	0.000 4	0.000 9	0.001 0	0.001 4	0.001 4	0.001 9	0.001 9	0.002 3	0.002 4

续表 3-3

z/b \ 点 \ l/b	1.2		1.4		1.6		1.8		2.0	
	1	2	1	2	1	2	1	2	1	2
0.0	0.000 0	0.250 0	0.000 0	0.250 0	0.000 0	0.250 0	0.000 0	0.250 0	0.000 0	0.250 0
0.2	0.030 5	0.218 4	0.030 5	0.218 5	0.030 6	0.218 5	0.030 6	0.218 5	0.030 6	0.218 5
0.4	0.053 9	0.188 1	0.054 3	0.188 6	0.054 5	0.188 9	0.054 6	0.189 1	0.054 7	0.189 2
0.6	0.067 3	0.160 2	0.068 4	0.161 6	0.069 0	0.162 5	0.069 4	0.163 0	0.069 6	0.163 3
0.8	0.072 0	0.135 5	0.073 9	0.138 1	0.075 1	0.139 6	0.075 9	0.140 5	0.076 4	0.141 4
1.0	0.070 8	0.114 3	0.073 5	0.117 6	0.075 3	0.120 2	0.076 6	0.121 5	0.077 4	0.122 5
1.2	0.066 4	0.096 2	0.069 8	0.100 7	0.072 1	0.103 7	0.073 8	0.105 5	0.074 9	0.106 9
1.4	0.060 6	0.081 7	0.064 4	0.086 4	0.067 2	0.089 7	0.069 2	0.092 1	0.070 7	0.093 7
1.6	0.054 5	0.069 6	0.058 6	0.074 3	0.061 6	0.078 0	0.063 9	0.080 6	0.065 6	0.082 6
1.8	0.048 7	0.059 6	0.052 8	0.064 4	0.056 0	0.068 1	0.058 5	0.070 9	0.060 4	0.073 0
2.0	0.043 4	0.051 3	0.047 4	0.056 0	0.050 7	0.059 6	0.053 3	0.062 5	0.055 3	0.064 9
2.5	0.032 6	0.036 5	0.036 2	0.040 5	0.039 3	0.044 0	0.041 9	0.046 9	0.044 0	0.049 1
3.0	0.024 9	0.027 0	0.028 0	0.030 3	0.030 7	0.033 3	0.033 1	0.035 9	0.035 2	0.038 0
5.0	0.010 4	0.010 8	0.012 0	0.012 3	0.013 5	0.013 9	0.014 8	0.015 4	0.016 1	0.016 7
7.0	0.005 6	0.005 6	0.006 4	0.006 6	0.007 3	0.007 4	0.008 1	0.008 3	0.008 9	0.009 1
10.0	0.002 8	0.002 8	0.003 3	0.003 2	0.003 7	0.003 7	0.004 1	0.004 2	0.004 6	0.004 6

续表 3-3

l/b	3.0		4.0		6.0		8.0		10.0	
z/b \ 点	1	2	1	2	1	2	1	2	1	2
0.0	0.000 0	0.250 0	0.000 0	0.250 0	0.000 0	0.250 0	0.000 0	0.250 0	0.000 0	0.250 0
0.2	0.030 6	0.218 6	0.030 6	0.218 6	0.030 6	0.218 6	0.030 6	0.218 6	0.030 6	0.218 6
0.4	0.054 8	0.189 4	0.054 9	0.189 4	0.054 9	0.189 4	0.054 9	0.189 6	0.054 9	0.189 4
0.6	0.070 1	0.163 8	0.070 2	0.163 9	0.070 2	0.164 0	0.070 2	0.164 0	0.070 2	0.164 0
0.8	0.077 3	0.142 3	0.077 6	0.142 4	0.077 6	0.142 6	0.077 6	0.142 6	0.077 6	0.142 6
1.0	0.079 0	0.124 4	0.079 4	0.124 8	0.079 5	0.125 0	0.079 6	0.125 0	0.079 6	0.125 0
1.2	0.077 4	0.109 6	0.077 9	0.110 3	0.078 2	0.110 5	0.078 3	0.110 5	0.078 3	0.110 5
1.4	0.073 9	0.097 3	0.074 8	0.098 2	0.075 2	0.098 6	0.075 2	0.098 7	0.075 3	0.098 7
1.6	0.069 7	0.087 0	0.070 8	0.088 2	0.071 4	0.088 7	0.071 5	0.088 8	0.071 5	0.088 9
1.8	0.065 2	0.078 2	0.066 6	0.079 7	0.067 3	0.080 5	0.067 5	0.080 6	0.067 5	0.080 8
2.0	0.060 7	0.070 7	0.062 4	0.072 6	0.063 4	0.073 4	0.063 6	0.073 6	0.063 6	0.073 8
2.5	0.050 4	0.055 9	0.052 9	0.058 5	0.054 3	0.060 1	0.054 7	0.060 4	0.054 8	0.060 5
3.0	0.041 9	0.045 1	0.044 9	0.048 2	0.046 9	0.050 4	0.047 4	0.050 9	0.047 6	0.051 1
5.0	0.021 4	0.022 1	0.024 8	0.025 6	0.028 3	0.029 0	0.029 6	0.030 3	0.030 1	0.030 9
7.0	0.012 4	0.012 6	0.015 2	0.015 4	0.018 6	0.019 0	0.020 4	0.020 7	0.021 2	0.021 6
10.0	0.006 6	0.006 6	0.008 4	0.008 3	0.011 1	0.011 1	0.012 8	0.013 0	0.013 9	0.014 1

3.4.3 条形基础底面受竖向荷载作用时地基中附加应力

1）竖向均布荷载作用下附加应力

如图 3-17，条形基础基底附加压力为均布荷载 p_0，则地基中任意点 M 处的竖向附加应力为

$$\sigma_z = \alpha_{sz} p_0 \qquad (3-22)$$

式中：α_{sz}——条形均布荷载下土的竖向附加应力系数，按式（3-23）计算或由 $m=z/b$、$n=x/b$ 查表 3-4 求得。

$$\sigma_{sz} = \frac{1}{\pi}\left[\arctan\frac{1-2n}{2m} + \arctan\frac{1+2n}{2m} - \frac{4m(4n^2-4m^2-1)}{(4n^2+4m^2-1)^2+16m^2}\right] \qquad (3-23)$$

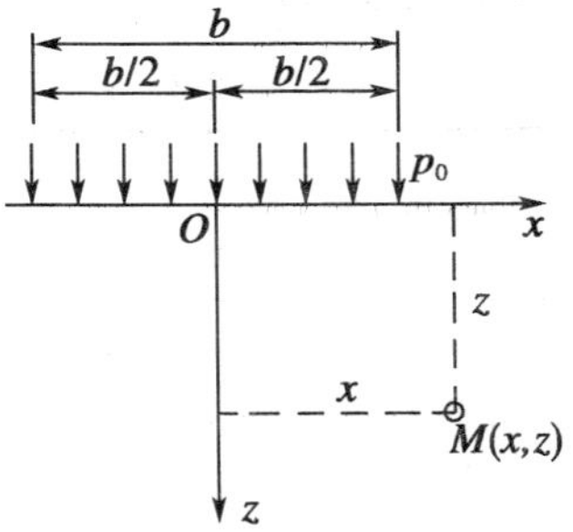

图 3-17 条形均布荷载作用下的附加应力

表 3-4 竖向条形均布荷载作用下土的竖向附加应力系数 α_{sz}

$m=z/b$	$n=x/b$					
	0.00	0.25	0.50	1.00	1.50	2.00
0.00	1.00	1.00	0.50	0.00	0.00	0.00
0.25	0.96	0.90	0.50	0.02	0.00	0.00
0.50	0.82	0.74	0.48	0.08	0.02	0.00
0.75	0.67	0.61	0.45	0.15	0.04	0.02
1.00	0.55	0.51	0.41	0.19	0.07	0.03
1.25	0.46	0.44	0.37	0.20	0.10	0.04
1.50	0.40	0.38	0.33	0.21	0.11	0.06
1.75	0.35	0.34	0.30	0.21	0.13	0.07
2.00	0.31	0.31	0.28	0.20	0.14	0.08
3.00	0.21	0.21	0.20	0.17	0.13	0.10
4.00	0.16	0.16	0.15	0.14	0.12	0.10
5.00	0.13	0.13	0.12	0.12	0.11	0.09
6.00	0.11	0.10	0.10	0.10	0.10	—

2）竖向三角形分布条形荷载作用下附加应力

如图 3-18，条形基础基底附加压力为三角形分布，若将坐标原点 O 定在条形基础底面中点，x 轴以指向荷载增大方向为正，则地基中任意点 M 处的竖向附加应力为

$$\sigma_z = \alpha_{tz} p_0 \qquad (3-24)$$

式中：α_{tz}——三角形分布条形荷载下土的竖向附加应力系数，由 $m=z/b$、$n=x/b$ 查表 3-5 求得。

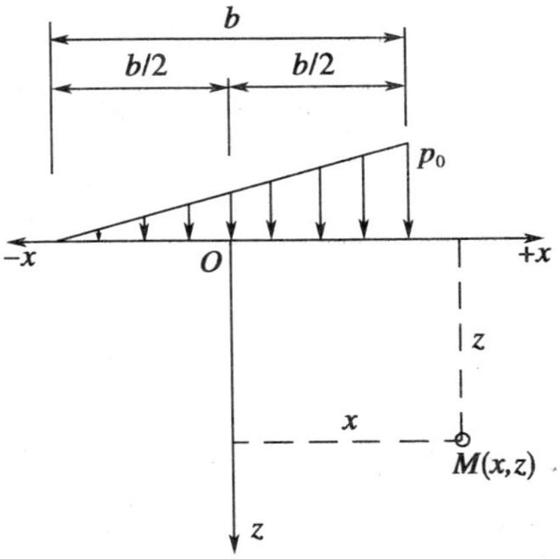

图 3-18 三角形分布条形荷载作用下的附加应力

以上对工程实践中常见的矩形轴心受压基础、矩形单向偏心受压基础、条形轴心受压基础、条形单向

偏心受压基础在地基中产生的附加应力的求解进行了阐述，使用中要特别注意各种计算公式所取的坐标原点 O 的位置以及 x 坐标轴的方向。

表 3－5　竖向三角形分布条形荷载作用下土的竖向附加应力系数 α_{tz}

$m=z/b$	$n=x/b$											
	−1.50	−1.00	−0.75	−0.50	−0.25	0.00	0.25	0.50	0.75	1.00	1.50	2.00
0.00	0.00	0.00	0.00	0.00	0.25	0.50	0.75	0.50	0.00	0.00	0.00	0.00
0.25	0.00	0.00	0.01	0.08	0.26	0.48	0.65	0.42	0.08	0.02	0.00	0.00
0.50	0.01	0.02	0.05	0.13	0.26	0.41	0.47	0.35	0.16	0.06	0.01	0.00
0.75	0.01	0.05	0.08	0.15	0.25	0.33	0.36	0.29	0.19	0.10	0.03	0.01
1.00	0.03	0.06	0.10	0.16	0.22	0.28	0.29	0.25	0.18	0.12	0.05	0.02
1.50	0.05	0.09	0.11	0.15	0.18	0.20	0.20	0.19	0.16	0.13	0.07	0.04
2.00	0.06	0.09	0.11	0.14	0.16	0.16	0.16	0.15	0.13	0.12	0.08	0.05
2.50	0.06	0.08	0.12	0.13	0.13	0.13	0.13	0.12	0.11	0.10	0.07	0.05
3.00	0.06	0.08	0.09	0.10	0.10	0.11	0.11	0.10	0.10	0.09	0.07	0.05
4.00	0.06	0.07	0.07	0.08	0.08	0.08	0.08	0.08	0.08	0.07	0.06	0.05
5.00	0.05	0.06	0.06	0.06	0.06	0.06	0.06	0.06	0.06	0.06	0.05	0.04

3.4.4　成层地基中的附加应力

以上土中附加应力的计算方法将土体视为均质、连续、各向同性的半无限空间弹性体，与土的性质无关。但是，地基土往往是由软硬不一的多种土层所组成，其变形特性在竖直方向差异较大，应属于双层地基的应力分布问题。对双层地基的应力分布问题，存在两种情况：一种是坚硬土层上覆盖着不厚的可压缩土层即薄压缩层情况；另一种是软弱土层上有一层压缩性较低的土层即硬壳层情况。对前者（薄压缩层情况），土中附加应力分布将发生应力集中的现象；对后者（硬壳层情况），土中附加应力分布将发生应力扩散现象，如图 3－19 所示。

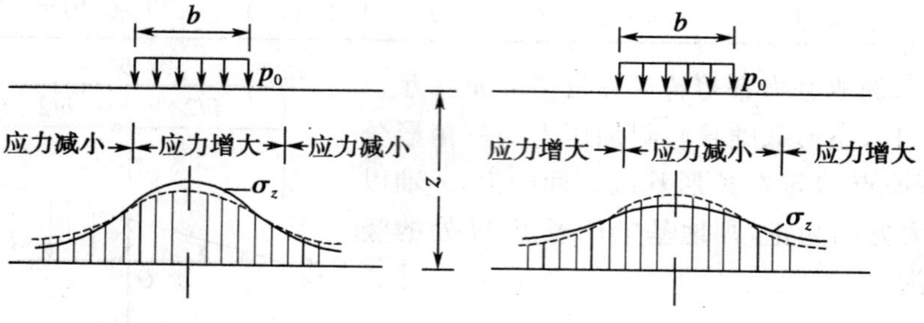

图 3－19　双层地基对附加应力的影响

（虚线表示均质地基中水平面上的附加应力分布）

在实际地基中，下卧刚性岩层将引起应力集中现象，若岩层埋藏越浅，应力集中愈显著。在坚硬土层下存在软弱下卧层时，土中应力扩散的现象将随上层坚硬土层厚度的增大而更加显著，同时它还与双层地基的变形模量 E_0、泊松比 μ 有关。现定义一参数 f 为

$$f=\frac{E_{01}}{E_{02}}\cdot\frac{1-\mu_2^2}{1-\mu_1^2} \tag{3-25}$$

式中：E_{01}、E_{02}——上面硬层与下卧软弱层的变形模量；

μ_1、μ_2——上面硬层与下卧软弱层的泊松比。

应力扩散现象随 f 的增加而显著。由于土的泊松比变化不大，一般为 $\mu=0.3\sim0.4$，因此参数 f 的大小主要取决于变形模量的比值 E_{01}/E_{02}。

双层地基中应力集中和应力扩散的概念有着重要的工程意义，特别是在软土地区，表面有一层硬壳层，由于应力扩散作用，可以减少地基的沉降，故在设计中基础应尽量浅埋，并在施工中采取保护措施，避免浅层土的结构遭受破坏。

3.4.5 大面积均布荷载下土中附加应力计算

在实际工程中，常会遇到大面积分布荷载的情况，如钢铁厂的原料堆场，大面积填土造地等。这种荷载条件显然与前述的矩形面积分布荷载和条形面积分布荷载等局部面积分布荷载产生的附加应力是不同的。

图 3-20 表示荷载面积对土中附加应力分布的影响。其中图 3-20(a)和(b)分别表示基底附加应力都等于 p_0，基础宽度不同，$2b_1=b_2$。从图中可见，在基底下相同深度处的附加应力随着基础宽度的增大而增大。基础宽度越大，附加应力随着深度衰减越慢。当条形荷载宽度增加到无穷大时，地基中附加应力分布与深度无关，上下附加应力相等，成矩形分布，如图 3-20(c)所示。大面积均布荷载作用时附加应力不衰减的现象同样可以查表计算，因为是大面积均布荷载，所以 $b\to\infty$，无论 z 等于多少，有 $z/b\to0$，因此应力系数恒等于 1.0，任意深度的附加应力均等于 p_0。

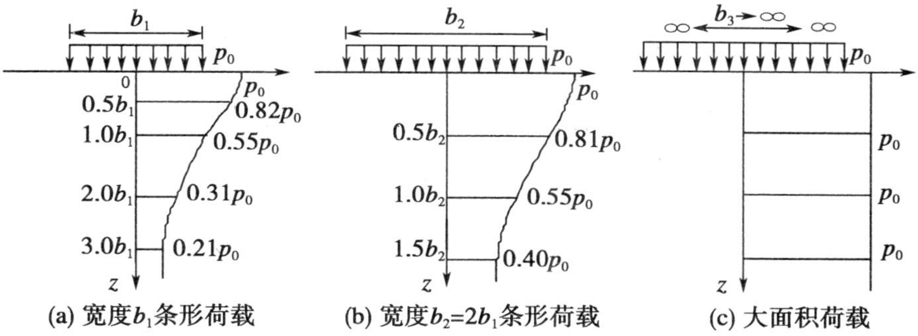

图 3-20 均布荷载面积对土中附加应力分布的影响

思考与练习

一、选择题

1. 大面积地表水位上升时，地表水下土体（均为透水层）中某点的自重应力（ ）。

   A. 减小　B. 增大　C. 不变　D. 先增后减

2. 地下潜水水位面升高时，水位面下不透水层土体中某点的自重应力（ ）。

   A. 减小　B. 增大　C. 不变　D. 先增后减

3. 某基础中心受荷，基础底面尺寸为 3 m×2 m，上部结构传至基础顶面荷载为 576 kN，基础及基础台阶上土的平均重度为 20 kN/m³，基础埋深范围内土的重度为 20 kN/m³，基础埋深为 2 m，基础底面中心下 2 m 处的竖向附加应力值为（　　）。

A. 26 kPa　　B. 43 kPa　　C. 77 kPa　　D. 65 kPa

4. 与地基中附加应力计算无关的量是（　　）。

A. 基础尺寸　　B. 所求点空间位置

C. 土的抗剪强度指标　　D. 基础埋深

5. 当上部结构荷载的合力不变时，荷载偏心距越大，则基底压力平均值（　　）。

A. 越大　　B. 越小　　C. 不变

6. 荷载面积以外地基附加应力沿深度的分布规律是（　　）。

A. 大—小—大　　B. 小—大—小

C. 大—大—小

7. 目前地基附加应力计算中对地基土采用的基本假设之一是（　　）。

A. 非均质弹性体　　B. 均质线性变形体

C. 均质塑性体　　D. 均质非线形体

二、计算题

1. 某地基为粉土，层厚 4.80 m。地下水位埋深 1.10 m，地下水位以上粉土呈毛细管饱和状态。粉土的饱和重度 $\gamma_{sat}=20.1$ kN/m³。计算粉土层底面处土的自重应力。

2. 已知矩形基础底面尺寸 $b=4$ m，$l=10$ m，作用在基础底面中心的荷载 $N=400$ kN，$M=240$ kN·m（偏心方向在短边上），求基底压力最大值与最小值。

3. 某条形地基，如图所示。基础上作用荷载 $F=400$ kN/m，$M=20$ kN·m，试求基础中点下的附加应力，并绘制附加应力分布图。

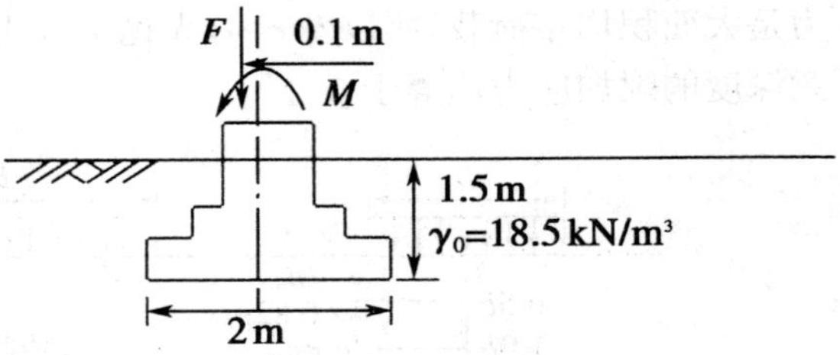

习题图 3-1

4. 有一矩形均布荷载 $p_0=250$ kPa，受荷面积为 2.0 m×6.0 m 的矩形面积，分别求角点下深度为 0 m、2 m 处的附加应力值以及中心点下深度为 0 m、2 m 处的附加应力值。

4 土的压缩性及地基沉降计算

本章概要：了解土体压缩实质及侧限压缩试验原理，掌握与土的压缩性相关的概念和指标以及有效应力原理，掌握地基最终沉降量的计算方法，掌握土的有效应力原理；了解地基固结问题的分析计算方法。

本章重点：土的压缩性指标，沉降量计算方法，土的有效应力原理。

4.1 概　　述

地基土在建筑物荷载作用下会产生附加应力和变形，这种变形一般包括体积变形和形状变形。本章只讨论体积变形，而对土这种材料来说，体积变形通常表现为体积缩小，我们**把土在压力作用下体积缩小的特性称为土的压缩性**。土的压缩通常包括三个方面：① 固体颗粒本身被压缩，② 土体孔隙中的水及封闭气体被压缩；③ 土中水和气体从孔隙中被排出，土体孔隙体积缩小。研究表明，在一般的工程压力(100～600 kPa)作用下，固体颗粒、水和土中很少量的封闭气体的压缩量与土的总压缩量之比极其微小，完全可忽略不计。因此，土的压缩可看作是土中孔隙体积缩小的结果，即土中孔隙水和孔隙气体被排出，土颗粒发生移动，重新排列，相互挤紧，从而使得土体孔隙体积缩小。而对于只有两相的饱和土来说，土的压缩则主要是土中孔隙水的排出。

对饱和土而言，孔隙水向外排出的速率与土的渗透性有关。如透水性大的砂土，孔隙水排出速率快，其压缩过程在加荷后短时间内即可完成；而对于透水性低的饱和黏性土，孔隙中的水只能以很慢的速度排出，因此其压缩稳定所需的时间要比砂土长得多，如始建于1173年的意大利比萨斜塔，至今塔身仍以每年平均约 1 mm 的速度向南倾斜。**土的压缩随时间而增长的过程称为土的固结**。对于饱和黏性土来说，土的固结问题是十分复杂的。

在基底附加应力作用下，地基土由于压缩而引起基础的竖直方向的位移称为沉降。进行地基沉降计算时，必须取得土的压缩性指标，而土的压缩性指标可通过室内压缩试验或原位试验来测定。无论采用哪种试验方法，都应力求试验条件与土的天然状态及其在外部荷载作用下的实际应力条件相一致。

4.2 土的压缩性指标

4.2.1 室内侧限压缩试验和压缩曲线

在一般工程中，采用室内压缩试验测定土的压缩性指标时，常不允许土样产生侧向变形。虽然侧限压缩试验的条件未能与地基土的实际工程情况完全符合，但因其操作简单，具有实用价值而成为目前研究土体压缩性最常用的室内试验方法。

侧限压缩试验的主要装置为压缩仪，其主要部分压缩容器构造如图 4－1 所示。土的压缩主要是由于土中孔隙体积缩小引起的，因此，土的压缩变形可用孔隙比 e 的变化来表示。根据试验过程中土样的压缩变形以及土的三相物理指标，可以导出各级荷载下稳定孔隙比 e_i 与压缩量 ΔH_i 之间的关系。

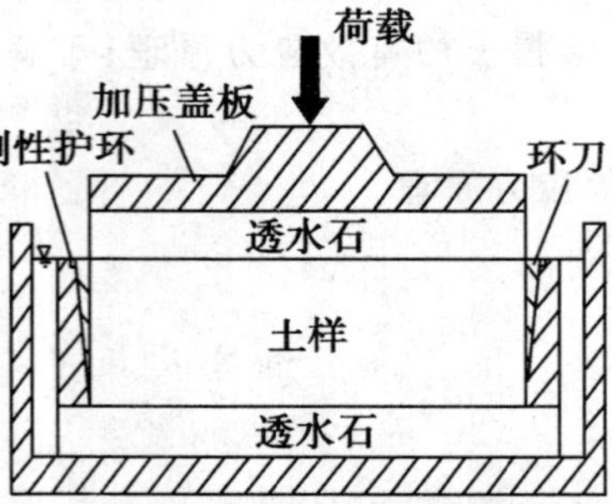

图 4－1　侧限压缩实验容器构造图

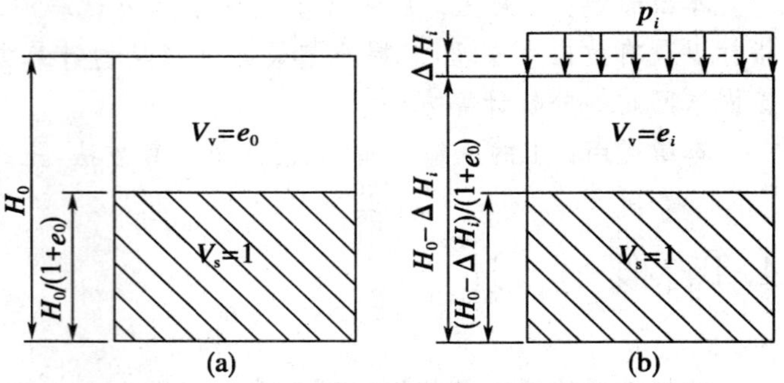

图 4－2　压缩试验中的土样孔隙比变化

如图 4－2 所示，设土样的初始高度为 H_0，在某级荷载 p_i 作用下土样高度为 H_i，则其相应的稳定压缩量 $\Delta H_i = H_0 - H_i$。利用压缩过程中土粒体积保持不变，假定土粒体积 $V_s=1$，根据土的孔隙比的定义，得出土的孔隙体积 V_v 在受压前后分别为初始孔隙比 e_0 和孔隙比 e_i，又根据受荷前后土样横截面积不变的条件，即

$$\frac{1+e_0}{H_0}=\frac{1+e_i}{H_i}=\frac{1+e_i}{H_0-\Delta H_i} \tag{4-1a}$$

可求出土样压缩稳定后的孔隙比 e_i 的表达式

$$e_i = e_0 - \frac{\Delta H_i}{H_0}(1+e_0) \tag{4-1b}$$

式中 $e_0=\dfrac{G_s\rho_w(1+w_0)}{\rho_0}-1$，其中 G_s、w_0、ρ_0、ρ_w 分别为土粒比重、土样初始含水量、土样初始密度和水的密度。

这样，只要测定土样在各级压力 p_i 作用下的稳定压缩量 ΔH_i 后即可根据式(4－1b)算出相应的孔隙比 e_i，从而绘制土的压缩曲线。压缩曲线有两种绘制方式，一种是按普通直角坐标绘制的曲线 $e-p$，如图 4－3(a) 所示；另一种是按半对

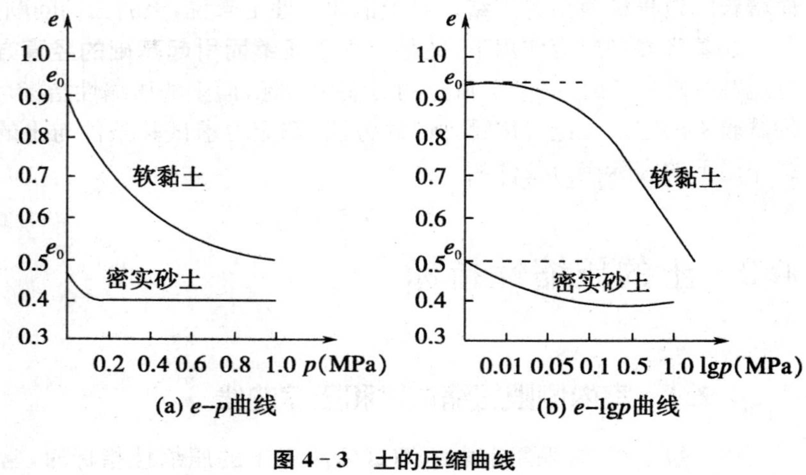

图 4－3　土的压缩曲线

数直角坐标(即横坐标采用 p 的常用对数值)绘制的 $e-\lg p$ 曲线,如图 4-3(b)所示。

4.2.2 土的压缩系数和压缩指数

不同类型的土,压缩性不同,其 $e-p$ 曲线的形态也是有差别的。曲线越陡,说明在相同的压力段内,孔隙比减小得越显著,因而土的压缩性越高;反之,若曲线越平缓,则土的压缩性越低。所以,曲线上任意一点的切线斜率就代表土在对应压力 p 时的压缩性大小,即

$$a=-\frac{\mathrm{d}e}{\mathrm{d}p} \tag{4-2}$$

式中:a——土的压缩系数(kPa^{-1}或 MPa^{-1});

"—"号表示孔隙比 e 随着压力 p 的增加而逐渐减小。

由于 $e-p$ 曲线上的每一点的切线斜率都不相同,在实际工程中应用很不方便,因此,一般选取土中某点由初始压力 p_1 增加到外荷载作用后的土中总压力 p_2 这一荷载段的割线斜率来表征其压缩性。地基计算中,荷载段取土的自重应力至土的自重应力与附加应力之和的范围。如图 4-4 所示。

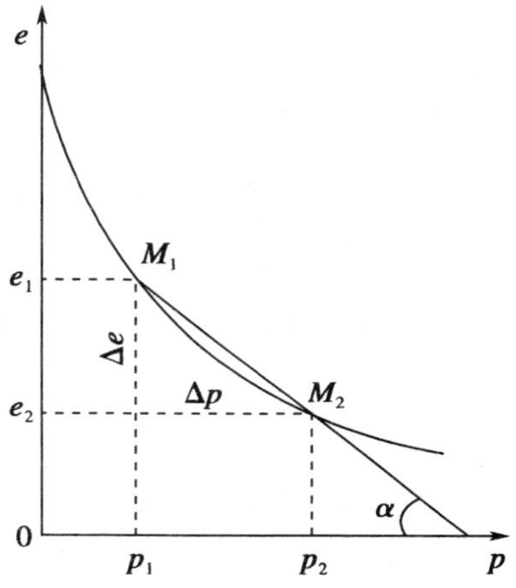

图 4-4 $e-p$ 曲线确定 a

设压力由 p_1 增加到 p_2,相应的孔隙比由 e_1 减小到 e_2,当压力变化范围不大时,这一段压力范围的压缩性可用图中割线 M_1M_2 的斜率表示,即

$$a=-\frac{\Delta e}{\Delta p}=\frac{e_1-e_2}{p_2-p_1} \tag{4-3}$$

式中:p_1——土中某点的"初始压力",地基计算中是指地基某深度处土中(竖向)自重应力(kPa 或 MPa);

p_2——土中某点的"总压力",地基计算中是指地基某深度处土中(竖向)自重应力与(竖向)附加应力之和(kPa 或 MPa);

e_1——相应于 p_1 作用下压缩稳定后的孔隙比;

e_2——相应于 p_2 作用下压缩稳定后的孔隙比。

从 $e-p$ 曲线上可见,即使是同一种土,其压缩系数也不是一个常数。为了方便比较,工程上常采用 $p_1=0.1$ MPa(100 kPa),$p_2=0.2$ MPa(200 kPa)时所对应的压缩系数 a_{1-2}来评价土压缩性的大小:

$a_{1-2}<0.1\ MPa^{-1}$时,属低压缩性土;

$0.1\ MPa^{-1}\leqslant a_{1-2}<0.5\ MPa^{-1}$时,属中压缩性土;

$a_{1-2}\geqslant 0.5\ MPa^{-1}$时,属高压缩性土。

土的压缩试验结果也可用 $e-\lg p$ 曲线表示,如图 4-5 所示。

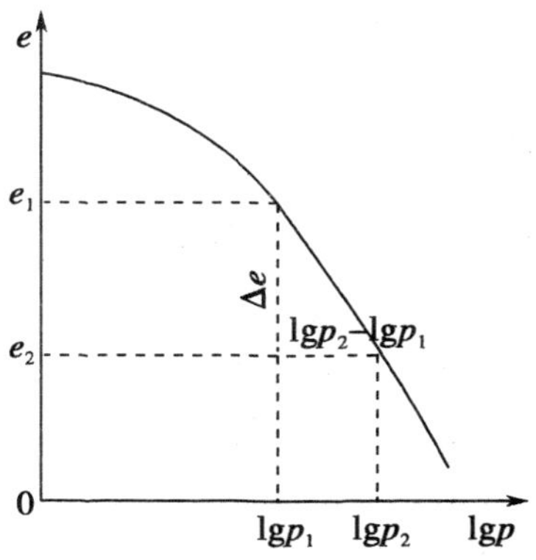

图 4-5 $e-\lg p$ 曲线确定 C_c

从 $e-\lg p$ 曲线可以看出，在压力较大部分，$e-\lg p$ 曲线接近直线。很显然，该直线越陡，在相同压力范围内的孔隙比的差值就越大，土的压缩性就越高，因此可用直线段的斜率——压缩指数 C_c 来表征土压缩性的高低，即

$$C_c=\frac{e_1-e_2}{\lg p_2-\lg p_1}=\frac{e_1-e_2}{\lg\dfrac{p_2}{p_1}} \tag{4-4}$$

式中：C_c——土的压缩指数，无量纲。

其他符号意义同式(4-3)。

同压缩系数 a 一样，压缩指数 C_c 越大，土的压缩性越高。

当 $C_c<0.2$ 时，属低压缩性土；

当 $0.2\leqslant C_c<0.4$ 时，属中压缩性土；

当 $C_c\geqslant0.4$ 时，属高压缩性土。

4.2.3 土的压缩模量和体积压缩系数

根据 $e-p$ 曲线，还可以求得另一个重要的压缩性指标——压缩模量，其定义为土体在无侧向变形条件下竖向附加应力增量 $\Delta\sigma$ 与相应的应变增量 $\Delta\varepsilon$ 的比值，用 E_s 表示。

$$E_s=\frac{\Delta\sigma}{\Delta\varepsilon} \tag{4-5a}$$

式中：E_s——土的压缩模量(MPa)。

在 $e-p$ 曲线中，土样孔隙比变化 $\Delta e=e_1-e_2$，压力增量 $\Delta p=p_2-p_1$，相应的土样压缩量 $\Delta H=H_1-H_2$(如图 4-6 所示)，则应变增量为

$$\Delta\varepsilon=\frac{\Delta H}{H_1} \tag{4-5b}$$

所以

$$E_s=\frac{\Delta\sigma}{\Delta\varepsilon}=\frac{\Delta p}{\Delta H/H_1} \tag{4-5c}$$

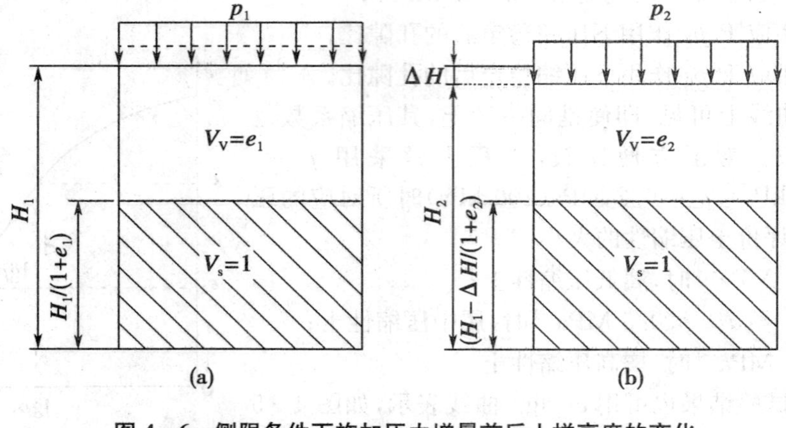

图 4-6 侧限条件下施加压力增量前后土样高度的变化

在侧限条件下，根据压力增量施加前后土粒体积 V_s 与土样横截面积 A 保持不变的两个条件，可以得出

$$A=\frac{V_s+e_1V_s}{H_1}=\frac{V_s+e_2V_s}{H_2}=\frac{V_s+e_2V_s}{H_1-\Delta H} \tag{4-6a}$$

进行化简

$$\Delta H=\frac{e_1-e_2}{1+e_1}H_1 \tag{4-6b}$$

将式(4－6b)代入式(4－5c)得

$$E_s=\frac{\Delta\sigma}{\Delta\varepsilon}=\frac{\Delta p}{\Delta H/H_1}=\frac{1+e_1}{e_1-e_2}\Delta p=\frac{1+e_1}{a} \tag{4-7}$$

上式既是压缩模量 E_s 的表达式，又是压缩模量 E_s 与压缩系数 a 的关系式。从式中可以看出，E_s 与 a 成反比，E_s 越大，a 越小，说明土的压缩性就越低。因此，压缩模量 E_s 也可以判断土压缩性的高低。

土的压缩模量 E_s 的倒数称为体积压缩系数 m_v，它的定义是土体在无侧向变形条件下体积应变增量与竖向附加应力增量之比，即

$$m_v=\frac{1}{E_s}=\frac{a}{1+e_1} \tag{4-8}$$

4.2.4 回弹曲线和再压缩曲线

在室内压缩试验过程中，如加载至某一值 p_i[相应于图 4－7(a)中的 b 点]后逐级进行卸压，即可观察到土样的回弹。若能测得各级荷载作用下土样回弹稳定后的孔隙比，则可绘制相应的孔隙比与压力之间的关系曲线，该曲线被称为回弹曲线，如图 4－7(a)bc 段所示。由于土体不是完全弹性体，故卸载完毕后，回弹曲线与原来的压缩曲线并不重合，说明土样在压力 p_i 下发生的总压缩变形是由可恢复的弹性变形和不可恢复的残余变形两部分组成，并以残余变形为主，如图 4－7(a)所示。如卸载后又重新逐级加载至 p_f，则可测得土样在各级荷载作用下再压缩稳定后的孔隙比，从而绘制再压缩曲线，如图 4－7(a)中 cdf 所示；其中 df 段与土样没有经过卸压和再压过程而直接逐级加载至 p_f 的压缩曲线 abf 是基本重合的。同样，在半对数坐标上绘制的土的回弹曲线和再压缩曲线也可看到类似现象，如图 4－7(b)所示。

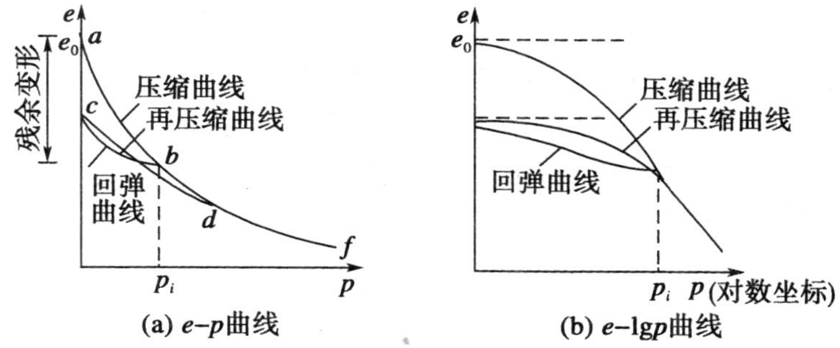

图 4－7 土的回弹曲线和再压缩曲线

4.2.5 现场荷载试验及变形模量

判断土的压缩性大小，除了可用上述室内侧限压缩试验测定的压缩系数、压缩指数或压缩模量外，还可以通过现场荷载试验确定的变形模量来表示。由于变形模量是在现场原位测试所得，所以它能比较真实的反映天然土的压缩性。

现场荷载试验的原理是通过在试验土上逐级施加荷载，观测记录土体在每级荷载下的稳定沉降量，绘制相应的沉降-时间关系曲线（即 $s-t$ 曲线）以及土的荷载-沉降关系曲线（即 $p-s$ 曲线），以此测定土的力学性质，包括测定土的变形模量、地基承载力等。

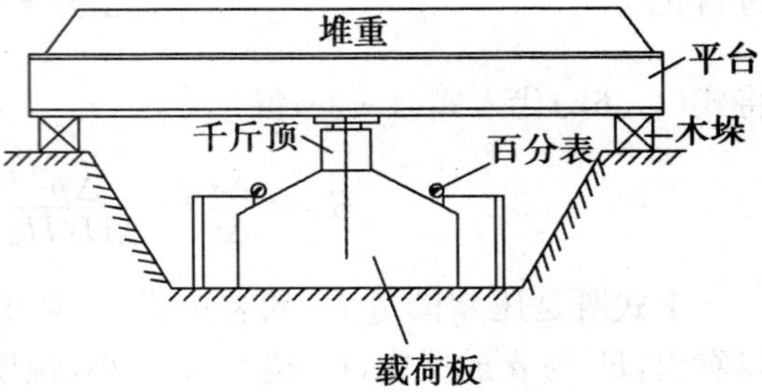

图 4-8　现场荷载试验装置示意图

荷载试验装置包括加荷稳压装置、提供反力装置及沉降观测装置三部分，如图 4-8 所示。试验进行前，先在现场挖掘的试坑内放置一圆形或方形的承压板。加压装置通过承压板对土层进行加载，加载的标准是：第一级荷载（包括设备的重量）宜接近开挖试坑时所卸除的土重（其相应的沉降量不计），其后每级的荷载增量，对较松软的土可采用 10～25 kPa，对较硬实的土则采用 50 kPa，试验的加载等级不应少于 8 级，最大加载量不应小于荷载设计值的 2 倍。每级加载后，按间隔 10 min，10 min，10 min，15 min，15 min，以后每隔 30 min 测读承压板相应的沉降量。当连续 2 h 内每小时的沉降量小于 0.1 mm 时则可认为沉降已趋于稳定，可加下一级荷载。当达到下列终止加载条件之一时即可停止加载：

(1) 承压板周围的土体有明显的侧向挤出（砂土）或产生裂纹（黏性土和粉土）。

(2) 沉降量急剧增大，$p-s$（荷载-沉降）曲线出现陡降段。

(3) 在某一级荷载作用下，24 h 内沉降速率不能达到规定的稳定标准。

(4) $s/b \geqslant 0.06$（b 为承压板的宽度或直径）。

当满足上述终止加载的前三个条件之一时，其对应的前一级荷载定为极限荷载 p_u。

将上述试验得到的各级荷载与相应的稳定沉降量按一定比例绘制成荷载 p 与沉降 s 的关系曲线，即 $p-s$ 曲线，如图4-9所示。

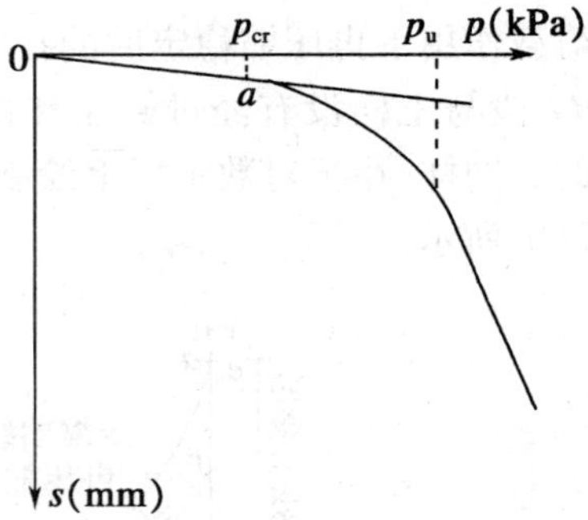

图 4-9　现场荷载试验 $p-s$ 曲线

从图 4-9 可以看出，$p-s$ 曲线的起始段接近于直线，与直线段终点 a 对应的荷载称为地基的比例界限荷载或临塑荷载 p_{cr}。当荷载小于 p_{cr} 时，地基的变形处于直线变形阶段，因此可利用弹性力学公式(4-8)来反求地基土的变形模量 E_0，即土体在无侧限条件下的应力与相应的应变的比值。

$$E_0 = \omega(1-\mu^2)\frac{pb}{s} \tag{4-9}$$

式中：E_0——土的弹性模量(MPa)；

ω——沉降影响系数，刚性方形承压板 $\omega=0.88$，刚性圆形承压板 $\omega=0.79$；

μ——土的泊松比；

p——直线段内的荷载强度，一般取地基的比例界限荷载 p_{cr}(kPa)；

b——承压板的边长或直径(m)；

s——与所取的比例界限荷载 p_{cr} 相对应的沉降量(mm)；当 $p-s$ 曲线不出现起始直线段时，对低压缩性土，可取 $s_1=(0.010-0.015)b$，对中、高压缩性土可取 $s_1=0.02b$，并将所对应的荷载 p 代入上式。

荷载试验一般适合在浅层土中进行，由于是在现场测试，避免了钻孔、运输及室内试样制备过程中对土样的扰动，故能较好地反映天然土的压缩性。但因承压板的尺寸与实际的原型基础尺寸相比甚小，且只能反映板下 2～3 倍板宽深度范围内的土的变形特性，加上试验设备笨重，操作繁琐，时间较长，费用较大，因此，国内外对现场快速测定变形模量的方法如旁压试验、触探试验等比较重视。此外，为了弥补荷载试验影响深度有限的不足，人们已研究出一些深层上测定压缩性指标的方法，如可随钻随停做不同深度的螺旋压板试验。

4.2.6 压缩模量与变形模量的关系

土的变形模量 E_0 是在现场无侧限条件下获得的土体应力与相应应变的比值，而压缩模量 E_s 是通过完全侧限条件下的室内压缩试验换算求得的土体应力与相应应变的比值。由广义虎克定律及压缩模量、变形模量的定义可得

$$E_0=\left(1-\frac{2\mu^2}{1-\mu}\right)E_s \tag{4-10}$$

令

$$\beta=1-\frac{2\mu^2}{1-\mu} \tag{4-11}$$

则

$$E_0=\beta E_s \tag{4-12}$$

值得注意的是，上式只是变形模量 E_0 与压缩模量 E_s 之间的理论关系。事实上，由于试验过程中一些无法考虑到的因素影响，如室内压缩试验过程中土样容易受到扰动(尤其是低压缩性土)，荷载试验和压缩试验的加载速率、压缩稳定的标准各异等，使得上式不能准确地反映 E_0 和 E_s 之间的实际关系，根据统计数据，E_0 值可能是 βE_s 值的几倍。一般来说，土愈坚硬则倍数愈大，而软土的 E_0 值与 βE_s 值比较接近。μ 及 β 可查表 4-1。

表 4-1 μ、β 的经验值

土的种类和状态		μ	β
碎石土		0.15～0.25	0.95～0.83
砂土		0.25～0.30	0.83～0.74
粉土		0.30	0.74
粉质黏土	坚硬状态	0.25	0.83
	可塑状态	0.30	0.74
	软塑及流塑状态	0.35	0.62
黏土	坚硬状态	0.25	0.83
	可塑状态	0.35	0.62
	软塑及流塑状态	0.42	0.39

4.3 地基沉降计算

建筑物修建前,地基中就存在由土体自重引起的应力。一般情况下,地基土在其自重应力作用下已经压缩稳定。但是,当建筑物通过基础将荷载传给地基之后,土层原有的应力状态发生变化,地基内部产生附加应力,这种附加应力会导致地基土体的变形,进而引起基础沉降。沉降的大小取决于两方面:一是建筑物的重量及其分布情况;二是地基土压缩性的大小。

地基基础沉降,特别是建筑物各个基础之间由于荷载差异和地基不均匀等原因而引起的差异沉降,如果超过了一定的限度,会在上部结构中产生额外的应力和变形,进而导致建筑物的开裂、倾斜甚至破坏。因此,为了保证建筑物的安全和正常使用,在进行地基设计时,必须按规定计算基础可能发生的沉降和差异沉降,并设法将其控制在建筑物的容许范围内。

通常计算地基沉降的方法有:弹性理论法、分层总和法和应力面积法等。先把地基土体看成是均质、各向同性的线性变形体,从而可以直接采用弹性力学理论来计算地基中的附加应力,然后利用某些简化假设来解决成层土地基的沉降计算问题。分层总和法是计算地基最终沉降量最常用的方法。

4.3.1 分层总和法计算地基最终沉降量

分层总和法计算地基的最终沉降量是以侧限条件下的压缩量计算公式为基础,由于在实际工程中,大多数地基的可压缩土层较厚而且都是成层的(图 4-11),所以计算时必须先确定地基沉降计算深度,然后在此深度范围内划分若干分层,分别计算各分层的压缩量,求其总和。所谓地基沉降计算深度是指自基础底面向下需要计算压缩变形所达到的深度,亦称地基压缩层深度。该深度以下土层的压缩变形值很小,可以忽略不计。分层总和法的基本假设是:

(1) 在所划分的各土层厚度范围内,土层均质且压力均匀分布。

(2) 土的压缩完全是由于孔隙体积减小的结果,土粒本身的压缩忽略不计。

(3) 土体仅产生竖向压缩,而无侧向变形。

为了弥补分层总和法采用侧限条件下的压缩性指标计算得出的地基最终沉降量偏小的缺点,通常取基底中心点下的附加应力 σ_z 进行计算,而土的压缩性指标是通过 $e-p$ 曲线确定的。

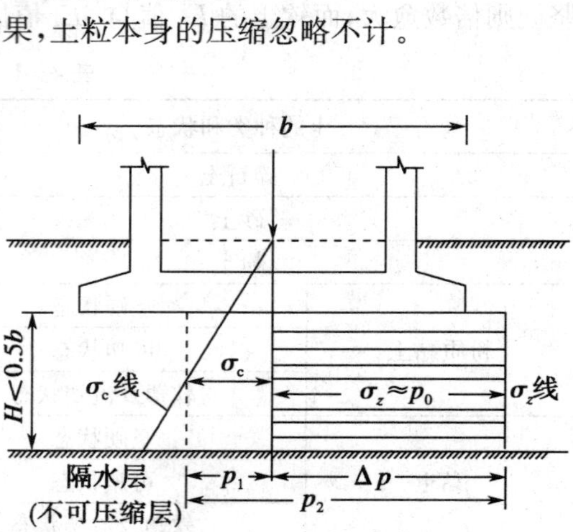

图 4-10 薄压缩层地基的沉降计算

如图 4-10 所示的薄压缩层地基,其持力层(可压缩土层)的厚度 H 小于 0.5 倍的基底宽度 b,下卧层为不可压缩层,埋藏较浅。由于基础底面和不可压缩层顶面的摩阻力对可压缩土层的限制作用,土层在压缩过程中只出现很少量的侧向变形,因此可认为它与压缩仪中土样的受力和侧限条件很相近。故地基的最终沉降量 s，可直接利用式(4－6b)以 s 代替式中的 ΔH，以 H 代替 H_1，得

$$s=\frac{e_1-e_2}{1+e_1}H=\frac{\Delta e}{1+e_1}H=\frac{a\Delta p}{1+e_1}H=\frac{\Delta p}{E_s}H \tag{4-13}$$

式中：H——薄压缩土层的厚度；

Δp——薄压缩土层的平均附加应力，$\Delta p=p_2-p_1$；

e_1——根据薄压缩土层顶、底面处自重应力平均值 σ_c（即初始压应力 $p_1=\sigma_c$）从土的 $e-p$ 曲线上查得的相应孔隙比；

e_2——根据薄压缩土层顶、底面处自重应力平均值 σ_c 与附加应力平均值 σ_z 之和（即总压应力 $p_2=\sigma_c+\sigma_z$），从土的 $e-p$ 曲线上查得的相应孔隙比。

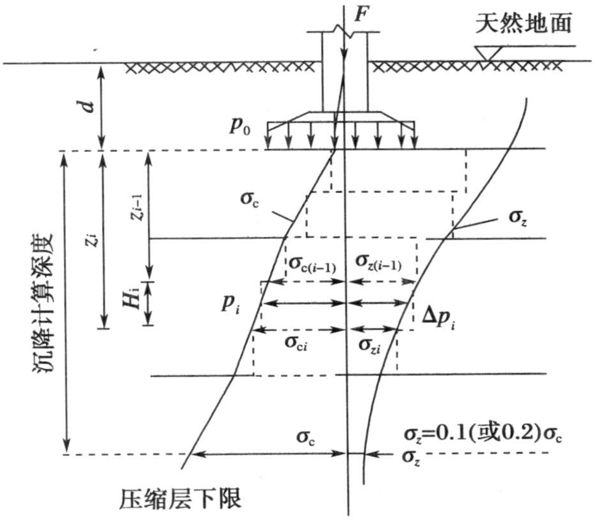

图 4－11　分层总和法计算地基最终沉降量

对于成层地基在计算其最终沉降量时，可将每一层视为薄压缩层计算沉降，然后将其累加。根据式(4－13)可推导出成层地基最终沉降量 s 的分层总和法计算公式：

$$s=\sum_{i=1}^{n}\Delta s_i=\sum_{i=1}^{n}\frac{e_{1i}-e_{2i}}{1+e_{1i}}H_i=\sum_{i=1}^{n}\frac{a_i(p_{2i}-p_{1i})}{1+e_{1i}}H_i=\sum_{i=1}^{n}\frac{\Delta p_i}{E_{si}}H_i=\sum_{i=1}^{n}m_{vi}\Delta p_i H_i \tag{4-14}$$

式中：Δs_i——第 i 分层土的压缩量(mm)；

H_i——第 i 分层土的厚度(mm)；

e_{1i}——根据第 i 层的自重应力平均值 $(\sigma_{ci}+\sigma_{c(i-1)})/2$（即 p_{1i}）从 $e-p$ 曲线上得到的相应的孔隙比；

e_{2i}——根据第 i 层的自重应力平均值 $(\sigma_{ci}+\sigma_{c(i-1)})/2$ 与附加应力平均值 $(\sigma_{zi}+\sigma_{z(i-1)})/2$ 之和（即 $p_{2i}=p_{1i}+\Delta p_i$）从 $e-p$ 曲线上得到的相应的孔隙比；

a_i，E_{si}，m_{vi}——第 i 层土的压缩系数、压缩模量和体积压缩系数。

分层总和法计算地基沉降的具体步骤如下：

(1) 按基础荷载、基底形状和尺寸以及土的有关指标求出基底压力的大小和分布。

(2) 将地基土分层。在分层时天然土层的交界面和地下水位面应为分层面，同时在同一类土层中分层的厚度不宜过大。一般取分层厚 $h_i \leqslant 0.4b$ 或 $h_i = 1 \sim 2$ m(b 为基础短边宽度)。

(3) 从天然地面起计算各分层顶、底面处土的自重应力，并把自重应力的平均值作为该层的初始应力 p_{1i}。

(4) 计算基底中心下各分层顶、底面处竖向附加应力，并把附加应力的平均值作为该层的应力增量 Δp_i，则该层的总压应力为 $p_{2i} = p_{1i} + \Delta p_i$。

(5) 确定地基沉降计算深度。地基沉降计算深度的下限一般取地基附加应力等于自重应力的 20%处，即 $\sigma_z = 0.2\sigma_c$ 处；如在该深度以下有高压缩性土，则应继续向下计算至 $\sigma_z = 0.1\sigma_c$ 处，计算精度为±5 kPa。

(6) 计算各分层的压缩量 $\Delta s_i = \dfrac{e_{1i} - e_{2i}}{1 + e_{1i}} H_i = \dfrac{a_i(p_{2i} - p_{1i})}{1 + e_{1i}} H_i = \dfrac{\Delta p_i}{E_{si}} H_i$

(7) 计算累加各分层土的压缩量，求出地基总沉降。

【例 4-1】 一条形基础，底宽 1.5 m，埋深 1 m，地面中心作用有荷载 $F_k = 480$ kN/m，基础两边及基底下 $h_1 = 3$ m 均为压密的砂层，$\gamma_1 = 20$ kN/m³，可不计压缩。其下为 $h_2 = 2$ m 厚的软淤土，$\gamma_{2sat} = 18$ kN/m³，地下水位与软淤土层面相平，软土层下又是紧密的砂砾层，不再考虑其压缩。现已测得软淤土的压缩试验结果为 $p_1 = 70$ kPa，$e_1 = 1.00$；$p_2 = 170$ kPa，$e_2 = 0.70$（中间可按直线内插）。试求该基础中心线下的最终沉降量。

【解】 经分析，压缩层按一层计算

(1) 计算基础及其基础以上土的自重：$G_k = \gamma_1 bd = 20 \times 1.5 \times 1 = 30$ kN/m

(2) 求基底附加压力：$p_0 = \dfrac{F_k + G_k}{b} - \gamma_1 d = \dfrac{480 + 30}{1.5} - 20 \times 1 = 320$ kPa

(3) 计算压缩层顶、底面的自重应力以及自重应力平均值：

压缩层顶面处的自重应力：$\sigma_{cz1} = \gamma_1(d + h_1) = 20 \times (1 + 3) = 80$ kPa

压缩层底面处的自重应力：$\sigma_{cz2} = \gamma_1(d + h_1) + \gamma_2 h_2 = 20 \times 4 + (18 - 10) \times 2 = 96$ kPa

压缩层的自重应力平均值：$p_1 = \overline{\sigma_{cz}} = \dfrac{\sigma_{cz1} + \sigma_{cz2}}{2} = \dfrac{80 + 96}{2} = 88$ kPa

(4) 计算压缩层顶、底面的附加应力以及附加应力平均值：

查表 3-2 得，压缩层顶面处的 $\alpha_c = 0.304$，则顶面处的附加应力为

$$\sigma_{z1} = \alpha_c p_0 = 0.304 \times 320 = 97.28 \text{ kPa}$$

压缩层底面处的 $\alpha_c = 0.191$，则底面处的附加应力为

$$\sigma_{z2} = \alpha_c p_0 = 0.191 \times 320 = 61.12 \text{ kPa}$$

压缩层的附加应力平均值：$\Delta p = \overline{\sigma_z} = \dfrac{\sigma_{z1} + \sigma_{z2}}{2} = \dfrac{97.28 + 61.12}{2} = 79.20$ kPa

$$p_2 = p_1 + \Delta p = \overline{\sigma_{cz}} + \overline{\sigma_z} = 167.20 \text{ kPa}$$

(5) 求 e_1、e_2：由 p_1、p_2 查压缩曲线得 $e_1 = 0.946$、$e_2 = 0.706$

(6) 求最终沉降量：

$$s=\frac{e_1-e_2}{1+e_1}h=\frac{0.946-0.706}{1+0.946}\times 2\ 000=246.7\ \text{mm}$$

4.3.2 应力面积法(规范法)计算地基最终沉降量

为了进一步完善分层总和法，现行国家标准《建筑地基基础设计规范》(GB 50007—2002)推荐了另一种计算地基最终沉降量的方法——规范法。它实质上是简化、修正的分层总和法。规范法计算过程中同样采用了侧限条件下的压缩性指标，但它引入了地基平均附加应力系数 $\bar{\alpha}$，并对地基沉降计算深度 z_n 提出了新标准，还引进了地基沉降计算经验系数 ψ_s，使得计算成果接近于实测值。

假设地基为均质土，在侧限条件下的压缩模量 E_s 不随深度而变，则从基底至其下任意深度 z 范围内的压缩量为(图 4-12)

$$s'=\int_0^z \varepsilon \mathrm{d}z=\frac{1}{E_s}\int_0^z \sigma_z \mathrm{d}z=\frac{p_0}{E_s}\int_0^z \alpha \mathrm{d}z=\frac{A}{E_s} \tag{4-15a}$$

式中：ε—— 土的侧限压缩应变，$\varepsilon=\sigma_z/E_s$；

A—— 基底至其下深度 z 范围内的附加应力分布图的面积，$A=\int_0^z \sigma_z \mathrm{d}z=p_0\int_0^z \alpha \mathrm{d}z$；

σ_z—— 地基竖向附加应力，$\sigma_z=\alpha p_0$（p_0 为基底附加压力，α 为基底下任意深度 z 处的地基竖向附加应力系数）。

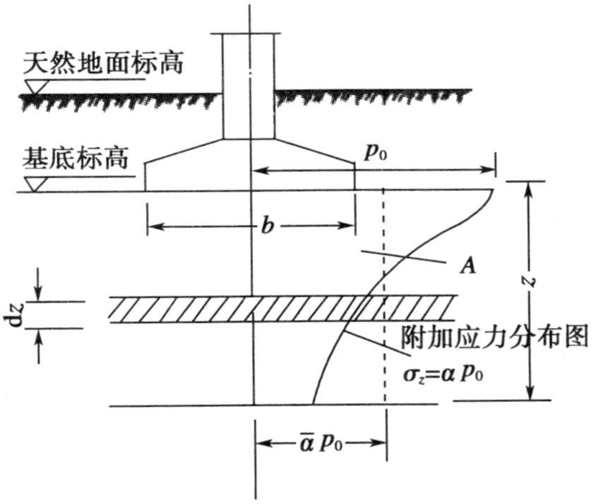

图 4-12 平均附加应力系数 $\bar{\alpha}$ 示意图

为了便于计算，引入地基平均附加应力系数 $\bar{\alpha}$，其定义为：从基础底面到其下深度 z 范围内的附加应力分布图面积 A 与 $p_0 z$ 的比值，即 $\bar{\alpha}=A/p_0 z=\int_0^z \alpha \mathrm{d}z/z$。则附加应力分布图面积 A 可用基底附加压力、地基深度及地基平均附加应力系数三者乘积 $p_0 z\bar{\alpha}$ 来等代。

故式(4-15a)又可表示为

$$s'=\frac{p_0 z\bar{\alpha}}{E_s} \tag{4-15b}$$

式中：$p_0 z\bar{\alpha}$——深度 z 范围内竖向附加应力分布图面积的等代值；

$\bar{\alpha}$——深度 z 范围内的竖向平均附加应力系数。

若地基为成层地基，则第 i 分层沉降量的计算公式为(见图 4－13)：

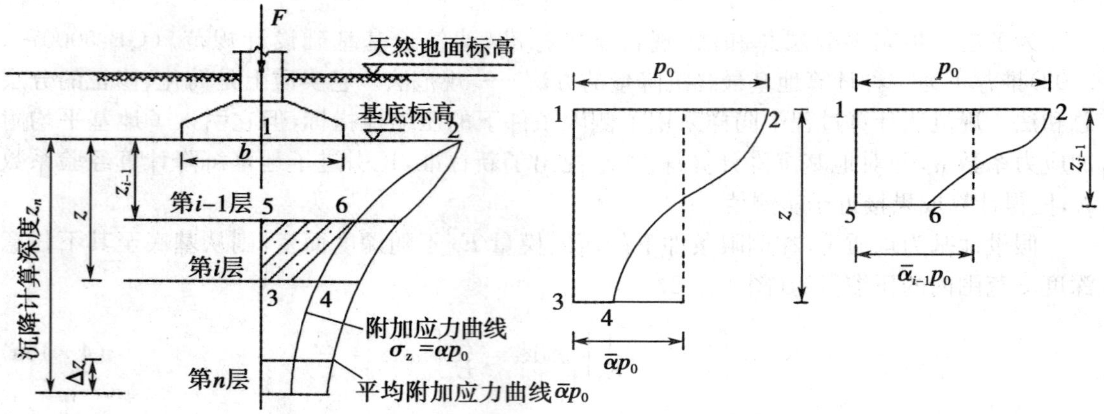

图 4－13　规范法计算地基沉降量

$$\Delta s'_i = s'_i - s'_{i-1} = \frac{A_i - A_{i-1}}{E_{si}} = \frac{\Delta A_i}{E_{si}} = \frac{p_0}{E_{si}}(z_i\bar{\alpha}_i - z_{i-1}\bar{\alpha}_{i-1}) \tag{4-16}$$

则按规范法计算地基沉降量的公式为

$$s' = \sum_{i=1}^{n}\Delta s'_i = \sum_{i=1}^{n}(s'_i - s'_{i-1}) = \sum_{i=1}^{n}\frac{p_0}{E_{si}}(z_i\bar{\alpha}_i - z_{i-1}\bar{\alpha}_{i-1}) \tag{4-17}$$

式中：s'——按规范法计算的沉降量(mm)；

s'_i、s'_{i-1}——深度 z_i 和 z_{i-1} 范围内的沉降量(mm)；

n——地基压缩层深度范围内所划分的土层数，分层原则同前面按分层总和法计算中所述；

p_0——对应荷载标准值时的基底附加压力(kPa)；

E_{si}——基底下第 i 层土的压缩模量，按实际的应力范围取值(MPa)；

z_i、z_{i-1}——第 i、第 $i-1$ 层土距基底距离(mm)；

$\bar{\alpha}_i$、$\bar{\alpha}_{i-1}$——深度 z_i 和 z_{i-1} 范围内竖向平均附加应力系数，对于矩形面积上作用均布荷载时角点下 $\bar{\alpha}$ 值可从表 4－2 中查找；

$p_0 z_i\bar{\alpha}_i$、$p_0 z_{i-1}\bar{\alpha}_{i-1}$——深度 z_i 和 z_{i-1} 范围内竖向附加应力分布图的面积 A_i 和 A_{i-1}(图 4－13 中面积 1234 和 1256)的等代值；

$\Delta A_i = A_i - A_{i-1}$——第 i 分层的竖向附加应力分布图面积(图 4－13 中面积 5634)。

表 4－2　均布的矩形荷载角点下的竖向平均附加应力系数 $\bar{\alpha}$

z/b	l/b												
	1.0	1.2	1.4	1.6	1.8	2.0	2.4	2.8	3.2	3.6	4.0	5.0	10.0
0.0	0.250 0	0.250 0	0.250 0	0.250 0	0.250 0	0.250 0	0.250 0	0.250 0	0.250 0	0.250 0	0.250 0	0.250 0	0.250 0
0.2	0.249 6	0.249 7	0.249 7	0.249 8	0.249 8	0.249 8	0.249 8	0.249 8	0.249 8	0.249 8	0.249 8	0.249 8	0.249 8
0.4	0.247 4	0.247 9	0.248 1	0.248 3	0.248 3	0.248 4	0.248 5	0.248 5	0.248 5	0.248 5	0.248 5	0.248 5	0.248 5

续表 4-2

z/b	l/b												
	1.0	1.2	1.4	1.6	1.8	2.0	2.4	2.8	3.2	3.6	4.0	5.0	10.0
0.6	0.242 3	0.243 7	0.244 4	0.244 8	0.245 1	0.245 2	0.245 4	0.245 5	0.245 5	0.245 5	0.245 5	0.245 5	0.245 5
0.8	0.234 6	0.237 2	0.238 7	0.239 5	0.240 0	0.240 3	0.240 7	0.240 8	0.240 9	0.240 9	0.241 0	0.241 0	0.241 0
1.0	0.225 2	0.229 1	0.231 3	0.232 6	0.233 5	0.234 0	0.234 6	0.234 9	0.235 1	0.235 2	0.235 2	0.235 3	0.235 3
1.2	0.214 9	0.219 9	0.222 9	0.224 8	0.226 0	0.226 8	0.227 8	0.228 2	0.228 5	0.228 6	0.228 7	0.228 8	0.228 9
1.4	0.204 3	0.210 2	0.214 0	0.216 4	0.219 0	0.219 1	0.220 4	0.221 1	0.221 5	0.221 7	0.221 8	0.222 0	0.222 1
1.6	0.193 9	0.200 6	0.204 9	0.207 9	0.209 9	0.211 3	0.213 0	0.213 8	0.214 3	0.214 6	0.214 8	0.215 0	0.215 2
1.8	0.184 0	0.191 2	0.196 0	0.199 4	0.201 8	0.203 4	0.205 5	0.206 6	0.207 3	0.207 7	0.207 9	0.208 2	0.208 4
2.0	0.174 6	0.182 2	0.187 5	0.191 2	0.193 8	0.195 8	0.198 2	0.199 6	0.200 4	0.200 9	0.201 2	0.201 5	0.201 8
2.2	0.165 9	0.173 7	0.179 3	0.183 3	0.186 2	0.188 3	0.191 1	0.192 7	0.193 7	0.194 3	0.194 7	0.195 2	0.195 5
2.4	0.157 8	0.165 7	0.171 5	0.175 7	0.178 9	0.181 2	0.184 3	0.186 2	0.187 3	0.188 0	0.188 5	0.189 0	0.189 5
2.6	0.150 3	0.158 3	0.164 2	0.168 6	0.171 9	0.174 5	0.177 9	0.179 9	0.181 2	0.182 0	0.182 5	0.183 2	0.183 8
2.8	0.143 3	0.151 4	0.157 4	0.161 9	0.165 4	0.168 0	0.171 7	0.173 9	0.175 3	0.176 3	0.176 9	0.177 7	0.178 4
3.0	0.136 9	0.144 9	0.151 0	0.155 6	0.159 2	0.161 9	0.165 8	0.168 2	0.169 8	0.170 8	0.171 5	0.172 5	0.173 3
3.2	0.131 0	0.139 0	0.145 0	0.149 7	0.153 3	0.156 2	0.160 2	0.162 8	0.164 5	0.165 7	0.166 4	0.167 5	0.168 5
3.4	0.125 6	0.133 4	0.139 4	0.144 1	0.147 8	0.150 8	0.155 0	0.157 7	0.159 5	0.160 7	0.161 6	0.162 8	0.163 9
3.6	0.120 5	0.128 2	0.134 2	0.138 9	0.142 7	0.145 6	0.150 0	0.152 8	0.154 8	0.156 1	0.157 0	0.158 3	0.159 5
3.8	0.115 8	0.123 4	0.129 3	0.134 0	0.137 8	0.140 8	0.145 2	0.148 2	0.150 2	0.151 6	0.152 6	0.154 1	0.155 4
4.0	0.111 4	0.118 9	0.124 8	0.129 4	0.133 2	0.136 2	0.140 8	0.143 8	0.145 9	0.147 4	0.148 5	0.150 0	0.151 6
4.2	0.107 3	0.114 7	0.120 5	0.125 1	0.128 9	0.131 9	0.136 5	0.139 6	0.141 8	0.143 4	0.144 5	0.146 2	0.147 9
4.4	0.103 5	0.110 7	0.116 4	0.121 0	0.124 8	0.127 9	0.132 5	0.135 7	0.137 9	0.139 6	0.140 7	0.142 5	0.144 4
4.6	0.100 0	0.107 0	0.112 7	0.117 2	0.120 9	0.124 0	0.128 7	0.131 9	0.134 2	0.135 9	0.137 1	0.139 0	0.141 0
4.8	0.096 7	0.103 6	0.109 1	0.113 6	0.117 3	0.120 4	0.125 0	0.128 3	0.130 7	0.132 4	0.133 7	0.135 7	0.137 9
5.0	0.093 5	0.100 3	0.105 7	0.110 2	0.113 9	0.116 9	0.121 6	0.124 9	0.127 3	0.129 1	0.130 4	0.132 5	0.134 8
5.2	0.090 6	0.097 2	0.106 0	0.107 0	0.110 6	0.113 6	0.118 3	0.121 7	0.124 1	0.125 9	0.127 3	0.129 5	0.132 0
5.4	0.087 8	0.094 3	0.099 6	0.103 9	0.107 5	0.110 5	0.115 2	0.118 6	0.121 1	0.122 9	0.124 3	0.126 5	0.129 2
5.6	0.085 2	0.091 6	0.096 8	0.101 0	0.104 6	0.107 6	0.112 2	0.115 6	0.118 1	0.120 0	0.121 5	0.123 8	0.126 6
6.4	0.076 2	0.082 0	0.086 9	0.090 9	0.094 2	0.097 1	0.101 6	0.105 0	0.107 6	0.109 6	0.111 1	0.113 7	0.117 1
7.2	0.068 8	0.074 2	0.078 7	0.082 5	0.085 7	0.088 4	0.092 8	0.096 2	0.098 7	0.100 8	0.102 3	0.105 1	0.109 0
8.0	0.062 7	0.067 8	0.072 0	0.075 5	0.078 5	0.081 1	0.085 3	0.088 6	0.091 2	0.093 2	0.094 8	0.097 6	0.102 0
8.8	0.057 6	0.062 3	0.066 3	0.069 6	0.072 4	0.074 9	0.079 0	0.082 1	0.084 6	0.086 6	0.088 2	0.091 2	0.095 9
9.6	0.053 3	0.057 7	0.061 4	0.064 5	0.067 2	0.069 6	0.073 4	0.076 5	0.078 9	0.080 9	0.082 5	0.085 5	0.090 5
10.4	0.049 6	0.053 7	0.057 2	0.060 1	0.062 7	0.064 9	0.068 6	0.071 6	0.073 9	0.075 9	0.077 5	0.080 4	0.085 7
11.2	0.046 3	0.050 2	0.053 5	0.056 3	0.058 7	0.060 9	0.064 4	0.067 2	0.069 5	0.071 4	0.073 0	0.075 9	0.081 3
12.0	0.043 5	0.047 1	0.050 2	0.052 9	0.055 2	0.057 3	0.060 6	0.063 4	0.065 6	0.067 4	0.069 0	0.071 9	0.077 4
12.8	0.040 9	0.044 4	0.047 4	0.049 9	0.052 1	0.054 1	0.057 3	0.059 9	0.062 1	0.063 9	0.065 4	0.068 2	0.073 9
13.6	0.038 7	0.042 0	0.044 8	0.047 2	0.049 3	0.051 2	0.054 3	0.056 8	0.058 9	0.060 7	0.062 1	0.064 9	0.070 7
14.4	0.036 7	0.039 8	0.042 5	0.044 8	0.046 8	0.048 6	0.051 6	0.054 0	0.056 1	0.057 7	0.059 2	0.061 9	0.067 7
16.0	0.033 2	0.036 1	0.038 5	0.040 7	0.042 5	0.044 2	0.046 9	0.049 2	0.051 1	0.052 7	0.054 0	0.056 7	0.062 5
18.0	0.029 7	0.032 3	0.034 5	0.036 4	0.038 1	0.039 6	0.042 2	0.044 2	0.046 0	0.047 5	0.048 7	0.051 2	0.057 0
20.0	0.026 9	0.029 2	0.031 2	0.033 0	0.034 5	0.035 9	0.038 3	0.040 2	0.041 8	0.043 2	0.044 4	0.046 8	0.052 4

注：l 为基础长度(m)；b 为基础宽度(m)；z 为计算点离基础底面的垂直距离(m)。

规范法规定了地基压缩层深度 z_n 的新标准(见图 4-13)：由深度 z_n 处向上取计算厚度 Δz(按表 4-3 确定),在此厚度范围内的计算沉降量 $\Delta s'_n$ 应满足下列条件(包括考虑相邻荷载的影响)：

$$\Delta s'_n \leqslant 0.025 \sum_{i=1}^{n} \Delta s'_i \tag{4-18}$$

表 4-3 计算厚度 Δz 值

b(m)	$\leqslant 2$	$2 < b \leqslant 4$	$4 < b \leqslant 8$	$b > 8$
Δz(m)	0.3	0.6	0.8	1.0

具体计算时,先假设一个地基压缩层深度进行验算,如不满足再改变其值,直至满足为止。如按上式所确定的压缩层深度下有软弱土层时,还应向下继续计算,直至软弱土层中所取规定厚度 Δz 的计算沉降量满足上式要求为止。

当地基压缩层深度范围内存在基岩时,z_n 可取至基岩表面。当无相邻荷载影响,基础宽度在 1～30 m 范围内时,基础中点的地基压缩层深度也可按以下简化公式计算：

$$z_n = b(2.5 - 0.4\ln b) \tag{4-19}$$

式中：b——基础宽度,$\ln b$ 为 b 的自然对数值。

为了提高计算准确度,规范规定按式(4-17)计算得到的地基沉降量 $s' = \sum_{i=1}^{n} \Delta s'_i$ 还应乘以一个沉降计算经验系数 ψ_s,其定义为利用地基沉降观测资料推算的最终沉降量 s_∞ 与按式(4-17)计算得到的沉降量 s' 的比值,即

$$\psi_s = s_\infty / s' \tag{4-20}$$

沉降计算经验系数 ψ_s 可以根据地区沉降观测资料及经验确定,也可采用表 4-4 中的数值。

综上所述,规范法计算地基最终沉降量的公式如下：

$$s = \psi_s s' = \psi_s \sum_{i=1}^{n} \frac{p_0}{E_{si}} (z_i \bar{\alpha}_i - z_{i-1} \bar{\alpha}_{i-1}) \tag{4-21}$$

式中：s——地基最终沉降量(mm)。

表 4-4 沉降计算经验系数 ψ_s

地基附加应力	$\bar{E}_s$(MPa)				
	2.5	4.0	7.0	15.0	20.0
$p_0 \geqslant f_{ak}$	1.4	1.3	1.0	0.4	0.2
$p_0 \leqslant 0.75 f_{ak}$	1.1	1.0	0.7	0.4	0.2

注：(1) f_{ak} 为地基承载力特征值。

(2) $\bar{E}_s$ 为地基变形计算深度范围内压缩模量的当量值,应按下式计算：$\bar{E}_s = \dfrac{\sum_{i=1}^{n} A_i}{\sum_{i=1}^{n} \dfrac{A_i}{E_{si}}}$。

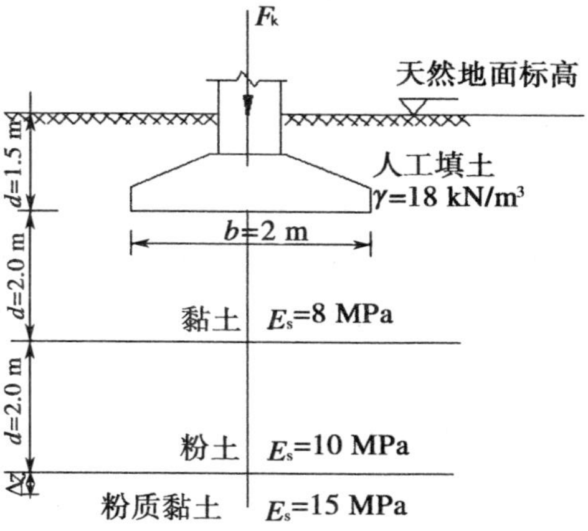

图 4－14　地质剖面图

【例 4－2】 某一柱基础长 3 m，宽 2 m，埋深 1.5 m，作用在基础上的荷载 $F_k = 942$ kN，地质剖面图和土的性质如图 4－14 所示，试按规范法计算基础的最终沉降量。

【解】 (1) 计算基础及其基础以上土的自重：$G_k = \gamma_G Ad = 20 \times 2 \times 3 \times 1.5 = 180$ kN。

(2) 求基底平均附加压力：$p_0 = \dfrac{F_k + G_k}{A} - \gamma d = \dfrac{942+180}{2\times 3} - 18 \times 1.5 = 160$ kPa。

(3) 地基分层：以土层天然分界面为分层面。

(4) 确定计算深度：由于 $b = 2$ m，查表 4－3 得 $\Delta z = 3$ m，取计算深度 $z_n = 4.3$ m。

(5) 计算每一层土的沉降量：$\Delta s'_i = \dfrac{p_0}{E_{si}} \times 4 \times (z_i\bar{\alpha}_i - z_{i-1}\bar{\alpha}_{i-1})$（$\bar{\alpha}_i$ 为角点处平均附加应力系数）以及计算深度 z_n 处向上 0.3 m 范围内的沉降量 $\Delta s'_n$，具体计算过程见表 4－5。

(6) 计算总沉降量：$s' = \sum\limits_{i=1}^{n} \dfrac{p_0}{E_{si}}(z_i\bar{\alpha}_i - z_{i-1}\bar{\alpha}_{i-1})$。

具体计算结果见表 4－5 所示。

表 4－5　各土层沉降计算

z_i(m)	l/b	z/b	$\bar{\alpha}_i$	$z_i\bar{\alpha}_i$	$\Delta(z_i\bar{\alpha}_i - z_{i-1}\bar{\alpha}_{i-1})$	E_{si}(MPa)	$\Delta s'_i$(mm)	$\sum\limits_{i=1}^{n}\Delta s'_i$(mm)
0	1.5	0	0.250 0	0				
2	1.5	2	0.189 4	0.378 8	1.515	8	30.3	30.3
4	1.5	4	0.127 1	0.508 4	0.519	10	8.30	38.6
4.3	1.5	4.3	0.120 8	0.519 4	0.044	15	0.47	39.07

$\Delta z = 0.3$ m 范围内的计算沉降量 $\Delta s'_n = 0.47\ \text{mm} < 0.025\sum\limits_{i=1}^{n}\Delta s'_i = 0.98$ mm，符合要求。

(7) 求最终沉降量 $s = \psi_s s' = \psi_s \sum\limits_{i=1}^{n} \dfrac{p_0}{E_{si}}(z_i\bar{\alpha}_i - z_{i-1}\bar{\alpha}_{i-1})$

由 $\bar{E}_s = \dfrac{\sum\limits_{i=1}^{n} A_i}{\sum\limits_{i=1}^{n}\dfrac{A_i}{E_{si}}} = \dfrac{1.515+0.519+0.044}{\dfrac{1.515}{8}+\dfrac{0.519}{10}+\dfrac{0.044}{15}} = 8.51$ MPa 查表 4－4 得沉降计算经验系数 $\psi_s = 0.89$。

计算最终沉降量 $s = \psi_s s' = 0.89 \times 39.07 = 34.77$ mm

4.3.3　对沉降计算方法的讨论

综上所述，规范推荐的计算公式实际上和分层总和法的基本一致，这两种方法都采用了单向压缩条件下的压缩性指标，且为弥补不考虑侧向变形而引起沉降计算结果偏小的缺点，均采用了基础中心点下的附加应力来进行变形计算。所不同的是，规范法的计算公式在分层总和法的基础上作了一些修正，如分层总和法在地基沉降计算深度范围内划分土层时往往使同一土层分成若干层，并采用不同的压缩模量分别计算各分层处的自重应力平均值和附加应力平均值，计算工作量较大，而规范法可直接按天然土层的交界面划分，使计算较为简便；另外，规范法公式中还引入了平均附加应力系数，规定了更合理的沉降计算深度，提出了沉降计算经验系数，使得计算结果更符合实际。

4.4 应力历史对土变形的影响

应力历史是指土体在形成的地质年代中曾经受到过的应力状态。为了考虑应力历史对黏性土压缩性的影响，就必须知道土层受到过的前期固结压力。

前期固结压力是指天然土层在历史上曾经承受过的最大固结压力，用 p_c 表示。目前确定前期固结压力 p_c 最常用的方法是卡萨格兰德（A. Cassagrande，1936）所建议的经验作图法，作图步骤如下（参见图 4－15）：

（1）从 $e-\lg p$ 曲线拐弯处找出曲率半径最小的一点 A，过 A 点作水平线 $A1$ 和切线 $A2$。

（2）作$\angle 1A2$ 的平分线 $A3$，与 $e-\lg p$ 曲线中直线段的延长线相交于 B 点。

（3）B 点所对应的有效应力即是前期固结压力 p_c。

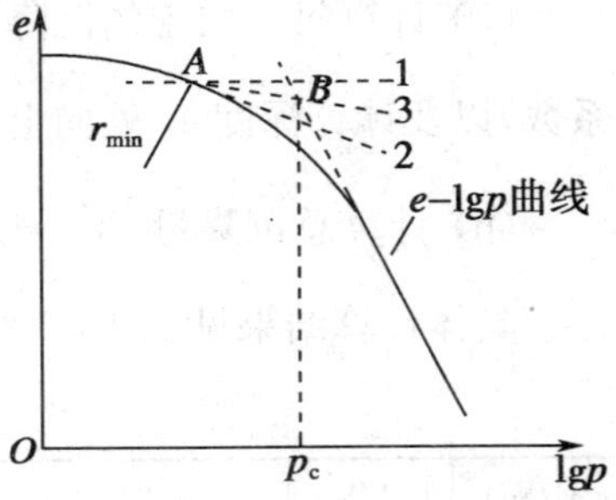

图 4－15　确定前期固结压力的卡萨格兰德法

采用这种简易的经验作图法确定前期固结压力的可靠性很大程度上取决于 A 点位置的确定。而 A 点通常是通过人为判断决定的，具有一定的误差。另外，土样受扰动和作图比例不对也会对 A 点的选定有影响。

工程中通常将地基中土体的前期固结压力 p_c 与现有上覆土层压力 p_1 之比定义为超固结比 OCR，即 $\mathrm{OCR}=p_c/p_1$。根据 OCR 的大小，天然土层按其所处的固结状态可分为正常固结土、超固结土和欠固结土。

如图 4－16 所示，A 类覆盖土层是经过漫长的地质年代后逐渐沉积到现在地面的，地表以下的土层在上覆土层自重应力作用下已经达到固结稳定状态，此后地表和土中有效自重应力没有发生变化，其前期固结压力 p_c 等于现有覆盖土自重应力 $p_1=\gamma h$（γ 为均质土的天然重度，h 为现在地面下的计算点深度），即 $\mathrm{OCR}=1$，所以 A 类土是正常固结土；B 类覆盖土层在土的自重作用下也已达到了固结稳定状态，图中虚线表示当时沉积层的地表，后来由于地表剥蚀等原因而形成现在的地表，因此现有覆盖土自重应力 $p_1=\gamma h$ 小于土层历史上受到的前期固结压力 $p_c=\gamma h_c$（h_c 为剥蚀前地面下的计算点深度），即 $\mathrm{OCR}>1$，所以 B 类土是超固结土；C 类土层可能是新近堆填的黏性土或人工填土，其在自重应力作用下的固结尚未完成，导致现有覆盖土自重应力 $p_1=\gamma h$ 大于前期固结压力 p_c（$p_c=\gamma h_c$，h_c 为固结结束后地面下的计算点深度），即 $\mathrm{OCR}<1$，土层还将继续下沉，因而 C 类土是欠固结土。此外，当地下水位发生前所未有的下降也会使土处于欠固结状态。

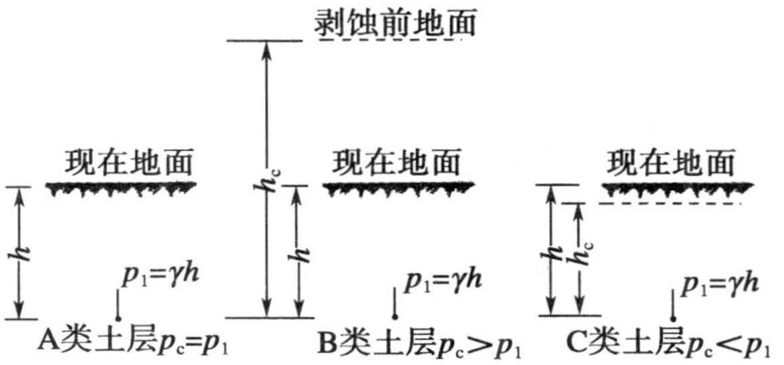

图 4-16 沉积土层按前期固结压力 p_c 分类

4.5 沉降与时间的关系

土的压缩是土中孔隙体积缩小的结果，对于饱和土来说，则主要是土中孔隙水的排出。排水速率跟土的渗透性息息相关，砂土透水性大，孔隙水排出速率快，其固结变形在加荷后短时间内即可完成。而饱和黏性土与粉土透水性低，排水速度慢，固结稳定所需的时间就比较长。因此，在工程实践中需考虑黏性土和粉土的变形与时间的关系。

4.5.1 孔隙水与土骨架的压力分担作用

饱和土是由固体颗粒构成的土骨架和孔隙间的水组成的两相体。当土体受到外力作用的时候，土中某一截面上的法向总应力一部分由土骨架承担，并通过粒间的接触面进行传递，我们把这部分应力称为有效应力，用 σ' 表示，显然，只有有效应力才能使土体产生压缩和强度；另一部分应力由孔隙水来承担，通过相互连通的孔隙水传递，称之为孔隙水应力，用 u 表示。饱和土体中孔隙水不能承担剪应力，但能承担和传递法向应力。各点的孔隙水应力大小等于该点测压管水柱高度 h_w 与水的重度 γ_w 的乘积，即 $u=r_w h_w$，方向垂直于作用面。由于任一点的孔隙水应力在各个方向上数值相等，因此孔隙水应力不产生土的压缩和强度。

4.5.2 有效应力原理

为了了解土骨架与孔隙水对所受总应力分担、传递以及相互转化的情况，可在饱和土体内取一研究平面 0—0 进行分析（如图 4-17 所示）。0—0 面是沿着土颗粒间接触面截取的曲线状截面，总面积为 A，其中各粒间接触面积之和为 A_s，则孔隙水所占的面积为 A_w，即 $A=A_s+A_w$。由于颗粒间接触面积 A_s 非常小，且粒间力的传递方向变化不定，为简化计算，常把研究平面内所有粒间接触面上法向粒间作用力之和 N_s 与截面总面积 A 的比值定义为有效应力 σ'，即 $\sigma'=N_s/A$。

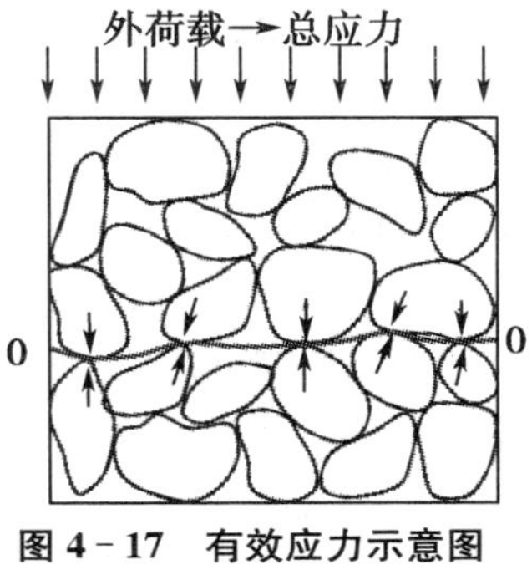

图 4-17 有效应力示意图

设外荷载在所研究平面上所引起的法向总应力为 σ，根据静力平衡条件可知，粒间接触面所承担的力和孔隙水所承担的力之和应等于该面上的总法

向力，则

$$\sigma A = N_s + A_w u = N_s + (A - A_s)u \tag{4-22a}$$

化简得

$$\sigma = \frac{N_s}{A} + \left(1 - \frac{A_s}{A}\right)u = \sigma' + \left(1 - \frac{A_s}{A}\right)u \tag{4-22b}$$

由于颗粒间接触面积 A_s 非常微小，因此上式中的 A_s/A 实际上可略去不计，故(4－22(b))可简化为

$$\sigma = \sigma' + u \tag{4-23}$$

式(4－23)即为太沙基提出的饱和土的有效应力原理，它给出了所研究平面上的总应力 σ、有效应力 σ'、孔隙水应力 u 三者间的关系。当总应力 σ 保持不变时，有效应力 σ' 和孔隙水应力 u 两者之间可相互转化，即孔隙水应力增加，则有效应力减小，反之亦然。如前所述，土的变形与强度都只取决于有效应力，因此要研究饱和土的压缩性、抗剪强度等必须先了解土中有效应力的变化。但要按 $\sigma' = N_s/A$ 这个等式直接求出有效应力仍然非常困难，为此可通过式(4－23)以间接的方法求解有效应力，$\sigma = \sigma' + u$ 式中总应力可计算得出，孔隙水应力可实测或计算获得。

4.5.3 饱和土的单向固结理论

饱和土在附加应力作用下，孔隙水随时间逐渐排出，土颗粒重新排列，相互挤紧，孔隙体积随之缩小的过程称为渗透固结。若在压缩过程中土中孔隙水只沿一个方向(通常指竖直方向)排出，这样的固结称为单向固结或一维固结。在实际工程中，土的一维固结并不存在(除了在室内侧限固结试验中)，但对于大面积均布荷载作用下的固结可近似地看作一维固结问题。

1) 单向固结模型

饱和土的渗透固结过程可用图 4－18 的弹簧—活塞模型来模拟。在一刚性的充水容器中装着一个带有弹簧的活塞，活塞上有很多细小的排水孔，弹簧的下端与容器底部相连。其中弹簧代表土骨架，容器内的水相当于土体孔隙中的自由水，而活塞上的小孔用来模拟土的渗透性，整个模型代表饱和土体的一个土单元。

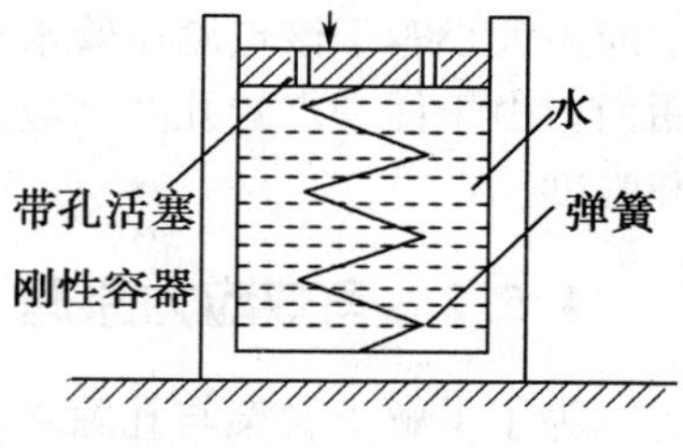

图 4－18　饱和土体的单向固结模型

当均布压力 σ 施加在活塞顶面的瞬间，即加荷历时 $t=0$，容器中的水来不及向外排出，弹簧没有变形，全部压力由容器中的水承担，而容器中水承担的应力相当于土体内孔隙水所承担的孔隙水应力 u，即 $u=\sigma$。

经过时间 t，容器中的水在压力作用下不断从活塞的细孔向外排出，活塞下降，迫使弹簧受压而承担部分应力，弹簧承担的应力相当于土骨架所承担的有效应力 σ'。因此在这个阶段，均布压力 σ 由弹簧和孔隙水共同承担，$\sigma = \sigma' + u$。

随着活塞继续下降，超孔隙水应力不断减小，有效应力相应增加。最后当时间 t 趋于无穷大时，超孔隙水应力全部消散，即 $u=0$，容器中的水停止排出，均布压力全部由弹簧承担，即 $\sigma = \sigma'$，土体渗透固结过程结束。

从以上模拟土的固结过程可以看出：饱和土的渗透固结过程就是土体中各点的孔隙水应力不断消散和有效应力相应增加的过程，在这个过程中，任一时刻任一位置上的应力都满足有效应力原理，即 $\sigma=\sigma'+u$。

2）太沙基单向固结理论

（1）基本假设

在工程设计中，常可以通过太沙基提出的单向固结理论来解决沉降与时间的关系问题，如预估建筑物竣工后一段时间可能发生的沉降量或建筑物基础达到某一沉降量所需要的时间。单向固结理论的适用条件为荷载面积远大于压缩土层的厚度，地基中孔隙水主要沿竖向渗流。

该理论的基本假设如下：

① 土层是均匀的且完全饱和。

② 土颗粒和孔隙水都是不可压缩的，土的压缩主要是土中孔隙体积缩小的结果。

③ 外荷载是瞬时一次施加的且在固结过程中保持不变。

④ 土中水的渗流符合达西定律。

⑤ 在整个渗透固结过程中，土的渗透系数 k 和压缩系数 a 都是常量。

⑥ 土层仅在竖向发生渗流和压缩。

（2）固结微分方程与求解

如图 4－19 所示，厚度为 H 的饱和土层，其顶面透水、底面不透水（属单面排水），假设该土层在其自重作用下已固结稳定，顶面瞬时一次施加连续均布荷载 p，引起该土层排水固结。此均布荷载 p 在地基内部引起的附加应力沿深度均匀分布，即 $\sigma_z=p$。

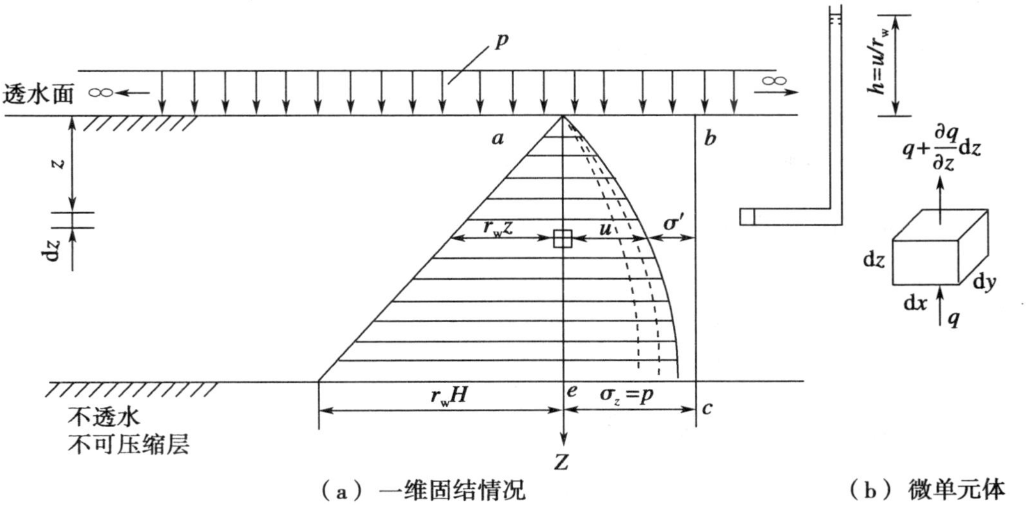

图 4－19　饱和土层中孔隙水应力（或有效应力）的分布随时间而变化

太沙基一维固结微分方程为

$$\frac{a}{1+e_1}\frac{\partial u}{\partial t}=\frac{k}{\gamma_w}\frac{\partial^2 u}{\partial^2 z} \tag{4-24}$$

式中：e_1——渗透固结前初始孔隙比。

令 $C_v=\frac{k(1+e_1)}{a\gamma_w}=\frac{kE_s}{\gamma_w}$，其中 C_v 称为土的竖向渗透固结系数（m^2/s 或 m^2/年），即

$$\frac{\partial u}{\partial t}=C_v\frac{\partial^2 u}{\partial^2 z} \tag{4-25}$$

式中：u——微单元体中的超静孔隙水应力，$u=r_w h$(kPa)；

k——土 z 方向的渗透系数(m/s)；

a——土的压缩系数(MPa^{-1})；

γ_w——水的重度(kN/m^3)；

E_s——土的压缩模量(MPa)。

对于该方程，可以根据不同的初始条件和边界条件求得其特解。如图 4－19(a)所示的初始条件（开始固结时的附加应力分布情况）和边界条件（可压缩土层顶、底面的排水条件），可求得式(4－25)的特解。

① 当 $t=0$ 和 $0\leqslant z\leqslant H$ 时，$u=\sigma_z=p$。

② 当 $0<t<\infty$ 和 $z=0$（透水面）时，$u=0$。

③ 当 $0<t<\infty$ 和 $z=H$（不透水面）时，$\frac{\partial u}{\partial t}=0$（不透水面处没有渗流产生）。

④ 当 $t=\infty$ 和 $0\leqslant z\leqslant H$ 时，$u=0$。

根据上述这些条件，采用分离变量法解得式(4－25)的特解，即某一时刻 t 深度 z 处的孔隙水应力的表达式为

$$u_{z,t}=\frac{4}{\pi}p\sum_{m=1}^{\infty}\frac{1}{m}\sin\frac{m\pi z}{2H}\exp\left(-\frac{m^2\pi^2}{4}T_v\right) \tag{4-26}$$

式中：m——正奇数($m=1,3,5,\cdots$)；

exp——指数函数；

T_v——时间因数（无量纲），$T_v=\frac{C_v t}{H^2}$，其中 C_v 为竖向渗透固结系数，t 为时间；

H——压缩土层最远的排水距离，当土层单面（上面或下面）排水时，H 取土层厚度；当土层双面排水时，水由土层中心向上和向下两个方向同时排出，此时 H 应取土层厚度的一半。

4.5.4 固结度的概念和计算

理论上可根据式(4－26)所示的孔隙水压力随深度 z 和时间 t 变化的函数解，求出有效应力的大小和分布，进而利用侧限条件下的压缩量计算公式算出任意时刻 t 的地基沉降量 s_t，但是这样求法比较繁琐，因此在工程实践中为简化计算引入了固结度的概念。

固结度指的是在某一附加应力作用下，经某一时间 t 后，土体发生固结的程度或（超）孔隙水应力消散的程度，通常用 U 表示。故某一深度 z 处的土层经时间 t 后的固结度为

$$U=\frac{\sigma'}{\sigma}=\frac{\sigma-u}{\sigma}=1-\frac{u}{\sigma} \tag{4-27}$$

式中：σ——在外荷作用下该点的总应力(kPa)；

σ'——t 时刻该点的有效应力(kPa)；

u——t 时刻该点的超静孔隙水应力(kPa)。

土层中某一点的固结度并不适合解决工程中的实际问题，为此，引入某一土层的平均固结度的概念是非常有意义的。**平均固结度($\overline{U}$)的定义为地基在固结过程中任一时刻的固结变形量 s_{ct} 与地基的最终固结变形量 s_c 之比**，即

$$\overline{U}=\frac{s_{ct}}{s_c} \tag{4-28}$$

对于竖向排水情况，由于土层的固结沉降与有效应力成正比，所以将某一时刻有效应力图面积与最终有效应力图面积之比，称为竖向排水的平均固结度 $\overline{U}_z$，即

$$\overline{U}_z=1-\frac{\int_0^H u_{z,t}\mathrm{d}z}{\int_0^H \sigma_z\mathrm{d}z} \tag{4-29}$$

式中：$u_{z,t}$——某一时刻 t 深度 z 处的孔隙水应力(kPa)；

σ_z——深度 z 处的竖向附加应力(kPa)，在大面积均布荷载 p 作用下，

$$\int_0^H \sigma_z\mathrm{d}z=\sigma_z H=pH$$

当地基的附加应力、土层性质和排水条件已知的前提下，$\overline{U}_z$ 仅是时间 t 的函数。当 $t=0$ 时，$\overline{U}_z=0$；$t=\infty$，$\overline{U}_z=100\%$。如将式(4－26)代入式(4－29)即可得图 4－19 所示的附加应力呈矩形分布的饱和黏性土层的平均固结度的表达式：

$$\begin{aligned}\overline{U}_z&=1-\frac{8}{\pi^2}\left[\exp\left(-\frac{\pi^2}{4}T_v\right)+\frac{1}{9}\exp\left(-\frac{9\pi^2}{4}T_v\right)+\cdots\right]\\&=1-\frac{8}{\pi^2}\sum_{m=1}^{\infty}\frac{1}{m^2}\exp\left(-\frac{m^2\pi^2}{4}T_v\right)(m=1,3,5,7,\cdots)\end{aligned} \tag{4-30}$$

由于上式中的级数收敛很快，当 $\overline{U}_z>30\%$时可进行简化，近似地取式中的第一项：

$$\overline{U}_z\approx 1-\frac{8}{\pi^2}\exp\left(-\frac{\pi^2}{4}T_v\right) \tag{4-31}$$

从式(4－31)可以看出，土层的平均固结度 $\overline{U}_z$ 是时间因数 T_v 的单值函数，它与所加的附加应力的大小无关。对于单面排水，各种直线型附加应力分布下的土层平均固结度与时间因数的关系理论上均可采用上述方法求得。如附加应力 σ 沿深度呈正三角形分布(透水面处 $\sigma=0$，不透水面处 $\sigma=p$)的饱和黏性土层单向固结的平均固结度为

$$U=1-\frac{32}{\pi^3}\sum_{n=1}^{\infty}\frac{(-1)^{n-1}}{(2n-1)^3}\exp\left(-\frac{(2n-1)^2\pi^2}{4}T_v\right)(n=1,2,3,\cdots) \tag{4-32}$$

对于典型的直线型附加应力分布(如图 4－20 所示)可用透水面的附加应力 p 与不透水面的附加应力 p_1 之比 α 来表示，即 $\alpha=\frac{p}{p_1}$。α 值各不相同，式(4－25)的解也不相同，求得的

土层平均固结度自然也不一样，这表明平均固结度 $\overline{U}_z$ 虽然与所加的附加应力的大小无关，但它与土层中附加应力的分布有关。

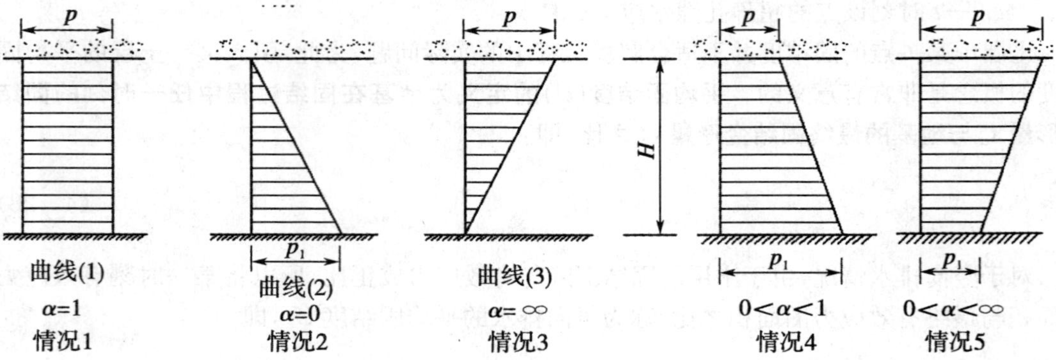

图 4－20　单面排水下的直线型附加应力分布图

为了便于实际工程应用，可按式(4－31)关系式绘制出图 4－21 所示的 $\overline{U}_z - T_v$ 关系曲线(1)，图 4－20 中两种三角形分布起始孔隙水应力图，可分别按图 4－21 中的曲线(2)和曲线(3)计算。对于情况 4 和情况 5 梯形分布的起始孔隙水应力图，则可根据情况 1、情况 2 及情况 1、情况 3 分别采用"叠加"原理求解其平均固结度，如情况 4 推导出的表达式为

$$\overline{U}_{z4} = \frac{2\alpha\overline{U}_{z1} + (1-\alpha)\overline{U}_{z2}}{(1+\alpha)} \qquad (0<\alpha<1) \qquad (4-33)$$

式中：$\overline{U}_{z1}$——均匀分布附加应力作用下的土层平均固结度，由式(4－30)求得；

$\overline{U}_{z2}$——三角形分布附加应力作用下的土层平均固结度，由式(4－32)求得。

同理，对情况 5，也可推导出其平均固结度的计算公式，形式与式(4－33)相同，只不过此时 $p>p_1$，$\alpha>1$。

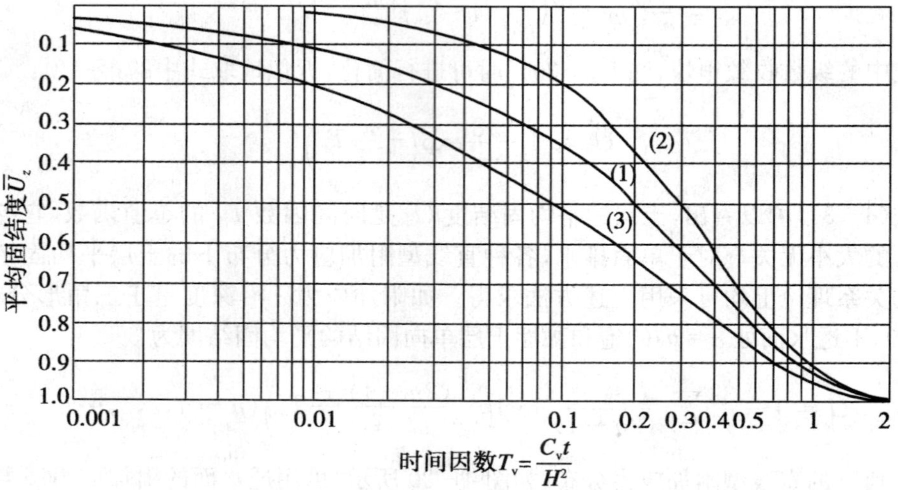

图 4－21　平均固结度与时间因数的关系曲线

根据土层中的附加应力、排水条件以及上述的几个公式可以解决两类有关沉降-时间的工程问题：

(1) 已知土层的最终沉降量 s_c，求某一时刻 t 的固结沉降量 s_{ct}。由土层的渗透系数 k，压缩系数 a，初始孔隙比 e_0，压缩层厚度 H 以及时间 t，根据公式 $C_v=\frac{k(1+e_0)}{r_w a}$，$T_v=\frac{C_v t}{H^2}$求得 T_v，然后利用图 4-21 曲线查出或按相应公式计算出平均固结度 $\overline{U}_z$，再按 $s_{ct}=\overline{U}_z s_c$ 求出 s_{ct}。

(2) 已知土层的最终沉降量 s_c，求土层达到某一固结沉降量 s_{ct}时所需的时间 t。先根据土层的最终沉降量 s_c 及给定的固结沉降量 s_{ct}按公式 $\overline{U}_z=\frac{s_{ct}}{s_c}$求出土层平均固结度，然后从图 4-21 中的曲线查出或按公式计算出相应的时间因素 T_v，再求出土层达到某一固结沉降量 s_{ct}所需的时间为 $t=\frac{T_v H^2}{C_v}$。

4.5.5 地基的容许变形与减小沉降危害的措施

一般来说，地基在附加应力作用下会产生变形。如地基变形过大，超出保证建筑物正常使用和安全的最大变形量，即地基的容许变形，则会引起建筑物开裂、倾斜，特别是软弱地基或软硬不均匀的不良地基上的建筑物，如果处理不当，极易造成工程事故。为保证建筑物的安全和正常使用，我国《建筑地基基础设计规范》规定了建筑物的容许变形值，见表 4-6。

表 4-6　建筑物的地基变形允许值

变形特征		地基土类别	
		中、低压缩性土	高压缩性土
砌体承重结构基础的局部倾斜		0.002	0.003
工业与民用建筑相邻柱基的沉降差			
(1) 框架结构		$0.002l$	$0.003l$
(2) 砖石墙填充的边排柱		$0.0007l$	$0.001l$
(3) 当基础不均匀沉降时不产生附加应力的结构		$0.005l$	$0.005l$
单排框架结构(柱距为 6 m)的柱基的沉降量(mm)		(120)	200
桥式吊车轨面的倾斜(按不调整轨道考虑)			
纵向		0.004	
横向		0.003	
多层和高层建筑基础的倾斜	$H_g\leqslant 24$	0.004	
	$24<H_g\leqslant 60$	0.003	
	$60<H_g\leqslant 100$	0.002	
	$H_g>100$	0.0015	

续表 4-6

变形特征		地基土类别	
		中、低压缩性土	高压缩性土
高耸结构基础的倾斜	$H_g \leqslant 20$	0.008	
	$20 < H_g \leqslant 50$	0.006	
	$50 < H_g \leqslant 100$	0.005	
	$100 < H_g \leqslant 150$	0.004	
	$150 < H_g \leqslant 200$	0.003	
	$200 < H_g \leqslant 250$	0.002	
高耸结构基础的沉降量(mm)	$H_g \leqslant 100$	400	
	$100 < H_g \leqslant 200$	300	
	$200 < H_g \leqslant 250$	200	

注：(1) 有括号者仅适用于中压缩土。

(2) l 为相邻柱基的中心距离(mm)；H_g 为自室外地面起算的建筑高度(m)。

建筑物的类型不同，其对地基变形的适应性也不相同，因此，验算地基变形时对不同的建筑物应采用不同的地基变形特征来进行比较和控制。《建筑地基基础设计规范》将地基的容许变形按其变形特征分为以下四种：

(1) 沉降量：指单独基础中心点的沉降量，以毫米(mm)为单位。

(2) 沉降差：同一建筑物中，两相邻单独基础沉降量之差，以毫米(mm)为单位。

(3) 倾斜：指单独基础在倾斜方向上两端点的沉降差与其距离的比值，以‰表示。

(4) 局部倾斜：指砌体承重结构沿纵墙 6～10 m 内基础两点的沉降差与其距离之比值，以‰表示。

如前所述，沉降(不均匀沉降)过大容易引起建筑物开裂甚至破坏，因此，采取适当的措施减小地基的不均匀沉降是工程设计中必须认真考虑的问题。通常有以下几种措施：

(1) 平面布置尽量简单，避免复杂化，同一建筑物各组成部分的作用荷载以及高度不宜相差太大。

(2) 在可能产生较大不均匀沉降的位置或分期建造的房屋交界处设置沉降缝。

(3) 对局部的软弱地基进行加固处理。

(4) 加强基础的刚度与强度，调整基础的形式、埋置深度以及尺寸，增设地下室，尽量减小或调整基底附加应力。

(5) 上部结构采用轻型结构和轻型材料如轻钢结构、预应力钢筋混凝土结构、轻质墙等以减轻建筑物的自重。

(6) 设置圈梁。

【实验训练】

固结实验

1. 实验目的：测定试样在侧限和轴向排水条件下的变形和压力、变形和时间以及孔隙比和压力间的关系，以便绘制压缩曲线，求得土的压缩系数 a、压缩模量 E_s，以便判断土的压缩性和进行变形计算。

2. 实验方法：正常慢固结实验、快速固结实验。本实验因时间关系用快速固结实验法。

3. 实验仪器：WG—1B 三联中压固结仪、刮土刀、天平、秒表等。

4. 实验步骤

(1) 环刀选用：按工程需要选择(大环刀)50 cm^2 或(小环刀)30 cm^2 切土环刀(本实验用 30 cm^2 切土环刀)，调整天平平衡，称量环刀的重量 m_1，填入表 1 中。

(2) 套切试样前环刀内壁涂一薄层凡士林，以减少试样与环刀壁的摩擦及对试样的扰动。整平试样两端用环刀套切试样。

(3) 试样制备：切取原状土样时刀口朝下，小心地边压边削，注意避免环刀偏心入土。将土样修成略大于环刀的土柱，直至试样突出环刀为止，用钢丝锯拉断土样，然后修去上下两端余土，再修平试样两端表面，擦净环刀外壁，称环刀与湿土的质量 m_2，求得实验前的湿密度 ρ_0，立即用玻璃板将环刀两端盖上，防止水分蒸发。再用天平称两个铝盒的质量，取 10 g 左右的土样，称两个铝盒加湿土样的重量，放在烘箱烘干 8 h，称铝盒加干土的质量，计算初始含水量 w_0，并将有关数据填入表 2 中。

(4) 安装试样：装入护环，在固结仪底部的透水石上放湿润的滤纸一张，将带有环刀的试样刀口朝上，再放湿润的滤纸一张，然后放上透水石和加压盖板，以及定向钢球。

(5) 固结容器和量表安装：将装好的固结容器放在加压框架上，对准加压框架正中，装上量表，并调节其可伸长距离不大于 8 mm，然后检查量表是否灵敏和垂直，使百分表长针正好对准“0”字，短针对准刻度的中间(注意，要将百分表活动杆提到上部再调“0”)。

(6) 施加预压荷载：在砝码盘上加预压荷载 1 kPa(此时试样所受压力约 1 kPa)，检查试样与仪器上下各部件之间接触是否良好，如果良好则表针转动，然后微调表盘，使长指针对准零点，方便计算。

(7) 施加第一级荷载并测读压缩量：工程上加载大小与级数根据土质实际情况确定。本次实验采用常规实验，确定用 50 kPa、100 kPa、200 kPa、300 kPa 四级荷载顺序加压。施加第一级荷载 $p_1=50$ kPa，在加荷的同时开动秒表，记录秒表读数。工程上加载时间为 24 h，教学实验受时间限制可选择 1 min、2 min、3 min、4 min、5 min、6 min、7 min、8 min、9 min、10 min所对应的百分表的读数，根据上述步骤依次施加 $p_2=100$ kPa；$p_3=200$ kPa；$p_4=300$ kPa 等各级荷载，并记录压缩量填在表 3 中。

(8) 实验结束，迅速拆除仪器各部件，将环刀中的试样取出，洗净环刀放到规定的地点。

5. 数据整理

(1) 基本数据

试样面积 $S=30$ cm^2　给定土粒密度 $\rho_s=2.72(g/cm^3)$　试样初始高度 $h_0=20$ mm

（2）计算试样初始孔隙比 e_0

$$e_0 = \frac{\rho_s(1+w_0)\rho_w}{\rho_0} - 1$$

式中：ρ_0——初始密度；

w_0——初始含水率。

（3）试样颗粒净高 h_s(mm)

$$h_s = \frac{h_0}{e_0+1}$$

（4）计算试样在任一级压力 p_i 作用下变形稳定后的试样总变形量 ΔH_i

$$\Delta H_i = R_0 - R_i - s_{ie}$$

式中：R_0——试验前测微表初读数(mm)；

R_i——在任一级荷载 p_i 作用下变形稳定后的测微表读数(mm)；

s_{ie}——各级荷载下仪器变形量(mm)。（由实验室提供资料）

（5）任一级荷载 p_i 作用下的孔隙比 e_i

$$e_i = e_0 - \frac{\Delta H_i}{h_0}(1+e_0)$$

（6）计算压缩系数 a_i

$$a_i = \frac{e_i - e_{i+1}}{p_{i+1} - p_i}$$

式中：e_{i+1}——p_{i+1} 级荷载作用下的孔隙比。

（7）计算压缩模量 E_{si}

$$E_{si} = \frac{1+e_i}{a_i}$$

表1　含水率计算表

实验日期	盒身编号	盒盖编号	铝盒质量 m_0(g)	铝盒加湿土的质量 m_1(g)	铝盒加干土的质量 m_2(g)	含水质量 m_1-m_2(g)	含水率 $w\%$ $(m_1-m_0)/(m_2-m_0)$	含水率 $w\%$平均值

表2　密度计算表

实验编号	环刀＋湿土的重量(g)	环刀本身的质量(g)	环刀体积(cm^3)	密度(g/cm^3)	平均密度(g/cm^3)	备注
1			60			
2			60			
平均值			60			

表 3　固结实验变形记录表

压缩量 时间 荷载	1 min	2 min	3 min	4 min	5 min	6 min	7 min	8min	9min	10min	变形量值 h_s(%)
50 kPa											
100 kPa											
200 kPa											
300 kPa											

思考与练习

一、思考题

1. 什么是土的压缩系数？对同一种土压缩系数是否为常数，为什么？
2. 试说明压缩模量和变形模量的物理力学意义以及相互之间的关系。
3. 计算地基最终沉降量的分层总和法与规范法有何区别？
4. 何谓超固结比？根据超固结比如何划分土层的应力状态？
5. 什么是固结度？试述平均固结度的意义。
6. 减小地基不均匀沉降的措施有哪些？

二、计算题

1. 一饱和黏性试样在压缩仪中进行压缩试验，该土样原始高度为 20 mm，面积为 30 cm^2，土样与环刀总重为 1.72 N，环刀重 0.55 N。当荷载由 $p_1=100$ kPa 增加至 $p_2=200$ kPa 时，土样的高度由 19.40 mm 减少至 18.85 mm。试验结束后烘干土样，称得干土重为 0.90 N。

(1) 计算 p_1、p_2 及对应的孔隙比 e_1、e_2。

(2) 求 a_{1-2} 及 E_{s1-2}，并判断该土的压缩性。

2. 某建筑基础底面尺寸为 2.0 m×2.0 m，基础埋深 $d=1.5$ m，上部中心荷载作用在基础顶面 $F=500$ kN，地基表层为素填土，$\gamma_1=17.5\ kN/m^3$，厚度 $h_1=1.5$ m；第二层土为黏土，$\gamma_2=18.2\ kN/m^3$，$E_{s2}=3$ MPa，厚度 $h_2=4.0$ m，$f=110$ kPa；第三层为碎石，$E_{s3}=22$ MPa，厚度 $h_3=5.0$ m。试用规范法计算基础的最终沉降量。

3. 假定厚度为 8 m 的饱和黏土层，双面排水，地面上作用着竖直均匀荷载 $p=250$ kPa。该土室内压缩试验结果见下表，固结系数 $C_v=5.0\times10^{-7}\ m^2/s$，试求：

(1) 计算压缩系数 a_{1-2} 及压缩模量 E_{s1-2}，判断该土的压缩性并估算地基总沉降。

(2) 计算荷载加上一年后地基的固结沉降；

(3) 若排水条件改为单面排水，同时黏土层厚度假定为 4 m，达到固结度 90% 的时间是多少？

压缩试验成果一览表

p_i(kPa)	0.0	100	200	300	400
e_1	1.0	0.95	0.93	0.92	0.912

5 土的抗剪强度

本章概要：掌握土的抗剪强度的概念，了解土中一点的应力状态，掌握莫尔-库仑强度理论；掌握土的极限平衡条件，了解抗剪强度各种测试方法，学会根据建筑物的具体情况和场地的地质条件正确选择土的抗剪强度指标。

本章重点：库仑定律、土的极限平衡条件及其应用。

5.1 概 述

5.1.1 地基强度的意义

为了保证构造物的安全与正常使用，除了防止地基的有害变形外，还必须保证地基的强度足以承受上部结构的荷载。

工程实践和室内试验表明地基发生破坏主要有以下两个方面：

(1) 地基变形破坏。包括沉降、位移、不均匀沉降等超过规范规定的地基变形允许值。

(2) 地基强度破坏。包括地基整体或局部滑移、隆起，土工构筑物失稳、滑坡等破坏。

本章着重介绍地基强度问题。土是由于受剪应力而产生破坏，剪切破坏是土体强度破坏的重要特征，因此，土的强度问题实质上就是土的抗剪强度问题，图 5-1 所示是四种与土的强度破坏有关的问题。

土的抗剪强度是指土体在外力作用下，土体内部产生剪应力时，土对剪切破坏的极限抵抗能力。其理论主要应用于地基承载力的计算和地基稳定性的分析、边坡稳定性分析、挡土墙及地下结构物的土压力计算等。

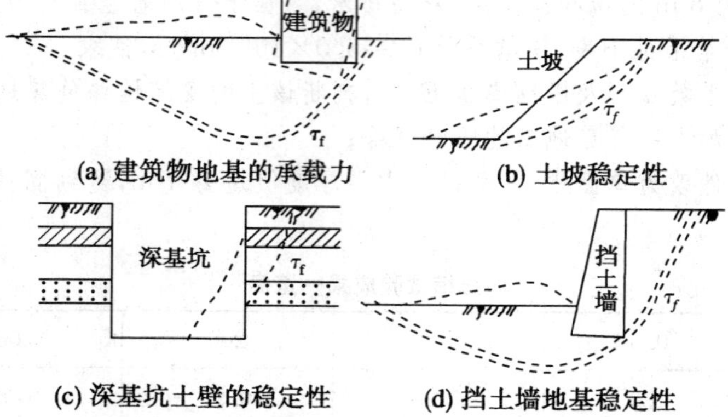

(a) 建筑物地基的承载力　(b) 土坡稳定性

(c) 深基坑土壁的稳定性　(d) 挡土墙地基稳定性

图 5-1 土的强度破坏有关的工程问题

5.1.2 地基强度的应用

在工程实践中，与土的强度有关的工程问题主要有以下三类：

1）地基承载力与地基稳定性

地基承载力与地基稳定性是每一项建筑工程都遇到的问题，具有普遍意义。这也是本章要研究解决的课题。

（1）当上部荷载较小，地基处于压密阶段或地基中塑性变形区很小时，地基是稳定的。

（2）若上部荷载很大，地基中的塑性变形区越来越大，最后连成一片，则地基发生整体滑动，即强度破坏，这种情况下地基是不稳定的。例如1940年纽约某水泥仓库装载水泥，造成黏性土地基超载，引起地基土剪切破坏而滑动。事故使得地基土被挤出达5.18 m，23 m外的办公楼也发生倾斜。

2）土坡稳定性

土坡稳定性也是工程中经常遇到的问题。土坡包括两类：一类是天然土坡，另一类是人工土坡。

天然土坡为自然界天然形成的土坡，如山坡、河岸、海滨等。人工土坡为人类活动造成的土坡，如基坑开挖、修筑堤防、土坝、路基等。

3）土作为工程构筑物的环境的问题，即土压力问题

若边坡较陡不能保持稳定或场地不容许采用平缓边坡时，可以修筑挡土墙来保持力的平衡，如挡土墙、地下结构等。作用在墙面上的力称为土压力。

研究土的强度问题包括：了解抗剪强度的来源、影响因素、测试方法和指标的取值；研究土的极限平衡理论和土的极限平衡条件；掌握地基受力状况和确定地基承载力的途径。

5.2 土的抗剪强度规律与极限平衡条件

在外荷载的作用下，土体中任一截面将同时产生法向应力和剪应力，其中法向应力作用将使土体发生压密，而剪应力作用可使土体发生剪切变形。当土中一点某一截面上由外力所产生的剪应力达到土的抗剪强度时，它将沿着剪应力作用方向产生相对滑动，该点便发生剪切破坏。土的破坏主要是由于剪切所引起的，剪切破坏是土体破坏的重要特点。

5.2.1 库仑强度理论及破坏准则

1）库仑破坏理论

多数学者认为：土体发生剪切破坏时，将沿着其内部某一曲面（滑动面）产生相对滑动，而该滑动面上的剪应力就等于土的抗剪强度。为了研究土的抗剪强度，法国科学家C. A. 库仑（C. A. Coulomb）通过一系列土的抗剪强度实验，于1776年总结出土的抗剪强度规律，提出土的抗剪强度的表达式，即

砂土 $$\tau_f = \sigma \tan \varphi \qquad (5-1a)$$

黏性土 $$\tau_f = c + \sigma \tan \varphi \qquad (5-1b)$$

式中：τ_f——土的抗剪强度（kPa）；

σ——剪切滑动面上的法向应力（kPa）；

φ——土的内摩擦角（°）；

c——黏聚力（kPa）。

库仑定律表达式表明一定的荷载范围内土的抗剪强度与法向应力之间呈直线关系，其中 c、φ 称为土的强度指标，可通过剪切试验测得。见图 5-2 所示。

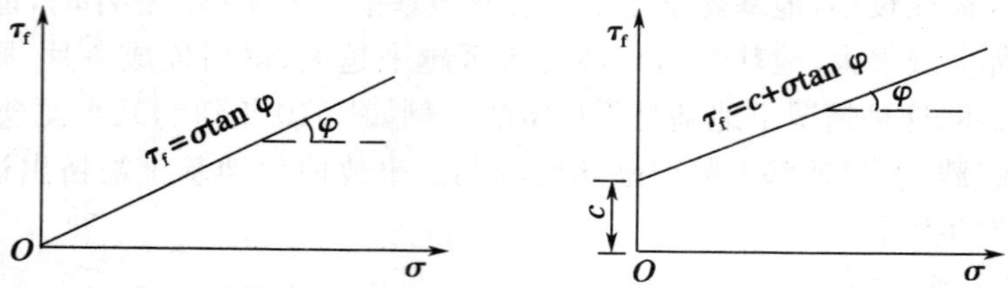

（a）无黏性土　　（b）黏性土

图 5-2　库仑定律

库仑定律表明，无黏性土的抗剪强度来源于土的内摩擦力；黏性土的抗剪强度主要由内摩擦力和黏聚力两部分组成。内摩阻力包括土粒之间的表现摩擦力和由于土粒之间的连锁作用而产生的咬合力。关于黏聚力，包括原始黏聚力、固化黏聚力及毛细黏聚力。原始黏聚力主要是由于土粒间水膜受到相邻土粒之间的电分子引力而形成的；固化黏聚力是由于土中化合物的胶结作用而形成的，当天然结构被破坏时固化力随之丧失，而且不能恢复；至于毛细黏聚力，是由于毛细压力所引起的，一般可忽略不计。

一般情况下，φ 的取值范围为：粉细砂 20°～34°，黏性土及粉土 0°～30°，中砂、粗砂及砾砂 30°～42°；黏聚力 c 的变化范围为 5～100 kPa。

2）受剪面的破坏准则

（1）破坏准则的概念

是否达到剪切破坏状态，除了决定于它本身的性质外，还与所受的应力组合密切相关。

（2）土的抗剪强度的判别

根据库仑定律和试验作出库仑直线，可以看出，如果已知土中某点任意平面上作用着法向应力 σ 以及剪应力 τ，则由 τ 与抗剪强度 τ_f 对比可知：

$\tau_f<\tau$ 时：（该点位于库仑直线上方）受剪面破坏；

$\tau_f=\tau$ 时：（该点位于库仑直线上）受剪面处于将要破坏的临界状态，即受剪面的极限平衡状态；

$\tau_f>\tau$ 时：（该点位于库仑直线下方）受剪面不发生破坏。

5.2.2　土的极限平衡条件

土的强度破坏通常是指剪切破坏，当土体的剪应力 τ 等于土的抗剪强度 τ_f 时的临界状态称为“极限平衡状态”。土的极限平衡条件，是指土体处于极限平衡状态时土的应力状态和抗剪强度指标之间的关系式，即 σ_1、σ_3 与内摩擦角 φ、黏聚力 c 之间的数学关系。

下面将介绍最适用的土的强度理论，推导无黏性土和黏性土的极限平衡条件。为便于理解，先从最简单的情况着手研究。

1）土中一点的应力状态

（1）最大主应力与最小主应力

假定土体是均匀的、连续的半空间材料，研究水平地面下任一深度 z 处 M 点的应力状态，如图 5－3(a)所示。由 M 点取一微元体 $dxdydz$，并使微元体的上、下面平行于地面。因该微元体很微小，可忽略微元体本身的质量。现分析此微元体的受力情况，将微元体放大，如图 5－3(b)所示。

微元体顶面和底面作用力均为

$$\sigma_1 = \gamma z \tag{5-2}$$

式中：σ_1——作用在微元体上的竖向法向应力，即土的自重应力(kPa)。

微元体侧面作用力为

$$\sigma_2 = \sigma_3 = K_0 \gamma z \tag{5-3}$$

式中：σ_2、σ_3——作用在微元体侧面的水平向法向应力(kPa)；

K_0——土的静止侧压力系数，小于 1。

因为土体并无外荷作用，只有土的自重作用，故在微元体各个面上没有剪应变，也就没有剪应力，凡是没有剪应力的面称为主应力面。作用在主应力面上的法向力称为主应力，因此，图 5－3 中的 σ_1 为最大主应力，其作用平面为大主应力面，σ_3 为最小主应力，其作用平面为小主应力面。

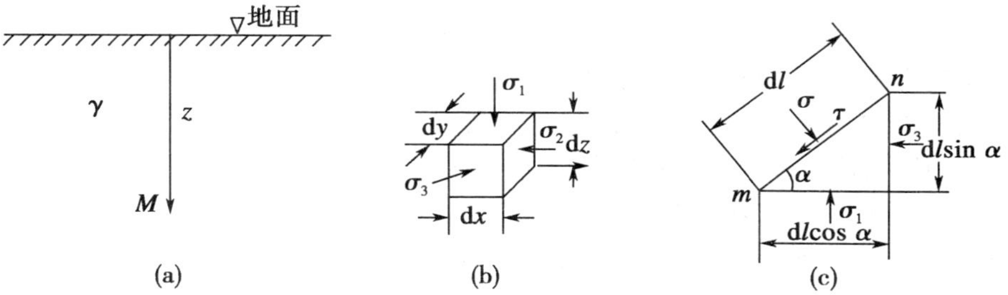

图 5－3　土中一点的应力状态

（2）任意斜面上的应力

在微元体上取任一截面 mn，与大主应力面即水平面成 α 角，斜面 mn 上作用法向应力 σ 和剪应力 τ，如图 5－3(c)所示。下面仅考虑平面问题来建立土的极限平衡条件，并引用材料力学中有关表达一点应力状态的应力圆方法。

按平面问题计算，根据静力平衡条件，取水平与竖向合力为零。解联立方程(a)和(b)，可求得任意截面 mn 上的法向应力 σ 与剪应力 τ：

$$\sum x = 0,\ \sigma_3 \cdot dl \cdot \sin\alpha - \sigma \cdot dl \cdot \sin\alpha + \tau \cdot dl \cdot \cos\alpha = 0 \tag{5-4a}$$

$$\sum z = 0,\ \sigma_1 \cdot dl \cdot \cos\alpha - \sigma \cdot dl \cdot \cos\alpha - \tau \cdot dl \cdot \sin\alpha = 0 \tag{5-4b}$$

式中：σ——与大主应力面成 α 角的截面 mn 上的法向应力(kPa)；

τ——同一截面上的剪应力(kPa)。

$$\sigma = \frac{1}{2}(\sigma_1 + \sigma_3) + \frac{1}{2}(\sigma_1 - \sigma_3)\cos 2\alpha \qquad (5-5a)$$

$$\tau = \frac{1}{2}(\sigma_1 - \sigma_3)\sin 2\alpha \qquad (5-5b)$$

(3) 用莫尔应力圆表示斜面上的应力

单元体上各截面上的应力可绘成一应力圆，称为莫尔应力圆，如图 5-4 所示。单元体与莫尔圆的关系可用十八字概括："圆上一点，单元体上一面，转角两倍，转向相同。"意思是，圆周上任意一点的坐标代表单元体上一截面的正应力 σ 和剪应力 τ，若该截面与大主应力面夹角为 α，则对应的莫尔圆圆周上的一点 A 与大主应力面在圆周上的一点 B 之间的圆心角为 2α，并且有相同的转向，圆周上的点与单元体上的面一一对应。如图 5-5 所示。

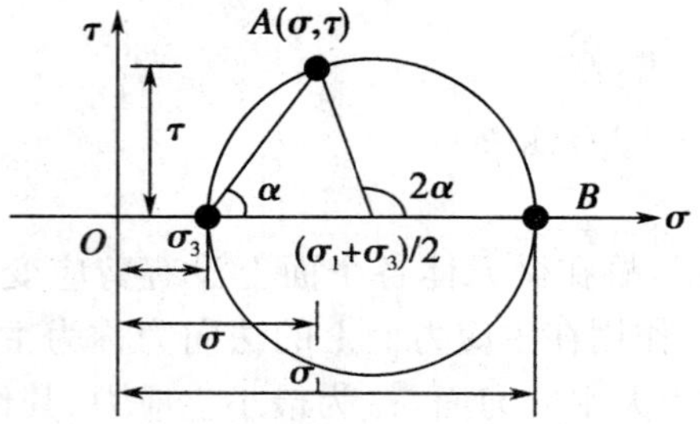

图 5-4　莫尔应力圆

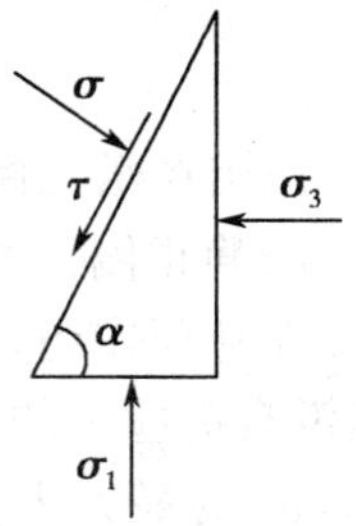

图 5-5　微单元体的应力状态

2) 莫尔-库仑破坏理论

将莫尔应力圆与库仑抗剪强度定律互相结合起来，通过两者之间的对照来对土所处的状态进行判别。把莫尔应力圆与库仑抗剪强度线相切时的应力状态，称为极限平衡状态。根据剪应力是否达到抗剪强度作为破坏准则就是莫尔-库仑破坏准则，它是目前判别土体(土体单元)所处状态的最常用或最基本的准则。

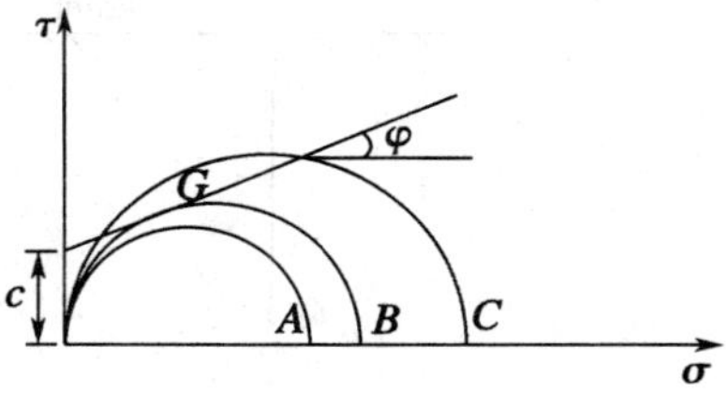

图 5-6　黏性土莫尔圆与抗剪强度之间的关系

(1) 整个莫尔圆位于抗剪强度包线的下方(圆 A)，说明该点在任何平面上的剪应力都小于土所能发挥的抗剪强度($\tau<\tau_f$)，因此不会发生剪切破坏。

(2) 抗剪强度包线是莫尔圆的一条割线(圆 C)，说明该点某些平面上的剪应力已超过了土的抗剪强度($\tau>\tau_f$)，实际这种情况是不可能存在的。

(3) 莫尔圆与抗剪强度包线相切(圆 B)，切点为 G，说明在 A 点所代表的平面上，剪应力正好等于抗剪强度($\tau=\tau_f$)，该点就处于极限平衡状态。圆 B 称为极限应力圆。

3) 土的极限平衡条件

根据上述第三种情况，即莫尔圆与抗剪强度包线相切的土体极限平衡状态，可推导出黏性土的极限平衡条件计算公式。设土体中某点剪切破坏时的破裂面与大主应力 σ_1 作用平面成 α_f 角，如图 5-7(a)所示。该点处于极限平衡状态的莫尔圆上。如图 5-7(b)所示，将抗剪强度包线延长与轴交于 R 点，由直角三角形 ARD 可知：

$$\sin\varphi=\frac{(\sigma_1-\sigma_3)/2}{c\cot\varphi+\frac{1}{2}(\sigma_1+\sigma_3)} \tag{5-6}$$

$$\sigma_{1f}=\sigma_3\tan^2\left(45^\circ+\frac{\varphi}{2}\right)+2c\tan\left(45^\circ+\frac{\varphi}{2}\right) \tag{5-7}$$

$$\sigma_{3f}=\sigma_1\tan^2\left(45^\circ-\frac{\varphi}{2}\right)-2c\tan\left(45^\circ-\frac{\varphi}{2}\right) \tag{5-8}$$

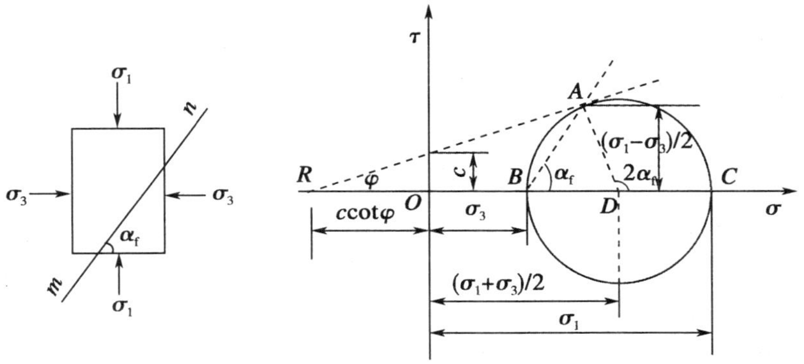

（a）微单元体　　（b）极限平衡时的莫尔应力圆

图 5-7　土体中一点达极限平衡状态时的莫尔应力圆

从上述关系式及图 5-7 可以得出以下几点结论：

(1) 土体剪切破坏时的破裂面不是发生在最大剪应力 τ_{max} 的作用面($\alpha=45^\circ$)上，而是发生在与大主应力作用面成 $\alpha_f=45^\circ+\varphi/2$ 的平面上。

(2) 如果同一种土有几个试样在不同的大、小主应力组合下受剪破坏，则在 $\tau-\sigma$ 图上可得到几个莫尔极限应力圆，这些应力圆的公切线就是其强度包线，这条包线实际上是一条曲线，但在实用上常作直线处理，以简化分析。

(3) 土体受力状态判定。由实测最小主应力 σ_3 及公式可推求土体处于极限状态时所能承受的最大主应力 σ_{1f}；同理，由实测 σ_1 及公式可推求土体处于极限平衡状态时所能承受的最小主应力 σ_{3f}。

① 当 $\sigma_{1f}>\sigma_1$ 或 $\sigma_{3f}<\sigma_3$ 时，表示达到极限平衡状态要求的大主应力大于实测状态的大主应力；或实测状态的小主应力大于维持极限平衡状态所需要的小主应力。此时，土体处于稳定状态。

② 当 $\sigma_{1f}=\sigma_1$ 或 $\sigma_{3f}=\sigma_3$ 时，土体处于极限平衡状态。

③ 当 $\sigma_{1f}<\sigma_1$ 或 $\sigma_{3f}>\sigma_3$ 时，说明土体处于失稳状态。

(4) 土的抗剪强度随受剪切面上的法向应力数值大小的不同而不同，即法向应力增大时，土的抗剪强度也随之增大。

(5) 土的强度破坏是由于土体在荷载的作用下，土中某点剪切面上的剪应力达到和超过了土的抗剪强度，剪切破坏土中某点达到剪切破坏状态时，破坏面上法向应力与剪应力的关系应符合极限平衡条件。

【例 5-1】 设某土样承受主应力 $\sigma_1=300$ kPa，$\sigma_3=110$ kPa，土的抗剪强度指标 $c=$

20 kPa，$\varphi=26°$，试判断该土体处于什么状态。

【解】

$$\sigma_{3f}=\sigma_1\tan^2\left(45°-\frac{\varphi}{2}\right)-2c\tan\left(45°-\frac{\varphi}{2}\right)$$

$$=300\tan^2 32°-2\times 20\times\tan 32°=92\ \text{kPa}$$

由于 $\sigma_{3f}<\sigma_3$，故可以判断该土体处于稳定状态。

或由式(5-7)，可求出极限平衡状态时小主应力 σ_3 所对应的大主应力 $\sigma_{1f}=346$ kPa，由于$\sigma_{1f}>\sigma_1$，故可以判定该土体处于稳定状态。

5.3 土的抗剪强度的试验及其指标

土的抗剪强度是土的一个重要力学性质，在计算承载力、评价地基的稳定性以及计算挡土墙的土压力时，都要用到土的抗剪强度指标，因此，正确地测定土的抗剪强度在工程上具有重要意义。

土的抗剪强度指标包括内摩擦角 φ 与黏聚力 c 两项，是建筑地基基础设计的重要指标。测定土的抗剪强度指标常用仪器有直接剪切仪、三轴压缩仪、无侧限压力仪和十字板剪切仪等。各种仪器的构造与试验方法都不一样，应根据各类建筑工程的规模、用途与地基土的情况，选择相应的仪器与方法进行试验，正确测定和选择土的抗剪强度指标在工程上有着重要意义。

在实验室内常用的有直接剪切试验、三轴压缩试验和无侧限抗压试验，在现场原位测试的有十字板剪切试验、大型直接剪切试验等。本节着重介绍几种常用的试验方法。

5.3.1 直接剪切试验

这是一种快速有效地求抗剪强度指标的方法，在一般工程中普遍使用。

1）试验原理

直接剪切实验是最早测定土的抗剪强度的试验方法，在世界各国广泛应用。直接剪切实验的主要仪器为直剪仪，分应变控制式和应力控制式两种，前者是等速推动试样产生位移，测定相应的剪应力，后者则是对试件分级施加水平剪应力测定相应的位移。目前我国普遍采用的是应变控制式直剪仪，如图 5-8 所示。试验前，用销钉把上下盒固定成一个完整的剪切盒，将环刀内的土样推入，土样上下各放一块透水石。试验时，由杠杆系统通过加压活塞和透水石对试件施加某一垂直压力 p，然后等速转动手轮对下盒施加水平推力，使试样在上下盒的水平接触面上产生剪切变形，直至破坏，剪应力的大小可借助于上盒接触的量力环的变形值计算确定。

在剪切过程中，随着上下盒相对剪切变形的发展，土样中的抗剪强度逐渐发挥出来，直到剪应力等于土的抗剪强度时土样剪切破坏，所以土样的抗剪强度可用剪切破坏时的剪应力来量度。

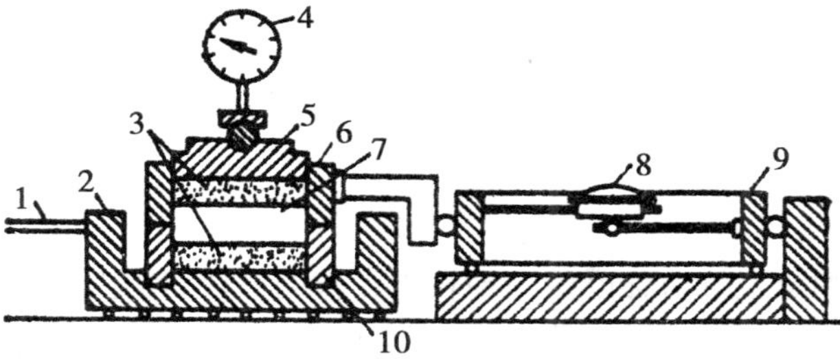

图 5-8　应变控制式直剪仪

1—轮轴；2—底座；3—透水石；4—测微表；5—活塞；6—上盒；7—土样；8—测微表；9—量力环；10—下盒

2）试验方法

（1）快剪（不固结不排水剪）

对试样施加垂直压力后，拔去固定销钉，立即以 0.8 mm/min 的剪切速度进行剪切，使试样在 3～5 min 内剪破。试样每产生剪切位移 0.2～0.4 mm 记测力计和位移读数，直至测力计读数出现峰值，或继续剪切至剪切位移为 4 mm 时停机，记下破坏值；当剪切过程中测力计读数无峰值时，应剪切至剪切位移为 6 mm 时停机，该试验所得的强度称为快剪强度，相应的指标称为快剪强度指标，以 c_q，φ_q 表示。

适用范围：加荷速率快，排水条件差，如斜坡的稳定性、厚度很大的饱和黏土地基等。

（2）固结快剪（固结快剪）

对试样施加垂直压力后，让试样充分排水，待固结稳定后，再以 0.8 mm/min 快速施加水平剪应力使试样剪切破坏。固结快剪适用于渗透系数小于 10^{-6}cm/s 的黏性土，得到的指标称为固结快剪强度指标，以 c_{cq}，φ_{cq}表示。

适用范围：一般建筑物地基的稳定性，施工期间具有一定的固结作用。

（3）慢剪（固结排水剪）

慢剪试验是对试样施加垂直压力，待固结稳定后再拔去固定销，以小于0.02 mm/min的剪切速度使试样在充分排水的条件下进行剪切，这样得到的强度称为慢剪强度，其相应的指标称为慢剪强度指标，以 c_s，φ_s 表示。

适用范围：加荷速率慢，排水条件好，施工期长，如透水性较好的低塑性土以及在软弱饱和土层上的高填土分层控制填筑等。

3）试验优缺点与适用范围

（1）试验优缺点

直接剪切仪具有构造简单、操作方便等优点，但它存在一些缺点，主要有：① 剪切面限定在上下盒之间的平面，而不是沿土样最薄弱的面剪切破坏；② 剪切面上剪应力分布不均匀，土样剪切破坏时先从边缘开始，在边缘发生应力集中现象；③ 在剪切过程中，土样剪切面逐渐缩小，而在计算抗剪强度时却是按土样的原截面积计算的；④ 试验时不能严格控制排水条件，不能量测孔隙水压力，在进行不排水剪切时试件仍有可能排水，特别是对于饱和黏性土，由于它的抗剪强度显著受排水条件的影响，因此不够理想。但是由于它具有前面所说的优点，故仍为一般工程广泛采用。为了克服直剪试验存在的问题，后来又发展了三轴压缩试验。

(2) 适用范围

乙级、丙级建筑物的可塑状态的黏性土与饱和度不大于 0.5 的粉土。

5.3.2 三轴压缩试验

1) 实验原理

三轴压缩试验是测定土抗剪强度的一种较为完善的方法，使用的仪器为三轴压缩仪，其中压力室是三轴压缩仪的核心组成部分，它是一个由金属上盖、底座和透明有机玻璃圆筒组成的密闭容器，其构造见图 5-9 所示。此外还配有：① 轴压力系统，即三轴压缩仪的主机台，用以对试样施加轴向附加压力，并可控制轴向应变的速率；② 周围压力系统，通过液体(通常是水)对土样施加周围压力；③ 孔隙水压力测读系统，用以测量土样孔隙水压力及其在试验过程中的变化。

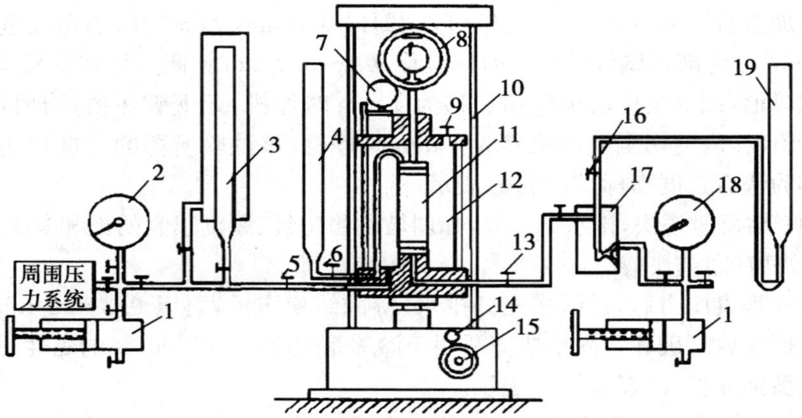

图 5-9 应变式三轴压缩仪

1—调压筒；2—周围压力表；3—体变管；4—排水管；5—周围压力阀；6—排水阀；7—变形量表；8—量力环；9—排气孔；10—轴向加压设备；11—试样；12—压力室；13—孔隙压力阀；14—离合器；15—手轮；16—量管阀；17—零位指示器；18—孔隙水压力表；19—量管

三轴压缩试验用的土样为正圆柱形，常用的高度与直径之比为 2～2.5。土样用薄橡胶膜包裹，以免压力室的水进入。试样上、下端可根据试样要求放置透水石或不透水板。试验过程中试样的排水情况由排水阀控制。试样底部与孔隙水压力测量系统连接，必要时用以测定试验过程中试样的孔隙水压力的变化。

三轴压缩试验直接量测的是试样在不同恒定周围压力下的抗压强度，然后利用莫尔-库仑准则间接推求土的抗剪强度。

三轴试验时，先向压力室注入气压或液压，使试件在各向均受到周围压力 σ_3，并使围压在整个试验过程中保持不变，这时试件内各向的主应力都相等，因此试件内不产生任何剪应力，然后通过轴向加荷系统对试件施加竖向压力 $\Delta\sigma_1$，当作用在试件上的围压 σ_3 保持不变，而竖向压力逐渐增大时，试件因受剪而破坏。其破坏面发生在与大主应力作用面成 $\alpha_f = 45° + \varphi/2$ 的夹角处。这时作用于土样的轴向应力 $\sigma_1 = \sigma_3 + \Delta\sigma$ 为大主应力。用 σ_1 和 σ_3 可绘出土样破坏时的一个极限应力圆，若取同一种土的 3～4 个试样，在不同周围压力 σ_3 下进行剪

切得到相应的 σ_1，便可绘出几个极限应力圆。这些极限应力圆的公切线，即为抗剪强度包线。它一般呈直线状，从而可求得指标 c、φ 值。如图 5－10(c)所示。

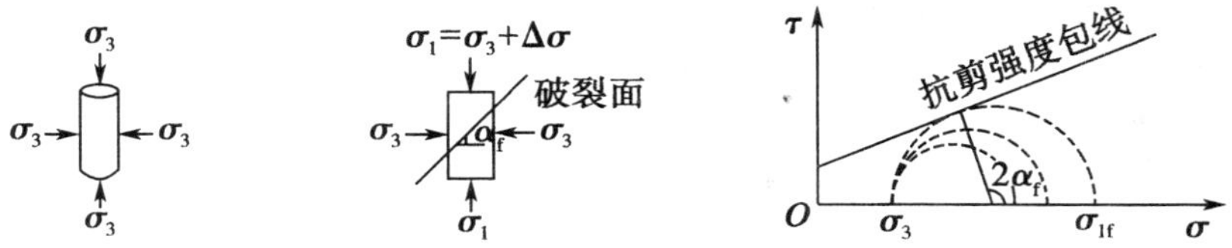

(a) 试件受周围压力　(b) 破坏时试件上的主压力　(c) 莫尔破坏包线

图 5－10　三轴压缩试验原理

2）试验方法

根据土样剪切固结的排水条件和剪切时的排水条件，三轴压缩试验可分为以下三种试验方法：

（1）不固结不排水剪（UU）

先向试样施加周围压力 σ_3，随后施加轴向应力 $\Delta\sigma$ 直至试样被剪坏。试样在施加周围压力和随后施加竖向压力直至剪坏的整个试验过程中关闭阀门，不允许排水，这样，从开始加压直至试样剪坏，土中的含水量始终保持不变，孔隙水压力也不可能消散。这种试验方法所对应的实际工程条件相当于饱和软黏土快速加荷时的应力状况，得到的抗剪强度指标用 c_u、φ_u 表示。对于饱和软黏土，不管如何改变 σ_3，所绘出的莫尔应力圆直径都相同，仅是位置不同，库仑直线是一条水平线。如图 5－11 所示。

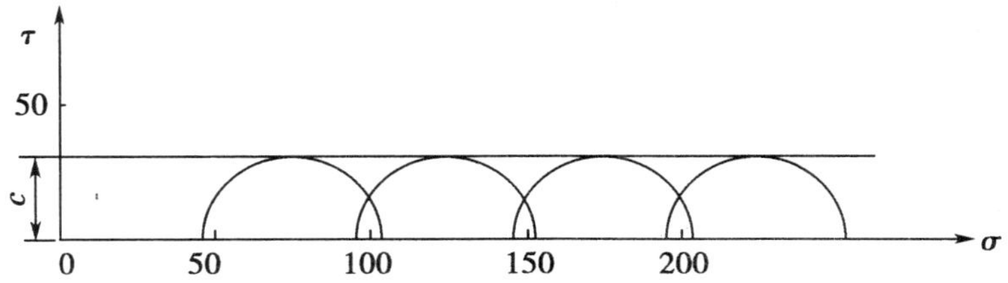

图 5－11　饱和黏性土的不排水剪

（2）固结不排水剪（CU）

在压力室底座上放置透水板与滤纸，使试样底部与孔隙水压力量测系统相通。在施加周围压力 σ_3 后，将孔隙水压力阀门打开，测定出孔隙水压力 u，然后打开排水阀，使试样中的孔隙水压力消散，直至孔隙水压力消散 95％以上，待固结稳定后关闭排水阀门，然后再施加竖向压力，使试样在不排水的条件下剪切破坏。由于不排水，试样在剪切过程中没有任何体积变形。

固结不排水剪试验是经常要做的工程试验，它适用的实际工程条件常常是一般正常固结土层在工程竣工或在使用阶段受到大量、快速的活荷载或新增加的荷载的作用时所对应的受力情况，得到的抗剪强度指标用 c_{cu}、φ_{cu} 表示。如图 5－12 所示。

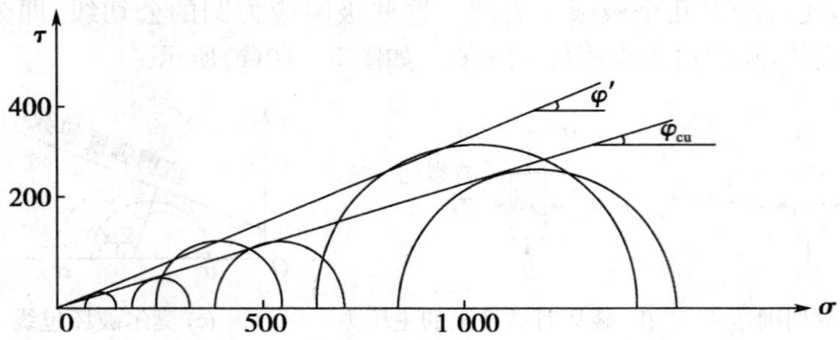

图 5－12　正常固结土的固结不排水剪试验

(3) 固结排水剪(*CD*)

在施加周围压力 σ_3 时允许排水固结，待固结稳定后，再在排水条件下施加竖向压力直至试件剪切破坏。因而，施加的应力即为有效应力，得到的抗剪强度指标用 c_{cd}、φ_{cd} 表示。如图 5－13 所示。

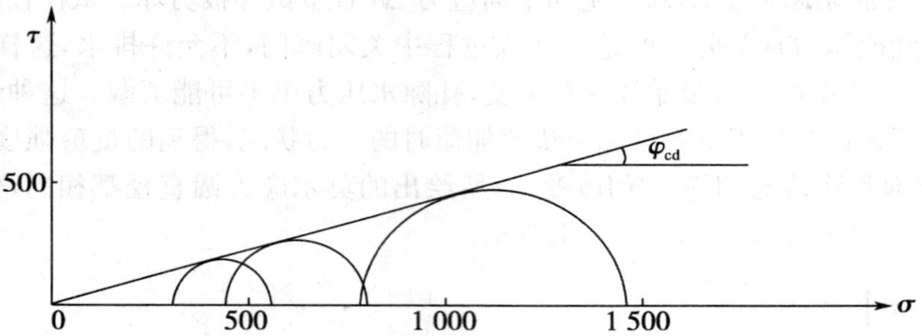

图 5－13　固结排水剪(*CD*)抗剪强度包线

3) 试验优缺点与适用范围

(1) 三轴试验优点：试验中能严格控制试样排水条件及测定孔隙水压力的变化；土样沿着最薄弱面产生剪切破坏，受力状态明显；试样中的应力分布较均匀；除抗剪强度外，尚能测定其他指标。

(2) 三轴试验缺点：仪器设备复杂，试样制备较复杂，操作技术要求高；所需试样较多；主应力方向固定不变，而且是在令 $\sigma_2=\sigma_3$ 的轴对称情况下进行的，与实际情况尚不能完全符合。

(3) 适用范围：重大工程与科学研究，甲级建筑物。

【例 5－2】 在饱和状态正常固结黏土上进行固结不排水的三轴压缩试验，得到如下值，当侧压力 $\sigma_3=4.0\ \text{kg/cm}^2$ 时，破坏时的应力差 $\sigma_1-\sigma_3=5.5\ \text{kg/cm}^2$，孔隙水压力 $u=2.6\ \text{kg/cm}^2$，滑移面的方向和水平面成 60°。求这时滑移面上的法向应力 σ 和剪应力 τ，另外，试验中的最大剪应力及其方向是怎样的？

【解】 根据在破坏时，$\sigma_3=4.0\ \text{kg/cm}^2$

$$\sigma_1=\Delta\sigma+\sigma_3=5.5+4.0=9.5\ \text{kg/cm}^2$$

因为 $\alpha=60°$，所以求法向应力 σ 和剪应力 τ 分别为

$$\sigma = \frac{\sigma_1 + \sigma_3}{2} + \frac{\sigma_1 - \sigma_3}{2}\cos 2\alpha$$

$$\sigma = \frac{9.5 + 4.0}{2} + \frac{9.5 - 4.0}{2}\cos 120° = 8.989\ \text{kg/cm}^2$$

$$\tau = \frac{\sigma_1 - \sigma_3}{2}\sin 2\alpha = \frac{9.5 - 5.0}{2}\sin 120° = 1.306\ \text{kg/cm}^2$$

另外，最大剪应力发生在和水平面成45°的方向，其大小为

$$\tau_{max} = \frac{\sigma_1 - \sigma_3}{2} = \frac{9.5 - 4.0}{2} = 2.75\ \text{kg/cm}^2$$

5.3.3 无侧限抗压强度试验

1）试验原理

无侧限抗压强度试验实际上是三轴压缩试验的一种特殊情况，即周围压力 $\sigma_3 = 0$（无侧限条件）时三轴不排水剪切试验，所以又称单轴试验。无侧限抗压强度试验所使用的无侧限压力仪如图 5-14(a)所示，但现在也常利用三轴仪做该种试验。试验时，在不加任何侧向压力情况下对圆柱体试样施加轴向压力，直至试样剪切破坏为止。试样破坏时的轴向压力 q_u 称为无侧限抗压强度。

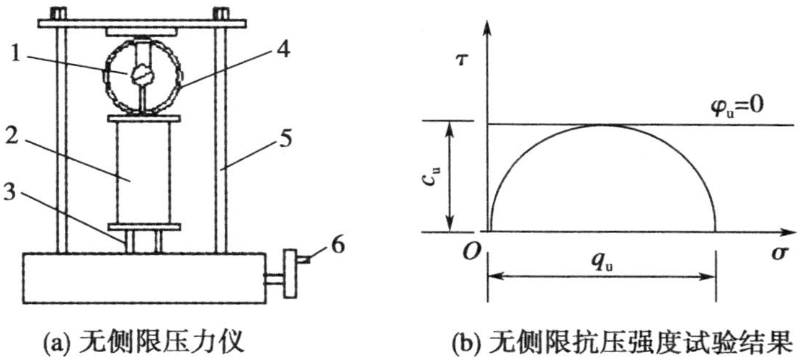

图 5-14 无侧限抗压强度试验

1—百分表；2—试样；3—升降螺杆；4—量力环；5—加压框架；6—手轮

2）试验方法

由于周围压力不能变化，因而根据试验结果，只能作一个极限应力圆，难以得到破坏包线，如图 5-14(b)所示。饱和黏性土的三轴不固结不排水试验结果表明，其破坏包线为一水平线，即 $\varphi_u = 0$。这样，如果仅为了测定饱和黏性土的不排水抗剪强度，就可用构造比较简单的无侧限压力仪代替三轴仪，由无侧限抗压强度试验所得的极限应力圆的水平切线就是破坏包线，即有

$$\tau_f = c_u = \frac{q_u}{2}$$

式中：τ_f——土的不排水抗剪强度(kPa)；

c_u——土的黏聚力(kPa)；

q_u——无侧限抗压强度(kPa)。

5.3.4 原位十字板剪切试验

十字板剪切试验是一种利用十字板剪切仪在现场测定土的抗剪强度的方法，如图 5-15 所示。这种试验方法适合于在现场测定饱和黏性土的原位不排水强度，特别适用于均匀的饱和黏性土。十字板剪切试验可在现场钻孔内进行。试验时，先将十字板插到要进行试验的深度，再在十字板剪切仪上端的加力架上以一定的转速对其施加扭力矩，使板内的土体与其周围土体产生相对扭剪，直至剪破，测出其相应的最大扭力矩。然后，根据力矩的平衡条件，推算出圆柱形剪破面上土的抗剪强度。

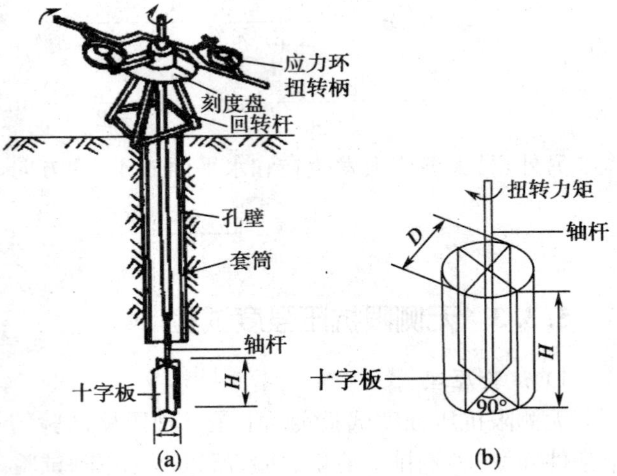

图 5-15　十字板剪力仪

十字板剪切试验直接在现场进行，不必取土样，故土体所受的扰动较小，被认为是比较能反映土体原位强度的测试方法，在软弱黏性土的工程勘察中得到了广泛应用。但如果在软土层中夹有薄层粉砂，测试结果可能失真或偏高。

5.4 关于土的抗剪强度指标的讨论

土的抗剪强度及其指标的确定与试验方法以及试验条件有关，实际工程问题的情况又是千变万化的，实际工程中不同试验方法及相应的强度指标的选用条件讨论如下。

5.4.1 总应力法与有效应力指标

库仑定律根据工程问题的性质确定分析有总应力表示法和有效应力表示法，对应地采用土的总应力强度指标或有效应力强度指标。试验表明，对于同一种土，在不同的排水条件下进行试验，总应力指标完全不同，而有效应力指标却不随试验方法的改变而不同。因此，抗剪强度与有效应力指标有唯一对应的关系。当土中的孔隙水压力能通过实验、计算或其他方法加以确定时，宜采用有效应力法。有效应力法是一种比较合理的分析方法，只要能比较准确地确定孔隙水压力，则应该推荐采用有效应力强度指标。一般认为，由三轴固结不排水试验确定的有效应力指标适用于分析地基的长期稳定性（例如土坡的长期稳定分析，估计挡土结构的长期土压力等）；而对于饱和黏性土的短期稳定问题，则宜采用不固结不排水条件试验的强度指标，用总应力法分析。

一般工程问题多采用总应力法分析，在实际问题中，应尽可能根据现场条件选用试验方法，以获得合适的抗剪强度。

有效应力表示的库仑定律为

$$\tau_f = \sigma' \tan \varphi' + c' = (\sigma - u) \tan \varphi' + c'$$

总应力表示的库仑定律为

$$\tau_f = \sigma \tan \varphi + c$$

5.4.2 剪切试验方法的分析与工程中试验方法的选用

试验方法的选用应紧密结合工程实际，考虑土体的受力情况、应力分布及排水条件等因素，选用合适的试验方法与抗剪强度指标。目前常用的试验手段主要是三轴压缩试验与直剪试验两种，前者能够控制排水条件并能量测土样中孔隙水压力的变化，后者则不能。三轴试验和直剪试验各自的三种试验方法在理论上是一一对应的。直剪试验方法中的“快”和“慢”只是“不排水”和“排水”的等义词，并不是为了解决剪切速率对强度的影响问题，而仅仅是为了通过快和慢的剪切速率来解决土样的排水条件问题。

1）慢剪试验和固结排水试验

慢剪试验和固结排水试验由于试验全过程中都没有孔隙水压力，所施加的应力即为有效应力，所以当工程需要采用有效应力进行设计时，应该使用有效强度指标。使用有效应力和有效强度指标进行工程设计，概念明确，指标比较稳定，是一种比较合理的方法。这两种方法适用于地基为薄层黏性土、粉土层或砂土层和地基土的透水性大、排水条件较好、施工速度慢等情况。

2）快剪试验和不固结不排水试验

快剪试验和不固结不排水试验结果主要取决于土样的渗透性。若建筑物施工速度较快，而地基土的渗透性较小和排水条件不良时，可采用三轴仪不固结不排水试验或直剪仪快剪试验的结果。

3）固结快剪试验和固结不排水试验

固结快剪试验和固结不排水试验，因为土样在垂直压力作用下都已达到固结的程度，在剪应力作用下土样的固结排水条件类似于快剪和固结不排水剪。对于地基已经充分固结和建筑竣工以后较久，荷载又突然增大及一般地基的稳定演算等情况可采用此法。

5.4.3 关于土的抗剪强度指标的讨论

（1）以上所述的一些工程情况不一定都是很明确的，如加荷速度的快慢、透水性大小以及加荷过程等都没有定量的界限值与之对应，因此在具体使用中常结合工程经验予以调整和判断，这也是应用土力学原理解决工程实际问题的基本方法。

此外，由于实际加荷情况和土的性质是复杂的，而且在建筑物的施工和使用过程中都要经历不同的固结状态，所以在具体确定强度指标时需结合实际工程经验。

（2）直剪试验不能控制排水条件，因此，若用同一剪切速率和同一固结时间进行直剪试验，对渗透性不同的土样来说，不但有效应力不同而且固结状态也不明确，若不考虑这一点，那么使用直剪试验结果就带有很大的随意性。但直剪试验的设备构造简单，操作方便，比较普及，且目前尚不能完全用三轴试验取代直剪试验，故大多仍采用直剪试验方法，但必须注意直剪试验的适用性。

【例 5－3】 进行土的三轴剪切试验，得到下表关系，求与这个土样有效应力相关的黏聚力 c'，内摩擦角 φ'（这个试验是按固结不排水试验进行的）。

固结压力(kg/cm²)	侧压力(kg/cm²)	最大应力差(kg/cm²)	最大应力差时的孔隙水压力(kg/cm²)
1.0	1.0	0.571	0.490
2.0	2.0	1.101	0.945
3.0	3.0	1.938	1.282

【解】 (1) 侧压力 $\sigma_3=1.0\ kg/cm^2$ 时

$$\sigma'_1=\sigma_1-u_1=\sigma_3+\Delta\sigma-u=0.571+1.0-0.490=1.081\ kg/cm^2$$

$$\sigma'_3=\sigma_3-u_1=1.0-0.49=0.510\ kg/cm^2$$

(2) 侧压力 $\sigma_3=2.0\ kg/cm^2$ 时

$$\sigma'_1=\sigma_1-u_2=\sigma_3+\Delta\sigma-u=1.101+2.0-0.945=2.156\ kg/cm^2$$

$$\sigma'_3=\sigma_3-u_2=2-0.945=1.055\ kg/cm^2$$

(3) 侧压力 $\sigma_3=3.0\ kg/cm^2$ 时

$$\sigma'_1=\sigma_1-u_3=\sigma_3+\Delta\sigma-u=1.938+3.0-1.282=3.656\ kg/cm^2$$

$$\sigma'_3=\sigma_3-u_3=3.0-1.282=1.718\ kg/cm^2$$

绘制莫尔应力圆，求得

$$c'=0(kg/cm^2),\varphi=20°$$

【实验训练】

1. 实验目的：测定土的抗剪强度指标 φ 和 c，试样通常不少于 3 个，分别在不同的垂直压力下施加水平剪切力，测得试样破坏时的剪应力，然后根据库仑定律确定土的抗剪强度参数内摩擦角 φ 和黏聚力 c。

2. 实验方法：固结快剪法。

3. 实验仪器：应变式直剪仪；环刀；测微表；其他：秒表、天平、烘箱、修土刀等。

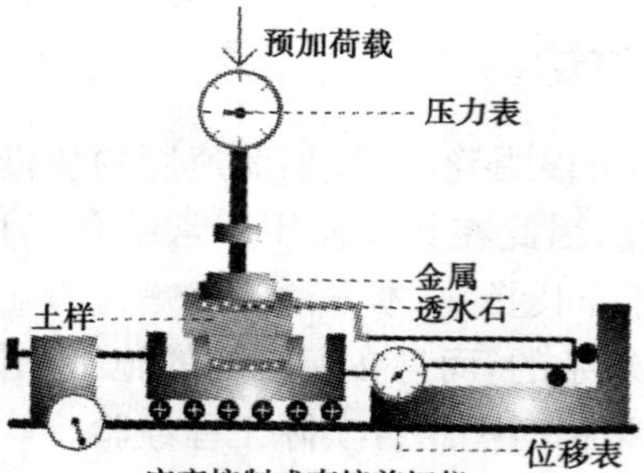

应变控制式直接剪切仪

4. 试验步骤

(1) 用环刀切取 3～4 个试样备用，并测相应的含水量和密度。

(2) 安装好剪切盒，插入销钉，在下盒透水石上放一张浸湿的滤纸。

(3) 将带试样的环刀平口向下，对准上盒盒口放好，在试样上面顺序放滤纸和透水石，然后将试样平稳推入剪切盒中，移去环刀，放上加压盖。

(4) 本试验的加荷顺序为 100 kPa，200 kPa，300 kPa 或 400 kPa。

(5) 按顺时针方向徐徐转动手轮至上盒前端的钢珠刚好与量力环接触(即量力环内的测微计指针刚好开始移动),调整测微计读数为零。

(6) 拔去销钉,开动秒表,以每分钟 4～12 转的均匀速率转动手轮(本试验以每分钟 6 转为宜),转动过程中不应中途停顿或时快时慢。使试样在 3～5 min 内剪损,手轮每转一圈应测记测微表读数一次,直至量力环的测微表指针不再前进或有后退,即说明试样已剪损。如测微表指针一直缓慢前进,说明不出现峰值,则破坏以变形控制进行到剪切变形达 5 mm 时为止(注：手轮每转一圈推进下盒 0.2 mm)。

(7) 剪切结束后倒转手轮,顺序去掉荷载、加压框架、加压盖与上盒,取出试样。

(8) 重复上述步骤,做其他各垂直压力下的剪切试验。

(9) 全部做完后取下土样,把仪器打扫干净。

5. 成果整理

(1) 按下式计算剪应力：

$$\tau = C_1 \cdot R$$

式中：τ——剪应力(kPa)；

R——量力环中测微表读数(0.01 mm)；

C_1——量力环校正系数(kPa/0.01 mm)。

(2) 按下式计算剪切位移：

$$L = 20 \cdot n - R$$

式中：L——剪切位移(0.01 mm)；

n——手轮转数；

R——量力环中测微表读数(0.01 mm)。

(3) 以剪应力 τ 为纵坐标,剪切位移 L 为横坐标,绘制剪应力 τ 与剪切位移 L 关系曲线(τ-L 关系曲线)；以剪应力 τ 为纵坐标,垂直压应力 σ 为横坐标(注意纵、横坐标比例尺应一致),绘制剪应力 τ 与垂直压应力 σ 的关系曲线(τ-σ 关系曲线),该直线的倾角即为土的内摩擦角 φ(°),该直线在纵坐标上的截距即为土的黏聚力 c(kPa)。

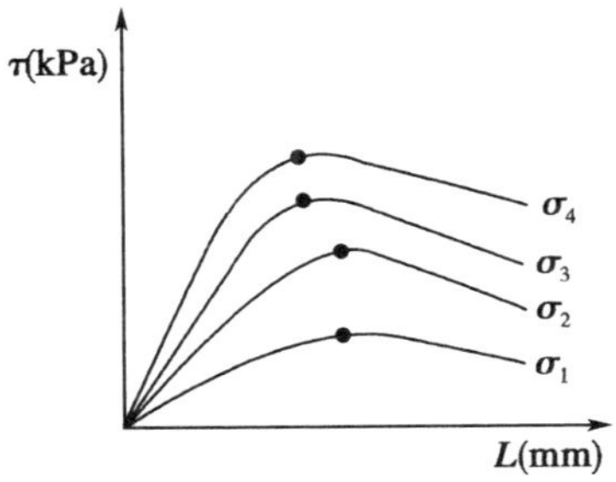

图 1 τ-L 关系曲线

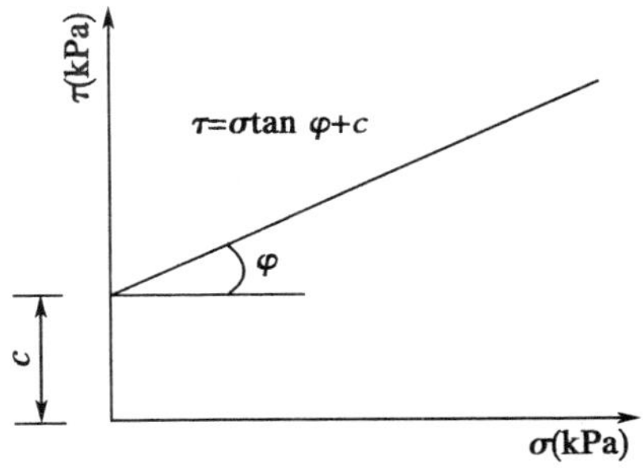

图 2 τ-σ 关系曲线

(4) 记录表格见实验报告。

6. 注意事项

(1) 开始剪切时,一定要切记拔掉销钉,否则试样报废,而且会损坏仪器,若销钉弹出,还有伤人的危险。

(2) 加荷时应轻拿轻放,避免冲击、震动。

(3) 摇动手轮时应尽量做到匀速连续转动，切不可中途停顿。

仪器编号				
试样面积(cm^2)				
垂直压力 p(kPa)	100	200	300	400
量力环最大变形 R(0.01 mm)				
量力环号数				
量力环系数 C(kPa/0.01 mm)				
抗剪强度 $\tau=CR$(kPa)				
抗剪强度指标	$c=$ kPa， $\varphi=$			

思考与练习

一、选择题

1. 下列试验组合中全部属于土的室内剪切试验的组合是(　　)。

Ⅰ. 直接剪切试验　Ⅱ. 十字板剪切试验　Ⅲ. 无侧限抗压强度试验　Ⅳ. 侧限压缩试验　Ⅴ. 三轴压缩试验　Ⅵ. 旁压试验

A. Ⅰ、Ⅱ、Ⅲ、Ⅴ　B. Ⅱ、Ⅲ、Ⅳ、Ⅴ、Ⅵ　C. Ⅰ、Ⅱ、Ⅵ　D. Ⅰ、Ⅲ、Ⅴ

2. 某饱和黏性土的不排水抗剪强度 $c_u=70$ kPa，如对其进行三轴不固结不排水试验，施加围压 $\sigma_3=100$ kPa，那么试件发生破坏时轴向压力 σ_1 为(　　)。

A. 120 kPa　B. 170 kPa　C. 240 kPa　D. 85 kPa

二、计算题

1. 某土样 $c'=20$ kPa，有效内摩擦角 $\varphi'=30°$，承受大主应力 $\sigma_1=420$ kPa，小主应力 $\sigma_3=150$ kPa的作用，测得孔隙水压力 $u=46$ kPa。试判断该土样是否达到极限平衡状态。

2. 某土样承受 $\sigma_1=220$ kPa，$\sigma_3=120$ kPa 的应力，土的内摩擦角 $\varphi=30°$，$c=10$ kPa，试计算最大剪应力面上的抗剪强度。

3. 地基中某一单元土体上的大、小主应力分别为 $\sigma_1=450$ kPa、$\sigma_3=200$ kPa，通过试验测得土的抗剪强度指标 $c=20$ kPa，$\varphi=30°$。试问：① 该单元土体处于何种状态？② 最大剪应力为多少？

4. 某砂土地基的抗剪强度指标 $\varphi=28°$，$c=0$，若其受到均布条形荷载 p 作用，计算得土中某点应力 $\sigma_1=100$ kPa，$\sigma_3=30$ kPa，问该点是否破坏？若使小主应力保持不变，大主应力最大值是多少？

5. 有一组直剪试验的结果见下表，(1) 试求 φ、c 值；(2) 当该土中某点 $\sigma=280$ kPa，$\tau=80$ kPa 时，试判断该点是否达到极限平衡状态。

σ(kPa)	100	150	200	250
τ_f(kPa)	25.5	38.6	66.8	90.6

6 土压力计算

本章概要： 正确理解静止土压力、主动土压力、被动土压力的定义及静止土压力的计算，掌握朗肯土压力理论、库仑土压力理论以及几种常见情况下的土压力计算；了解挡土墙的类型和设计计算方法。

本章重点： 三种土压力的形成条件，朗肯土压力理论计算主动及被动土压力。

6.1 概　　述

土压力通常是指挡土墙后的土体因自重或外荷载作用对墙背产生的侧向压力。 由于土压力是作用在挡土墙上的主要外荷载，因此，设计挡土墙时首先要确定土压力的性质、大小、方向和作用点。

挡土墙是设置在土体一端，用以防止土体坍塌而设立的支挡结构。挡土墙广泛应用于房屋建筑、道路、桥梁以及水利等工程领域，例如，支撑建筑物周围填土的挡土墙、地下室侧墙、桥台以及贮藏粒状材料的挡墙等（图 6－1）。

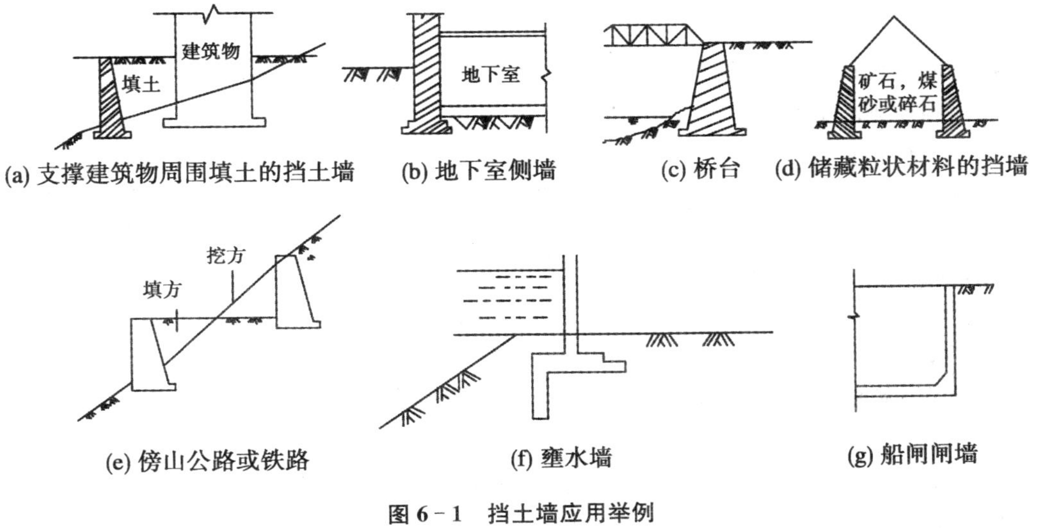

图 6－1　挡土墙应用举例

又如大、中型桥两岸引道两侧的连接，若用挡土墙便可少占土地，减少引道路堤的土方量。还有深基坑开挖支护墙以及隧道、水闸等构筑物的挡土墙。

挡土墙上土压力的大小及其分布规律受到墙体可能的位移方向、墙后填土的种类、填土面的形式、墙的截面刚度和地基的变形等一系列因素的影响。根据挡土墙的位移情况和墙后土体所处的应力状态，土压力可分为以下三种类型：

（1）**静止土压力：若挡土墙在填土压力的作用下，其本身不发生变形和任何位移，墙后土体处于弹性平衡状态时，土对墙的侧向压力称为静止土压力，用 E_0 表示**，此时静止土压力的大小随填土密实度的增大而增加，如图 6－2(a) 所示。

（2）**主动土压力：若挡土墙在填土压力的作用下，向离开土体的方向位移**，随着这种位移的增大，墙后土体由于侧面所受限制的放松而有下滑趋势，土中各点的抗剪强度逐渐发挥，使作用在挡土墙上的土压力将比静止土压力逐渐减小。**当挡土墙背离土体的位移达到一定数值时，土体达到极限平衡状态，此时作用在挡土墙上的土压力值最小，称为主动土压力，用 E_a 表示**，如图 6－2(b)所示。

（3）**被动土压力：若挡土墙在较大的外荷载作用下向土体方向位移**，随着这种位移的增大，墙后土体由于受到挤压，有向上被挤出的趋势，土中各点的抗剪强度逐渐发挥，作用在挡土墙上的土压力将比静止土压力逐渐增大。**当挡土墙向着土体方向的位移达到一定数值时，土体达到极限平衡状态，此时作用在挡土墙上的土压力值最大，称为被动土压力，用 E_p 表示**，如图 6－2(c)所示。桥台受到桥上荷载推向土体时，土对桥台产生的侧向压力属被动土压力。

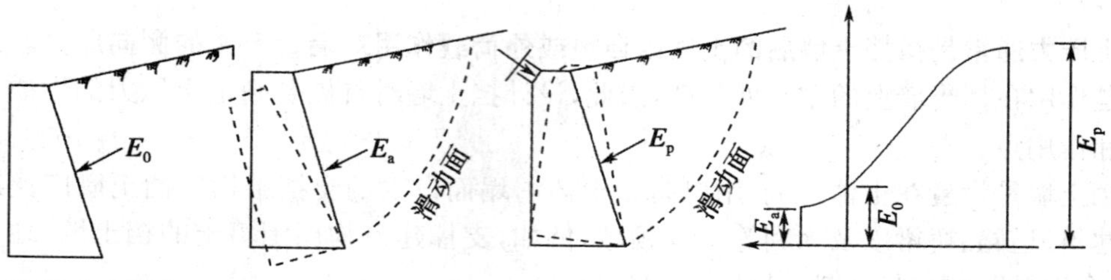

(a) 静止土压力　(b) 主动土压力　(c) 被动土压力　(d) 土压力与墙体位移的关系

图 6－2　土压力及土压力与墙体位移的关系

挡土墙计算属平面应变问题，故在土压力计算中，均取一延米的墙长度，单位取kN/m，而土压力强度则取 kPa。土压力的计算理论主要有古典的 W. J. M. 朗肯(Rankine，1857) 理论和 C. A. 库仑(Coulomb，1773)理论。自从库仑理论发表以来，人们先后进行过多次多种挡土墙模型实验、原型观测和理论研究，其中就包括太沙基(K. Terzaghi，1934)做过的 2.18 m高的模型挡土墙试验。大量的实验研究表明：在相同条件下，主动土压力小于静止土压力，静止土压力小于被动土压力，即 $E_a<E_0<E_p$；产生被动土压力所需的墙体位移 δ_p 大大超过产生主动土压力所需的位移 δ_a，但两者方向相反，静止土压力位移 $\delta_0=0$。如图 6－2(d)所示。但作用在挡土墙上的土压力随着挡墙的移动不断变化，因此作用在墙上的实际土压力值与墙的位移相关，而并非只有这三种特定的值。

在实际工程中，一般按三种特定状态的土压力(主动土压力、静止土压力、被动土压力)进行挡土墙设计，此时应该弄清楚实际工程与哪种状态较为接近。在使用被动土压力时，由于它的发挥需要较大的位移，往往超过实际的可能性，工程上常将被动土压力经适当折减后再用。而在某些情况下，又按挡土墙实际的位移影响考虑土压力的分布，例如在多支撑支护结构设计中采用简化的土压力分布，以及在计算基坑支护结构的变形时把任一点的土压力看成和该点的位移成正比的假定等。各种计算方法都有它的适用条件和范围，所以必须根据工程特点和地区经验选择合适的土压力计算方法。

土压力的计算虽是个比较复杂的问题，但其实质是土的抗剪强度理论的一种应用。静止土压力的计算主要应用了弹性理论方法和经验方法；主动土压力和被动土压力的计算则是应用了土体极限平衡理论，计算方法既包括了上述提到的经典朗肯土压力理论和库仑土压力理论，也包括由上述理论为基础发展起来的计算方法和图解方法。

6.2 静止土压力计算

6.2.1 墙背竖直时的静止土压力计算

静止土压力可根据半无限空间弹性体的应力状态进行计算。在土体表面下任意深度 z 处取一微小单元体（图 6－3），其上作用着竖向的土自重应力和侧向压应力，这个侧向压应力的反作用力就是静止土压力强度。根据半无限空间弹性体在无侧移的条件下侧向压应力与竖向应力之间的关系（$\sigma_{cx}=\sigma_{cy}=K_0\sigma_{cz}$），则该处的静止土压力强度可按下式计算：

$$\sigma_0 = K_0 \cdot \gamma \cdot z \tag{6-1}$$

式中：K_0——静止侧压力系数或静止土压力系数，无量纲；

γ——墙后填土的重度（kN/m^3）。

土的静止土压力系数 K_0 值可通过试验测得。在缺乏试验资料时，可按下述经验公式估算：

砂类土 $$K_0 = 1 - \sin\varphi' \tag{6-2}$$

黏性土 $$K_0 = 0.95 - \sin\varphi' \tag{6-3}$$

超固结黏土 $$K_0 = \mathrm{OCR} \cdot (1 - \sin\varphi') \tag{6-4}$$

式中：φ'——土的有效内摩擦角（°）；

OCR——土的超固结比。

由式(6－1)可知，静止土压力沿挡土墙竖向为三角形分布（图 6－3）。如果取单位挡土墙长度，则作用在挡土结构上的静止土压力为

$$E_0 = \frac{1}{2} \cdot \gamma \cdot h^2 \cdot K_0 \tag{6-5}$$

式中：h——挡土墙高度（m）。

E_0 的作用点在距离墙底 $h/3$ 处。

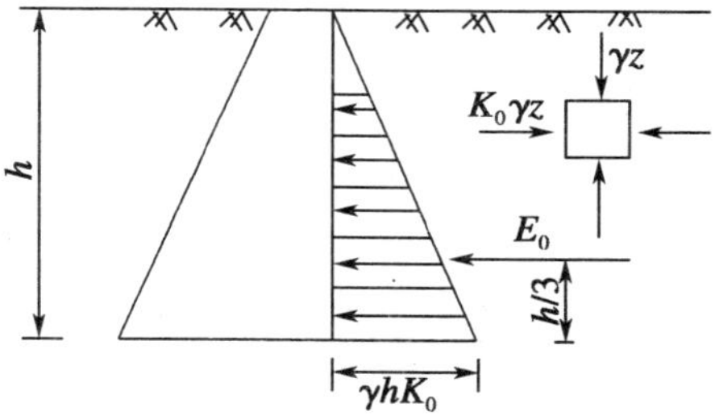

图 6－3 墙背竖直时静止土压力

6.2.2 墙背倾斜时的静止土压力计算

对于挡土墙背倾斜的情况（图 6－4），作用在单位长度挡土墙上的静止土压力可根据土楔体 ABB' 的静力平衡条件求得。作用在土楔体 ABB' 上的力有三个：

(1) 作用在 AB' 面上的静止土压力 $E_0' = \frac{1}{2}K_0\gamma h^2$，作用方向水平向左。

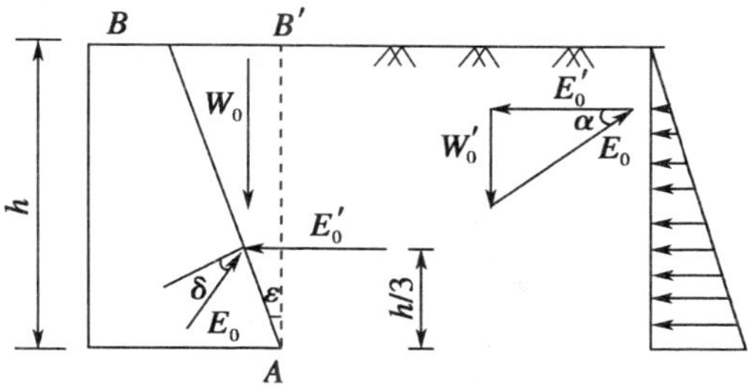

图 6－4 墙背倾斜时的静止土压力

(2) 土体自重 $W_0=\frac{1}{2}\gamma h^2\tan\varepsilon$，作用方向垂直向下。式中 ε 为墙背倾角(°)。

(3) 作用在墙背 AB 上的土反力(土压力的反作用力)E_0。

根据土楔体 ABB' 的静力平衡条件可得

$$E_0=\frac{1}{2}\gamma\cdot h^2\cdot\sqrt{K_0^2+\tan^2\varepsilon} \tag{6-6}$$

E_0 与水平方向的夹角 α 由下式求得：

$$\tan\alpha=\frac{W_0}{E_0'}=\frac{\tan\varepsilon}{K_0} \tag{6-7}$$

再通过三角形关系可求得 E_0 与 AB 面法线的夹角 δ 为

$$\delta=\cot\frac{(1-K_0)\tan\varepsilon}{K_0+\tan^2\varepsilon} \tag{6-8}$$

E_0 的作用点在距离墙底 $h/3$ 处。

静止土压力可用于以下情况：

① 地下室外墙。被刚性楼板和底板支撑着的建筑物地下室外墙(上部结构完工后)墙位移与转角为零，可按静止土压力计算。

② 在岩石地基上的重力式挡土墙。由于墙的自重大，地基坚硬，挡土墙与岩石地基牢固连接，墙体不会产生位移和转动，可按静止土压力计算。

③ 水闸、船闸边墙。水闸、船闸边墙因为与闸底板连成整体，边墙位移可以忽略不计，可按静止土压力计算。

【例 6-1】 已知某建于基岩上的挡土墙，墙高 $h=6.0$ m，墙后填土为中砂，重度 $\gamma=18.5$ kN/m³，内摩擦角 $\varphi=30°$。计算作用在此挡土墙上的静止土压力，并画出静止土压力沿墙背的分布及其合力的作用点位置。

【解】 因挡土墙建于基岩上，故按静止土压力公式计算。

(1) 静止土压力系数

$$K_0=1-\sin\varphi=1-\sin 30°=1-0.5=0.5$$

(2) 墙底静止土压力强度

$$\sigma_0=K_0\cdot\gamma\cdot h=0.5\times 18.5\times 6.0=55.5\text{ kPa}$$

(3) 静止土压力合力

$$E_0=\frac{1}{2}\cdot\gamma\cdot h^2\cdot K_0$$

$$=\frac{1}{2}\times 18.5\times 6.0^2\times 0.5$$

$$=166.5\text{ kN/m}$$

(4) 静止土压力合力作用点距墙底

$$\frac{h}{3}=\frac{6.0}{3}=2.0\text{ m}$$

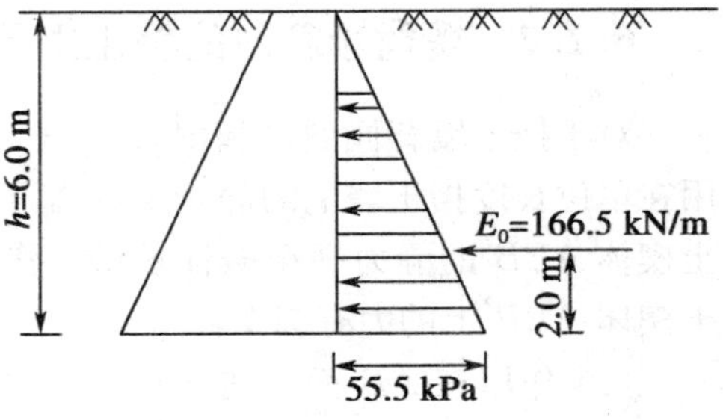

图 6-5 例 6-1 计算图

静止土压力沿墙背的分布及其合力的作用点位置如图 6-5 所示。

6.3 朗肯土压力计算

朗肯土压力理论(W. J. M. Rankine,1857)建立在土的极限平衡理论基础上,其基本假定是:① 挡土墙为刚性,墙背垂直;② 墙后填土表面水平;③ 墙背光滑。从这些假定出发,墙背处没有摩擦力,土体的竖直面和水平面没有剪应力,故竖直方向和水平方向的应力为主应力。而竖直方向的应力即为土的竖向自重应力。

6.3.1 主动土压力

挡土墙后填土表面下深度 z 处的微小单元体的应力状态如图 6-6(a)所示,显然,作用在它上面的竖向应力为 $\sigma_z=\gamma z$。当挡土墙在土压力的作用下向背离土体的方向位移时,作用在微元体上的竖向应力 σ_z 保持不变,而水平方向的应力 σ_x 逐渐减小,直至达到土体处于极限平衡状态。土体处于极限平衡状态时的最大主应力为 $\sigma_1=\gamma z$,而最小主应力 σ_3 即为主动土压力强度 σ_a。由土的强度理论可知,当土体中某一点处于极限平衡状态时,大主应力 σ_1 和小主应力 σ_3 之间应满足以下关系:

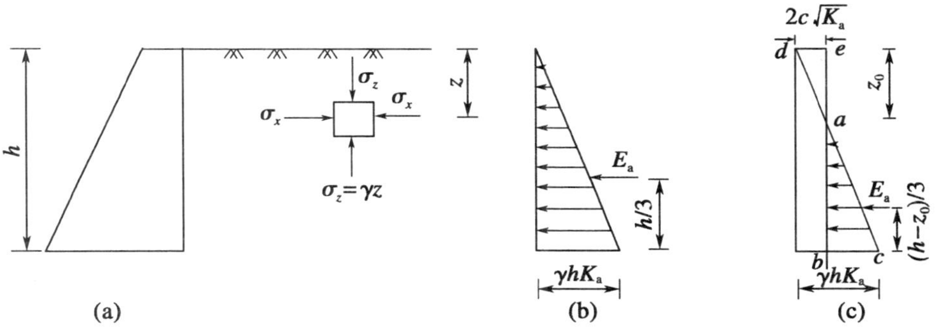

图 6-6 朗肯主动土压力计算

黏性土:
$$\sigma_1=\sigma_3\cdot\tan^2\left(45^\circ+\frac{\varphi}{2}\right)+2c\cdot\tan\left(45^\circ+\frac{\varphi}{2}\right) \tag{6-9}$$

$$\sigma_3=\sigma_1\cdot\tan^2\cdot\left(45^\circ-\frac{\varphi}{2}\right)-2c\cdot\tan\left(45^\circ-\frac{\varphi}{2}\right) \tag{6-10}$$

无黏性土:
$$\sigma_1=\sigma_3\cdot\tan^2\left(45^\circ+\frac{\varphi}{2}\right) \tag{6-11}$$

$$\sigma_3=\sigma_1\cdot\tan^2\left(45^\circ-\frac{\varphi}{2}\right) \tag{6-12}$$

将 $\sigma_1=\gamma z$ 和 $\sigma_3=\sigma_a$ 代入式(6-9)~(6-12) 中就得到主动土压力强度:

无黏性土
$$\sigma_a=\gamma z\tan^2\left(45^\circ-\frac{\varphi}{2}\right) \tag{6-13}$$

或 $$\sigma_a = \gamma \cdot zK_a \tag{6-14}$$

黏性土 $$\sigma_a = \gamma z \tan^2\left(45° - \frac{\varphi}{2}\right) - 2c \cdot \tan\left(45° - \frac{\varphi}{2}\right) \tag{6-15}$$

或 $$\sigma_a = \gamma \cdot z \cdot K_a - 2c \cdot \sqrt{K_a} \tag{6-16}$$

上述各式中：σ_a—— 主动土压力强度(kPa)；

K_a——主动土压力系数，$K_a = \tan^2\left(45° - \frac{\varphi}{2}\right)$；

φ——土体内摩擦角(°)；

γ——土体重度(kN/m^3)；

c——土体黏聚力(kPa)；

z——计算点离土体表面深度(m)。

由式(6-14)知，无黏性土中主动土压力强度与深度成正比，沿墙高的土压力强度呈三角形分布(图6-6(b))。单位长度挡土墙上的土压力为

$$E_a = \frac{1}{2}\gamma \cdot h^2 \cdot \tan^2\left(45° - \frac{\varphi}{2}\right) = \frac{1}{2}\gamma \cdot h^2 \cdot K_a \tag{6-17}$$

土压力作用点在距离墙底 $h/3$ 高度处。

由式(6-16)可知，黏性土中的土压力强度由两部分组成：一部分是由土体自重引起的土压力 $\gamma z K_a$，另一部分是由黏聚力 c 引起的负侧压力 $2c\sqrt{K_a}$，两部分的叠加结果如图6-6(c)所示。其中 aed 部分是负侧压力，对墙背是拉应力，但实际上土与墙背在很小的拉应力作用下即会分离，故在计算土压力时这部分应略去不计，因此黏性土的土压力分布仅是 abc 部分。令(6-16)等于零，可求得临界深度：

$$z_0 = \frac{2c}{\gamma\sqrt{K_a}} \tag{6-18}$$

单位长度挡土墙上的主动土压力为

$$E_a = \frac{1}{2}(h - z_0)(\gamma h K_a - 2c\sqrt{K_a}) \tag{6-19}$$

将式(6-18)代入式(6-19)，得

$$E_a = \frac{1}{2}\gamma h^2 K_a - 2ch\sqrt{K_a} + \frac{2c^2}{\gamma} \tag{6-20}$$

主动土压力 E_a 作用点通过三角形的形心，即作用在离墙底 $\frac{h-z_0}{3}$ 高度处。

6.3.2 被动土压力

当挡土墙在较大外荷载作用下向土体方向位移时，土体中某深度处的微小单元体(图6-7(a))受到的竖向应力仍为 $\sigma_z = \gamma z$，而水平方向的应力 σ_x 则逐渐增大，直至达到极限平衡状态，这时水平方向的土应力 σ_x 即为被动土压力强度 σ_p。对于微单元体而言，在极限平衡状态最大主应力 σ_1 为被动土压力强度 σ_p，最小主应力为竖向应力 $\sigma_3 = \gamma z$。由式(6-9)～(6-12) 可得

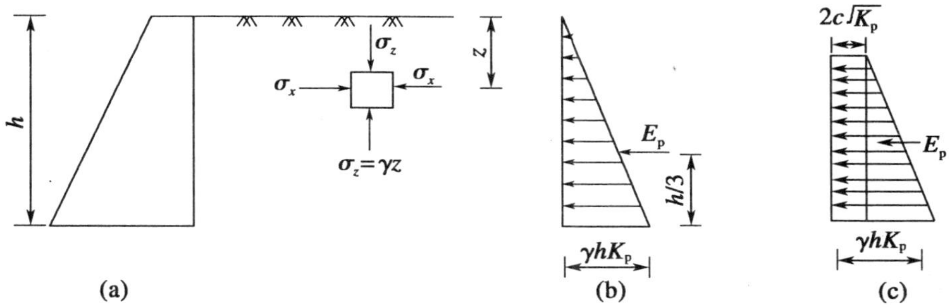

图 6-7 朗肯被动土压力计算

无黏性土 $$\sigma_p = \gamma \cdot zK_p \tag{6-21}$$

黏性土 $$\sigma_p = \gamma \cdot zK_p + 2c\sqrt{K_p} \tag{6-22}$$

式中：σ_p——被动土压力强度(kPa)；

K_p——被动土压力系数，$K_p=\tan^2\left(45°+\frac{\varphi}{2}\right)$。

其他符号意义同前。

由式(6-21)和式(6-22)可知，无黏性土的被动土压力强度呈三角形分布(图 6-7(b))，黏性土的被动土压力强度呈梯形分布(图 6-7(c))。作用在单位长度挡土墙上的土压力为

无黏性土 $$E_p = \frac{1}{2}\gamma \cdot h^2 K_p \tag{6-23}$$

黏性土 $$E_p = \frac{1}{2}\gamma \cdot h^2 K_p + 2c \cdot h\sqrt{K_p} \tag{6-24}$$

被动土压力 E_p 的作用线通过土压力强度分布图的形心。对无黏性土 E_p 在离墙底 $h/3$ 高度处。

6.3.3 其他几种情况下的土压力计算

1) 填土表面有均布荷载

当挡土墙后填土表面有连续均布荷载 q 作用时，土压力的计算方法是将均布荷载换算为当量的土重，即用假想的土重代替均布荷载。当填土面水平时(图 6-8(a))，当量土层厚度为

$$h_0 = \frac{q}{\gamma} \tag{6-25}$$

然后再以 $h+h_0$ 为墙高，按填土面无荷载的情况计算土压力。以无黏性土为例，墙顶 a 点的主动土压力强度为

$$\sigma_{aa} = \gamma \cdot h_0 \cdot K_a = q \cdot K_a \tag{6-26}$$

墙底 b 点的主动土压力强度为

$$\sigma_{ab} = \gamma \cdot (h_0 + h)K_a = (q + \gamma \cdot h)K_a \tag{6-27}$$

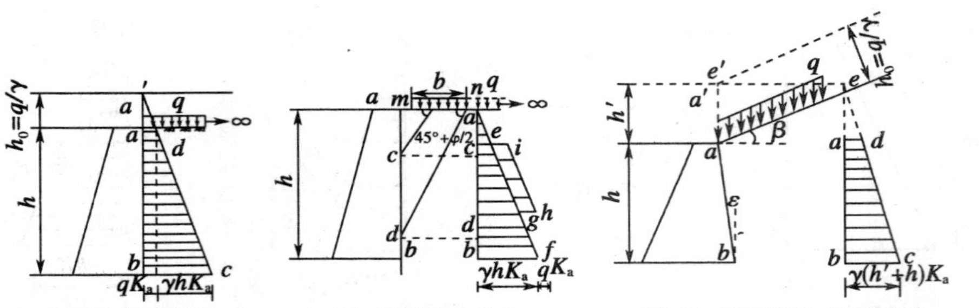

(a) 有连续均布荷载　　(b) 有局部均布荷载　　(c) 墙背、墙后填土表面倾斜

图 6-8　填土表面有均布荷载的朗肯土压力计算

主动土压力强度分布图如图 6-8(a)所示，实际的土压力分布图为梯形 $abcd$ 部分，土压力的作用点在梯形的形心。由上可见，当填土面有均布荷载时，其土压力强度只是比在无荷载时增加一项 qK_a 即可。对于黏性填土也是一样。

当填土表面承受有局部均布荷载时，荷载对墙背的土压力强度附加值仍为 qK_a，但其分布范围难以从理论上严格规定。通常可采用近似的方法处理，即从局部均布荷载的两端点 m 和 n 各作一条直线，其与水平表面成 $\left(45°+\dfrac{\varphi}{2}\right)$ 角，与墙背相交于 c、d 点，则墙背 cd 段范围内受到 qK_a 的作用，故作用于墙背的土压力分布如图 6-8(b)所示。

当墙背、墙后填土表面倾斜(图 6-8(c))时，当量土层的厚度仍为 $h_0=q/\gamma$，假想的土体表面与墙背 ab 的延长线交于 a' 点，故以 $a'b$ 为假想墙背计算主动土压力。但由于填土表面与墙背倾斜，假想的墙高应为 $h'+h$，根据△$a'ae'$ 的几何关系可得

$$h'=h_0\frac{\cos\beta\cdot\cos\varepsilon}{\cos(\varepsilon-\beta)} \tag{6-28}$$

然后，同样以 $h'+h$ 为假想的墙高按填土表面无荷载的情况计算土压力。

2) 成层填土

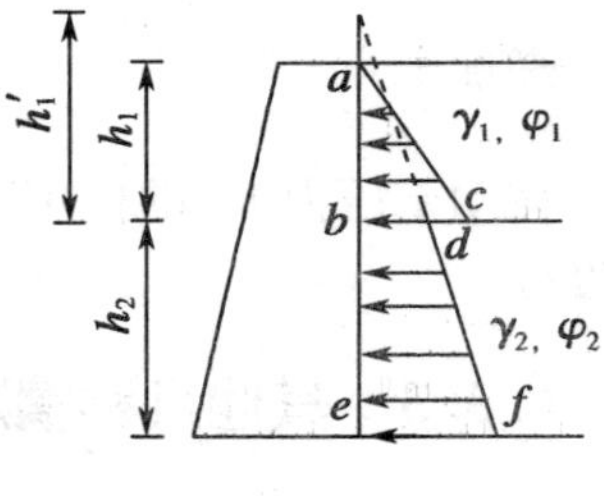

图 6-9　成层土体的土压力计算图

如图 6-9 所示的挡土墙，墙后有几种不同性质的水平土层，在计算土压力时，第一层的土压力按均质计算，土压力分布图为图 6-9 中的 abc 部分；计算第二层土压力时，将第一层土按重度换算为与第二层土相同的当量土层，即其当量土层厚度为 $h_1'=h_1\gamma_1/\gamma_2$，然后以($h_1'+h_2$)为墙高按均质土计算土压力，但只在第二层土层 be 范围内有效，如图 6-9 中的 $bdfe$ 部分。必须注意，由于各土层的性质不同，主动土压力系数 K_a 也不同，图示的土压力强度计算是以无黏性土为例。

3) 墙后填土中有地下水

挡土墙后的填土常会有部分或全部处于地下水位以下。由于地下水的存在将使土的含水量增加，抗剪强度降低，从而使土压力增大，同时还会产生静水压力，因此，挡土墙应该有良好的排水措施。

当挡土墙后填土有地下水时，作用在墙背上的侧向压力有土压力和水压力两部分。

(1) 假定浸水前后土体的内摩擦角不变

由于假定浸水前后土体的内摩擦角不变，地下水位以上部分的土压力计算同前，而地下

水位以下部分土压力应取有效重度进行计算，当计算作用在挡土墙上的合力时应叠加上地下水位以下的静水压力。

如图 6-10 所示，$abcde$ 部分为土压力分布图，fgh 部分为水压力分布图。

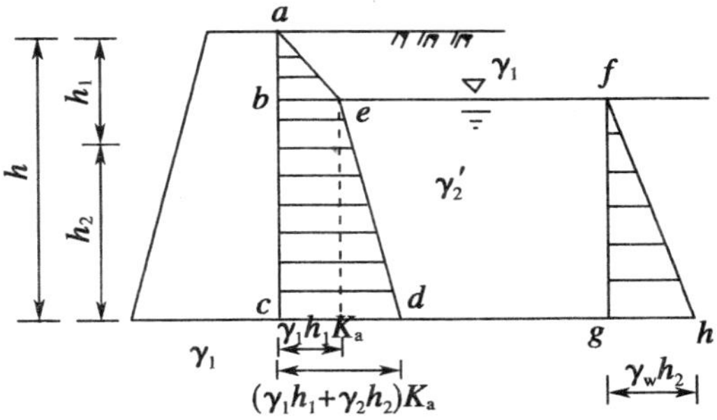

图 6-10　墙后填土有地下水的土压力计算

这种将土压力和水压力先分开计算再叠加的方法称为“水土分算”，比较适合于渗透性大的砂土。对于黏性土，由于其渗透性小，在计算土压力时则将地下水位以下的土体重度取为饱和重度，水压力的计算不再单独计算后进行叠加，这种方法称为“水土合算”。

(2) 考虑土体浸水前后土体内摩擦角变化

土体浸水将使地下水位以下土体的内摩擦角 φ 值降低为 φ_w，计算土压力时，以地下水位为界将土体分为具有不同 φ 值的上、下两层，按成层填土方法计算土压力。首先求地下水位以上部分土体的土压力；然后将上层土体作为均布荷载作用在下层土体上计算下层土体的土压力(土体重度取有效重度，计算土压力系数时采用 φ_w)，计算作用在挡土墙上的合力时再叠加上静水压力。

【例 6-2】 挡土墙高 $h=7$ m，墙背竖直、光滑，墙后填土表面水平并作用有均布荷载 $q=20$ kPa。墙后填土分两层，各层土的物理力学性质指标为：上层：$\gamma_1=18.0\ \mathrm{kN/m^3}$，$\varphi_1=20°$，$c_1=12.0$ kPa，$h_1=3$ m；地下水位于上下两层分界面处，下层位于地下水位以下：$\gamma_{sat}=19.2\ \mathrm{kN/m^3}$，$\varphi_2=26°$，$c_2=6.0$ kPa，$h_2=4$ m。试求挡土墙背上的总侧压力 E 及其作用点位置，并绘出侧压力分布图。

【解】 因墙背竖直、光滑，墙后填土表面水平，符合朗肯土压力理论的条件，故有：

第一层土的主动土压力系数：

$$K_{a1}=\tan^2\left(45°-\frac{\varphi_1}{2}\right)=\tan^2\left(45°-\frac{20°}{2}\right)=0.49$$

第二层土的主动土压力系数：

$$K_{a2}=\tan^2\left(45°-\frac{\varphi_2}{2}\right)=\tan^2\left(45°-\frac{26°}{2}\right)=0.39$$

作用在墙背上各分层界面处的主动土压力强度：

填土表面(第一层顶面)处：

$$\sigma_{a1}=qK_{a1}-2c_1\sqrt{K_{a1}}=20\times0.49-2\times12.0\times\sqrt{0.49}=-7.00\ \mathrm{kPa}$$

第一层底面处：

$$\begin{aligned}\sigma_{a2}^{上}&=(q+\gamma_1 h_1)K_{a1}-2c_1\sqrt{K_{a1}}\\&=(20+18.0\times3)\times0.49-2\times12\times\sqrt{0.49}=19.46\ \mathrm{kPa}\end{aligned}$$

第二层顶面处：

$$\begin{aligned}\sigma_{a2}^{下}&=(q+\gamma_1 h_1)K_{a2}-2c_2\sqrt{K_{a2}}\\&=(20+18.0\times3)\times0.39-2\times6.0\times\sqrt{0.39}=21.37\ \mathrm{kPa}\end{aligned}$$

第二层底面处：

$$\sigma_{a3} = (q + \gamma_1 h_1 + \gamma'_2 h_2) K_{a2} - 2c_2 \sqrt{K_{a2}}$$
$$= [20 + 18.0 \times 3 + (19.2 - 10) \times 4] \times 0.39 - 2 \times 6.0 \times \sqrt{0.39}$$
$$= 35.72 \text{ kPa}$$

第二层底面处水压力强度为

$$\sigma_w = \gamma_w h_2 = 10 \times 4 = 40 \text{ kPa}$$

水压力为 $E_w = \frac{1}{2}\gamma_w h_w^2 = \frac{1}{2}\gamma_w h_2^2 = \frac{1}{2} \times 10 \times 4^2 = 80 \text{ kN/m}$

主动土压力临界深度 z_0 计算：$\sigma_{az0} = (q + \gamma_1 z_0) K_{a1} - 2c_1 \sqrt{K_{a1}} = 0$

即 $(20 + 18.0 z_0) \times 0.49 = 2 \times 12.0 \times \sqrt{0.49}$

解得 $z_0 = 0.794 \text{ m}$

土压力强度分布图绘于图 6-11 中，土压力为

$$E_a = \frac{1}{2} \times 19.46 \times (3 - 0.794) + 21.37 \times 4 + \frac{1}{2} \times (35.72 - 21.37) \times 4$$
$$= 135.64 \text{ kN/m}$$

总侧压力为

$$E = E_a + E_w = 135.64 + 80 = 215.64 \text{ kN/m}$$

总侧压力 E 至墙底距离 x 为

$$x = \frac{1}{215.64}\left[\begin{array}{l}\frac{1}{2} \times 19.46 \times (3 - 0.794) \times \left(4 + \frac{3 - 0.794}{3}\right) \\ + 21.37 \times 4 \times \left(\frac{4}{2}\right) + \frac{1}{2} \times (35.72 + 40 - 21.37) \times 4 \times \left(\frac{4}{3}\right)\end{array}\right] = 1.936 \text{ m}$$

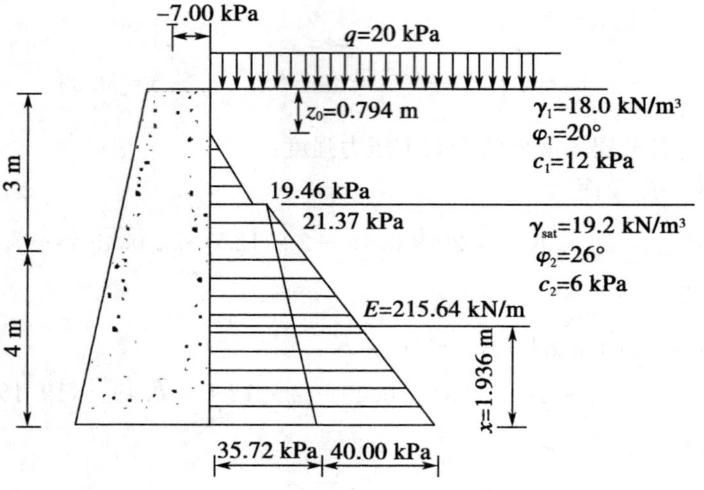

图 6-11 墙后总侧压力分布图

6.4 库仑土压力计算

库仑土压力理论是由库仑(C. A. Coulomb)1776 年建立的。他认为当挡土墙达到主动极限状态时,在墙后填土中形成一个滑动土楔,沿土中某一个平面和挡土墙墙背下滑,可以根据下滑土楔的静力平衡条件求得墙背对土楔的支撑力,其反作用力即为滑动土楔对挡土墙的作用力,可看成是填土作用在挡土墙上的总主动土压力。以后的学者又根据库仑的理论推出了计算被动土压力的公式。库仑土压力理论的基本假定为:

(1) 挡土墙墙后填土均为各向同性无黏性土($c=0$)。

(2) 挡土墙后产生主动或被动土压力时墙后土体形成滑动土楔,其滑动面为通过墙踵的平面。

(3) 将滑动土楔视为刚体,不考虑其压缩变形。

库仑土压力理论就是根据滑动土楔处于极限平衡状态时的静力平衡条件来求主动土压力和被动土压力的。

6.4.1 主动土压力

如图 6－12(a)所示,设挡土墙高为 h,墙背俯斜,与垂线的夹角为 ε,墙后土体为无黏性土($c=0$),土体表面与水平线夹角为 β,墙背与土体的摩擦角为 δ。挡土墙在土压力作用下将向远离土体的方向产生位移,最后土体处于极限平衡状态,墙后土体将形成一个滑动土楔,其滑裂面为平面 BC,滑裂面与水平面成 θ 角。

因为一般挡土墙的土压力计算均属于平面问题,因而沿挡土墙长度方向取 1 m 进行分析。取滑动土楔 ABC 为隔离体,作用在滑动土楔上的力有三个:

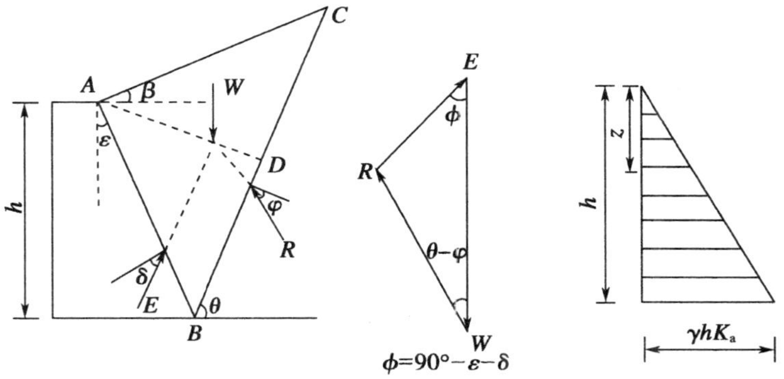

(a) 挡土墙和滑动土楔　(b) 力矢三角形　(c) 土压力强度分布图

图 6－12　库仑主动土压力计算

土楔体的自重力 $W=\gamma\triangle ABC$(γ 为土的重度),其作用方向竖直向下;

滑裂面 BC 上的反力 R,其大小未知,方向与滑裂面 BC 的法线顺时针成 φ 角(φ 为土的内摩擦角);

墙背面对土楔的反力 E,其作用方向与墙背面的法线逆时针成 δ 角(δ 为墙背与土体之间的外摩擦角)。

显然,土体作用在墙背上的土压力与 E 大小相等,方向相反。

滑动土楔在 W、R、E 三力作用下处于平衡状态,因此三力必形成一个封闭的力矢三角形(图 6-12(b)),由正弦定理可得

$$E=\frac{\sin(\theta-\varphi)}{\sin[\pi-(\theta-\varphi+\phi)]}W=\frac{\sin(\theta-\varphi)}{\sin(\theta-\varphi+\phi)}W$$

$$=\frac{1}{2}\gamma h^2\frac{\cos(\varepsilon-\beta)\cdot\cos(\theta-\varepsilon)\cdot\sin(\theta-\varphi)}{\cos^2\varepsilon\cdot\sin(\theta-\beta)\cdot\sin(\theta-\varphi+\phi)} \tag{6-29}$$

式中:$\phi=90°-\varepsilon-\delta$。

由于滑裂面 BC(倾角 θ)是任意假定的,E 值随滑裂面倾角 θ 而变化,主动土压力 E_a 对应的应是墙背的最大反力 E_{max}。按微分学求极值的方法,可由 $\frac{dE}{d\theta}=0$ 的条件求得 E 为最大值(即主动土压力 E_a)时的 θ 角。相应于此时的 θ 角即为最危险的滑裂面与水平面的夹角。略去推导过程,库仑土压力的计算公式为

$$E_a=\frac{1}{2}\gamma\cdot h^2\cdot\frac{\cos^2(\varphi-\varepsilon)}{\cos^2\varepsilon\cdot\cos(\varepsilon+\delta)\cdot\left[1+\sqrt{\frac{\sin(\varphi+\delta)\cdot\sin(\varphi-\beta)}{\cos(\varepsilon+\delta)\cdot\cos(\varepsilon-\beta)}}\right]^2} \tag{6-30}$$

令

$$K_a=\frac{\cos^2(\varphi-\varepsilon)}{\cos^2\varepsilon\cdot\cos(\varepsilon+\delta)\cdot\left[1+\sqrt{\frac{\sin(\varphi+\delta)\cdot\sin(\varphi-\beta)}{\cos(\varepsilon+\delta)\cdot\cos(\varepsilon-\beta)}}\right]^2} \tag{6-31}$$

则

$$E_a=\frac{1}{2}\gamma\cdot h^2\cdot K_a \tag{6-32}$$

式中:K_a——库仑主动土压力系数,按式(6-31)计算或查表 6-2 和 6-3 确定;

h——挡土墙高度(m);

γ——墙后填土重度(kN/m^3);

φ——墙后填土的内摩擦角(°);

ε——墙背的倾斜角(°)(墙背与垂线的夹角,俯斜为正,仰斜为负);

β——墙后填土面的倾斜角(°);

δ——填土对挡土墙背的外摩擦角(°),其值一般由试验确定,当无试验资料时可按表 6-3 数值取用。

表 6-1　主动土压力系数 K_a 与 δ、φ 的关系($\varepsilon=0$、$\beta=0$)

δ	φ(°)								
	10	12.5	15	17.5	20	25	30	35	40
$\delta=0$	0.71	0.64	0.59	0.53	0.49	0.41	0.33	0.27	0.22
$\delta=\varphi/2$	0.67	0.61	0.55	0.48	0.45	0.38	0.32	0.26	0.22
$\delta=2\varphi/3$	0.66	0.59	0.54	0.47	0.44	0.37	0.31	0.26	0.22
$\delta=\varphi$	0.65	0.58	0.53	0.47	0.44	0.37	0.31	0.26	0.22

表 6-2 主动土压力系数 K_a 值

$\delta(°)$	$\varepsilon(°)$	$\beta(°)$	$\varphi(°)$							
			15	20	25	30	35	40	45	50
0	0	0	0.589	0.490	0.406	0.333	0.271	0.271	0.172	0.132
		15	0.933	0.639	0.505	0.402	0.319	0.251	0.194	0.147
		30				0.750	0.436	0.318	0.235	0.172
	10	0	0.652	0.560	0.478	0.407	0.343	0.288	0.238	0.194
		15	1.039	0.737	0.603	0.498	0.411	0.337	0.274	0.221
		30				0.925	0.565	0.433	0.337	0.262
	20	0	0.736	0.648	0.569	0.498	0.434	0.375	0.322	0.274
		15	1.196	0.868	0.730	0.621	0.529	0.450	0.380	0.318
		30				1.169	0.740	0.586	0.474	0.385
	−10	0	0.540	0.433	0.344	0.270	0.209	0.158	0.117	0.083
		15	0.830	0.562	0.425	0.322	0.243	0.180	0.130	0.090
		30				0.614	0.331	0.226	0.155	0.104
	−20	0	0.497	0.380	0.287	0.212	0.153	0.106	0.070	0.043
		15	0.809	0.494	0.352	0.250	0.175	0.119	0.076	0.046
		30				0.498	0.239	0.147	0.090	0.051
10	0	0	0.533	0.447	0.373	0.309	0.253	0.204	0.163	0.127
		15	0.947	0.609	0.473	0.379	0.301	0.238	0.185	0.141
		30				0.762	0.423	0.306	0.226	0.166
	10	0	0.603	0.520	0.448	0.384	0.326	0.275	0.230	0.189
		15	1.089	0.721	0.582	0.480	0.396	0.326	0.267	0.216
		30				0.969	0.564	0.427	0.332	0.258
	20	0	0.695	0.615	0.543	0.478	0.419	0.365	0.316	0.271
		15	1.298	0.872	0.723	0.613	0.522	0.444	0.377	0.317
		30				1.268	0.758	0.594	0.478	0.388
	−10	0	0.477	0.385	0.309	0.245	0.191	0.146	0.109	0.078
		15	0.847	0.520	0.390	0.297	0.224	0.167	0.121	0.085
		30				0.605	0.313	0.212	0.146	0.098
	−20	0	0.427	0.330	0.252	0.188	0.137	0.096	0.064	0.039
		15	0.772	0.445	0.315	0.225	0.160	0.109	0.070	0.043
		30				0.475	0.220	0.135	0.082	0.047

续表 6-2

δ(°)	ε(°)	β(°)	φ(°)							
			15	20	25	30	35	40	45	50
20	0	0			0.357	0.297	0.245	0.199	0.160	0.125
		15			0.467	0.371	0.295	0.234	0.183	0.140
		30				0.798	0.425	0.306	0.225	0.166
	10	0			0.438	0.377	0.322	0.273	0.229	0.190
		15			0.586	0.480	0.397	0.328	0.269	0.218
		30				1.051	0.582	0.437	0.338	0.264
	20	0			0.543	0.479	0.422	0.370	0.321	0.277
		15			0.747	0.629	0.535	0.456	0.387	0.327
		30				1.434	0.807	0.624	0.501	0.406
	−10	0			0.291	0.232	0.182	0.140	0.105	0.076
		15			0.374	0.284	0.215	0.161	0.117	0.083
		30				0.614	0.306	0.207	0.142	0.096
	−20	0			0.231	0.174	0.128	0.090	0.061	0.038
		15			0.294	0.210	0.148	0.102	0.067	0.040
		30				0.468	0.210	0.129	0.079	0.045

表 6-3　填土对挡土墙背的外摩擦角

挡土墙情况	外摩擦角 δ	挡土情况	外摩擦角 δ
墙背平滑、排水不良	(0～0.33)φ	墙背很粗糙、排水良好	(0.5～0.67)φ
墙背粗糙、排水良好	(0.33～0.5)φ	墙背与填土之间不可能滑动	(0.67～1.0)φ

E_a 的作用点在距离墙底 $h/3$ 高度处。

沿墙高分布的主动土压力强度 σ_a，可通过式(6-32)对 z 求一级导数，得

$$\sigma_a = \frac{dE_a}{dz} = \frac{d}{dz}\left(\frac{1}{2}\gamma \cdot z^2 K_a\right) = \gamma \cdot zK_a \tag{6-33}$$

可见，主动土压力沿墙高呈三角形分布(图 6-12(c))。

6.4.2　被动土压力

挡土墙在外力作用下向土体方向产生位移，直至墙后土体沿某一个滑裂面 BC(图 6-13)破坏。在破坏的瞬时，滑动土楔处于极限平衡状态，这时作用在土楔 ABC 上的力仍为三个：① 土楔体的自重力 W，其作用方向竖直向下；② 滑裂面 BC 上的反力 R，其大小未知，方向与滑裂面 BC 的法线逆时针成 φ 角(φ 为土的内摩擦角)；③ 墙背面对土楔的反力 E，其作用方向与墙背面的法线顺时针成 δ 角(δ 为墙背与土体之间的外摩擦角)。

按上述求主动土压力的方法和原理，求得库仑被动土压力的计算公式为

$$E_p = \frac{1}{2}\gamma \cdot h^2 \cdot K_p \tag{6-34}$$

其中

$$K_p = \frac{\cos^2(\varphi+\varepsilon)}{\cos^2\varepsilon \cdot \cos(\varepsilon-\delta) \cdot \left[1-\sqrt{\dfrac{\sin(\varphi+\delta)\cdot\sin(\varphi+\beta)}{\cos(\varepsilon-\delta)\cdot\cos(\varepsilon-\beta)}}\right]^2} \tag{6-35}$$

式中：K_p——库仑被动土压力系数。

其他符号意义同前。

库仑被动土压力强度为

$$\sigma_p = \gamma \cdot zK_p \tag{6-36}$$

其分布图也为三角形（图 6－13(c)）。E_p 的作用点离墙底 $h/3$ 高度处，其方向与墙背的法线顺时针成 δ 角。

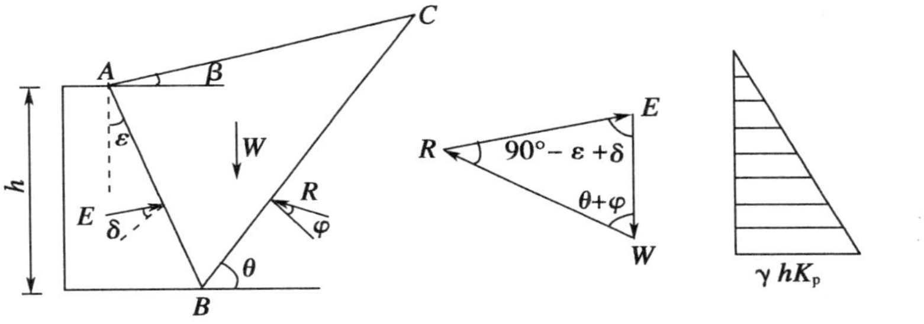

(a) 挡土墙和滑动土楔　(b) 力矢三角形　(c) 土压力强度分布

图 6－13　库仑被动土压力计算

【例 6－3】 挡土墙高 5 m，墙背倾斜角 $\varepsilon=10°$，填土坡角 $\beta=20°$，填土重度 $\gamma=18\ \text{kN/m}^3$，$\varphi=30°$，$c=0$，填土与墙背的摩擦角 $\delta=0.67\varphi$，试按库仑土压力理论求主动土压力及其作用点。

【解】 将 $\varepsilon=10°$，$\beta=20°$，$\varphi=30°$，$c=0$，$\delta=0.67\varphi$ 代入式(6－31)求得

主动土压力系数：　$K_a = 0.540$

计算主动土压力：

$$E_a = \frac{1}{2}\gamma \cdot h^2 \cdot K_a = \frac{1}{2}\times 18\times 5^2\times 0.540 = 121.5\ \text{kN/m}$$

土压力作用点在离墙底 $h/3=5/3=1.67$ m 处。

库仑土压力理论考虑了墙背与土体之间的摩擦力，可用于墙背倾斜、土体表面倾斜等情况下的土压力计算。但该理论是从无黏性土出发得到的，所以不能直接用于黏性土压力的计算。

6.4.3 朗肯理论和库仑理论的比较

朗肯土压力理论和库仑土压力理论分别根据不同的假设，以不同的分析方法计算土压力。只有在最简单的情况下——挡土墙背直立、光滑、填土面水平（$\varepsilon=0,\delta=0,\beta=0$）用这两种理论计算结果才相同，否则得出不同的结果（表 6-4）。

表 6-4 朗肯理论和库仑理论的比较

	朗肯理论	库仑理论
分析原理	根据土体极限平衡条件，求土压力强度	根据滑动土楔静力平衡条件，求总土压力
墙背条件	垂直光滑	倾斜或粗糙
填土条件	表面水平，无黏性土和成层土	无黏性土，表面倾斜
计算误差	对垂直墙背 E_a 偏大，适用于 L 形挡墙	E_p 误差大

6.4.4 《建筑地基基础设计规范》(GB 50007—2002)推荐的公式法

在挡土墙的墙背倾斜、粗糙、填土表面倾斜的情况下，不符合朗肯土压力理论，应采用库仑土压力理论。对于黏性土，无法直接应用库仑土压力理论，此时可用规范推荐的公式或等效内摩擦角法求解。

《建筑地基基础设计规范》(GB 50007—2002）推荐的公式法采用类似的平面滑动面假定，如图 6-14 所示，主动土压力的计算公式为

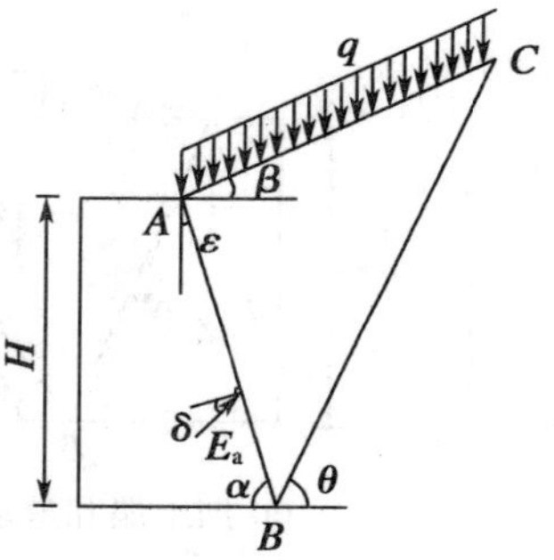

图 6-14 规范法计算库仑主动土压力

$$E_a=\varphi_c\frac{1}{2}\gamma H^2K_a \tag{6-37}$$

式中：φ_c——主动土压力增大系数，土坡高度小于 5 m 时宜取 1.0，高度为 5～8 m 时宜取 1.1，高度大于 8 m 时宜取 1.2；

H——挡土墙高度(m)；

γ——墙后填土重度(kN/m^3)；

K_a——库仑主动土压力系数。

$$K_a=\frac{\sin(\alpha+\beta)}{\sin^2\alpha\sin^2(\alpha+\beta-\varphi-\delta)}\left\{\begin{aligned}&K_q[\sin(\alpha+\beta)\sin(\alpha-\delta)+\sin(\varphi+\delta)\sin(\varphi-\beta)]+\\&2\eta\sin\alpha\cos\varphi\cos(\alpha+\beta-\varphi-\delta)\\&-2\left[\begin{aligned}&(K_q\sin(\alpha+\beta)\sin(\varphi-\beta)+\eta\sin\alpha\cos\varphi)\\&(K_q\sin(\alpha-\delta)\sin(\varphi+\delta)+\eta\sin\alpha\cos\varphi)\end{aligned}\right]^{1/2}\end{aligned}\right\} \tag{6-38}$$

式中：$K_q=1+\dfrac{2q\sin\alpha\cos\beta}{\gamma h\sin(\alpha+\beta)}$；$\eta=\dfrac{2c}{\gamma h}$；

q——地表均布荷载（以单位水平投影面上的荷载强度计算）(kPa)。

6.5 挡土墙设计

6.5.1 挡土墙的类型

常用的挡土墙类型就其结构形式分，主要有重力式、悬臂式、扶壁式、锚杆式和锚定板式以及加筋土挡土墙等，一般应根据工程需要、土质情况、材料供应、施工技术以及造价等因素合理选择。

1）重力式挡土墙

这种形式的挡土墙通常由块石或素混凝土砌筑而成，靠自身的重力来维持墙体稳定，墙体的抗拉、抗剪强度都较低。墙身的截面尺寸较大，一般用于低挡土墙（$h \leqslant 8$ m）。重力式挡土墙具有结构简单、施工方便、易于就地取材等优点，在工程中应用较广（图 6－15(a)）。

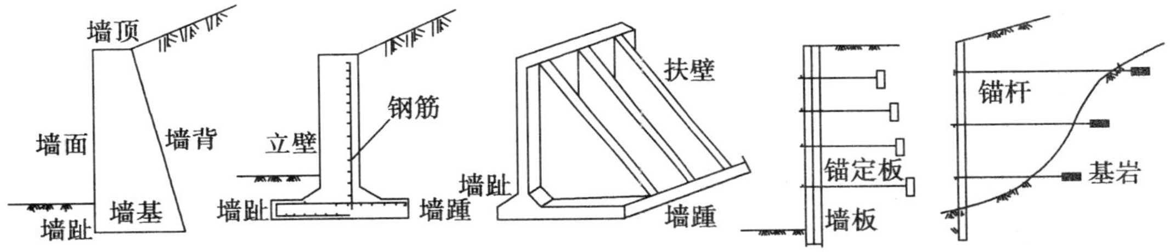

图 6－15　挡土墙的类型

2）悬臂式挡土墙

悬臂式挡土墙一般用钢筋混凝土建造，它由三个悬臂板组成，即立臂、墙趾悬臂和墙踵悬臂。墙的稳定主要靠墙趾悬臂上的土重维持，墙体内的拉应力由钢筋承受。这类挡土墙的优点是能充分利用钢筋混凝土的受力特性，墙体截面尺寸较小，在市政工程以及厂矿储库中较常用（图 6－15(b)）。

3）扶壁式挡土墙

当墙高较高（$h>10$ m）时，悬臂式挡土墙的立臂受推力作用产生的弯矩与挠度较大，为了增加立臂的抗弯性能和减少钢筋用量，常沿墙的纵向每隔一定距离设一道扶壁，扶壁间距为（0.8～1.0）h。墙体稳定主要靠扶壁间填土重维持（图 6－15(c)）。

4）锚定板式与锚杆式挡土墙

锚定板式挡土墙由预制的钢筋混凝土面板、立柱、钢拉杆和埋在土中的锚定板组成（图 6－15(d)），挡土墙板的稳定由拉杆和锚定板来保证。锚杆式挡土墙则是利用伸入岩层的灌浆锚杆承受土压力的挡土结构（图 6－15(d)）。这两种挡土结构一般单独采用，有的也联合使用。

5）加筋土挡土墙

加筋土挡土墙是近年来发展起来的一种轻型挡土墙。有两种基本形式：一种是包裹式加筋挡土墙(图 6－16(a)),用土工合成材料将填土分层包裹,直至墙顶。另一种是条带式加筋挡土墙(图 6－16(b)),由墙面板、拉筋及填土共同组成。它依靠拉筋与填土之间的摩擦力来平衡作用在墙面的土压力。拉筋采用镀锌扁钢或土工隔栅,墙面用预制混凝土板。

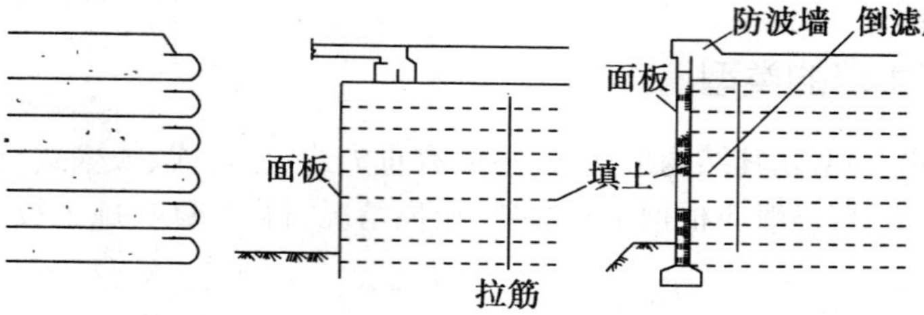

(a) 包裹式加筋挡土墙　　(b) 条带式加筋挡土墙

图 6－16　加筋土挡土墙

加筋土挡土墙能充分利用材料的性能以及土与拉筋的共同作用,因而使挡土墙结构轻型化,圬工体积大大降低,加筋土构件可全部预制,其施工设备简单,工期快,并能抗严寒、抗地震,与重力式挡土墙相比,一般可降低造价 25%～60%,因此是一种较为理想的挡土结构。

6.5.2　重力式挡土墙的体型与构造

本节主要介绍重力式挡土墙的设计,对悬臂式和扶壁式挡土墙等,其设计与计算内容、计算原则和安全系数可以借用,但荷载计算有所不同,此处从略。

挡土墙的设计,除进行下面的计算外,首先应合理地选择墙型和采取必要的构造措施,以保证其安全、经济和合理。

1) 体型选择

(1) 墙背的倾斜形式

重力式挡土墙按墙背的倾斜方向可分为仰斜、直立、俯斜三种形式(图 6－17)。如用相同的计算方法和计算指标,其主动土压力以仰斜为最小,直立居中,俯斜最大。

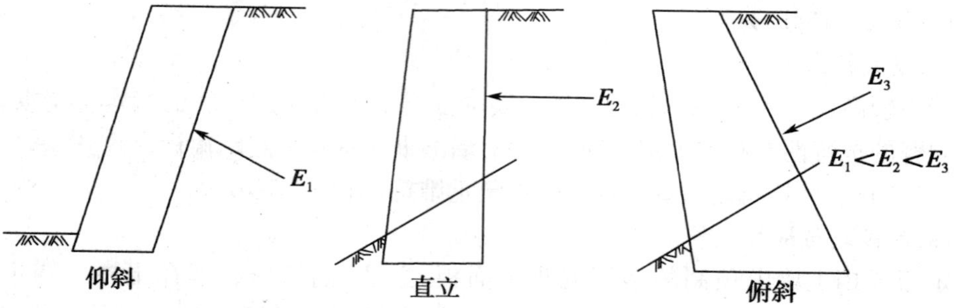

图 6－17　重力式挡土墙墙背的倾斜

在实际工程中,仰斜墙背一般用在挖方挡墙中,可与边坡紧密贴合,而不适合于填方挡墙。此外,在墙前地形较为平坦时适合使用仰斜墙背,当墙前地形陡峻时,仰斜挡墙的墙身需要加高,从而增加了砌筑工程量。如在填方地段筑墙,仰斜墙背填土的夯实比俯斜或直立墙困难，则宜采用俯斜或直立墙背。因此，墙背的倾斜形式应根据使用要求、地形和施工条件等综合考虑决定。

(2) 挡土墙截面尺寸

砌石的挡土墙墙顶宽不小于 0.5 m，混凝土墙可缩小为 0.20～0.4 m。重力式挡土墙基础底宽为墙高的 1/2～1/3。

当墙前地面较陡时，墙面可取高宽比为 1∶0.05～1∶0.2 的仰斜坡度，亦可直立。当墙前地形较为平坦时，对于中、高挡土墙，墙面坡度可较小，但不宜小于 1∶0.4。为了避免施工困难，仰斜墙背坡度一般不宜小于 1∶0.25，墙面坡应尽量与墙背坡平行。

为增加挡土墙的抗滑稳定性，可将基底做成逆坡(图 6－18)，一般土质地基的基底逆坡不宜大于 1∶10，对岩石地基一般不宜大于 1∶5。

当墙高较大时，为了使基底压力不超过地基承载力设计值，可加设墙趾台阶(图 6－19)，其宽高比可取 h∶a＝2∶1，a 不得小于 20 cm。

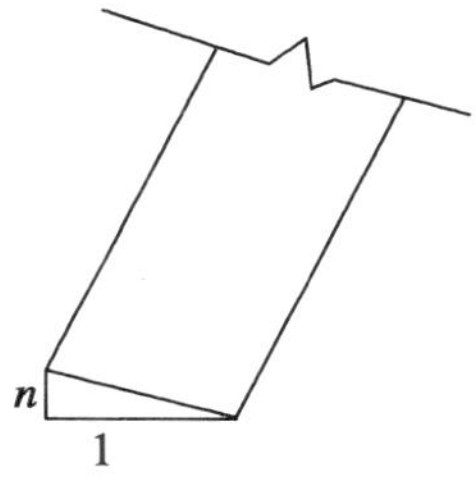

图 6－18　基底逆坡坡度

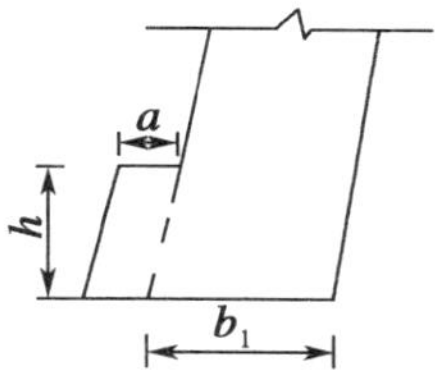

图 6－19　墙趾台阶尺寸

2) 构造要求

(1) 墙后排水措施

挡土墙常因雨水下渗而排水不良，地表水渗入墙后填土，使填土的抗剪强度降低，土压力增大，这对挡土墙的稳定不利。若墙后积水，则要产生水压力。积水自路面渗出，还要产生渗流压力。水位较高时，静、动水压力对挡土墙的稳定更是较大威胁。因此，挡土墙应设泄水孔，其间距宜取 2～3 m，外斜 5%。孔眼尺寸不宜小于 ϕ100 mm。墙后要做好滤水层和必要的排水盲沟，在墙背后的地面宜铺设防水层。当墙后有山坡时，还应在坡下设置截水沟。图 6－20 所示为排水措施的两种方案。

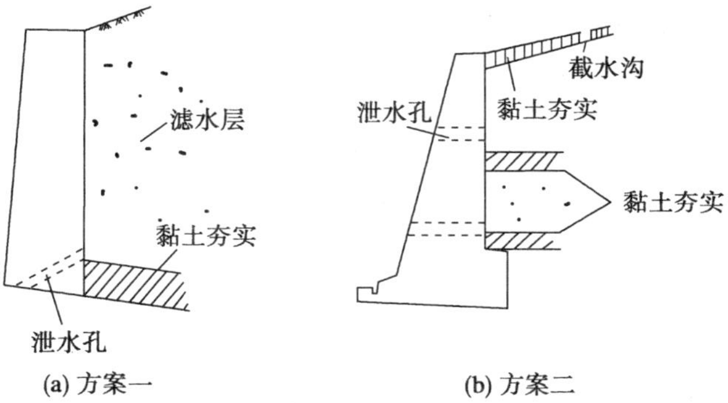

图 6－20　挡土墙的排水措施

(2) 填土质量要求

墙后填土宜选择透水性较强的填料，如砂土、砾石、碎石等，因为这类土的抗剪强度较稳定，易于排水。当采用黏性土作为填料时，宜掺入适量的块石。在季节性冻土地区，墙后填土应选用非冻胀性填料（如炉渣、碎石、粗砂等），不应采用淤泥、耕植土、膨胀性黏土等作为填料，填土料中还不应夹杂大的冻结土块、木块或其他杂物。墙后填土应分层夯实。

6.5.3 挡土墙倾覆稳定性验算

挡土墙的破坏大部分是倾覆破坏。图 6－21(a)为一基底倾斜的挡土墙，在主动土压力作用下可能绕墙趾 O 点向外倾覆，抗倾覆力矩与倾覆力矩之比称为抗倾覆安全系数，应满足下式要求：

$$K_t = \frac{Gx_0 + E_{az}x_f}{E_{ax}z_f} \geqslant 1.6 \tag{6-39}$$

其中

$$E_{az} = E_a \cos(\alpha - \delta)$$

$$E_{ax} = E_a \sin(\alpha - \delta)$$

$$x_f = b - z\cot\alpha$$

$$z_f = z - b\tan\alpha_0$$

式中：G——挡土墙每延米自重(kN/m)；

x_0——挡土墙重心离墙趾的水平距离(m)；

E_{az}——主动土压力在 z 方向的投影(kN/m)；

E_{ax}——主动土压力在 x 方向的投影(kN/m)；

α——挡土墙墙背对水平面的倾角(°)；

α_0——挡土墙基底的倾角(°)；

δ——土对挡土墙墙背的摩擦角(°)；

z——土压力作用点离墙踵的距离(m)；

z_f——土压力作用点离墙趾的距离(m)；

b——基底的水平投影宽度(m)。

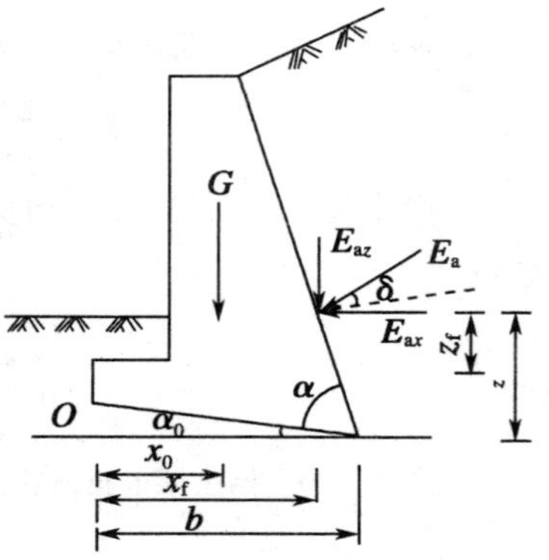

(a) 倾覆稳定性验算

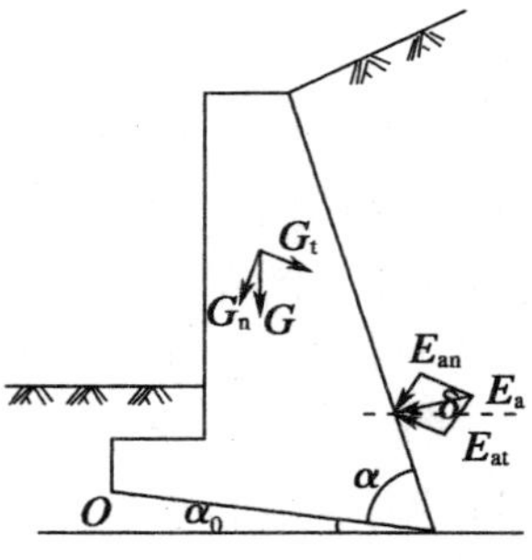

(b) 滑动稳定性验算

图 6－21 挡土墙的稳定性验算

若按式(6－39)验算不满足要求时，可采取以下措施进行处理：

(1) 增大挡土墙断面尺寸，使 G 增大，但工程量相应增大。

(2) 伸长墙趾，加大 x_0。但墙趾过长，若厚度不够，则需配置钢筋。

(3) 墙背做成仰斜，减小土压力。

(4) 在挡土墙竖直墙背上加卸载台，形状如牛腿，如图 6－22 所示，则平台以上的土压力不能传递到平台以下，总土压力减小，故抗倾覆稳定性增大。

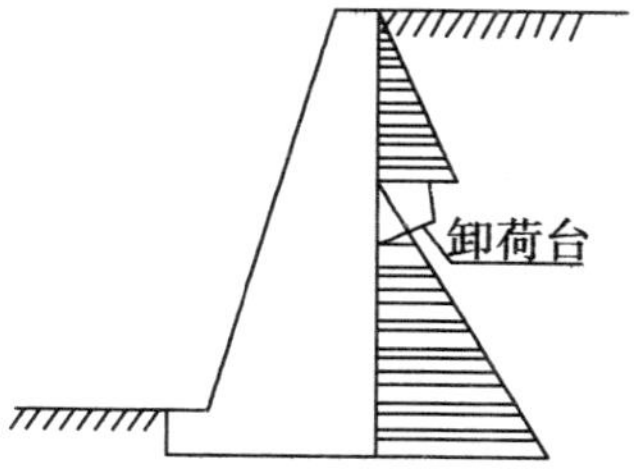

图 6－22　挡土墙上的卸荷台

当地基软弱时，在倾覆的同时，墙趾可能陷入土中，产生稳定力矩的力臂减小，抗倾覆安全系数将会降低，因此在运用式(6－39)时还要注意地基土的压缩性。

6.5.4　挡土墙滑动稳定性验算

在土压力作用下，挡土墙有可能沿基础底面发生滑动，如图 6－21(b)所示。验算时，将 G 和 E_a 分别分解为垂直和平行于基底的分力，抗滑力与滑动力之比称为抗滑安全系数，抗滑安全系数 K_s 应符合下式要求：

$$K_s = \frac{(G_n + E_{an})\mu}{E_{at} - G_t} \geqslant 1.3 \qquad (6-40)$$

式中：μ——土对挡土墙基底的摩擦系数，按表 6－5 确定。

G_n、G_t——分别为挡土墙自重在基底垂直方向和平行方向的分力；

E_{an}、E_{at}——分别为主动土压力在基底垂直方向和平行方向的分力。

表 6－5　土对挡土墙基底的摩擦系数

土的类别		摩擦系数 μ
黏性土	可塑	0.25～0.30
	硬塑	0.30～0.35
	坚硬	0.35～0.45
粉土	$S_r \leqslant 0.5$	0.30～0.40
中砂、粗砂、砾砂		0.40～0.50
碎石土		0.40～0.60
软质岩石		0.40～0.80
表面粗糙的硬质岩石		0.65～0.75

挡土墙自重 G 和主动土压力 E_a 在垂直和平行于基底平面方向的分力分别为

$$G_n = G\cos\alpha_0$$

$$G_t = G\sin\alpha_0$$

$$E_{an} = E_a\cos(\alpha - \alpha_0 - \delta)$$

$$E_{at} = E_a \sin(\alpha - \alpha_0 - \delta)$$

若按式(6－40)验算不满足要求时,可采取以下措施进行处理:

(1) 增大挡土墙断面尺寸,使 G 增大,增大抗滑力。

(2) 墙基底面做成砂石垫层,以提高 μ,增大抗滑力。

(3) 墙底做成逆坡,利用滑动面上部分反力来抗滑,如图 6－23(a)所示。

(4) 在软土地基上,其他方法无效或不经济时,可在墙踵后加拖板,利用拖板上的土重来抗滑,拖板与挡土墙之间应该用钢筋连接,如图 6－23(b)所示。

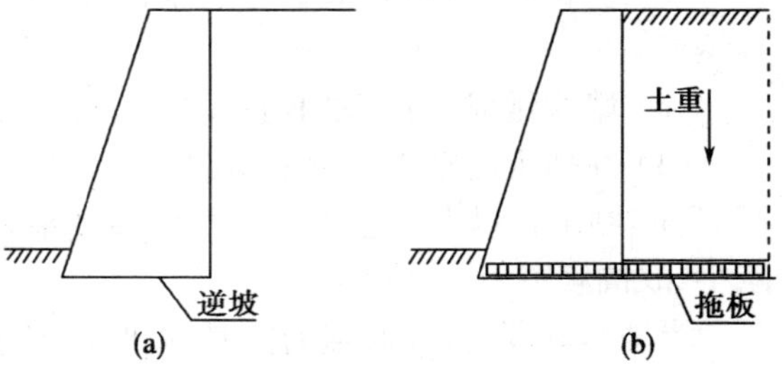

图 6－23　增加抗滑稳定的措施

6.5.5　挡土墙设计

挡土墙设计步骤和内容:

(1) 设计挡土墙时,一般先根据挡土墙所在处的条件(工程地质、填土性质、荷载情况,以及建筑材料和施工技术条件等)凭经验初步拟定截面尺寸,如选用重力式挡土墙,对墙高 5 m以下的挡土墙可选用墙底宽度为墙高的 1/2～1/3 进行试算。

(2) 根据初选尺寸和填土性质计算侧向压力,包括土压力和水压力的大小、分布、作用点的方向和位置确定。

(3) 稳定性验算,包括抗倾覆和抗滑移稳定性验算,必要时还要进行地基深层稳定验算。后一种验算可参用下一章土坡稳定分析的方法。

(4) 地基的承载力验算,要求及方法见第 8 章。

(5) 墙身结构设计。对重力式挡土墙,需验算强度,其验算应选取荷载效应较大而又较薄弱的截面,计算该截面上的弯矩、剪力、轴力,再按《混凝土结构设计规范》和《砌体结构设计规范》进行验算。对其他类型的挡土墙,需计算墙身内力,并进行相应的设计计算。如钢筋混凝土挡土墙需进行抗弯、抗剪配筋计算;锚杆挡土墙等需进行柱、墙板、锚杆、锚座等的设计验算。

(6) 当所选的截面不满足(3)、(4)、(5)点的要求时,则应改变截面尺寸或采用其他措施,直至都满足要求为止。

【例 6－4】 某工程需要砌筑高 $H=6$ m 的重力式挡土墙,墙背垂直光滑,填土表面水平,墙体材料采用 MU20 毛石,M25 砂浆。砌体重度 $\gamma=22$ kN/m^3,填土内摩擦角 $\varphi=40°$,黏聚力 $c=0$,重度 $\gamma=18$ kN/m^3,基底摩擦系数 $\mu=0.5$,地基承载力特征值 $f_{ak}=200$ kPa,设计此挡土墙。

【解】 (1) 初选挡土墙截面尺寸

挡土墙顶宽取 0.5 m;底宽一般取$(1/3～1/2)H=(1/3～1/2)\times6=2～3$ m,取 2.5 m,见图 6－24 所示。

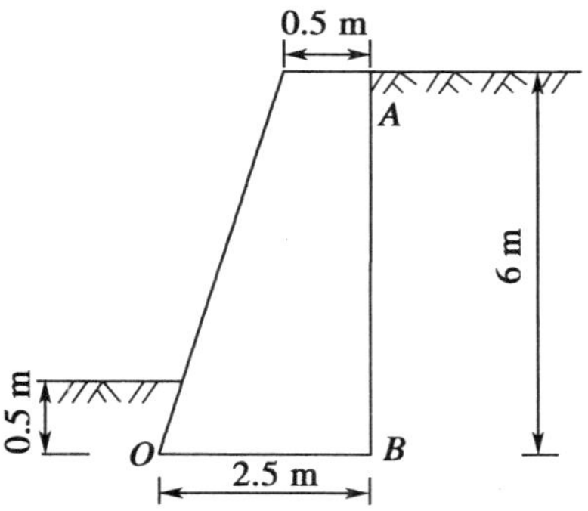

图 6-24　例 6-4 图

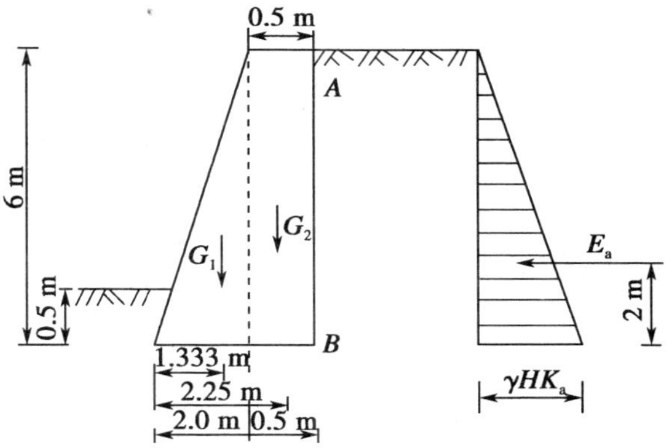

图 6-25　例 6-4 图

(2) 土压力计算(见图 6-25)

由于墙背垂直、光滑,填土表面水平,可采用朗肯土压力理论计算;由于 $c=0$,亦可采用库仑土压力理论计算。前已述及,在这种情况下,按两种理论计算的结果基本一致。现按朗肯土压力理论计算。

$$K_a = \tan^2(45° - \varphi/2) = \tan^2(45° - 40°/2) = 0.217$$

墙顶处土压力强度　$\sigma_{aA} = 0$

墙底处土压力强度　$\sigma_{aB} = \gamma H K_a = 18 \times 6 \times 0.217 = 23.4\ \text{kPa}$

土压力　$E_a = \dfrac{1}{2} \times 23.4 \times 6 = 70.2\ \text{kN/m}$

E_a 作用点距墙底　$z_f = H/3 = 6/3 = 2\ \text{m}$

(3) 抗倾覆稳定性验算

墙体三角形部分重　$G_1 = \dfrac{1}{2} \times 2 \times 6 \times 22 = 132\ \text{kN/m}$

墙体矩形部分重　$G_2 = 0.5 \times 6 \times 22 = 66\ \text{kN/m}$

墙体总重　$G = G_1 + G_2 = 132 + 66 = 198\ \text{kN/m}$

$$K_t = \frac{G_1 x_1 + G_2 x_2}{E_a z_f} = \frac{132 \times \left(\frac{2}{3} \times 2\right) + 66 \times \left(2 + \frac{0.5}{2}\right)}{70.2 \times 2} = 2.31 > 1.6$$

满足抗倾覆稳定性要求。

(4) 抗滑移稳定性验算

$$K_s = \frac{\mu G}{E_a} = \frac{0.5 \times 198}{70.2} = 1.41 > 1.3$$

(5) 地基承载力验算

G_1、G_2 合力距墙趾 O 点的距离为

$$x=\frac{G_1x_1+G_2x_2-E_az_f}{G}$$

$$=\frac{132\times\left(\frac{2}{3}\times 2\right)+66\times\left(2+\frac{0.5}{2}\right)-70.2\times 2}{198}=0.929\ \text{m}$$

G_1、G_2 合力对墙底中心线的偏向距为

$$e=\frac{2.5}{2}-0.929=0.321\ \text{m}<\frac{b}{6}=\frac{2.5}{6}=0.417\ \text{m}$$

$$p=\frac{G}{A}=\frac{198}{2.5\times 1}=79.2\ \text{kPa}<f_{ak}=200\ \text{kPa}$$

$$p_{max}=\frac{G}{A}\left(1+\frac{6e}{b}\right)=\frac{198}{2.5\times 1}\times\left(1+\frac{6\times 0.321}{2.5}\right)$$

$$=140.22\ \text{kPa}<1.2f_{ak}=1.2\times 200=240\ \text{kPa}$$

$$p_{min}=\frac{G}{A}\left(1-\frac{6e}{b}\right)=\frac{198}{2.5\times 1}\times\left(1-\frac{6\times 0.321}{2}\right)=2.93\ \text{kPa}>0$$

满足地基承载力的要求，墙身验算从略。

思考与练习

一、选择题

1. 设计地下室外墙时选用的土压力是（　　）。

A. 主动土压力　　B. 静止土压力

C. 被动土压力　　D. 平均土压力

2. 若计算方法、填土指标相同，则作用在高度相同的挡土墙上的主动土压力数值最小的墙背形式是（　　）。

A. 仰斜　　B. 直立

C. 俯斜　　D. 背斜

3. 相同条件下，作用在挡土结构物上的主动土压力、被动土压力、静止土压力数值的大小之间存在的关系是（　　）。

A. $E_p>E_a>E_0$　　B. $E_p>E_0>E_a$

C. $E_a>E_p>E_0$　　D. $E_0>E_p>E_a$

4. 库仑土压力理论的适用条件为（　　）。

A. 墙背必须光滑、垂直　　B. 墙后填土为理想散粒体

C. 填土面必须水平　　D. 墙后填土为理想黏性体

5. 某墙背直立的挡土墙，若墙背与土的摩擦角为 10°，则主动土压力合力与水平面的夹角为（　　）。

A. 20°　　B. 30°　　C. 10°　　D. 0°

二、简答题

1. 什么是静止土压力、主动土压力及被动土压力？

2. 试比较朗肯土压力与库仑土压力理论的基本假定和适用条件。

3. 挡土墙后填土中的地下水位变化时,对土压力有何影响?

4. 挡土墙背的粗糙程度、填土排水条件的好坏对主动土压力有何影响?

5. 挡土墙有哪几种类型,如何确定重力式挡土墙的断面尺寸及需要进行哪些验算?

三、计算题

1. 已知某挡土墙高 4.0 m,墙背竖直、光滑,墙后填土面水平。填土为干砂,重度 $\gamma=18.0\ \mathrm{kN/m^3}$,内摩擦角 $\varphi=36°$。试计算作用在此挡土墙上的静止土压力 E_0;若墙能向前移动,需移动多少距离才能产生主动土压力 E_a,并计算出 E_a。

2. 某 6.0 m 高的直立式挡土墙,墙后填土是砂土,填土面水平,地下水位在填土面以下 2.0 m。填土的重度 $\gamma=18.5\ \mathrm{kN/m^3}$,$\gamma_{sat}=19.8\ \mathrm{kN/m^3}$,$\varphi'=34°$,$c'=0$。试按下述两种情况计算墙背上总侧压力及其分布图。(1) 假定墙是刚性的,且无位移产生;(2) 假定墙离开填土位移至足够达到朗肯极限平衡状态。

3. 挡土墙高 6.0 m,墙背竖直、光滑、填土面水平,作用有均布荷载 $q=15$ kPa,墙后填土分两层:上层土厚 4.0 m,$\gamma=18.6\ \mathrm{kN/m^3}$,$c=12.0$ kPa,$\varphi=24°$;下层土厚 2.0 m,$\gamma=19.5\ \mathrm{kN/m^3}$,$c=8.0$ kPa,$\varphi=20°$。试计算墙背所受主动土压力及其强度沿墙高的分布。

4. 某挡土墙如习题图 6-1 所示,试用库仑土压力理论计算主动土压力及其强度沿墙高的分布。

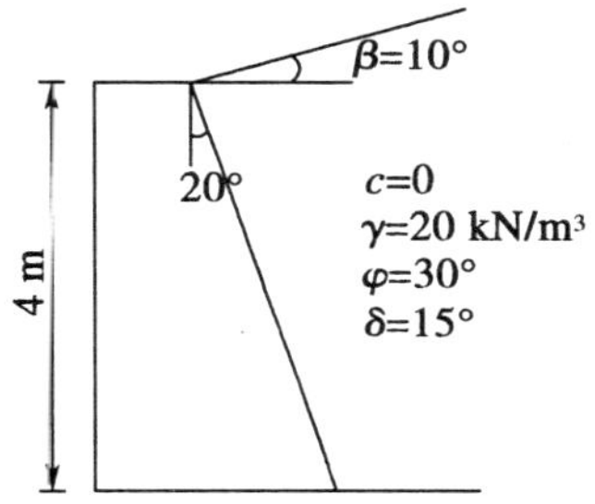

习题图 6-1

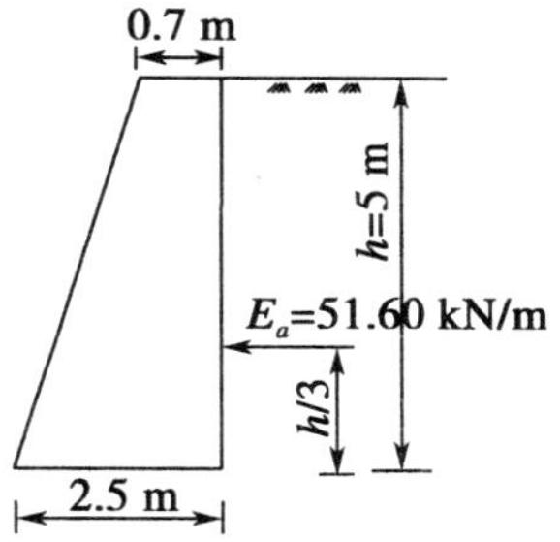

习题图 6-2

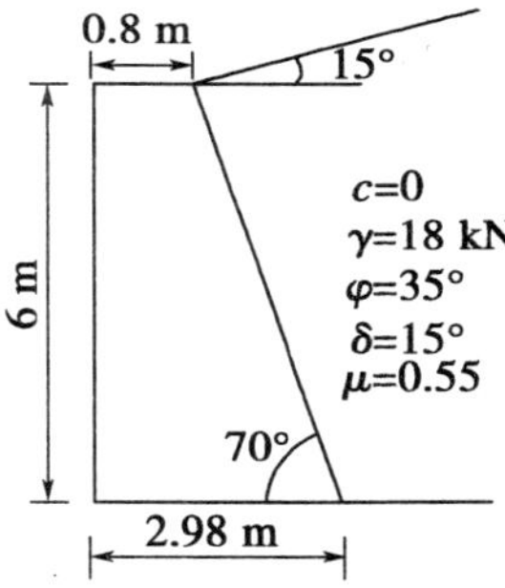

习题图 6-3

5. 某重力式挡土墙如习题图 6-2 所示,砌体重度 $\gamma_k=22.0\ \mathrm{kN/m^3}$,基底摩擦系数 $\mu=0.5$,作用在墙背上的主动土压力为 51.60 kN/m。试验算该挡土墙的抗滑和抗倾覆稳定性。

6. 如习题图 6-3 所示挡土墙,墙身砌体重度 $\gamma_k=22.0\ \mathrm{kN/m^3}$,试验算该挡土墙的稳定性。

7 土坡稳定分析

本章概要：理解土坡的概念，掌握无黏性土土坡、黏性土土坡的滑动面形式，会用土坡稳定分析的瑞典条分法、毕肖普条分法、非圆弧滑动面的简布法等对土坡稳定性进行评价，能进行简单土坡的稳定分析计算。

本章重点：无黏性土土坡、黏性土土坡滑动面形式，瑞典条分法分析土坡稳定。

7.1 概 述

土坡指具有倾斜坡面的土体，其各部分名称见图 7-1。由于土坡表面倾斜，在自身重力及其他荷载作用下，整个土体有从高处向低处滑动的趋势，如果土坡在一定范围内整体地沿某一滑动面向下和向外滑动而丧失其稳定性，就会发生滑坡。在工程建设中，天然土坡一般是由于水流冲刷、地壳运动或人类活动破坏了原来的地质条件而产生滑坡；人工土坡一般是由于设计的坡度太陡或工作条件的变化改变了原来的应力状态，从而发生滑坡。滑坡不仅会影响工程的进度，甚至还会危及人的生命安全和造成工程事故。

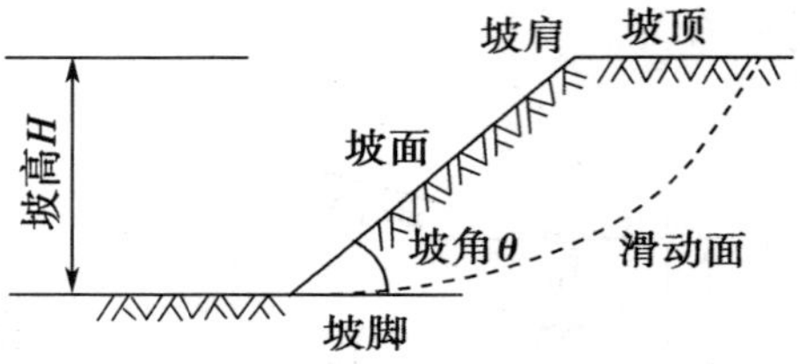

图 7-1 土坡示意图

影响土坡稳定性的因素一般有以下几个方面：

(1) 外界力的作用破坏了土体内原来的应力平衡状态。例如坡顶堆物、行车等使坡顶受荷或引起振动，从而改变了土体原来的平衡状态。

(2) 土体抗剪强度由于受到外界各种因素的影响而降低。例如雨水或地面水渗入土中，造成土体中含水量或孔隙水压力增加，导致土体抗剪强度降低。

滑坡的实质是土坡内滑动面上作用的滑动力超过了土的抗剪强度，要了解某个土坡在各种因素作用下是否具有足够的稳定性和工程的经济性，需要对土坡进行稳定分析。土坡的稳定程度通常用安全系数 K 来衡量，它表明土坡在预计的最不利条件下具有的安全保证。土坡的安全系数可定义为滑动面上抗滑力矩与滑动力矩之比，即 $K=M_f/M$；也可定义为抗滑力 T_f 与滑动力 T 之比，即 $K=T_f/T$；或土坡的抗剪强度 τ_f 与土坡中最危险滑动面上产生的剪应力 τ 之比，即 $K=\tau_f/\tau$。在进行土坡稳定性分析时，常把土坡失稳简化为平面应变问题。在平面问题中，土坡滑动面主要有圆弧形、直线形和复合形三种形状，见图 7-2 所示。

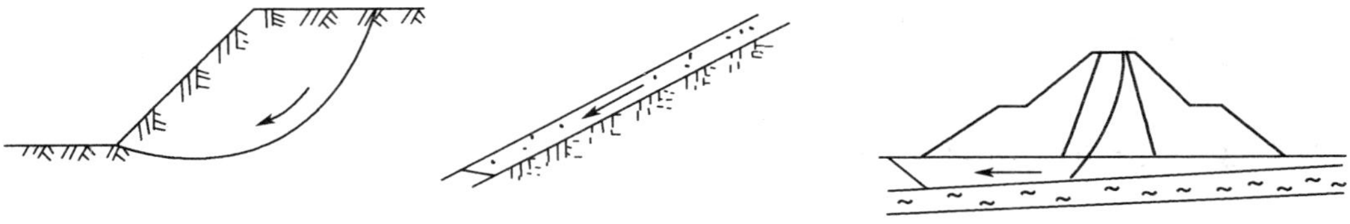

(a) 圆弧形　　(b) 直线形　　(c) 复合形

图 7-2　土坡滑动面的形状

土坡稳定性分析一直是一个比较复杂的问题，既是土力学中的稳定问题，也是工程中非常重要而实际的问题。本章主要介绍砂性土坡的稳定分析以及黏性土坡稳定性分析，包括瑞典条分法与毕肖普条分法。

7.2　无黏性土坡的稳定分析

7.2.1　无渗流作用的无黏性土坡

假设有一坡角为 β 的砂性土坡，土坡及地基为均质的同一种土，且不考虑渗流的影响，如图 7-3(a)所示。

(a) 无渗流作用时土坡稳定分析　　(b) 有顺坡渗流作用时土坡稳定分析

图 7-3　砂性土坡稳定性分析

已知坡面上某单元体所受重力为 W，砂土的内摩擦角为 φ，坡角为 β，垂直于坡面和平行于坡面的分力分别为 N 和 T。

$$T = W\sin\beta \tag{7-1}$$

$$N = W\cos\beta \tag{7-2}$$

分力 T 使土体向下滑动，为滑动力。法向力 N 在坡面上引起的抗滑力为

$$T_f = N\tan\varphi = W\cos\beta\tan\varphi \tag{7-3}$$

抗滑力与滑动力的比值称为稳定安全系数 K，即

$$K = \frac{T_f}{T} = \frac{W\cos\beta\tan\varphi}{W\sin\beta} = \frac{\tan\varphi}{\tan\beta} \tag{7-4}$$

由公式(7-4)可知，当 $\beta=\varphi(K=1)$ 时，即抗滑力等于滑动力，土体处于极限平衡状态。故砂土的内摩擦角也称为自然休止角。同时，从公式(7-4)可以看出，砂性土坡的稳定性与

坡高无关，仅与坡角 β 有关，只要 $\beta<\varphi(K>1)$ 土坡就是稳定的。为了保证土坡具有足够的安全性，一般可取 $K=1.1\sim1.5$。

7.2.2 有渗流作用的无黏性土坡

水库蓄水或水位突然下降，都会使坝体砂壳受到一定的渗流力作用，对坝体稳定性带来不利影响。此时取一微元体，它除了本身重量外，还受到渗流力 J 的作用，如图 7-3(b)所示。因渗流方向与坡面平行，渗流力与坡面平行，此时作用在土体上的下滑力为

$$T+J=W\sin\beta+J \tag{7-5}$$

单元体的抗滑力

$$T_f=W\sin\beta\tan\varphi \tag{7-6}$$

故安全系数 K 为

$$K=\frac{T_f}{T+J}=\frac{W\sin\beta\tan\varphi}{W\sin\beta+J} \tag{7-7}$$

对单元体来说，如果直接用渗流力来考虑渗流影响时，单元体的自重就是浮重度 γ'，而单位体积的渗流力 $j=i\cdot\gamma_w$，i 为考虑点的水力梯度，因为顺坡出流，于是上式可写为

$$K=\frac{\gamma'\cos\beta\tan\varphi}{(\gamma'+\gamma_w)\sin\beta}=\frac{\gamma'\tan\varphi}{\gamma_{sat}\tan\beta} \tag{7-8}$$

式中 $\gamma'/\gamma_{sat}=1/2$，说明渗流方向为顺坡时，无黏性土坡的稳定系数与无渗流时相比将降低 1/2。

当渗流方向为水平逸出坡面时，渗流方向与水平面夹角为 0°，$i=\tan\beta$，则 K 为

$$K=\frac{(\gamma'-\gamma_w\tan^2\beta)\tan\varphi}{(\gamma'+\gamma_w)\tan\beta} \tag{7-9}$$

式中 $\frac{\gamma'-\gamma_w\tan^2\beta}{\gamma'+\gamma_w}<\frac{1}{2}$，说明与无渗流时相比下降了一半多。

7.3 黏性土坡的稳定分析

黏性土由于颗粒之间存在着黏结力，发生滑坡时是整块土体向下滑动，黏性土土坡的滑动情况如图 7-4 所示。黏性土坡失稳前一般在坡顶产生张拉裂缝，继而沿着某一曲面产生整体滑动。滑动体在纵向也有一定的范围，并且也是曲面。为了简化计算，在稳定性分析中通常按平面问题进行处理，假设滑动面为圆弧面。

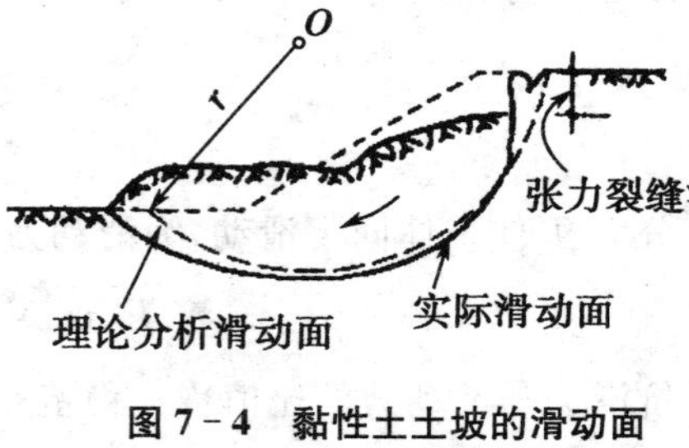

图 7-4 黏性土土坡的滑动面

黏性土坡稳定分析方法有多种，一般有基本条分法和普遍条分法。基本条分法是将圆弧滑动面与坡面的交线所组成的滑体部分进行竖向分条，不考虑土条之间力的作用效果进行简化，采用抗滑力矩与滑动力矩之比求得整个土坡的安全系数。普遍条分法包括 Morgenstern 法、陈祖煜法、Sermar 法、Spercer 法及 Janbu 法等。对于普遍条分法，在土坡稳定

极限平衡分析中，对作用在滑动土体中的土条某些未知内力，引入适当的假定，从而减少未知力数目。假定较多的主要为土条的侧向力方面，在假定侧向力之后，应用极限平衡原理对土坡建立稳定分析普遍条分法的基本公式。

不同的分析方法对土坡稳定安全系数的表达方式有所不同，安全系数的取值范围亦不相同。瑞典条分法和毕肖普条分法分别采用滑动面上抗滑力矩与滑动力矩之比和抗剪力与剪切力之比作为稳定安全系数。

1）瑞典条分法

对于外形比较复杂，且 $\varphi>0$ 的土坡，尤其是土坡为多种土层所构成或有某些特殊外力（如渗透力、地震力）作用时，整个滑动土体上力的分析就比较复杂，滑动面上各点的抗剪强度又与该点的法向应力有关，并非均匀分布。此时，瑞典的费伦纽斯等人在瑞典圆弧法的基础上提出了瑞典条分法。

瑞典条分法（简称瑞典法或费伦纽斯法）是条分法中最古老而又最简单的方法。假定滑裂面是个圆柱面（剖面图上是个圆弧），同时不考虑土条两侧的作用力，安全系数定义为每一土条在滑裂面上所能提供的抗滑力矩之和与外荷载及滑动土体在滑裂面上所产生的滑动力矩和之比。

由于不考虑土条间力的作用，严格地说，对每一土条力的平衡条件是不满足的，对土条本身的力矩平衡也不满足，仅能满足整个滑动土体的整体力矩平衡条件。由此产生的误差，一般使求出的安全系数偏低 10%～20%，这种误差随着滑裂面圆心角和孔隙压力的增大而增大。

瑞典条分法具体分析步骤如下：

（1）按比例绘出土坡剖面（如图 7－5(a)所示）

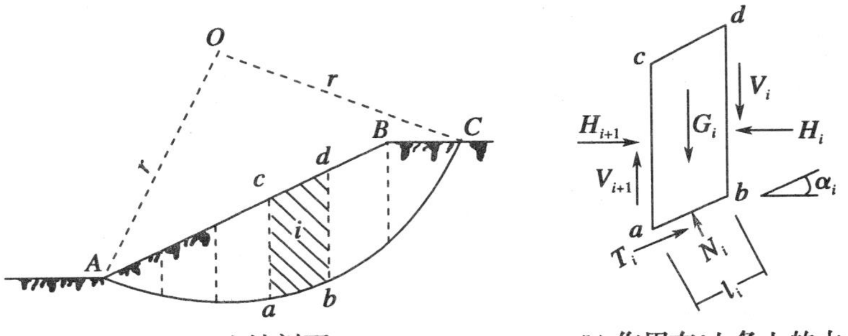

(a) 土坡剖面　　(b) 作用在i土条上的力

图 7－5　黏性土土坡稳定分析的条分法

（2）任选一点 O 作为圆心，以 O 点至坡脚 A 的距离 r 为半径，作滑动圆弧面 $\overset{\frown}{AC}$。

（3）将滑动面以上土体分成几个宽度相等的土条。

（4）计算每个土条上作用的力（以第 i 条为例进行分析）。

第 i 条上作用力有：土条自重 G_i、滑动面上的法向反力 N_i 以及切向反力 T_i。滑动面 ab 近似取为直线，ab 直线与水平面的夹角为 α_i（如图 7－5(b)所示）。为了简化计算，假定竖直面 db 上的法向力 H_i 和切向力 V_i 的合力与竖直面 ac 上的法向力 H_{i+1} 和切向力 V_{i+1} 的合力相互平衡。

根据土条的静力平衡条件可列出：

$$N_i = G_i \cos \alpha_i \tag{7-10}$$

$$T_i = G_i \sin \alpha_i \tag{7-11}$$

滑动面 ab 上应力分别为

$$\sigma_i = \frac{N_i}{l_i} = \frac{1}{l_i} G_i \cos \alpha_i \tag{7-12}$$

$$\tau = \frac{T_i}{l_i} = \frac{1}{l_i} G_i \sin \alpha_i \tag{7-13}$$

式(7-12)、(7-13)中 l_i 为 ab 的长度。

(5) 计算土条滑动面 ab 上的总滑动力矩(对滑动圆心 O)

$$Tr = r\sum T_i = r\sum G_i \sin \alpha_i \tag{7-14}$$

(6) 计算土条底面处由抗剪力所产生的抗滑力矩(对滑动圆心 O)

$$T'r = r\sum \tau_{fi} l_i = r\sum (\sigma_i \tan \varphi_i + c_i) l_i = r\sum (G_i \cos \alpha_i \tan \varphi_i + c_i l_i) \tag{7-15}$$

式(7-15)中,c_i、φ_i 为土条 i 滑动面上的黏聚力和内摩擦角。

(7) 计算稳定安全系数

$$K = \frac{T'r}{Tr} = \frac{\sum (G_i \cos \alpha_i \tan \varphi_i + c_i l_i)}{\sum G_i \sin \alpha_i} \tag{7-16}$$

式(7-16)即为瑞典条分法安全系数的一般计算公式。其中,抗剪强度指标 c、φ 值是总应力指标。当土坡由不同土层组成时,式(7-16)仍可适用。但值得注意的是,此时应分层计算土条重力,然后进行叠加。

同时,瑞典条分法也可以通过有效应力计算安全系数的定义来进行推导。得到的安全系数表达式为

$$K_s = \frac{\sum [c'_i l_i + (G_i \cos \alpha_i - u_i l_i) \tan \varphi'_i]}{\sum G_i \sin \alpha_i} \tag{7-17}$$

式(7-17)中,u_i 为孔隙应力;c'、φ'为有效抗剪强度指标。值得注意的是,如果土坡中存在比较高的孔隙应力时,使用式(7-17)可能会产生很大误差。

由于滑动圆弧是任意选定的,所以一开始假定的圆弧不一定是最危险滑弧,即此时所计算的安全系数 K 不一定是最小的。尤其是当土坡外形和土层分布都比较复杂时,寻找最危险滑裂面的位置就相当困难。为此,多年来,一些学者在这方面作了很大的努力,他们通过各种途径,探索最危险圆弧位置的规律,制作了各种数表、曲线等。

2) 毕肖普条分法

随着土力学理论的发展,很多学者对瑞典条分法的基本假定作了修改和补充,提出了各式各样的条分法。毕肖普(Bishop)在 1955 年提出一个考虑了土条侧面作用力的一种条分法,称为毕肖普条分法,如图 7-6 所示,假定各土条底部滑动面上的抗滑安全系数均相同,即等于整个滑动面的平均安全系数。

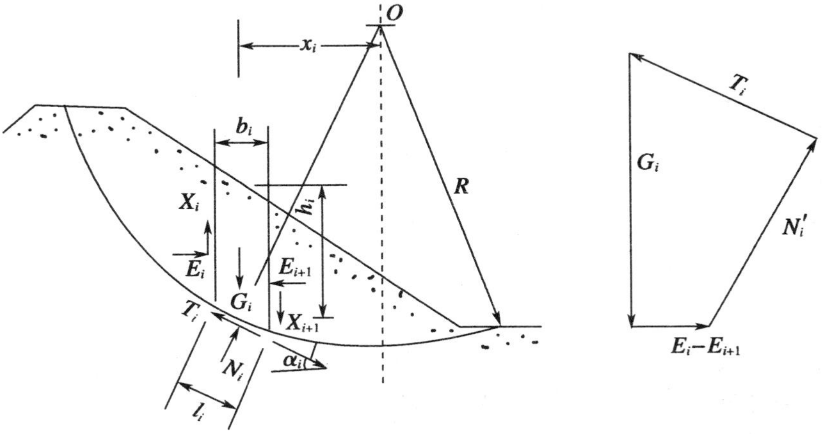

图 7-6 毕肖普法

图 7-6 中,E_i 及 X_i 分别表示法向及切向条间力,G_i 为土条自重,N_i、T_i 分别为土条底部的总法向力和切向力。

垂直方向上,根据土条力的平衡条件得

$$G_i + X_{i+1} - X_i - T_i\sin\alpha_i - N_i\cos\alpha_i = 0 \tag{7-18}$$

或

$$N_i\cos\alpha_i = G_i + X_{i+1} - X_i - T_i\sin\alpha_i \tag{7-19}$$

当土坡未破坏时,土条滑动面上的抗剪强度只发挥一部分,此时等于该处剪切力 T_i,显然 T_i 与安全系数 K 和该处抗剪强度间有如下关系:

$$T_i = \frac{c_i l_i}{K} + \frac{N_i\tan\varphi_i}{K} \tag{7-20}$$

代入式(7-19),求得土条底部总法向力:

$$N_i = \left[G_i + (X_{i+1} - X_i) - \frac{c_i l_i\sin\alpha_i}{K}\right]\frac{1}{m_{\alpha i}} \tag{7-21}$$

式中:$m_{\alpha i} = \cos\alpha_i + \dfrac{\tan\varphi_i\sin\alpha_i}{K}$。

在极限平衡状态时,作用于各土条的力对滑动圆心的力矩之和应当为零,此时各土条间力的作用线都通过圆心,假定相邻土条间侧向作用力矩相互抵消,因此有

$$\sum G_i x_i - \sum T_i R = 0 \tag{7-22}$$

将式(7-20)、(7-21)代入式(7-22),且 $x_i = R\sin\alpha_i$,最后得到安全系数的公式为

$$K = \frac{\sum \dfrac{1}{m_{\alpha i}}\left\{c_i b_i + [G_i + (X_{i+1} - X_i)]\tan\varphi_i\right\}}{\sum G_i\sin\alpha_i} \tag{7-23}$$

式(7-23)中,X_i 及 X_{i+1} 是未知的,为使问题得解,毕肖普又假定各条之间的切向条间力均略去不计,也就是假定条间力的合力是水平的,这样式(7-23)可简化成

$$K_s=\frac{\sum\frac{1}{m_{\alpha i}}[c_ib_i+G_i\tan\varphi_i]}{\sum G_i\sin\alpha_i} \tag{7-24}$$

这就是简化的毕肖普条分法。

同时，式(7-23)一般可用于总应力分析，如果考虑孔隙水压力作用，每条土上的孔隙水压力作用点同样假设通过土条底面中心点，则采用有效应力表达为

$$K_s=\frac{\sum\frac{1}{m_{\alpha i}}[c_i'b_i+(G_i-u_ib_i)\tan\varphi_i']}{\sum G_i\sin\alpha_i} \tag{7-25}$$

注意到，在 m_α 内也有 K 这个因子，所以在求 K 时要进行试算。在计算时，一般可先假定 $K=1$，求出 m_α(或假定 $m_\alpha=1$)，再求 K，再用此 K 求出新的 m_α 及 K。如此反复迭代，直至假定的 K 和算出的 K 非常接近为止。根据经验，通常只要迭代 3～4 次就可满足精度要求，而且迭代通常总是收敛的。

还应指出，对于 α_i 为负值的那些土条，如果 $m_{\alpha i}$ 出现趋于零的情况，则简化毕肖普条分法不能运用，而应改用其他方法。这是因为土条的 α_i 使 $m_{\alpha i}$ 趋近于零时，N_i 就要无穷大，这显然是不合理的。外国一些学者认为其中一条土 $m_{\alpha i}\leqslant 0.2$，求得的 K 误差就过大，应考虑选用其他方法或采用毕肖普的普遍公式。

由于考虑了土条间水平力的作用，毕肖普条分法得到的安全系数较瑞典条分法略大一些。而且，毕肖普条分法计算不是很复杂且精度较高，是目前工程中土坡稳定性分析较常用的一种方法。

7.4 土坡稳定分析的几个问题

7.4.1 渗流对土坡稳定性的影响

当土坡内部有地下水渗流作用时，滑动土体中存在着渗透压力，必须考虑其对土坡稳定性的影响。目前，国内常采用“代替法”和有效应力法来考虑渗流对土坡稳定性的影响。

“代替法”就是采用浸润线以下、坡外水位线以上所包含土体内水重对滑动圆心的力矩，代替渗透力对滑动圆心的力矩，其坡外水位线以下土体部分重量按静水浮力作用考虑。

在稳定渗透情况下，土体通常均已固结，由附加荷重引起的孔隙应力均已消散，土体底部的孔隙应力也就是渗透水压力，此时可用有效应力原理分析渗流作用下土坡的稳定性问题。

7.4.2 土坡抗剪强度指标的选用

越来越多的资料表明，土坡抗剪强度指标的选取是影响土坡稳定性分析的主要因素，往往比选择计算方法更重要。因此，应结合工程实际的加荷情况、土的性质状态和排水条件等模拟试验得出相应的抗剪强度指标是极为必要的。关于强度指标的选用原则在前述章节已讨论，对土坡稳定性计算完全适用。

7.4.3 安全系数的选定

在稳定分析中，安全系数的定义通常有两种：一种是通过加大外力以达到极限平衡，这样的安全系数有超载系数的性质；另一种是降低材料的强度以达到极限平衡，求出安全系数则是材料强度的储备系数。一般来说，这两种安全系数的概念不一样，求出的结果也是不一样的。毕肖普等人将土坡稳定安全系数 K 定义为沿整个滑裂面的抗剪强度 τ_f 与实际发生的剪应力 τ 之比，即

$$K=\frac{\tau_f}{\tau} \tag{7-26}$$

理论上讲，当土坡处于极限平衡状态时，其稳定安全系数 $K=1$，也就是表明，当设计土坡的安全系数 $K>1$ 时，土坡能满足稳定性要求。但在实际工程中，由于影响土坡稳定性的因素较多，如荷载组合、建筑物类别、抗剪强度指标的试验条件、计算方法的选择，甚至不同工程部门的规定也不尽相同。某些土坡即使满足 $K>1$，最终还是发生了滑坡。因此，在进行土坡稳定性分析时，如何选择恰当的安全系数是尤为重要的。目前，对于土坡稳定允许安全系数的取值，各部门尚无统一规定，所以在工程实际中应考虑各种影响因素，如土层组成、结构构造、应力历史、超载等，结合工程实际条件进行综合确定。

思考与练习

1. 导致土坡失稳的因素有哪些?
2. 黏性土坡稳定分析方法主要有哪些?
3. 瑞典条分法与毕肖普条分法分别有哪些假定?
4. 瑞典条分法公式与简化毕肖普法公式的区别是什么? 结果影响如何?

8 地基承载力

本章概要：掌握地基承载力的概念及地基破坏的阶段，区别临塑荷载、临界荷载，熟悉普朗特尔及太沙基公式计算极限承载力，掌握规范法计算承载力设计值，了解影响地基承载力的因素。

本章重点：地基承载力、临塑荷载、临界荷载的概念，规范法计算地基承载力设计值。

8.1 概 述

地基承载力是指地基土单位面积上所能承受的荷载，以 kPa 计。我们通常把地基土单位面积上所能承受荷载的最大值称为极限荷载或极限承载力。如果基底压力超过地基土的极限承载力，地基就会失稳破坏。而在实际工程中，为了保证建筑物的安全和正常使用，在设计建筑物基础时，常将基础底面的压力限制在某一容许范围之内，此时地基承受的荷载称为容许承载力。现行的《建筑地基基础设计规范》(GB 50007—2002)以地基承载力设计值取代了习惯上的容许承载力。

地基土的承载性状可以通过研究现场荷载试验来取得，这其实是一种模拟试验。在试验中，在要测定的地基设计标高处放置一块荷载板(尺寸为 0.25～1.0 m^2)(见第 4 章图 4-8)，测得在各级荷载作用下荷载板的沉降，并观察周围土体的情况，直到地基土破坏为止。

通过试验可以看到荷载板各级压力 p 与相应的稳定沉降量 s 之间的关系，绘制 $p-s$ 曲线如图 8-1 所示，对该曲线进行研究，就可以得到地基土的承载性状。通常地基破坏的过程经历 3 个阶段。

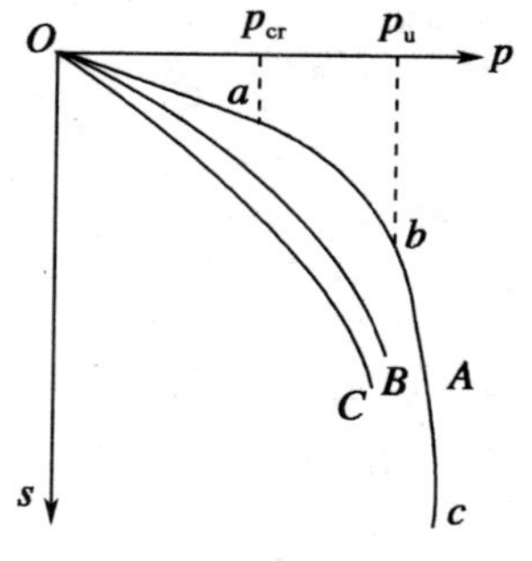

图 8-1 地基破坏示意图

1) 压密阶段(线弹性变形阶段)

相当于 $p-s$ 曲线的 Oa 段，在这一阶段，荷载与沉降之间呈直线关系，土中各点的剪应力均小于土的抗剪强度，在外力作用下土体仅仅是被压密处于弹性状态，并没有被破坏。荷载板的沉降主要是由土体压密变形引起的。见图 8-1，曲线 A 上相应于 a 点的荷载称为比例界限荷载 p_{cr}。

2) 剪切阶段(弹塑性变形阶段)

相当于 $p-s$ 曲线的 ab 段(见图 8-1)，在这一阶段，沉降也随着荷载的增加而增大，但沉降的增长率在逐渐增大，两者并不呈直线关系。土中局部范围内土的剪应力达到土的抗剪强度，土体发生了剪切破坏，这些区域成为塑性区。随着荷载的增大，塑性区开展范围也在逐渐扩大，直到土中形成连续的滑动面。$p-s$ 曲线上 b 点所对应的荷载称为极限荷载 p_u。

3）破坏阶段

相当于 $p-s$ 曲线的 bc 段（见图 8－1），当荷载超过极限荷载后，荷载板急剧下沉，即使不增加荷载，沉降也不能稳定。在这一段，塑性区范围不断扩展，最后形成延伸至地面的连续滑动面，土从荷载板四周挤出隆起，基础急剧下降或向一边倾斜，基础发生整体剪切破坏。

试验研究表明：地基剪切破坏的型式除了整体剪切破坏外，还有局部剪切破坏、冲切破坏（见图 8－2）。

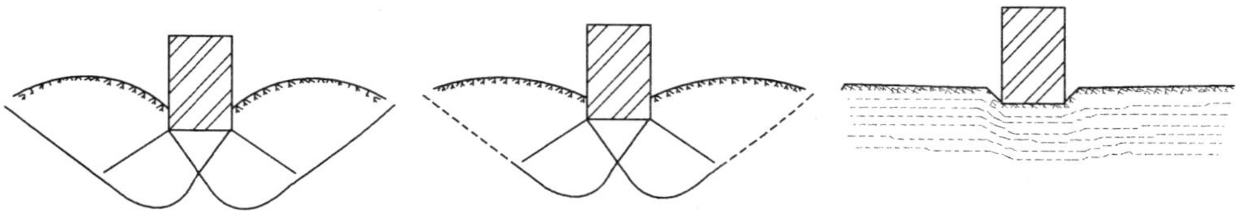

(a) 整体剪切破坏　(b) 局部剪切破坏　(c) 冲切破坏

图 8－2　地基的破坏型式

局部剪切破坏的特征是，随着荷载的增加，基础下的塑性区仅仅发展到地基某一范围内，土中的滑动面并不延伸到地表面，基础两侧微微隆起，没有出现明显的裂隙，其 $p-s$ 曲线如 8－1 中的曲线 B 所示，曲线也有一个转折点，但并不像整体剪切破坏那么明显，在转折点后，$p-s$ 曲线还是呈线性关系。

冲切破坏的特征是，随着荷载的增加，基础下面土层发生压缩变形，基础随之下沉，当荷载继续增加，基础周围土体发生竖向剪切破坏，使基础刺入土中。基础两边土体没有移动，如图 8－2(c)。冲切破坏的 $p-s$ 曲线如图 8－1 曲线中的 C 线，沉降随着荷载的增加而不断增长，但 $p-s$ 曲线上没有明显的转折点，没有明显的比例界限荷载及极限荷载。

上述三种破坏模式，除第一种有比较多的理论研究外，第二种和第三种还缺乏完善的研究。

8.2　临塑荷载与临界荷载

8.2.1　塑性区边界方程的推导

当土体的现场荷载试验中 $p-s$ 曲线是典型的，则临塑荷载即为比例界限荷载 p_{cr}，临界荷载即为极限荷载 p_u。当土体的 $p-s$ 曲线没有明显的 3 个阶段，无法从图中确定比例界限荷载与极限荷载时，将土中开始出现塑性区或地基承载力将超过其容许值时相应的荷载为临塑荷载与临界荷载，为了叙述方便，此处统一称为临塑荷载与临界荷载，两者的大小与塑性区的开展深度有关，要确定土中塑性区开展的最大深度 z_{max}，要先求得土中塑性区边界的表达式。如图 8－3(a)所示，在地基表面作用条形均布荷载 p，计算土中任意点 M 由 p 引起的最大、最小主应力。当采用极坐标时，公式为

$$\frac{\sigma_1}{\sigma_3}=\frac{p}{\pi}(2\alpha\pm\sin 2\alpha) \tag{8-1}$$

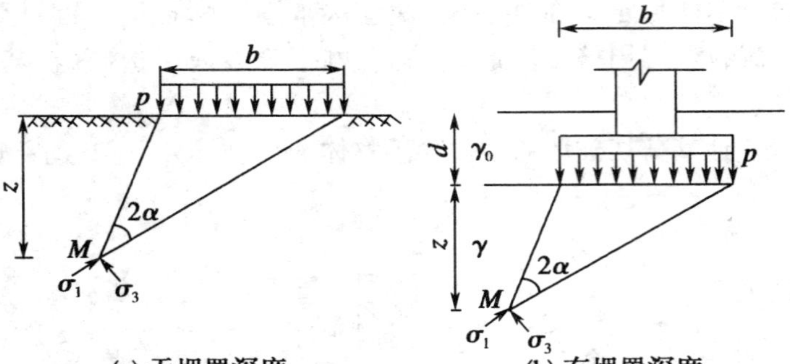

图 8-3 均布条形荷载作用下地基中主应力计算

若考虑土体的重力，M 点处的竖直向自重应力 $\sigma_{cz}=\gamma z$，水平向的自重应力为 $\sigma_{cz}=k_0\gamma z$，当土体处于极限平衡状态时，假定土的侧压力系数 $k_0=1$，则土的重力产生的压力如同静水压力一样，作用在土的各个方向，即各方向由重力产生的应力均为 γz，此时土体所受的最大、最小主应力为

$$\frac{\sigma_1}{\sigma_3}=\frac{p}{\pi}(2\alpha\pm\sin 2\alpha)+\gamma z \tag{8-2}$$

在实际工程中，作用在地基上的条形均布荷载为基底附加压力$(p-\gamma_0 d)$，并且基础都是有一定的埋置深度的，如图 8-3(b)，此时土中任意点 M 点的最大、最小主应力为

$$\frac{\sigma_1}{\sigma_3}=\frac{p-\gamma_0 d}{\pi}(2\alpha\pm\sin 2\alpha)+\gamma z+\gamma_0 d \tag{8-3}$$

由第 5 章土的抗剪强度理论可知，当土达到极限平衡状态及濒临破坏时，其最大、最小主应力之间应满足下述条件：

$$\sin\varphi=\frac{\frac{1}{2}(\sigma_1-\sigma_3)}{\frac{1}{2}(\sigma_1+\sigma_3)+c\cot\varphi}$$

将公式(8-3)代入上式，整理得

$$z=\frac{p-\gamma_0 d}{\pi\gamma}\left(\frac{\sin 2\alpha}{\sin\varphi}-2\alpha\right)-\frac{c\cdot\cot\varphi}{\gamma}-d\frac{\gamma_0}{\gamma} \tag{8-4}$$

8.2.2 临界荷载与临塑荷载的确定

若要求塑性区开展的最大深度 z_{max}，则需令$\frac{dz}{d\alpha}=0$，此时

$$2\alpha=\frac{\pi}{2}-\varphi \tag{8-5}$$

将式(8-5)代入式(8-4),则

$$z_{\max}=\frac{p-\gamma_0 d}{\pi\gamma}\left(\cot\varphi-\frac{\pi}{2}+\varphi\right)-\frac{c\cdot\cot\varphi}{\gamma}-d\frac{\gamma_0}{\gamma} \tag{8-6}$$

由公式(8-6)可以得到对应 $z_{\max}$ 的 p 值,即

$$p=\frac{\pi}{\cot\varphi+\varphi-\frac{\pi}{2}}\gamma z_{\max}+\frac{\cot\varphi+\varphi+\frac{\pi}{2}}{\cot\varphi+\varphi-\frac{\pi}{2}}\gamma_0 d+\frac{\pi\cdot\cot\varphi}{\cot\varphi+\varphi-\frac{\pi}{2}}\cdot c \tag{8-7}$$

如令 $z_{\max}=0$,则此时的基底压力 p 为临塑荷载:

$$p_{cr}=N_q\gamma_0 d+N_c\cdot c \tag{8-8}$$

式中:$N_q=\dfrac{\cot\varphi+\varphi+\frac{\pi}{2}}{\cot\varphi+\varphi-\frac{\pi}{2}}$,$N_c=\dfrac{\pi\cdot\cot\varphi}{\cot\varphi+\varphi-\frac{\pi}{2}}$。

若地基中塑性区容许开展的深度

$$z_{\max}=\frac{b}{4},\quad p_{\frac{1}{4}}=N_r\gamma b+N_q\gamma_0 d+N_c\cdot c \tag{8-9}$$

式中:$N_r=\dfrac{\pi}{4\left(\cot\varphi+\varphi-\frac{\pi}{2}\right)}$,其他符号意义同前;

N_r,N_q,N_c——承载力系数,只与土的内摩擦角 φ 有关,具体见表8-1。

表8-1 临塑荷载 p_{cr} 及临界荷载 $p_{\frac{1}{4}}$ 的承载力 N_r、N_q、N_c 值

φ(°)	N_r	N_q	N_c	φ(°)	N_r	N_q	N_c
0	0	1.00	3.14	22	0.61	3.44	6.04
2	0.03	1.12	3.32	24	0.72	3.87	6.45
4	0.06	1.25	3.51	26	0.84	4.37	6.90
6	0.10	1.39	3.71	28	0.98	4.93	7.40
8	0.14	1.55	3.93	30	1.15	5.59	7.95
10	0.18	1.73	4.17	32	1.34	6.35	8.55
12	0.23	1.94	4.42	34	1.55	7.21	9.22
14	0.29	2.17	4.69	36	1.81	8.25	9.97
16	0.36	2.43	5.00	38	2.11	9.44	10.80
18	0.43	2.72	5.31	40	2.46	10.84	11.73
20	0.51	3.06	5.66	45	3.66	15.64	14.64

通过上述临塑荷载与临界荷载公式的推导过程，可以看到这些公式是建立在下列假定的基础之上的：

(1) 计算公式适用于条形基础，若将它近似的用于矩形基础，则是偏于安全的。

(2) 计算土中由自重产生的主应力时，假定土的侧压力系数 $k_0=1$，这与土的实际情况是不相符的，但它可以使计算简化。

(3) 在计算临界荷载 $p_{\frac{1}{4}}$ 时，土中已经出现塑性破坏，但这时仍按弹性理论计算土中应力，这在理论上是矛盾的，其所引起的误差是随着塑性区范围的扩大而扩大。

【例 8-1】 某条形基础，底宽 $b=1.5$ m，埋深 $d=2$ m，地基土的重度 $\gamma=18$ kN/m³，饱和重度 $\gamma_{sat}=19$ kN/m³，抗剪强度指标为 $c=10$ kPa，$\varphi=20°$，地下水位埋深为 1.5 m，试求该地基的 p_{cr} 和 $p_{\frac{1}{4}}$。

【解】 $\gamma_0=\dfrac{18\times1.5+(19-10)\times0.5}{2}=15.75$ kN/m³；查表 8-1 得 $N_r=0.51$，$N_q=3.06$，$N_c=5.66$

$$p_{cr}=N_q\gamma_0 d+N_c\cdot c=3.06\times15.75\times2+5.66\times10=152.99\text{ kPa}$$

$$\begin{aligned}p_{\frac{1}{4}}&=N_r\gamma b+N_q\gamma_0 d+N_c\cdot c\\&=0.51\times(19-10)\times1.5+3.06\times15.75\times2+5.66\times10=159.875\text{ kPa}\end{aligned}$$

8.3 极限承载力

目前，对于极限承载力，尤其是整体剪切破坏地基的极限承载力的计算研究的比较多，对于局部剪切破坏及冲切破坏的情况尚无可靠的计算方法。实际上采用的做法是，按整体剪切破坏公式计算后再按某种方式折剪。极限承载力的求解有两类：

(1) 根据土体极限平衡方程，已知边界条件求解。由于数学上难以得到解析解，如普朗特尔公式，而多数情况需用数值方法。

(2) 根据模型试验，研究地基滑动面形状，必要简化后，再根据简化滑动面上的静力平衡条件求解，如太沙基公式。

由于推导时的假设条件不同，所得极限承载力的计算公式也就不同。下面简要介绍几种常用的计算公式。

8.3.1 普朗特尔-雷斯诺极限承载力公式

受铅直均布荷载作用的、无限长的、底面光滑的条形刚性板置于无重量土($\gamma=0$)的地基表面上。当刚性荷载板下的土体处于塑性平衡状态时，其破坏形式首先由普朗特尔(Prandtl)给出，如图 8-4(a)所示。塑性区由五个部分组成，即一个Ⅰ区、左右对称的两个Ⅱ和两个Ⅲ区。由于基底是光滑的，因此Ⅰ区中的最大主应力 σ_1 是竖直的，破坏面与水平面成($45°+\varphi/2$)角，称为朗肯主动土压力区。Ⅲ区大主应力方向是水平方向的，破裂面与水平面成($45°-\varphi/2$)角，称为朗肯被动土压力区。Ⅱ区称为径向剪切区，由一组通过 A 或 B 的辐射线及一组对数螺旋线组成(图中 CD 和 CE)。对数螺旋线方程为

$$r = r_0 e^{\theta \tan\varphi}$$

式中：r_0——起始径距(图 8 - 4 中 AC 或 BC)；

r——从极点(A 或 B)到螺旋线上任意点的距离；

θ——射线 r 与 r_0 的夹角。

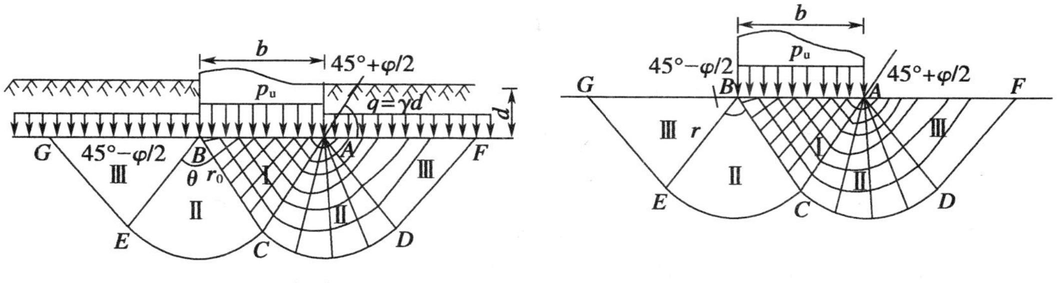

(a) 无埋置深度　　　(b) 有埋置深度

图 8 - 4　普朗特尔-雷斯诺滑动面形式

由此，普朗特尔得出极限承载力解析解为

$$p_u = cN_c \tag{8-10}$$

式中：N_c——承载力系数，$N_c=[e^{\pi\tan\varphi}\cdot\tan^2(45°+\frac{\varphi}{2})-1]\cot\varphi$，见表 8 - 2。

表 8 - 2　普朗特尔公式的承载力系数表

φ	0°	5°	10°	15°	20°	25°	30°	35°	40°	45°
N_q	1.00	1.57	2.47	3.94	6.40	10.7	18.4	33.3	64.2	134.9
N_c	5.14	6.49	8.35	11.0	14.8	20.7	30.1	46.1	75.3	133.9

实际上基础都是有一定埋深的，如图 8 - 4(b)所示，雷斯诺在普朗特尔的假定基础上不考虑基底以上两侧土的强度，将其重力以均布超载 $q=\gamma d$ 代替，得到普朗特尔-雷斯诺极限承载力公式

$$p_u = rdN_q + cN_c \tag{8-11}$$

式中：N_q——承载力系数，$N_q=e^{\pi\tan\varphi}\cdot\tan^2\left(45°+\frac{\varphi}{2}\right)$，见表 8 - 2。

8.3.2　太沙基极限承载力公式

太沙基(K. Terzaghi，1943)提出了条形浅基础的极限荷载公式，他从实用角度认为，当基础的长宽比 $l/b\geqslant10$ 及基础的埋深 $d\leqslant b$ 时，就可视为条形基础。实际上基础底面并不完全光滑，与地基表面之间存在着摩擦力，摩擦力约束着位于基底下部土体的变形，使它不能处于极限平衡状态。图 8 - 5 的地基模型试验表明，在荷载作用下基础向下移动时，基底的土体形成一个刚性核，与基础成为整体，竖直向下移动。下移的刚性核挤压两侧土体，使地基破坏，形成整体的滑动面。

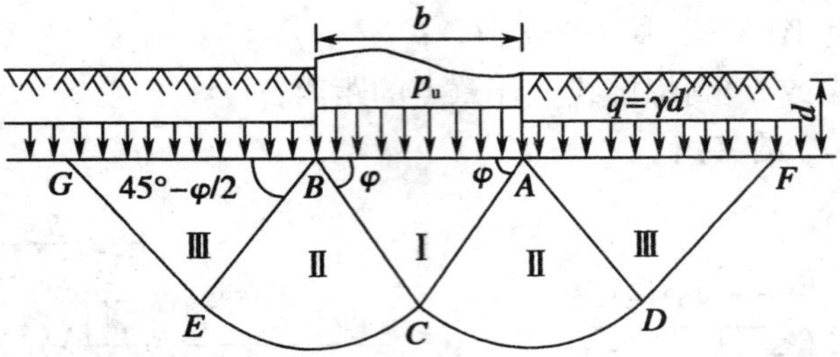

图 8-5　太沙基公式滑动面形状

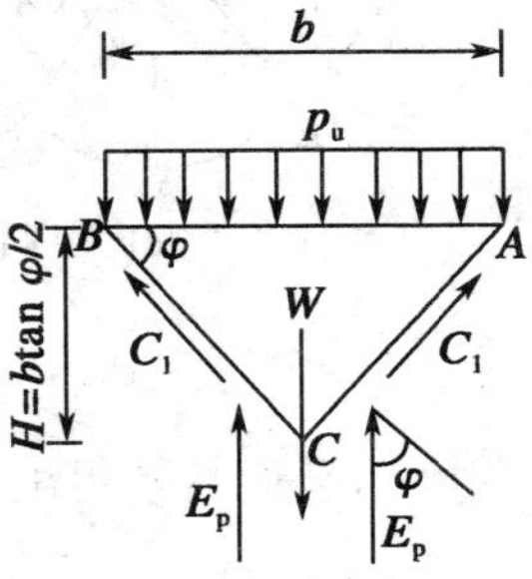

图 8-6　土楔 *ABC* 受力示意图

当地基破坏时，其滑动面存在如下基本假设：① 土体 ABC 处于弹性平衡状态，边界面 BC 或 AC 与基础底面的夹角等于地基土的内摩擦角 φ。② 假定滑动面是一组通过 A、B 点的辐射线，另一组是对数螺旋线 CD、CE。太沙基忽略了土的重度对滑动面形状的影响。由于滑动面 AC 与 CD 间的夹角应该等于 $(90°+\varphi)$，所以对数螺旋线曲线在 C 点的切线是竖直的；Ⅲ区为被动应力状态区，滑动面 AD 及 BE 与水平面成 $\left(45°-\dfrac{\varphi}{2}\right)$。③ 基础底面以上地基土以均布荷载 $q=\gamma d$ 代替，不考虑其强度。对土体 ABC（如图 8-6）考虑极限平衡状态，得地基的极限荷载公式

$$p_u = cN_c + \gamma dN_q + \frac{1}{2}\gamma bN_r \tag{8-12}$$

式中：$N_c=\cot\varphi(N_q-1)$；$N_q=\dfrac{1}{2}\left[\dfrac{e^{\left(\frac{3\pi}{4}-\frac{\varphi}{2}\right)\tan\varphi}}{\cos\left(45°+\dfrac{\varphi}{2}\right)}\right]^2$；$N_r=1.8(N_q-1)\tan\varphi$，地基承载力系数 N_r，N_q，N_c 只与土的内摩擦角 φ 有关，可查表 8-3。

表 8-3　太沙基公式承载力系数表

φ	0°	5°	10°	15°	20°	25°	30°	35°	40°	45°
N_r	0	0.51	1.20	1.80	4.0	11.0	21.8	45.4	125	326
N_q	1.0	1.64	2.69	4.45	7.42	12.7	22.5	41.4	81.3	173.3
N_c	5.71	7.32	9.58	12.9	17.6	25.1	37.2	57.5	95.7	172.2

公式(8-12)只适用于条形基础，对于圆形或方形基础，太沙基提出了半经验极限荷载公式。

圆形基础：
$$p_u = 1.2cN_c + rdN_q + 0.6rRN_r \tag{8-13}$$

式中：R——圆形基础的半径。

方形基础：
$$p_u = 1.2cN_c + rdN_q + 0.4rbN_r \tag{8-14}$$

公式(8-12)、(8-13)、(8-14)只适用于地基土是整体剪切破坏的形式，对于松软土质，地基破坏是局部剪切破坏，沉降较大，其极限荷载较小，太沙基建议在这种情况下采用折减的抗剪强度指标，即令：$\tan\bar{\varphi}=\dfrac{2}{3}\tan\varphi$；$\bar{c}=\dfrac{2}{3}c$。

用太沙基极限承载力公式计算地基承载力时，其安全系数一般取 $K=3$。

8.4 地基承载力设计值

《建筑地基基础规范》(GB 50007—2002)规定，地基承载力的特征值是指由荷载试验确定的地基土压力变形曲线线性变形段内规定的变形所对应的压力值，其最大值为比例界限值。地基承载力特征值是由荷载试验或其他原位测试、公式并结合工程实践经验等方法综合确定的。

8.4.1 由规范法确定地基承载力特征值

《建筑地基基础规范》(GB 50007—2002)中 5.2.5 条规定，当偏心距 e 小于或等于 0.033 倍基础底面宽度时，根据土的抗剪强度指标确定地基承载力特征值可按下式计算，并满足变形要求：

$$f_a = M_b \gamma b + M_d \gamma_m d + M_c c_k \tag{8-15}$$

式中：b——基础底面宽度，大于 6 m 时按 6 m 取值，对于砂土小于 3 m 时按 3 m 取值；

M_b、M_d、M_c——承载力系数，按 φ_k 值查表 8-4；

φ_k、c_k、γ——基底下 1 倍短边宽深度内土的内摩擦角标准值、黏聚力标准值、土的重度，水位以下取有效重度。

表 8-4 承载力系数 M_b、M_d、M_c 值

土的内摩擦角标准值 φ_k(°)	M_b	M_d	M_c
0	0	1.00	3.14
2	0.03	1.12	3.32
4	0.06	1.25	3.51
6	0.10	1.39	3.71
8	0.14	1.55	3.93
10	0.18	1.73	4.17
12	0.23	1.94	4.42
14	0.29	2.17	4.69
16	0.36	2.43	5.00
18	0.43	2.72	5.31
20	0.51	3.06	5.66
22	0.61	3.44	6.04
24	0.80	3.87	6.45
26	1.10	4.37	6.90

8.4.2 由现场荷载试验确定地基承载力特征值

荷载试验主要有浅层平板荷载试验和深层平板荷载试验。浅层平板荷载试验的承压板面积不应小于 0.25 m^2，对软土不应小于 0.5 m^2，可测定浅部地基土层在承压板下应力主要影响范围内的承载力。深层平板荷载试验的承压板一般采用直径为 0.8 m 的刚性板，紧靠承压板周围外侧的土层高度应不小于 80 cm，可测定深部地基土层在承压板下应力主要影响范围内的承载力。

荷载试验时按分级加荷、逐级稳定、直到破坏的试验步骤进行的，最后得到 $p-s$ 曲线，根据 $p-s$ 曲线(见图 8-7)，确定地基承载力特征值 f_{ak} 的规定如下：

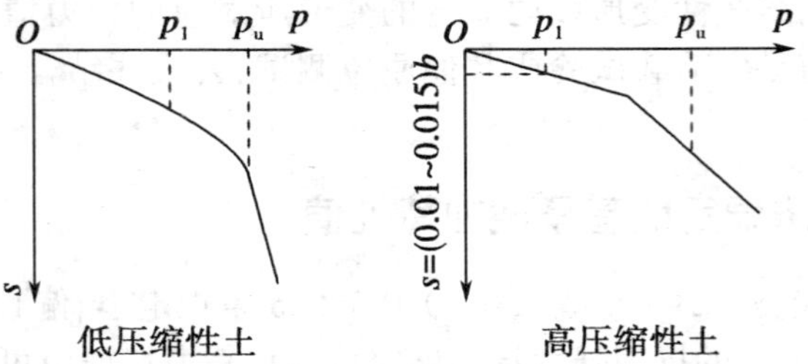

图 8-7 按荷载试验成果确定的地基承载力特征值

(1) 当 $p-s$ 曲线上有比例界限时，取该比例界限所对应的荷载值。

(2) 当极限荷载小于比例界限荷载值的 2 倍时，取其极限荷载值的 1/2。

(3) 当不能按上述方法确定时，可取 $s/d=0.01\sim0.015$ 所对应的荷载值，但其值不应大于最大荷载值的 1/2。

(4) 同一土层参加统计的试验点不应少于 3 点，当试验实测值的极差不超过其平均值的 30%时，取其平均值作为该土层的地基承载力特征值 f_{ak}。

8.4.3 地基承载力特征值修正

在《建筑地基基础规范》(GB 50007—2002)中给出了各种土类的地基承载力表，这些表是根据在各类土上所做的大量荷载试验资料，以及工程经验总结经过统计分析而得到的，使用时可根据现场土的物理力学性质指标，以及基础的宽度和埋置深度，按规范中的表格和公式得到的地基承载力设计值。

当实际工程的基础宽度 $b>3$ m，基础埋置深度 $d>0.5$ m，按规范规定，地基承载力从表查得的标准值以及按照荷载试验或原位测试、经验值等方法确定的地基承载力特征值 f_{ak}，都应按下式进行基础宽度和埋深的修正，修正后的承载力才是地基承载力设计值(岩石地基除外)：

$$f_a = f_{ak} + \eta_b\gamma(b-3) + \eta_d\gamma_0(d-0.5) \tag{8-16}$$

式中：f_a——修正后的地基承载力特征值(kPa)；

f_{ak}——地基承载力特征值(kPa)；

η_b、η_d——基础宽度或埋置深度的承载力修正系数，按基底土的类别从表 8-5 查取；

γ——基底土的重度，地下水位以下取有效重度(kN/m^3)；

γ_0——埋置深度范围内土的重度，地下水位以下取有效重度，若埋深范围内土为多层土，则取加权重度(kN/m^3)；

b——基础宽度(m)，当基宽小于 3 m 时按 3 m 计算，大于 6 m 时按 6 m 计算；

d——基础埋置深度(m)。

表 8-5 承载力深宽修正系数

土的类别		η_b	η_d
淤泥和淤泥质土	$f_k<50$ kPa $f_k\geqslant 50$ kPa	0 0	1.0 1.1
人工填土 e 或 I_L 大于等于 0.85 的黏性土 $e\geqslant 0.85$ 或 $S_r>0.5$ 的粉土		0	1.1
红黏土	含水比 $\alpha_w>0.8$ 含水比 $\alpha_w\leqslant 0.8$	0 0.15	1.2 1.4
e 及 I_L 均小于 0.85 的黏性土 $e<0.85$ 及 $S_r\leqslant 0.5$ 的粉土 粉砂、细砂(不包括很湿和饱和时的稍密状态) 中砂、粗砂、砾砂和碎石土		0.3 0.5 2.0 3.0	1.6 2.2 3.0 4.4

8.5 影响地基承载力因素

不同地区、不同成因、不同土质的地基承载力差别很大,地基承载力的主要影响因素有以下几个方面:

(1) 地基土的成因与堆积年代,通常冲积与洪积土的承载力比坡积土承载力大,风积土的承载力最小,同类土,堆积年代越久,地基承载力越高。

(2) 地基土的物理力学性质,这是最重要的因素。如前所述,地基土的物理力学性质指标很多,如土的强度指标 c、φ 和重度指标 γ。地基土的 c、φ、γ 越大,地基承载力相应也越大。

(3) 地下水,当地下水上升,地基土受地下水的浮托作用,土的天然重度减小为有效(浮)重度,即 γ',同时土的含水量增大,则地基承载力降低。尤其对湿陷性黄土,地下水上升会导致湿陷。膨胀土遇水膨胀,失水收缩,对地基承载力的影响都很大。

(4) 建筑物情况,通常上部结构体型简单,整体刚度大,对地基不均匀沉降适应性好,则地基承载力可取高值。基础宽度大,埋置深度深,地基承载力相应提高,基础形状不同,地基承载力也有所不同。

(5) 荷载作用时间,若荷载作用时间很短,如地震荷载,则地基承载力可以提高;若地基为高塑性黏土,呈可塑或软塑状态,在长时期荷载作用下,使土产生蠕变,降低土的强度,即地基承载力降低。

此外,还有基底倾斜和地面倾斜的影响,地基土的压缩性和试验底板与实际基础尺寸比例的影响、相邻基础的影响、地基与上部结构共同作用的影响等。在确定地基承载力时,应根据建筑物的重要性及结构特点,对上述影响因素做出具体分析。

思考与练习

一、选择题

1. 地基土达到完全剪切破坏时的最小压力称为(　　)。

A. 临塑荷载　　B. 塑性荷载　　C. 极限荷载　　D. 都不是

2. 临塑荷载及临界荷载的计算是在条形均布荷载作用下导出的,对与矩形和圆形基础,其结果偏于(　　)。

A. 安全　　B. 不变　　C. 危险　　D. 都不是

3. 对《建筑地基基础规范》的地基承载力进行修正时,应满足的条件为(　　)。

A. $b \geqslant 3$ m 或 $d \geqslant 0.5$ m　　B. $b \geqslant 3$ m 或 $d \leqslant 0.5$ m

C. $b \geqslant 0.5$ m 或 $d \leqslant 3$ m　　D. $b \leqslant 0.5$ m 或 $d \leqslant 3$ m

4. 地基的极限(垂直)荷载与(　　)有关。

A. 基底以下土的重度

B. 基底以上土的重度

C. 土的内摩擦角、基础埋置深度、土的黏聚力,基底以下及以上土的重度,基础的平面大小、形状与刚度

D. 以上均不符合

二、简答题

1. 地基破坏分哪三种阶段?各阶段有何特点?
2. 地基的破坏模式有哪几种?各有何特点?各在什么情况下发生?
3. 影响地基破坏模式的因素有哪些?
4. 地基承载力的确定方法有哪几种?

三、计算题

1. 条形基础宽 6 m,埋深 1 m,地下水位与基底齐平,基底均布压力为 180 kPa,地基为粉质黏土,$\varphi=20°$,$c=18$ kPa,$\gamma_{sat}=20$ kN/m³。试求地基的塑性变形区范围。

2. 条形基础宽 6 m,埋深 1 m,已知地基的 $\gamma=18$ kN/m³,$\varphi=20°$,$c=17$ kPa,求 p_{cr} 和 $p_{1/2}$。

3. 两条形基础,分别建在细砂地基和软黏土地基上。已知细砂 $c=0$ kPa,$\varphi=30°$,$\gamma=19$ kN/m³;软黏土 $c=20$ kPa,$\varphi=0°$,$\gamma=18$ kN/m³。欲使两种地基上的临塑荷载相同,试比较其埋深。

4. 某条形基础宽 2.5 m,埋深 3 m,已知地基土的 $c=65$ kPa,$\gamma=17.7$ kN/m³,$N_c=10$,$N_q=4$,$N_r=2$。求地基的容许承载力。(安全系数为 3.0)

5. 某路堤断面如图所示。已知路堤土 $\gamma=19$ kN/m³,地基土的 $\gamma=16$ kN/m³,$c=9.1$ kPa,$\varphi=15°$。试求:(1) 用太沙基公式验算路堤下地基承载力是否满足,要求安全系数 $K=2.5$;(2) 若不满足,在路堤两侧采用反压马道压重方法,以提高地基承载力,则马道填土厚度 h 需要多少才能满足要求(填土重度与路堤土相同),马道宽 L 应为多少?

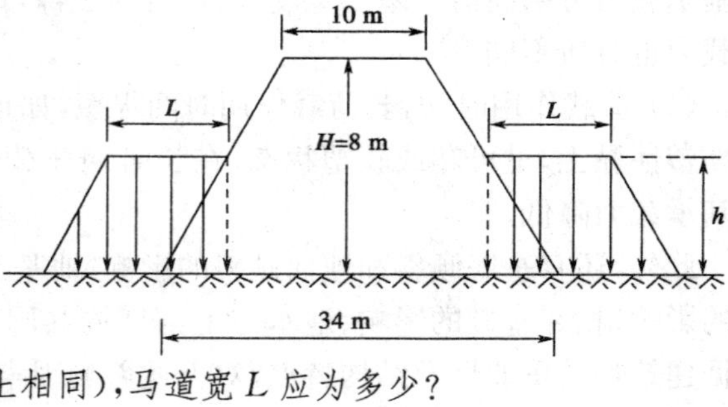

9 岩土工程勘察

本章概要：了解岩土工程勘察的分级，了解岩土工程勘察的目的；熟悉岩土工程勘察的方法；能够阅读和使用工程地质勘察报告，能够进行基槽的检验及基槽局部问题的处理。

本章重点：常用的岩土工程勘察方法，验槽的方法及要求。

9.1 岩土工程勘察分级

9.1.1 工程重要性等级

根据工程的规模和特征，以及由于岩土工程问题造成工程破坏或影响正常使用的后果，可分为三个工程重要性等级。

一级工程：重要工程，后果很严重；

二级工程：一般工程，后果严重；

三级工程：次要工程，后果不严重。

9.1.2 场地等级

根据场地的复杂程度，可按下列规定分为三个场地等级。

(1) 符合下列条件之一者为一级场地(复杂场地)：① 对建筑抗震危险的地段；② 不良地质作用强烈发育的地段；③ 地质环境已经或可能受到强烈破坏的地段；④ 有影响工程的多层地下水，岩溶裂隙水或其他水文地质条件复杂，需专门研究的场地。

(2) 符合下列条件之一者为二级场地(中等复杂场地)：① 对建筑抗震不利的地段；② 不良地质作用一般发育的地段；③ 地质环境已经或可能受到一般破坏的地段；④ 地形地貌较复杂的地段；⑤ 基础位于地下水位以下的场地。

(3) 符合下列条件者为三级场地(简单场地)：① 抗震设防烈度等于或小于 6 度，或对建筑抗震有利的地段；② 不良地质作用不发育的地段；③ 地质环境基本未受破坏的地段；④ 地形地貌简单的地段；⑤ 地下水对工程无影响的地场。

注：(1) 从一级开始，向二级、三级推定，以最先满足的为准。

(2) 对建筑抗震有利、不利和危险地段的划分，应按现行国家标准《建筑抗震设计规范》(GB 50011—2001)的规定确定。

9.1.3 地基等级

根据地基的复杂程度，可按下列规定分为三个地基等级：

(1) 符合下列条件之一者为一级地基(复杂地基)：① 岩土种类多，很不均匀，性质变化大，需特殊处理；② 严重湿陷、膨胀、盐渍、污染的特殊性岩土，以及其他情况复杂，需作专门处理的岩土。

(2) 符合下列条件之一者为二级地基（中等复杂地基）：① 岩土种类较多，不均匀，性质变化较大；② 分布有一段湿陷、膨胀、盐渍、污染的特殊土。

(3) 符合下列条件之一者为三级地基（简单地基）：① 岩土种类单一，均匀，性质变化不大；② 无特殊性岩土。

9.1.4 岩土工程勘察等级

根据工程重要性等级、场地复杂程度等级和地基复杂程度等级，可按下列条件划分岩土工程勘察等级：

甲级——在工程重要性、场地复杂程度和地基复杂程度等级中，有一项或多项为一级。

乙级——除勘察等级为甲级和丙级以外的勘察项目。

丙级——工程重要性、场地复杂程度和地基复杂程度等级均为三级。

注：建筑在岩质地基上的一级工程，当场地复杂程度等级和地基复杂程度等级均为三级时，岩土工程勘察等级可定为乙级。

9.2 岩土工程勘察阶段、内容及要求

工业与民用建筑工程的设计分为场址选择、初步设计和施工图设计三个阶段，工程建设的不同阶段对岩土工程勘察的详尽程度与岩土工程评价的内容有着不同的要求。为了提供各阶段所需的工程地质资料，岩土工程勘察也相应的分为以下几个阶段：

1) 可行性勘察

可行性勘察阶段，应对拟选场址的稳定性和适应性作出工程地质评价和方案比较。在这一阶段要收集区域地质、地形地貌、地震、矿产和附近地区的工程地质资料及当地的经验。在收集和分析已有资料的基础上，通过踏勘，了解场地的地层、构造、岩石和土的性质，不良地质现象以及地下水等情况。对工程地质条件复杂，已有资料不能符合要求，而又拟选取的场地，应根据具体情况进行工程地质测绘及必要的勘察工作。一般大型工程有此勘察阶段，通常中、小型工程不进行此阶段勘察工作。

选择场址时宜避开下列地区或地段：① 不良地质现象发育且对场地稳定性有直接危害或潜在威胁的场地；② 对建筑物抗震危险的地段；③ 洪水或地下水对建筑场地有严重不良影响的地段；④ 地下有未开采的、有价值的矿藏或未稳定的地下采空区。

可行性研究阶段的勘察工作主要侧重于搜集和分析区域地质、地形地貌、地震、矿产和附近地区的工程地质资料及当地的建筑经验，并在此基础上通过踏勘，了解场地的地层岩性、地质构造、岩石和土的性质、地下水情况以及不良地质现象等。

2) 初步勘察

初步勘察应符合初步设计和技术设计的要求。初步勘察阶段，应对场地内建筑地段的稳定性作出评价，并为确定建筑总平面布置、主要建筑物地基基础方案及对不良地质现象的防治工程方案提供工程地质资料。在这一勘察阶段，要初步查明地层、构造、岩石和土的物

理力学性质、地下水埋藏条件及土的冻结深度。查明场地不良地质现象的成因、分布范围、对场地稳定性的影响程度及发展趋势，使主要建筑物布置避开不良地质现象的地段以确定总平面布置。对设防烈度6度及6度以上的建筑物应评价场地和地基地震效应。初步勘察时，尚应初步查明地下水对工程的影响，应调查地下水的类型、补给和排泄条件，实测地下水位，初步判定其变化幅度，并对基础的侵蚀性作出评价。

(1) 初步勘察勘探线、勘探点间距可按表9-1确定，局部异常地段应予以加密。

表9-1 初步勘察勘探线、勘探点间距

地基复杂程度等级	勘探线间距(m)	勘探点间距(m)
一级(复杂)	50～100	30～50
二级(中等复杂)	75～150	40～100
三级(简单)	150～300	75～200

注：(1) 表中间距不适用于地球物理勘探。
(2) 控制性勘探点宜占勘探点总数的1/5～1/3，且每个地貌单元均应有控制性勘探点。

勘探线、勘探点的布置原则是：勘探线应垂直地貌单元边界线、地质构造线及地层界线。勘探点一般按勘探线布置，在地貌和地层变化较大的地段予以加密；在地形平坦土层简单的地区可按方格网布置勘探点。

(2) 初步勘察勘探孔分为一般性探孔和控制性探孔两类，探孔的深度可按表9-2确定。勘探孔的深度取决于拟建建筑物的荷载大小、分布及地基土的特性。

表9-2 初步勘察勘探孔深度

工程重要性等级	一般性勘探孔(m)	控制性勘探孔(m)
一级(重要工程)	≥15	≥30
二级(一般工程)	10～15	15～30
三级(次要工程)	6～10	10～20

注：(1) 勘探孔包括钻孔、探井和原位测试孔等。
(2) 特殊用途的钻孔除外。

3) 详细勘察

详细勘察阶段是与施工图设计阶段相配合的勘察阶段，应符合施工图设计的要求。在详细勘察阶段，应按不同建筑物或建筑群提出详细的岩土工程地质资料和岩土技术参数；对建筑物地基作出岩土工程分析和评价，对地基基础设计、地基处理与加固、不良地质现象的防治方案做出论证和建议；并应查明地下水的埋藏条件、侵蚀性、地层性和水位变化规律。

在进行详细勘察之前应取得以下资料：① 附有坐标及地形的建筑总平面布置图；② 各建筑物的地面整平标高、上部结构特点及地下设施情况等；③ 可能采取的基础形式、尺寸、埋置深度、总荷载或基础底面应力，以及有特殊要求的地基基础设计和施工方案。

(1) 详细勘察阶段的主要工作：① 查明不良地质作用的类型、成因、分布范围、发展趋势和危害程度，提出整治方案的建议；② 查明建筑范围内岩土层的类型、深度、分布、工程特性，分析和评价地基的稳定性、均匀性和承载力；③ 对需进行沉降计算的建筑物，提供地基变形计算参数，预测建筑物的变形特征；④ 查明埋藏的河道、沟浜、墓穴、防空洞、孤石等对工程不利的埋藏物；⑤ 查明地下水的埋藏条件，提供地下水位及其变化幅度；⑥ 在季节性冻土地区，提供场地土的标准冻结深度；⑦ 判定水和土对建筑材料的腐蚀性。

(2) 详细勘察的主要工作要求

① 勘探点的间距要求。详细勘察勘探点的间距可按表 9-3 确定。

表 9-3　详细勘察勘探点的间距

地基复杂程度等级	勘探点间距(m)	地基复杂程度等级	勘探点间距(m)
一级(复杂) 二级(中等复杂)	10～15 15～30	三级(简单)	30～50

② 勘探点布置要求。勘探点宜按建筑物周边线和角点布置，对无特殊要求的其他建筑物可按建筑物或建筑群的范围布置；同一建筑范围内的主要受力层或有影响的下卧层起伏较大时应加密勘探点，查明其变化；重大设备基础应单独布置勘探点，重大的动力机器基础和高耸构筑物，勘探点不宜少于三个；勘探手段宜采用钻探与触探相配合，在复杂地质条件、湿陷性土、膨胀岩土、风化岩和残积土地区宜布置适量探井。

4) 施工勘察

施工勘察不是一个固定的勘察阶段，应根据工程的实际需要确定。其目的是配合设计和施工，解决与施工有关的岩土工程问题，并提供相应的岩土工程勘察数据。它不仅包括施工阶段的勘察工作，还包括可能在施工完成后进行的测试工作(如检测地基加固效果等)。

对于工程地质条件复杂或有特殊要求的重大建筑地基或基坑开挖后地质条件与原勘察资料不符并可能影响工程质量时，应配合设计、施工进行施工勘察，对于面积不大或有建筑经验的地区，可适当简化勘察阶段。

9.3　岩土工程勘察方法

岩土工程勘察方法包括工程地质测绘和调查、勘探、原位测试、室内试验。

9.3.1　工程地质测绘与调查

工程地质测绘与调查是指采用搜集资料、调查访问、地质测量、遥感解译等方法，查明场地的工程地质要素，并绘制相应的工程地质图件。

工程地质测绘是以标准的地形图或地质图作为底图，在地形图上布置一定数量的观测点或观测线，以便按点或线观测地质现象。观测点一般选择在不同地貌单元、不同地层的交接处及对工程有意义的地貌构造和可能出现不良地质现象的地段。观测线通常与岩层走向、构造线方向及地貌单元轴线相垂直，以便观测到较多的地质现象。观测到的地质现象应表示于地形图上，如图 9-1 所示。

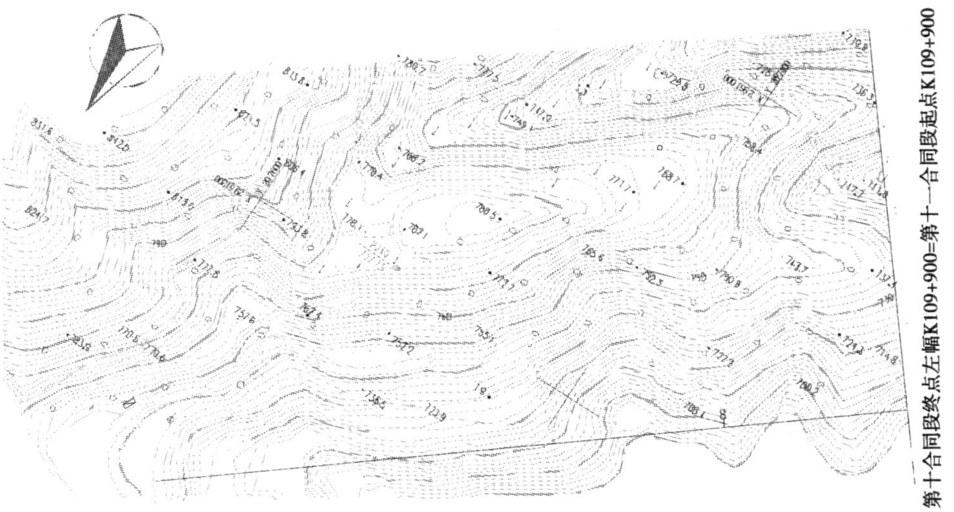

图 9－1 某隧道工程测绘图

工程地质测绘与调查的内容包括：① 查明地形、地貌特征，地貌单元形成过程及其与地层、构造、不良地质现象之间的关系，并划分地貌单元。② 岩土层的性质、成因、年代、厚度和分布，对岩层还应查明风化程度，对土层则应区分新近堆积土、特殊性土的分布及其工程地质条件。③ 查明岩层的产状及构造类型、软弱结构面的产状及其性质，包括断层的位置、类型、产状、断距、破碎带的宽度及充填胶结情况；岩土层接触面及软弱夹层的特性等；第四纪构造活动的形迹、特点及与地震活动的关系。④ 查明地下水的类型、补给来源、排汇条件，井、泉的位置，含水层的岩性特征、埋藏深度、水位变化、污染情况及其与地表水体的关系等。⑤ 搜集气象、水文、植被、土的最大冻结深度等资料，调查最高洪水位及其发生时间、淹没范围。⑥ 查明岩溶、土洞、滑坡、泥石流、崩塌、冲沟、地震灾害和岸边冲刷等不良地质现象的形成、分布、形态、规模、发育程度及其对工程建设的影响。⑦ 调查人类工程活动对场地稳定性的影响，包括人工洞穴、地下采空、大挖大填、抽水排水以及人工诱发地震等。⑧ 建筑物的变形。

工程地质测绘与调查的范围应包括场地及其附近地段，测绘的比例尺和精度应符合下列要求：① 测绘所用地形图的比例尺，可行性研究勘察阶段可选用 1：5 000～1：50 000；初步勘察阶段可选用 1：2 000～1：10 000；详细勘察阶段可选用 1：200～1：2 000。工程地质条件复杂时，比例尺可适当放大。② 对工程有重要影响的地质单元体（滑坡、断层、软弱夹层、洞穴等），必要时可采用扩大比例尺表示。③ 建筑地段的地质界线、地质观测点测绘精度在图上的误差不应高于 3 mm。

9.3.2 勘探

勘探是地基勘察过程中查明岩土的性质和分布的一种必要手段。在工程地质测绘和调查所取得的各项定性资料基础上，勘探可以直接深入地下岩层，取得所需的工程地质和水文地质资料，进一步对场地条件进行定量的评价。

1）钻探

钻探是用钻机在地层中钻孔，获取地表下地质资料，并可沿孔深取样，用以测定岩石和土层的物理力学性质。此外，也可直接在孔内进行原位测试并通过钻探的钻孔采取原状岩土样和做现场力学试验，它是岩土工程勘察最主要、最有效的手段之一。钻探过程的基本程序为：破碎岩土、采取岩土、保全护壁。钻探的钻进方式按动力来源可分为人工钻和机动钻，前者仅用于浅的覆盖层。按破碎岩土方法的不同可以分为回转式、冲击式、振动式、冲洗式四种。应根据地层特点和勘探要求选择钻机，国内常使用的工程勘探钻机有以下几种：

(1) 人力钻。一是土钻(即小螺钻)，属人力钻探的一种，适用于钻进松软黏性土或具有塑性的土层，如图 9－2(a)所示。钻进时，双手握住手把两端，顺时针旋转并向下加压，使麻花钻头逐渐钻入地层，钻进 20～40 cm 提钻一次，将钻头上的土掏掉后再继续钻进。可接长钻杆，最大钻进深度 3～5 m。二是带有三角架和人力绞车的手摇钻，兼有回转、冲击功能。钻头有螺旋钻头、砸石器、砂筒等，适用于土层和基岩强风化层钻进，如图 9－2(b)所示。除上述人力钻外，洛阳铲也在工程地质钻探活动中被经常采用，如图 9－2(c)所示。

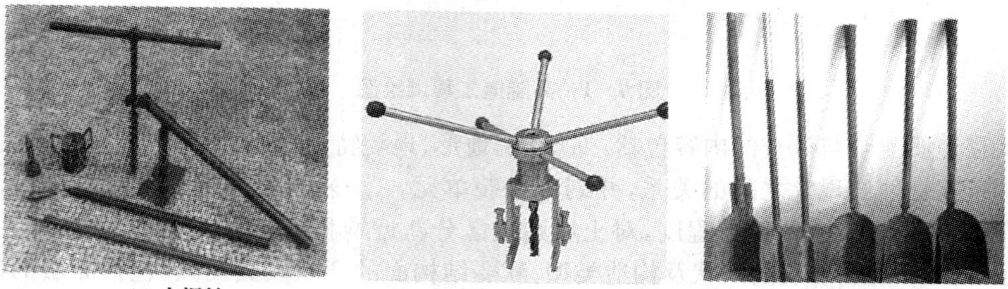

(a) 小螺钻　(b) 手摇钻　(c) 洛阳铲

图 9－2　人力钻钻机

(2) 机械钻探。适用于建筑工程地基勘探的常用钻机有 SH－30 型(见图 9－3)、DPP－100 型(见图 9－4)钻机。

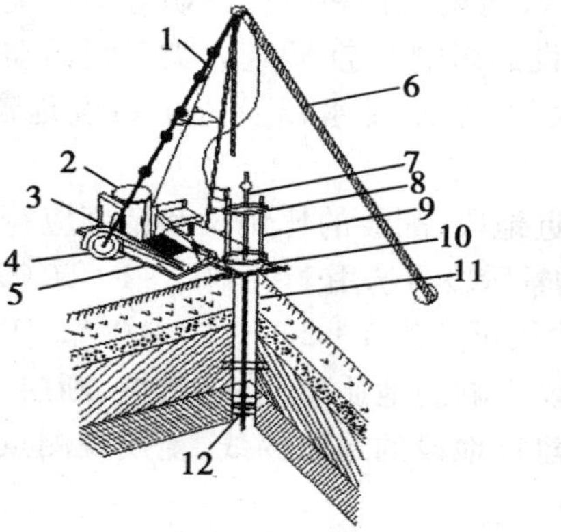

图 9－3　SH－30 型钻机示意图

1—钢丝绳；2—汽油机；3—卷扬机；4—车轮；5—变速箱及操纵把；6—四腿支架；7—钻杆；8—钻杆夹；9—拔棍；10—转盘；11—钻孔；12—钻头

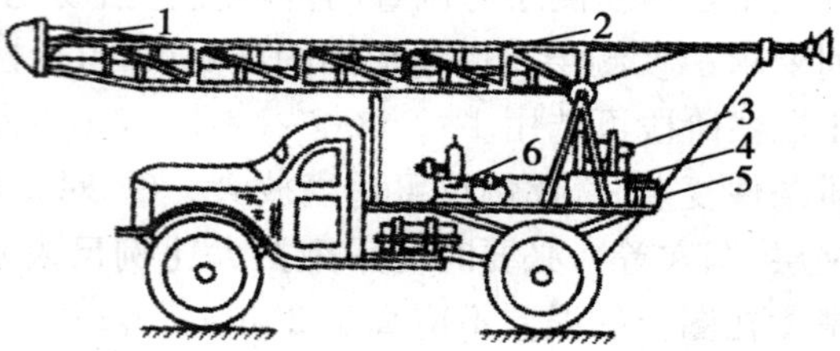

图 9－4　DPP－100 型钻机外貌图

1—天车；2—活动钻塔；3—卷扬机；4—减速箱；5—转盘；6—水泵

钻探操作的具体方法，应按现行标准《建筑工程地质钻探技术标准》(JGJ 87—1992)执行。

2) 坑探

坑探是用锹镐或机械来挖掘坑槽，直接观察岩土层的天然状态以及各地层之间的接触关系，并能取出原状土样。坑探工程可用人力开挖或机械开挖，但以人力开挖的居多。坑探工程的优点是：勘察人员能直接观察到地质结构，准确可靠且便于素描；可以不受限制地从中采取原状岩土样用做大型原位试验。尤其对研究断层破碎带、软弱泥化夹层和滑动面(带)等的空间分布及其工程性质等更具有重要意义。坑探工程的缺点是使用时往往受到自然地质条件的限制，勘探周期较长，耗费资金较多。

坑探的种类有探槽、探井、探洞。

探槽是从地表挖掘的长条形且两壁常为上宽下窄的、深度为 3～5 m 的用于观察岩土层的天然状态以及各地层之间的接触关系及取出原状土样的地槽，其断面有梯形和阶梯形。

探井是利用人工在需要勘探的地层中开挖的深度大于 5 m、用于观察岩土层的天然状态以及各地层之间的接触关系及取出原状土祥的圆形、椭圆形、方形和长方形竖直孔洞。井探法在地质条件复杂的地区常采用，但探井的深度不宜超过地下水位。在疏松、软弱土层中或无黏性的砂、卵石中开挖探井时必须支护，支护材料可用木料或钢板。

探洞是在在坝址、大型地下工程、大型边坡的勘察中，为详细查清深部的地层和构造，一般需布置竖井或平洞。在坡度较陡的坝址两岸、地下洞室的进出口、基岩塌滑体以及地下厂房轴线或拱坝坝肩抗力岩体的部位，往往布置大量断面尺寸为 2 m×2 m 的水平探洞(平洞)，就地探查地层岩性、地质构造、卸荷裂隙、滑动面、软弱夹层、风化及裂隙水的特性等由岸坡向深部的变化。在洞中还可以进行取样，或做岩体力学野外试验、波速测试等。在岩溶地区往往沿着防渗帷幕线路布置平洞，以便在洞中进行水文地质钻探，了解防渗帷幕线路上的岩溶发育程度和水文地质条件。

3）物探

物探全称“地球物理勘探”，即用物理的原理研究地质构造和解决采矿勘探中问题的方法。它是以各种岩石和矿石的密度、磁性、电性、弹性、放射性等物理性质的差异为研究基础，用不同的物理方法和物探仪器，探测天然的或人工的地球物理场的变化，通过分析、研究所获得的物探资料，推断、解释地质构造和矿产分布情况。目前主要的物探方法有重力勘探、磁法勘探、电法勘探、地震勘探、放射性勘探等，各种物探方法的应用及应用条件见表 9-4 所示。

表 9-4　各种物探方法的应用及应用条件

<table>
<tr><th colspan="4">方　法</th><th>应　用</th><th>适用条件</th></tr>
<tr><td rowspan="4">陆地</td><td rowspan="4">直流电法</td><td rowspan="2">电阻率法</td><td>电测深</td><td>了解地层岩性、基岩埋深；了解构造破碎带、滑动带位置、节理裂隙发育方向；探测含水构造、含水层分布；寻找地下洞穴</td><td>探测的岩层要有足够的厚度，岩层倾角不宜大于 20°；分层的电阻率值有明显差异，在水平方向没有高电阻或低电阻屏蔽；地形比较平坦</td></tr>
<tr><td>电剖面</td><td>探测地层、岩性分界；探测断层破碎带的位置；寻找地下洞穴</td><td>分层的电阻率值差异较大</td></tr>
<tr><td rowspan="2">电位法</td><td>自然电场法</td><td>判定在岩溶、滑坡以及断裂带中地下水的活动情况</td><td>地下水埋藏较浅，流速足够大，并有一定的矿化度</td></tr>
<tr><td>充电法</td><td>测定地下水流速、流向，测定滑坡的滑动方向和滑动速度</td><td>含水层深度小于 50 m，流速大于 1.0 m/d，地下水矿化度微弱，围岩电阻率较大</td></tr>
</table>

续表 9-4

方法			应用	适用条件
陆地	交流电法	频率测深法	查找岩溶、断层、裂隙及不同岩层界面	
		电磁法	寻找导电、导磁矿体岩石	
		无线电波透视法	探测溶洞	
	地震勘探	直达波法	测定波速、计算动弹性参数	
		反射波法	测定不同地层界面	界面两侧介质的波阻抗要有明显差异，能形成反射面
		折射波法	测定地层界面、基岩埋深、断层位置	离开震源一定距离（盲区）才能收到折射波
		声波探测	测定动弹性参数，监测洞室围岩或边坡应力	
		重力勘探	确定掩埋大断层、矿井、洞穴的位置	
		磁法勘探	确定断层或岩脉的位置，探测地下金属目标物	无强磁场干扰
水域	水声剖面法		测量水深断面	
	连续地震反射剖面（浅层剖面）		测定水下地层和构造	不能区分材料不同，但动特性相近的地层
测井	电视测井（普通光源）		观察钻孔井壁	孔内水不能混浊
	放射性测井		测定砂土密度、含水量，区分地层	
	井径测量		测定钻孔直径	
	电测井		测定含水层特性	
土壤对金属腐蚀性指标测定			测定土壤的电阻率，评价土壤对地下金属管线的腐蚀性	

4）触探法

触探法是通过探杆用静力或动力将金属探头贯入土层，由探头所受阻力的大小探测土的工程性质的一种间接勘探方法，主要用于划分土层，了解地层的均匀性，估计地基承载力和土的变形指标等。

根据探头结构和入土方法的不同，触探可分为静力触探与动力触探两大类。

（1）静力触探

静力触探试验（CPT）借静压力将一定规格的圆锥形探头压入土层，通过量测土对探头的阻力，推测被测土层的工程性质。

静力触探的主要优点是连续、快速、精确，可以在现场直接测得各土层的贯入阻力指标，掌握各土层原始状态下有关的物理力学性质。这对于地基土层的竖向变化比较复杂，而其他常规勘探手段不可能大密度取土或测试来查明的土层变化；对于饱和砂土、砂质粉土以及高灵敏度软黏土层中钻探取样往往不易达到技术要求，或者无法取样的情况，用静力触探连续压入测试，则显示其独特的优越性。但是，静力触探的不足之处是不能对土层进行直接的观察、鉴别；由于稳固的反力问题没有解决，测试深度不能超过 80 m；对于含碎石、砾石的土层和很密实的砂层一般不适合应用等。

静力触探仪按动力方式分为人力式（如压入式或链条手摇式，如图9-5所示）、液压式（常用双缸液压式，如图9-6所示）、机械式（采用滑动丝杆或滚珠丝杆）。

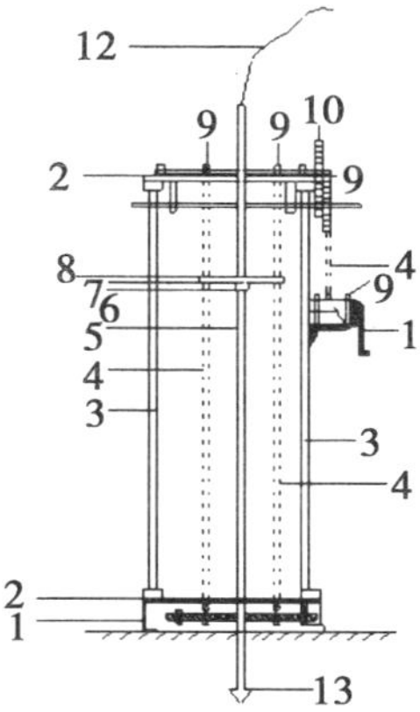

图9-5　手摇链式静力触探仪

1—槽钢；2—面板；3—立柱；4—链条；5—探杆；6—锚夹具；7—“山”字板；8—长轴销；9—链轮；10—齿轮；11—手柄；12—电缆；13—探头

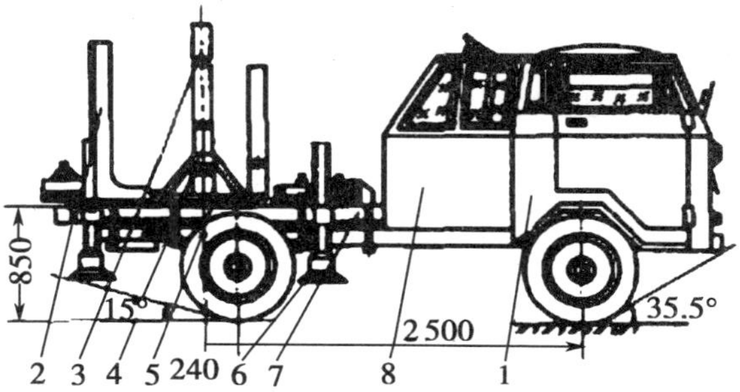

图9-6　液压连续贯入静力触探车

1—汽车驾驶室；2—悬臂；3—卡孔组；4—贯入油缸；5—回转油缸；6—支腿；7—附加大梁；8—操纵室

探头是量测地基土贯入阻力的关键部件，其标准外形为圆柱形，底端为圆锥体，锥尖角60°，顶端与探杆连接。国内常用的有单桥探头和双桥探头两种，其结构如图9-7所示。

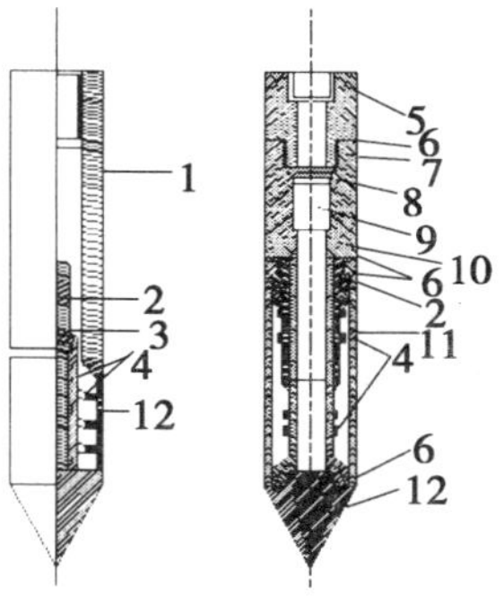

图9-7　静力触探探头结构

1—探头管；2—变形柱；3—柱；4—电阻应变片；5—接头；6—密封圈；7—密封塞；8—垫圈；9—接线仓；10—加强筒；11—摩擦筒；12—锥尖头

（2）动力触探（DPT）

动力触探一般是将一定质量的穿心锤以一定的高度（落距）自由下落，将探头贯入土中，然后记录贯入一定深度所需的锤击次数，并以此判断土的性质。

动力触探试验设备简单，使用效率高，适用于黏性土、粉土、砂土及含少量碎石的土层，故在岩土工程勘察中应用较广。

动力触探试验的影响因素甚为复杂，其中有些因素是可以通过人为控制的，如试验方法、机械设备、落锤方式等；而有些因素是无法通过人为方式来控制的，如地下水水位位置等。

根据锤击能量，动力触探常常分为轻型、重型和超重型三种。应用动力触探可以划分不同性质的土层，确定土的物理力学性质。动力触探可分为圆锥动力触探和标准贯入试验。

① 圆锥动力触探

a. 原理：用标准质量的穿心锤提升到标准高度后自由下落，将特制的圆锥探头贯入地基土层标准深度，用统计整理的锤击数N值的大小来判定土的工程性质。N值越大，表明贯入阻力越大，土质越密实。

b. 类型：分轻型、中型、重型和超重型四种，其中轻型和重型动力触探在生产中广泛应用，中型动力触探使用较少。

轻型圆锥动力触探：轻型动力触探与手钻北京铲配套使用。当地层土质变化后，将北京铲的铲头卸下，换上轻型圆锥头，在钻杆上端装上导杆、锤垫和锤重 10 kg 的穿心锤(落距 50 cm)即可进行贯入试验。这种方法适用于黏性土、粉土、素填土和砂土。

重型圆锥动力触探：重型动力触探与机钻配套使用。锤重 63.5 kg，落距 76 cm，用钻机的卷扬机来提升。这种方法适用于砂土与稍密碎石土，通常用以确定地基承载力等。

超重型圆锥动力触探：超重型动力触探也与机钻配套使用。锤重 120 kg，落距 100 cm。这种方法适用于密实碎石土和漂石土、杂填土等，可确定粗粒土的密度与地基承载力。

② 标准贯入试验

a. 原理：与圆锥动力触探相同。

标准贯入试验所用穿心锤重 63.5 kg，与重型圆锥动力触探所用穿心锤相同，用钻机的卷扬机提升，落距 76 cm，穿心锤自由下落，将特制的圆管状贯入器贯入土中，先打入土中 15 cm 不计数，以后累计打入到 30 cm 的锤击数，经统计整理后即为标准贯入试验锤击数 N。当锤击数已达 50 击而贯入深未达 30 cm 时，可记录实际贯入深度并终止试验。

b. 设备：标准贯入试验设备如图 9－8 所示。

当标准贯入试验深度大，钻杆长度超过 3 m 时，考虑击锤能量损失等，需对统计所得的标准贯入试验锤击数加以修正，其中的一种常见修正方法是给统计值乘以触探杆长度校正系数 α。

c. 工程应用：用标准贯入试验锤击数 N，可确定砂土、粉土、黏性土的地基承载力，判定砂土的密实度以及砂土和粉土的液化特性等，亦可对成桩条件给出评价。

对于钻进困难，无法或难以成样的砂、卵石、碎石层，触探是最有效的勘测手段之一，与其他直接半直接的勘探手段配合使用可取得较好的效果。

除了上述介绍的实验外，工程上还有现场原位测试实验及室内土工实验，具体实验内容见第 4 章相关章节。

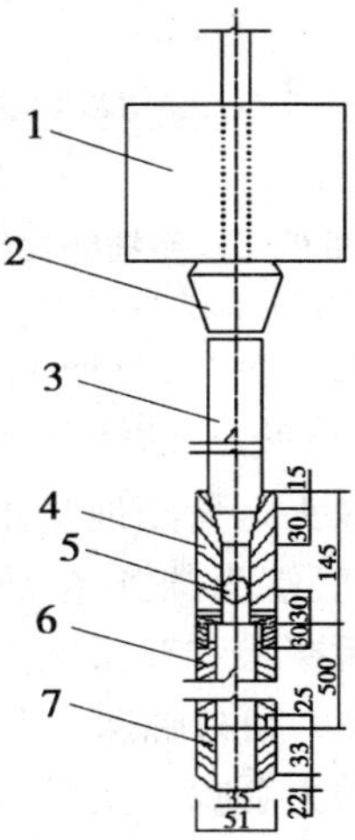

图 9－8　标准贯入试验设备

1—穿心锤；2—锤垫；3—钻杆；4—贯入器头；5—出水孔；6—由两半圆形管合并而成的贯入器身；7—贯入器靴

9.4　岩土工程分析评价和成果报告

岩土工程勘察的最终成果是以报告书的形式提出的。勘察工作结束后，把取得的野外工作和室内试验的记录和数据以及搜集到的各种直接和间接资料分析整理、检查校对、归纳总结后做出建筑场地的工程地质评价，最后以简要明确的文字和图表编成报告书。

【附】××隧道(施工阶段)工程地质勘察报告

1. 前言

××隧道位于××高速公路第十合同段，为左右分幅，左幅位于 ZK109＋105～ZK109＋570 段，长 465 m，最大埋深 58 m，中段冲沟位置 ZK109＋287～ZK109＋328 为明洞；右幅位于 YK109＋060～YK109＋605 段，长 545 m，最大埋深 67 m，其中部两处冲沟 Y109＋123～YK109＋146 及 YK109＋262～YK109＋315 为两段明洞。左右幅轴线相距约 42 m，路基左高右低，标高相差约 8.70 m。

左右幅隧道分别于2003年7月25日和7月21日开始施工掘进。2003年10月7日，右幅隧道出口方向YK109+236位置出现塌方冒顶，坡体地面出现直径3.5 m、深3 m的塌洞。2003年10月11日，施工单位在左幅洞顶观测时，发现ZK109+195～ZK109+230段左侧山体距轴线50 m、与中线呈40°交角的纵向裂缝，最宽达40 mm。至10月18日，洞内监测最大收敛70 mm，拱顶下沉75 mm，坡顶裂缝最宽处达150 mm，10月21日已全面停工。2003年10月28日4:30，××隧道左幅ZK109+200～ZK109+287整体坍塌，与此同时，右幅YK109+225～YK109+262段拱顶出现下沉，山体出现较大变形。此时，ZK107+105～ZK109+328段上半断面已开挖贯通，YK109+060～YK109+230及YK109+254～YK109+262段上半断面已开挖，两幅隧道拱顶及洞壁进行了初期支护，下半断面尚未开挖。

甲方委托乙方进行施工阶段隧道区工程地质勘察。本次勘察严格按照《公路工程地质勘察规范》(JTJ064—98)中的隧道不良地质区施工图设计阶段要求及乙方技术主管部门的要求，详细查明隧道所处坍塌区的工程地质特征、水文地质条件及不良地质现象，查明坍塌区的影响范围、深度及规模，并作出详细评价，为隧道的变更设计及坍塌区整治工程设计提供工程地质依据。

2. 自然地理条件

(1) 气候、地震

场区地处亚热带气候区，据××台气象站1981～1990年气象资料，年平均气温15.7℃，最低温度－5.7℃，极端最高温度36.9℃；年平均降雨量1 054.70 mm，最大日降雨量105.00 mm；年阴天218天，相对湿度81%，风向多为北风，最大风速10.00 m/s。

据《××地震烈度区划图》，该区地震基本烈度Ⅵ度。

(2) 地形、地貌

该区地形起伏大，地形海拔高程680～850 m，相对高差170 m，植被较发育，为林区。隧道(ZK109+107～ZK109+328及YK109+146～YK109+315段)所经地段地形标高介于705～750 m，高差45 m，隧道线路较高，穿越两缓坡山体及坡谷，坡体上主要为常年积水的农田，土质松散；隧道左侧较高山体坡面为松林。隧道区有乡镇公路盘山通过，隧址距G320国道500余米，交通便利。

场区地貌类型属构造侵蚀－剥蚀低中山地貌。

3. 工程地质条件

(1) 地质构造

场区位于一级构造单元扬子准地台与华南褶皱带间的过渡区，据区域资料及地质调绘，场地为靠近*NE*向革东断裂和近*N*向西江断层复合地带。距革东正断层主断面(F_1)50～200 m。场地次一级小型断层出露(F_2)，断层产状345°∠45°，为一压性逆断层。区内岩层总体倾向北东，倾角30°。

受构造及风化作用影响，区内岩石节理、裂隙十分发育，岩体破碎。岩层中节理裂隙主要有三组，其产状分别为60°∠75°、195°∠60°、267°∠48°，发育密度为2～5条/m。

(2) 地层、岩性

① 覆盖层(Q)：第四系残坡积层(Q^{el+dl})及坍塌堆积层(Q^{c})砂质黏土、碎块石土。

② 基岩：元古界板溪群番召组(Ptbnf)浅变质硅化板岩。

(3) 岩土构成

综合地质钻探及调绘资料，隧道区岩土构成自上而下为：

① 覆盖层

a. 耕植土（Q^{el+dl}）：褐黑、灰、灰黄色，含强风化硅化板岩岩屑及植物根系，稍湿～湿，松散，厚0～0.70 m，测区坡面均有分布。

b. 砂质黏土夹碎石（Q^{el+dl}）：黄、灰黄、黄灰色，稍湿，稍密，夹少许块石。厚0.5～3.5 m，测区均有分布。

c. 块石土及砂质黏土（Q^{c}）：黄色、黄褐色，稍湿，受坡体坍塌影响，隧道ZK109＋160～ZK109＋287段已被拉裂松动，极松散，钻探过程中坍塌严重，呈散体结构。厚2.5～13.5 m。

② 基岩：根据钻探揭示，该地层分为强风化和中风化两层。

a. 强风化层：灰、灰黄色硅化板岩，节理、裂隙发育，受坡体坍塌影响，该层已被拉裂松动，岩体破碎，岩质较软，易于钻进，垮孔严重，岩芯多呈砂状，少量碎块状。厚0.80～16.60 m，一般5～15 m。

b. 中风化层：灰、深灰色硅化板岩，微细节理及构造风化裂隙发育，岩质硬而脆，隧道顶板以上岩体被拉裂松动，较破碎，岩芯多呈块状及短柱状。

4. 水文地质条件

隧道区水文地质条件较简单，地表无常年径流，但隧道（ZK109＋120～ZK109＋290段）洞顶以上坡面为水稻田，常年积水，现坡体坍塌后坡面拉裂，出现大量裂缝及陡坎，稻田积水已全部下渗。场地地下水为基岩风化、构造裂隙水，主要受植被、地形及风化带控制。大气降水直接下渗补给地下水。ZK109＋325左25 m斜坡上有一常年出水泉点S_1，出水量0.3～0.5 L/s，泉水沿坡面（已形成一临时排水沟）流至左幅隧道明洞段路基边缘。另ZK109＋320左90 m半坡水稻田内有出水泉点S_2，枯季水量较小，出水量0.005～0.01 L/s，主要向半坡上水稻田内排泄。

5. 工程地质分区及评价

（1）工程地质分区

根据现测区隧道施工后的实际情况及具体位置共分为七个区段分别叙述如下。

Ⅰ区：为左幅隧道进口段拉槽ZK109＋030～ZK109＋105左右边坡段。现施工已开挖接近于路基设计标高，形成左、右边坡率为1∶0.75～1∶1的陡坡（高约15 m），其中路线左侧放坡线以上为坡角30°～35°、坡长80 m以上的自然边坡。路线右侧已放坡至坡顶。根据钻探资料，ZK109＋030～ZK109＋070段路槽内设计标高以下为强风化板岩，厚4～5 m；ZK109＋070～ZK109＋105段厚0.4～2 m。路槽开挖两侧边坡出露全、强风化基岩，岩石破碎，节理裂隙发育，部分岩石风化强烈呈土状。其中左边坡为顺向坡，坡体表层为厚0.5～2.5 m的砂质黏土，以下是厚达14 m以上的强风化岩石，岩石稳定性较差。随着路槽的开挖，因左边坡坡体长，坡角陡，坡体内强风化岩层厚度大，易发生边坡坍塌或滑移（现坡体已出现局部掉块垮落）。右边坡为反向坡，陡坡高约15 m（坡顶以右为平台），造成大范围滑塌可能性较小，但因坡体为中、强风化板岩，坡角较陡，可能引起坡体局部坍塌。

Ⅱ区：ZK109＋160～ZK109＋257左60 m至右30 m区域，为隧道坍塌及影响段。区内覆盖土层较厚，呈松散状，地表部分为水稻田，常年积水，下伏破碎的强风化基岩，岩体力学性质差。钻孔揭示，区内岩层有松动坍塌现象，孔内垮塌严重。该段隧道施工已开挖上断面，至2003年10月28日发生坡体及洞内坍塌时，地表出现大量张拉裂缝，坡顶横向出现一条因地表下沉拉裂形成的高差约1.5 m的陡坎(大裂缝)，延伸长度约150 m，水田中的积水因地表开裂而下渗干涸。由于隧道坍塌，轴线左、右侧岩体沿开挖面分别以破裂角 $\beta_1=25°$ 及 $\beta_2=30°\sim40°$ 发生垮塌并形成“V”形坍塌破裂面及卸荷带，造成岩体大面积松动变形，最大松动厚度达33 m。

Ⅲ区：ZK109＋257～ZK109＋287左幅隧道中段明洞仰坡区域。该段为隧道浅埋段，地质条件差，至发生坍塌时，洞内已被坍塌物完全充满，洞顶坡体变形严重，仰坡地表沿隧道纵断面方向发生坍塌、滑移，稻田内积水因地表开裂而全部下渗。该区与Ⅱ区的坍塌性质一致。因该段为浅埋段，坍塌发生时洞内及坡体破坏变形表现更严重。同时，由于明洞开挖致使仰坡临空，仰坡坡体除发生垂向位移(坍塌)外，还发生短距离水平位移2～3 m(滑移)，使坡体上坍塌物在明洞段形成坍塌堆积体。

Ⅳ区：YK109＋225～YK109＋235左15 m至右15 m区域。因距左幅较近，受其坍塌影响，地表局部下沉见张拉裂缝，坡体内覆盖层及基岩也拉裂变形，岩体呈碎石状松散结构。洞内顶拱初期支护部分出现裂纹并局部伴有掉块。该区为受左幅隧道坍塌影响区。

Ⅴ区：YK109＋235～YK109＋262右幅隧道中段明洞仰坡，该段洞口仰坡开挖后形成一坡角55°的陡坡，坡体内覆盖土层极松散，含水量较低，已开挖的洞身段内为破碎的强风化基岩。因坡体土层及岩体结构松散，岩体力学性质差，当隧道沿出口方向掘进时，YK109＋236地表出现漏顶。该段在左幅隧道坡体发生坍塌时，因距离较近，受其影响，隧道周围岩体发生松动变形，洞门处左侧(靠近左幅隧道一侧)发生半幅坍塌，左侧坡体因明洞段基础开挖临空而发生坍塌及滑移，将路基局部充填。仰坡坡面上原挂网喷射混凝土坡面防护部分被破坏(靠近左侧一端破坏较严重)。该区亦为受左幅隧道坍塌影响区。

Ⅵ区：ZK109＋287(左幅明洞口)～YK109＋262(右幅明洞口)(横向连线)之间的斜坡地段。该区域接左、右幅隧道明洞段，因开挖明洞基础，斜坡坡体被切脚临空，坡体内岩层松散、破碎。当左幅隧道发生坍塌时，该段坡体受其影响而滑塌(水平位移1～2 m)并将谷地部分充填。现坡体拉裂松动变形严重，坡面上裂缝随处可见。因坡体临空，有进一步滑塌的可能。

Ⅶ区：左幅隧道ZK109＋290～＋360左6 m至左50 m段表层坍塌体，坍塌体范围外(半坡上)为水稻田。据钻孔资料，坡体松散表土层厚1～2 m，强风化基岩厚2～5 m，坡面出露一流量0.3～0.5 L/s的泉点，受泉点出水、大气降雨及半坡水稻田漏水的冲刷作用，加之坡角较陡(坡角30°～40°)，形成一厚3～4 m的表层坍塌堆积体，坡体表面已形成一临时排水沟，地表积水严重，现路基(左幅明洞段)左边缘已垮塌，该坍塌体正在继续发展。

(2) 勘察范围隧道围岩类别划分及岩土物理力学参数

根据室内实验结果，综合分析场区工程地质条件，××隧道本次勘察范围围岩类别及岩土体物理力学参数如下表：

××隧道围岩类别及岩土体综合物理力学参数

里程桩号		围岩类别	密度 (g/cm³)	抗压强度 (MPa)	弹性模量 E(GPa)	泊松比 (μ)	纵波波速 v_p(m/s)	完整系数 C_m	容许承载力 (MPa)
左幅隧道	K109＋105～K109＋120	Ⅰ	2.5		0.8	0.45			0.5
	K109＋120～K109＋180	Ⅱ	2.68	5	2	0.3	2 300	0.21	1.0
	K109＋180～K109＋287	Ⅰ	2.5		0.5	0.5			0.5
	K109＋287～K109＋328	明洞							0.4
右幅隧道	K109＋060～K109＋123	Ⅱ	2.68	5	2	0.3	2 300	0.21	1.0
	K109＋123～K109＋146	明洞							0.4
	K109＋146～K109＋205	Ⅱ	2.68	5	2	0.3	2 300	0.21	1.0
	K109＋205～K109＋225	Ⅲ	2.7	10	8	0.28		0.57	1.0
	K109＋225～K109＋235	Ⅱ	2.68	6	2	0.3		0.21	
	K109＋235～K109＋262	Ⅰ	2.5		0.8	0.45			0.5
	K109＋262～K109＋315	明洞							0.4

(3) 边坡稳定性分析

勘察范围左幅隧道进口段拉槽及隧道中部明洞段存在边坡问题。左幅隧道进口段(Ⅰ区)边坡目前处于稳定状态，通过综合分析坡体现状特征及工程地质类比，参照《建筑边坡工程技术规范》(GB 50330—2002)，取综合 φ 值为 32°，计算得边坡安全系数为 1.12，小于规范要求的 1.25～1.3，因此该边坡需要处理。

由于受隧道坍塌的影响，中部明洞段边仰坡目前处于临界平衡状态，随时有坍塌滑移的可能，需要处理。通过综合反算得边坡岩土体内摩擦角 $\varphi=24°$，$c=0$ kPa。

6. 结论及建议

××隧道施工后，场区原始地形、地貌已发生很大改变，左幅隧道坍塌后坡体各段受影响程度也有较大差别，应根据各分区段的实际情况分别采取治理措施。

Ⅰ区：路基左边坡易坍塌滑移，建议设置抗滑桩及其他抗滑措施，右边坡易局部坍塌，建议设置一段上挡墙或护面墙。或在接左幅隧道进口段(ZK109＋105)加设一段明洞。

Ⅱ区：现坡体拉裂，左幅隧道洞内被坍塌物充填，建议左幅隧道洞身段按Ⅰ类围岩衬砌支护。由于洞内及顶板以上至地表岩层严重变形，岩体原应力状态已发生破坏，加之隧道地表水稻田积水因开裂而下渗软化岩体，改变了岩土体的各项物理力学参数，降低了岩土体的内摩擦角 φ 及内聚力 c，为防止坡体进一步破坏，建议按Ⅰ类围岩强支护设计。

Ⅲ区：受隧道坍塌影响最剧烈的区域，仰坡拉裂滑移，洞门垮塌，原坡面挂网喷射混凝土防护全部破坏，建议除洞内按Ⅰ类围岩强支护设计外，仰坡应进行加固处理。

Ⅳ区：未发生整体坍塌，但隧道周围岩土发生松动变形，地表局部下沉有裂缝，建议洞身段按Ⅱ类围岩强支护。另右幅隧道轴线右侧10～30 m为陡坡，坡角30°左右，坡体由松散土层及强风化基岩组成，现处于临界稳定状态，严禁在坡脚挖空切角掏运土石方，否则可能造成坡体坍塌甚至人员伤亡。

Ⅴ区：该区受左幅隧道坍塌影响严重，现仰坡坡体临空，岩土体滑移，洞门部分垮塌，坡面网喷射混凝土坡面防护被破坏。建议除洞内按Ⅰ类围岩强支护设计外，洞外岩土体也应进行加固处理以确保安全。

Ⅵ区：坡体因隧道坍塌受影响而滑移，并有进一步滑塌的可能，若维持原设计明洞方案，该段边坡须进行临时支护。若明洞段改为路基，该坡体将长期临空，坡体不稳，须进行永久支护。

Ⅶ区：受地表水及地下水的冲刷形成的表层坍塌体，若采用明洞方案，建议明洞施工前在左幅隧道路基左边缘设置抗滑挡墙等临时支护措施确保安全，同时因坍塌体后缘（明洞回填线以左）坡角更陡，坡面受地表水冲刷更严重，建议坡面应考虑排水措施，将坡面上出露的泉水引至明洞回填顶面排水沟排泄。若明洞段改为挖方路基，建议沿路基左边缘设抗滑挡墙或抗滑桩，同时坡面应考虑排水措施，将地表水引至路基边沟排泄。

隧道左右幅原明洞段（ZK109＋287～ZK109＋328、YK109＋262～YK109＋315）采用明洞方案或改为路基方案各有优点：采用明洞方案可减少四个洞门，洞顶回填有利边坡稳定；采用路基方案有利于洞内通风、采光，但要增加四个洞门，且洞门仰坡需要处理。具体方案有待更进一步设计比较。因××隧道地质条件较复杂，加之勘探钻孔数量有限，如发现新的工程地质问题，请及时反馈乙方，以便会同有关部门进一步处理。

9.5 验槽

9.5.1 验槽的目的

验槽是建筑物施工第一阶段基槽开挖后的重要工序，也是一般岩土工程勘察工作最后一个环节。当施工单位挖完基槽并普遍钎探后，由建设单位约请勘察、设计单位技术负责人和施工单位项目经理共同到施工工地验槽。进行验槽的主要目的是：

（1）检验勘察成果是否符合实际。通常勘探孔的数量有限，一般布设在建筑物外围轮廓线的四角和长边的中点，基槽全面开挖后，地基持力层土层完全暴露出来。首先检验勘察成果与实际情况是否一致，勘察成果报告的结论与建议是否正确和切实可行。

（2）解决遗留和新发现的问题。有时勘察成果报告遗留当时无法解决的问题，进行验槽可对防止事故发生起着十分重要的作用。

9.5.2 验槽的内容

验槽的内容有：

（1）校核基槽开挖的平面位置与槽底标高是否符合勘察、设计要求。

(2) 检验槽底持力层土质与勘察报告是否相同。参加验槽的四方负责人需下到槽底依次逐段检验,发现可疑之处用铁铲铲出新鲜土面,用野外土的鉴别方法进行鉴定。

(3) 当发现基槽平面土质显著不均匀,或局部存在古井、小窑、墓穴、河沟等不良地基,可用钎探(一般用洛阳铲)查明其平面范围与深度。

(4) 检查基槽钎探结果。钎探位置:条形基槽宽度小于 80 cm 时,可沿中心线打一排钎探孔;槽宽大于 80 cm,可打两排错开孔,钎探孔间距为 1.5～2.5 m。深度每 30 cm 为一组,通常为 5 组,深 1.5 m。

9.5.3 验槽注意事项

验槽时应注意以下事项:

(1) 验槽前应全部完成合格钎探,提供验槽的定量数据。

(2) 验槽时间要抓紧,基槽挖好,突击钎探,立即组织验槽,尤其是夏季要避免下雨泡槽,冬季要防冰冻,不可拖延时间形成隐患。

(3) 槽底设计标高若位于地下水位以下较深时,必须做好基槽排水,保证槽底不泡水。如槽底标高在地下水位以下不深时,可挖至地下水面验槽,验槽工作应快挖快填,做好垫层与基础。

(4) 验槽时应验看新鲜土面,清除超回填的虚土。冬季冻结的表土似乎很坚硬,夏季日晒后干土也很坚实,都是虚假状态,应用铁铲铲去表层后再检验。

(5) 验槽结果应填写记录,并由参加验槽的四方负责人签字,作为施工处理的依据,验槽记录存档长期保存。若工程发生事故,验槽记录是分析事故原因的重要依据。

总之,要充分认识到验槽的重要性和面临问题的复杂性,而且时间紧迫,必须当场研究具体措施做出决定。若基槽中存在古井、墓穴、小窑、防空洞等以及基槽长期积水,泡软持力层土质等等各种各样意想不到的问题,只要认真妥善处理,可以转危为安,确保工程质量。

思考与练习

一、选择题

1. 岩土工程勘察技术要求应由(　　)提出。

A. 建设单位　　B. 设计单位　　C. 监理单位　　D. 施工单位

2. 新建岩土工程勘察可分为(　　)个阶段。

A. 1　　B. 2　　C. 3　　D. 4

3. 拟建工程的工程安全等级为二级,场地地形地貌简单,地基土为多年冻土,则其岩土工程勘察等级应定为(　　)。

A. 一级　　B. 二级　　C. 三级

4. 在工程地质勘察中,采用(　　)能直接观察地层的结构和变化。

A. 坑探　　B. 钻探　　C. 触探　　D. 地球物理勘探

5. 标准贯入试验使用的穿心锤重与穿心锤落距分别是(　　)。

A. 锤重=10 kg,落距=50 cm　　B. 锤重=63.5 kg,落距=50 cm

C. 锤重=63.5 kg,落距=76 cm　　D. 锤重=10 kg,落距=76 cm

6. 下列图表中,不属于岩土工程勘察报告中应附带的必要图件的是(　　)。

A. 工程地质柱状图　　B. 工程地质剖面图
C. 室内实验成果图表　　D. 地下水等水位线图

7. 下列不属于原位测试的是(　　)。
A. 地基静载荷试验　　B. 固结试验
C. 旁压试验　　D. 触探试验

8. 有关施工勘察的说法,不正确的有(　　)。
A. 安全等级为一级、二级的建筑物必须进行施工勘察
B. 场地等级为一级、二级的建筑物必须进行施工勘察
C. 若地基中溶洞或土洞较发育,必须进行施工勘察
D. 基槽开挖后,岩土条件与原勘察资料不符时,必须进行施工勘察

9. 岩土工程勘察的不同阶段采用的测试技术也不同,其中原位测试通常在(　　)阶段采用。
A. 选址勘察　　B. 初步勘察　　C. 详细勘察　　D. 施工勘察

10. 岩土工程勘察的各个阶段中,(　　)仅在必需的情况下进行。
A. 选址勘察　　B. 初步勘察　　C. 详细勘察　　D. 施工勘察

二、思考题

1. 为何要进行岩土工程勘察?
2. 勘察为什么要分阶段进行?详细勘察阶段应包括哪些内容?
3. 动力触探与静力触探有何不同?
4. 岩土工程勘探报告分哪两部分?
5. 简述验槽的目的和内容。为什么普遍钎探建议采用轻便触探?验槽有哪些方法?验槽时应注意哪些事项?

三、训练题

1. 阅读一份当地的工程勘察报告,熟悉图中各符号图例的意义,根据地质条件,由实际结构形式或自我假定结构形式确定持力层,并说明理由。
2. 参加当地一栋建筑物的验槽工作,学会实际操作方法。

10 天然地基上浅基础的设计

本章概要：了解地基基础的设计方法、规定及要求；掌握浅基础类型、结构特点及适用性；掌握基础埋深的选择，熟练掌握基础底面尺寸的计算；能够进行无筋扩展基础、钢筋混凝土基础的结构设计。

本章重点：浅基础的类型，基础底面尺寸的计算，无筋扩展基础、钢筋混凝土基础结构设计。

建筑物是建筑在土体之上的，通常把地面以上的建筑物称为上部结构，地表面下的结构称为基础。上部结构是通过基础把荷载传递给下部土层的，支撑基础的土层称为地基。基础具有承上启下的作用，一方面，上部荷载通过基础传递给地基，使地基产生应力和应变；另一方面，地基产生的反力反过来作用在基础上，使上部结构产生相应的内力（弯矩、剪力、轴力、扭矩等）。因此在基础设计时，除了要保证基础结构本身具有足够的强度和刚度外，还必须选取合理的尺寸和布置方案，使地基的反力和沉降在允许范围之内，因此基础的设计又称为地基基础设计。

地基分为天然地基和人工地基两类。**凡是基础直接砌筑在未经加固的天然地层上，称为天然地基；若天然地基软弱，不能满足上部结构荷载的要求，需要事先经过人工加固后再修建基础，这样的地基称为人工地基。**按照埋置深度和施工方法的不同又分为浅基础和深基础，**当基础的埋置深度小于基础的宽度，或是通过简单的施工方法来建造的基础通常称为浅基础；当基础埋置深度大于基础宽度，在计算基础时需考虑侧壁摩擦力的影响，采用较复杂的施工方法建造的基础称为深基础。**

10.1 地基基础的设计原则

10.1.1 地基基础设计方法

1）地基基础设计理论

地基设计必须满足承载力、变形及稳定性要求，以控制地基变形为主；基础设计必须满足强度、刚度及耐久性要求。地基承载力和变形设计采用容许值法，即要求它们各自的荷载效应采用最不利组合值，必须小于等于地基承载力标准值（或单桩承载力特征值）和地基变形允许值；地基稳定性设计采用单一安全系数法，即危险滑动面上的抗滑力（或力矩）与最不利荷载效应的比值不小于规定的安全系数；基础的设计采用结构可靠度设计方法，包括承载能力极限状态和正常使用极限状态。结构可靠度是结构可靠性（安全性、适用性、耐久性）的概率度量，其定义为结构在规定的时间内，在规定的条件下，完成预定功能的概率。**承载能力极限状态是指结构或构件达到最大承载力或达到不适于继续承载的变形时的极限状态；**

正常使用极限状态为结构或构件达到正常使用的某项规定限值时的极限状态。

2）地基基础的常规设计方法

在工程设计中，通常把上部结构、基础和地基三者分离开来，分别对三者进行计算（如图 10－1），以柱下条形基础上的框架结构设计为例：先视框架柱底端为固定支座，将框架分离出来，然后按图所示的计算简图计算荷载作用下的框架内力。再把求得的柱脚支座反力作为基础荷载反方向作用于条形基础上，并按直线分布假设计算基底反力，这样就可以求得基础的截面内力。进行地基计算时，将基底压力（与基底反力大小相等、方向相反）施加于地基上，并作为柔性荷载（不考虑基础刚度）来验算地基承载力和地基沉降。

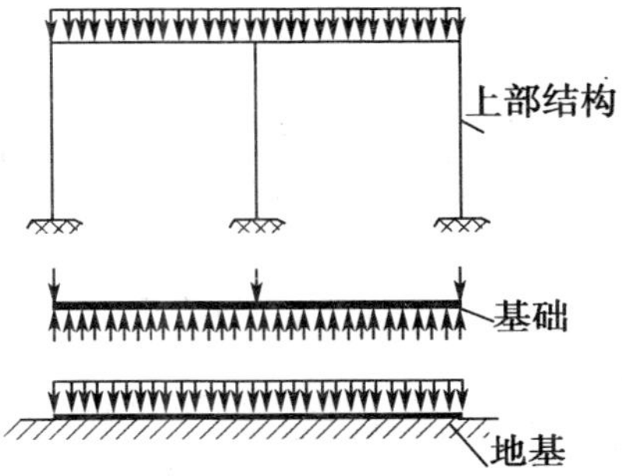

图 10－1 常规设计法计算图

10.1.2 地基基础的设计规定

1）地基基础设计等级

《建筑地基基础设计规范》（GB 50007—2002）根据地基复杂程度、建筑物规模和功能特征，以及由于地基问题可能造成建筑物破坏或影响正常使用的程度，将地基基础设计规划为三个设计等级，见表 10－1。

表 10－1 地基基础设计等级

设计等级	建筑和地基类型
甲级	重要的工业与民用建筑物； 30 层以上的高层建筑； 体型复杂，层数相差超过 10 层的高低层连成一体的建筑物； 大面积的多层地下建筑物（如地下车库、商场、运动场等）； 对地基变形有特殊要求的建筑物； 复杂地质条件下的坡上建筑物（包括高边坡）； 对原有工程影响较大的新建筑物； 场地和地基条件复杂的一般建筑物； 位于复杂地质条件及软土地区的两层及两层以上地下室的基坑工程
乙级	除甲级、丙级以外的工业与民用建筑物
丙级	场地和地基条件简单、荷载分布均匀的 7 层及 7 层以下民用建筑及一般工业建筑物；次要的轻型建筑物

2）对地基计算的要求

根据建筑物地基基础设计等级及长期荷载作用下地基变形对上部结构的影响程度，地基基础设计应符合下列规定：

（1）所有建筑物的地基计算均应满足承载力计算的有关规定。

（2）设计等级为甲级、乙级的建筑物，均应按地基变形设计。

（3）表 10－2 所列范围内设计等级为丙级的建筑物可不做变形验算，如有下列情况之一时，仍应做变形验算。

表 10－2　可不做地基变形计算设计等级为丙级的建筑物范围

<table>
<tr><td rowspan="2">地基主要受力层情况</td><td colspan="3">地基承载力标准值 f_{ak}(kPa)</td><td>60≤f_{ak}<80</td><td>80≤f_{ak}<100</td><td>100≤f_{ak}<130</td><td>130≤f_{ak}<160</td><td>160≤f_{ak}<200</td><td>200≤f_{ak}<300</td></tr>
<tr><td colspan="3">各土层坡度(%)</td><td>≤5</td><td>≤5</td><td>≤10</td><td>≤10</td><td>≤10</td><td>≤10</td></tr>
<tr><td rowspan="8">建筑类型</td><td colspan="3">砌体承重结构、框架结构(层数)</td><td>≤5</td><td>≤5</td><td>≤5</td><td>≤6</td><td>≤6</td><td>≤7</td></tr>
<tr><td rowspan="4">单层排架结构(6 m柱距)</td><td rowspan="2">单跨</td><td>吊车额定起重量(t)</td><td>5～10</td><td>10～15</td><td>15～20</td><td>20～30</td><td>30～50</td><td>50～100</td></tr>
<tr><td>厂房跨度(m)</td><td>≤12</td><td>≤18</td><td>≤24</td><td>≤30</td><td>≤30</td><td>≤30</td></tr>
<tr><td rowspan="2">多跨</td><td>吊车额定起重量(t)</td><td>3～5</td><td>5～10</td><td>10～15</td><td>15～20</td><td>20～30</td><td>30～75</td></tr>
<tr><td>厂房跨度(m)</td><td>≤12</td><td>≤18</td><td>≤24</td><td>≤30</td><td>≤30</td><td>≤30</td></tr>
<tr><td colspan="2">烟囱</td><td>高度(m)</td><td>≤30</td><td>≤40</td><td>≤50</td><td colspan="2">≤75</td><td>≤100</td></tr>
<tr><td colspan="2" rowspan="2">水塔</td><td>高度(m)</td><td>≤15</td><td>≤20</td><td>≤30</td><td colspan="2">≤30</td><td>≤30</td></tr>
<tr><td>容积(m^3)</td><td>≤50</td><td>50～100</td><td>100～200</td><td>200～300</td><td>300≤50</td><td>500≤1 000</td></tr>
</table>

注：(1) 地基主要受力层系指条形基础底面下深度为 $3b$(b 为基础底面宽度)，独立基础下为 $1.5b$，且厚度均不小于 5 m 的范围(两层以下一般的民用建筑除外)。

(2) 地基主要受力层中如有承载力特征值小于 130 kPa 的土层时，表中砌体承重结构的设计应符合有关软弱地基的设计要求。

(3) 表中砌体承重结构和框架结构均指民用建筑，对于工业建筑可按厂房高度、荷载情况折合成与其相当的民用建筑层数。

(4) 表中吊车额定起重量、烟囱高度和水塔容积的数值系指最大值。

① 地基承载力特征值小于 130 kPa，且体型复杂的建筑。

② 在基础上及其附近有地面堆载或相邻基础荷载差异较大，可能引起地基产生过大的不均匀沉降时。

③ 软弱地基上的建筑物存在偏心荷载时。

④ 相邻建筑物如距离过近，可能发生倾斜时。

⑤ 地基内有厚度较大或厚薄不均的填土，其自重固结未完成时。

(4) 对经常受水平荷载作用的高层建筑和高耸结构，以及建造在斜坡上的建筑物和构筑物，尚应验算其稳定性。

(5)基坑工程应进行稳定验算。

(6)当地下水埋藏较浅，建筑地下室或地下构筑物存在上浮问题时，尚应进行抗浮验算。

3) 关于荷载取值的规定

地基基础设计时，所采用的荷载效应最不利组合与相应的抗力限值应按下列规定采用：

(1) 按地基承载力确定基础底面积及埋深或按单桩承载力确定桩数时，传至基础或承台底面上的荷载效应应按正常使用极限状态下荷载效应的标准组合，相应的抗力应采用地基承载力标准值或单桩承载力特征值。

(2) 计算地基变形时，传至基础底面上的荷载效应应按正常使用极限状态下荷载效应的准永久组合，不应计入风荷载和地震作用，相应的限值应为地基变形允许值。

(3) 计算挡土墙的土压力、地基或斜坡稳定及滑坡推力时，荷载效应应按承载能力极限状态下荷载效应的基本组合，但其分项系数均为 1.0。

(4) 在确定基础或桩台高度、支挡结构截面、计算基础或支挡结构内力、确定配筋和验算材料强度时，上部结构传来的荷载效应组合和相应的基底反力，应按承载能力极限状态下荷载效应的基本组合，采用相应的分项系数。

当需要验算基础裂缝宽度时，应按正常使用极限状态荷载效应标准组合。

(5) 基础设计安全等级、结构设计使用年限、结构重要性系数应按有关规范的规定采用，但结构重要性系数 γ_0 不应小于 1.0。

对由永久荷载效应控制的基本组合，可采用简化规则，荷载效应基本组合的设计值 S 按下式确定：

$$S = 1.35S_k \leqslant R \tag{10-1}$$

式中：R——结构构件抗力的设计值，按有关建筑结构设计规范的规定确定；

S_k——荷载效应标准组合值。

在进行荷载计算时，各种荷载组合的表达式与所包含的系数等执行《建筑结构荷载规范》(GB 50009—2001)的有关规定。

10.2 浅基础的类型

浅基础根据其形状和大小可分为以下几种类型：独立基础、条形基础、十字交叉基础、筏板基础、箱型基础和壳体基础。根据基础所用的材料可分为刚性基础(无筋扩展基础)和柔性基础(钢筋混凝土基础)。

10.2.1 刚性基础(无筋扩展基础)

刚性基础又称为无筋扩展基础，所谓的扩展基础是指通过扩大水平截面使得基础所传递的荷载效应侧向扩展到地基中，从而满足地基承载力和变形的要求。**刚性基础是指由砖、块石、毛石、素混凝土、灰土和三合土等材料修建，并满足刚性角要求的基础。**这类基础抗压强度远大于其抗拉强度，即刚性基础不能承受拉力，设计时要求基础的外伸宽度和高度的比值在一定的限度内，否则基础会产生破坏。在这样的限制下，基础的相对高度都比较大，几乎不会发生弯曲变形。刚性基础主要指墙下条形基础或柱下独立基础。

(1) 砖基础：以砖为主要原料砌筑的基础，有二皮一收砌法和二一间隔收砌法两种，如图 10-2 所示。在基底宽度相同的情况下，二一间隔收砌法可减小基础高度并节省用砖量。

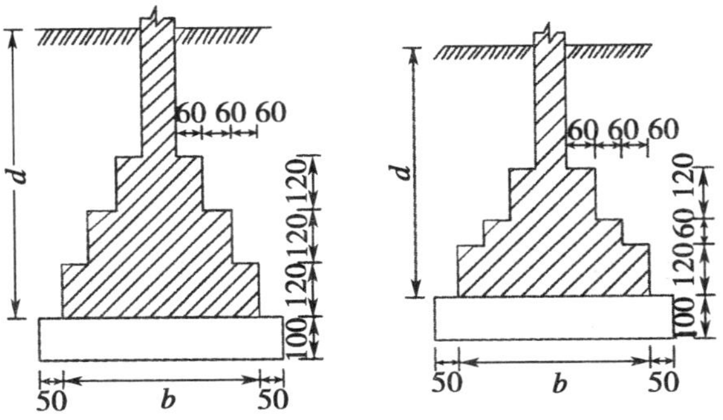

(a) 二皮一收砌法　　(b) 二一间隔收砌法

图 10-2　砖基础

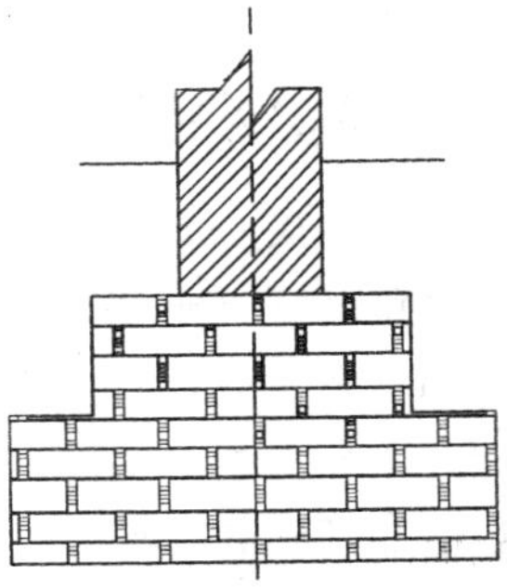

图 10-3　毛石基础

（2）毛石基础：是用未经人工加工的石材和砂浆砌筑而成，如图10－3所示。其优点是能就地取材，价格低；缺点是施工劳动强度大。在毛石基础设计中，基底一般不设混凝土垫层，这是由于在搬运毛石过程中极易破坏垫层的缘故。

另外，为保证基础材料有足够的强度和耐久性，根据地基的潮湿程度和地区的气候条件不同，砖、石、砂浆材料的最低强度等级应符合表10－3的要求。

表10－3　基础用砖、石料及砂浆最低强度等级

地基的潮湿程度	黏土砖		混凝土砌块	石　料	混合砂浆	水泥砂浆
	严寒地区	一般地区				
稍潮湿的	MU 10	MU 5	MU 10	MU 20	M 5	M 5
很潮湿的	MU 15	MU 7.5	MU 10	MU 20	—	M 5
含水饱和的	MU 20	MU 7.5	MU 10	MU 30	—	M 7.5

（3）灰土基础：是用石灰和黏性土混合材料铺设、压密而成。其体积比常用3∶7或2∶8的比例配制，经加入适量水拌匀，分层压实。每层虚铺220～250 mm，压实至150 mm，俗称一步，多用于我国华北和西北地区。

（4）三合土基础：是用石灰、砂、碎砖或碎石三种材料铺设、压密而成，其体积比一般按1∶2∶4或1∶3∶6配制，经加入适量水拌和后，均匀铺入基槽，每层虚铺220 mm，再压实至150 mm。常用于我国南方地区。灰土或三合土铺至一定高度后再在其上砌砖大放脚，如图10－4所示。

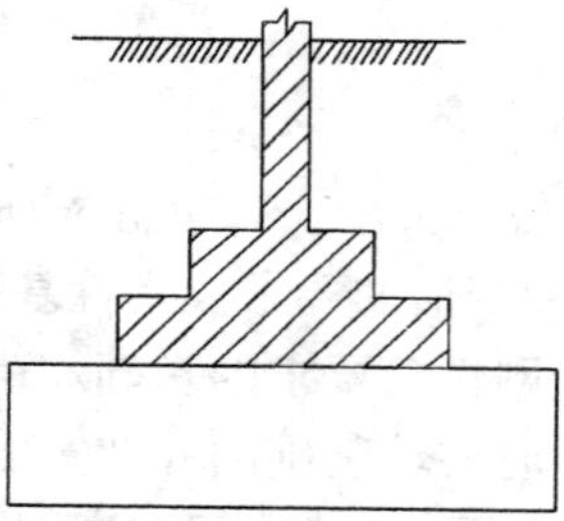

图10－4　灰土或三合土基础

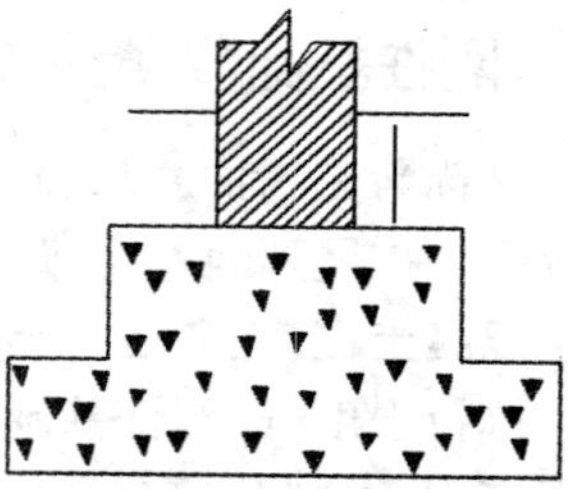

图10－5　混凝土基础

混凝土和毛石混凝土基础的强度、耐久性与抗冻性都优于砖石基础。因此，当荷载较大或位于地下水位以下时，可考虑选用混凝土基础，如图10－5所示。混凝土基础水泥用量大，造价稍高。当基础体积较大时，可设计成毛石混凝土基础。毛石混凝土基础是在浇灌混凝土过程中，掺入少于基础体积30%的毛石，以节约水泥用量。

10.2.2　钢筋混凝土基础(柔性基础)

当无筋扩展基础的尺寸，不能同时满足地基承载力和基础埋深要求时，需改成钢筋混凝土基础。钢筋混凝土基础的优点是具有较好的抗剪能力和抗弯能力。当外荷载较大，且存在弯矩和水平荷载，而地基承载力较低时，无筋扩展基础已经不适用了，应该采用钢筋混凝土基础。钢筋混凝土基础同样可以采用扩大基础底面积的方法来满足地基承载力的要求，而不必增加基础的埋深。

1）柱下钢筋混凝土独立基础

柱下钢筋混凝土独立基础，通常有现浇台阶形基础、现浇锥形基础和预制柱的杯口形基础（如图 10－6）。杯口形基础又可以分为单肢和双肢杯口形基础，低杯口和高杯口形基础。轴心受压柱下基础的底面形状为正方形，而偏心受压柱下基础的底面形状为矩形。

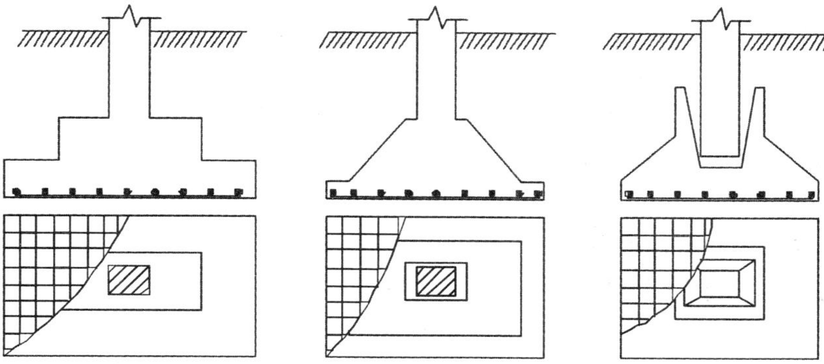

(a) 台阶式　　(b) 锥坡式　　(c) 杯口式

图 10－6　柱下钢筋混凝土独立基础

2）钢筋混凝土条形基础

钢筋混凝土条形基础分为墙下钢筋混凝土条形基础、柱下钢筋混凝土条形基础和柱下十字交叉形基础。

墙下钢筋混凝土条形基础：墙下钢筋混凝土条形基础横截面根据受力条件可分为不带肋和带肋两种（图 10－7），它可看作是钢筋混凝土独立基础的特例。

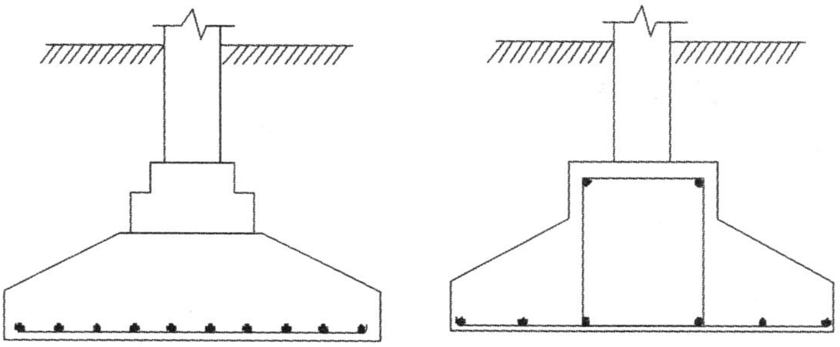

(a) 无肋式　　(b) 有肋式

图 10－7　墙下钢筋混凝土条形基础

柱下钢筋混凝土条形基础：当地基承载力较低且柱下钢筋混凝土独立基础底面积不能承受上部结构荷载的作用，常把若干根柱子的基础连成一条构成柱下钢筋混凝土条形基础。柱下钢筋混凝土条形基础设置的目的在于将承受的集中柱荷载较均匀地分布到扩展的条形基础底面上，减少地基反力，并通过形成的整体刚度来调整可能产生的不均匀沉降。把一个方向的单列柱基连在一起成为单向条形基础（如图 10－8）。

柱下十字交叉形基础：当单向条形基础的底面仍不能承受上部结构荷载的作用，可以把纵横柱基础连在一起，成为十字交叉形基础。十字交叉形基础可承担 10 层以下的民用住宅（如图 10－9）。

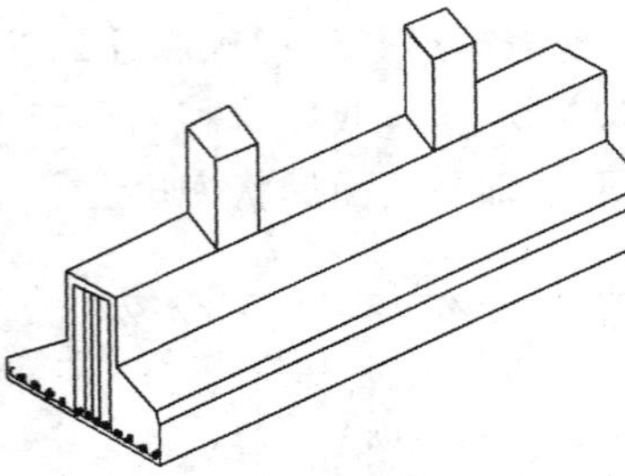
图 10-8　柱下条形基础

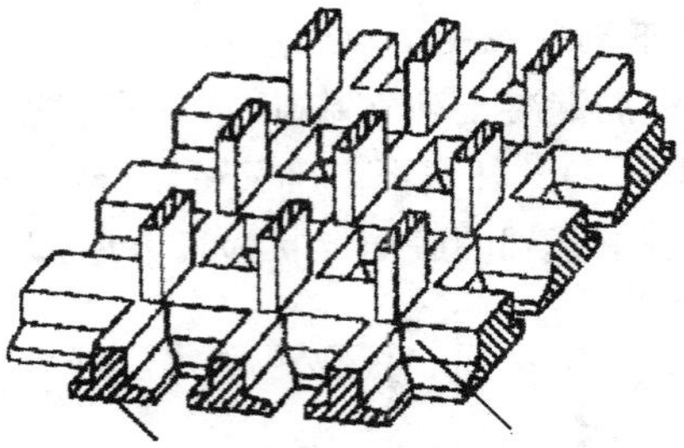

图 10-9　十字交叉形基础

3）筏板基础

当柱下交叉条形基础底面积占建筑物平面面积的比例较大，或者建筑物在使用上有要求时，可以在建筑物的柱、墙下方做成一块满堂的基础，即筏形基础。筏形基础按所支承的上部结构类型分为墙下筏形基础（用于砌体承重结构）和柱下筏形基础（用于框架、剪力墙结构）。柱下筏形基础可以分为平板式和梁板式两类，如图 10-10。

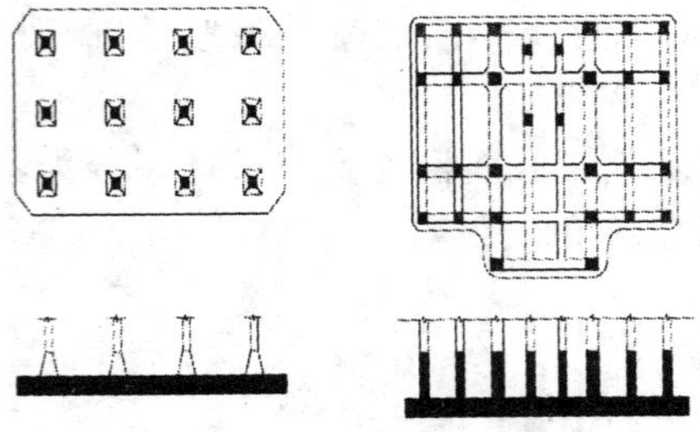

图 10-10　筏板基础

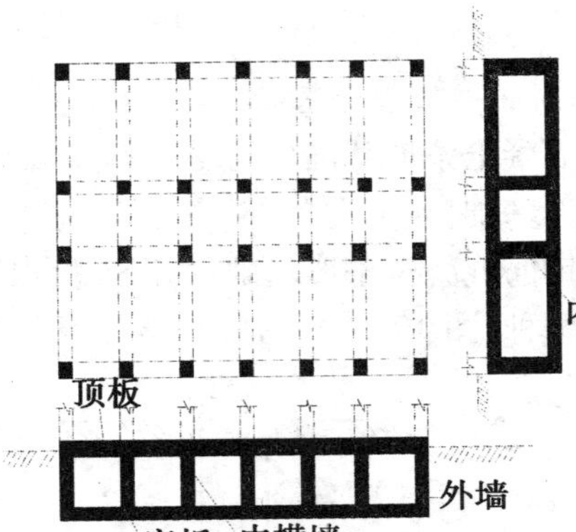

图 10-11　箱形基础

4）箱形基础

箱形基础是由钢筋混凝土的底板、顶板、外墙及纵横内隔墙组成的整体空间结构，如同一个刚度极大的箱子，故称为箱形基础（如图 10-11）。根据建筑物的需要，箱形基础可为一层或多层。与筏形基础相比，箱形基础具有更大的抗弯刚度和更好的抗震性能。只能产生大致均匀的沉降或整体倾斜，从而基本上消除了因地基变形而使建筑物开裂的可能性，因此适用于软弱地基上的高层、重型或对不均匀沉降有严格要求的建筑物。

箱基埋深较大、基础中空，从而使开挖卸去的土重部分抵偿了上部结构传来的荷载（补偿效应），因此与一般实体基础相比，它能显著减小基底压力，降低基础沉降量。高层建筑的箱形基础往往与地下室结合考虑，其地下空间可用作人防、设备间、库房、商店以及污水处理等。

5）壳体基础

常见的壳体基础形式有三种，即正圆锥壳、M 形组合壳和内球外锥组合壳（如图 10-12 所示）。壳体基础使原属梁板基础内力由以弯矩为主转化为以轴力为主，充分发挥混凝土抗压强度高的特性，通常可以节省混凝土用量 30%～50%，节约钢筋 30%以上，适宜用作荷载较大的柱基础和筒形构筑物(如烟囱、水塔、料仓、中小型高炉等)的基础。

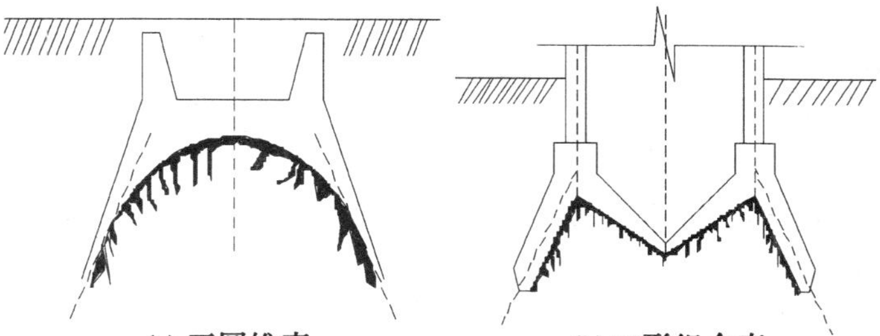

(a) 正圆锥壳　　(b) M形组合壳　　(c) 内球外锥组合壳

图 10-12　壳体基础

10.3　基础埋深的确定

基础埋置深度(简称埋深)一般是指室外天然地面标高至基础底面的距离。确定基础埋深,就是选择较理想的土层作为持力层,基础埋置深,基底两侧的超载大,地基承载力高,稳定性好;基础埋置浅,工程造价低,施工工期短。在满足地基稳定和变形要求等条件的前提下,基础应尽量浅埋,以节省工程量且便于施工。除岩石地基外,基础最小埋深不宜小于0.5 m。影响基础埋置深度的主要因素有以下五个方面,设计时应综合考虑。

10.3.1　建筑物的用途类型及荷载大小性质

基础埋深的选取取决于建筑物的用途,有无地下室、设备基础和地下设施以及基础的型式和构造等条件。为了保护基础,基础顶面一般不露出地面,要求基础顶面低于地面至少0.1 m,如果有地下室、设备基础或地下设施,基础的埋深就要结合建筑设计标高的要求选定。如基础为刚性材料,为了防止基础材料的破坏,基础高度应适当加大。对于竖向荷载大,地震力和风力等水平荷载作用也大的高层建筑,如位于土质地基上,为满足稳定性要求,基础埋深应适当增大。在抗震设防区,箱形和筏形基础埋深不宜小于建筑物高度的1/15;桩筏或桩箱基础的埋深(不计桩长)不宜小于建筑物高度的1/18～1/20。如高层建筑位于岩石地基上,基础埋深应满足抗滑要求。对于受上拔力较大的基础(如输电塔基础),应有较大的埋深以满足抗拔要求。当建筑物各部分的使用要求不同,或地基土质变化大,要求同一建筑物各部分基础埋深不相同时,应将基础做成台阶形逐步过渡,台阶的高宽比为1∶2,每级台阶高度不超过50 cm,如图10-13所示。

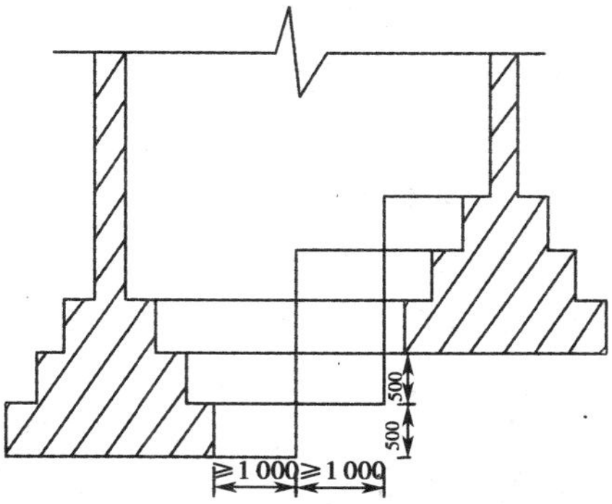

图 10-13　墙基础埋深变化时台阶做法

10.3.2 工程地质和水文地质条件

1）工程地质条件

工程地质条件对基础设计方案起着决定性的作用。**通常把直接支撑基础的土层称为持力层，其下的各土层称为下卧层。**为了满足建筑物对地基承载力和地基变形的要求，应当选择压缩性小、承载力高的坚实土层作为地基持力层，由此确定基础的埋置深度。在实际工程中，应根据岩土工程勘察成果报告的地质剖面图，分析各土层的深度、层厚、地基承载力大小与压缩性高低，结合上部结构情况进行技术与经济比较，确定最佳的基础埋深方案。考虑到地表一定深度内，由于气温变化、雨水侵蚀、动植物生长及人为活动的影响，基础埋深不得小于 0.5 m；为保护基础不外露，基础大放脚顶面应低于室外地面至少 0.1 m；另外，基础应埋置于持力层面下不少于 0.1 m，如图 10－14 所示。

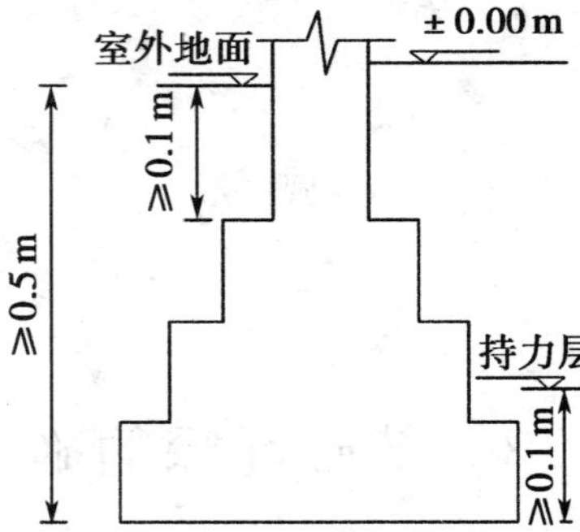

图 10－14　基础最小埋深

2）水文地质条件

基础应尽量埋置在地下水位以上，以避免地下水对基坑开挖、基础施工和使用期间的影响。对底面低于地下水位的基础，应考虑施工期间的基坑降水、坑壁围护、是否可能产生流砂、涌土等问题，并应采取保护地基土不受扰动的措施。当持力层下埋藏有承压含水层时，在基槽开挖时为防止发生流土现象，要求坑底土的总覆盖压力大于承压含水层顶部的静水压力。

10.3.3 当地冻结深度

1）地基土冻结的影响

当地基土的温度低于 0℃时，土中部分孔隙水将冻结而形成冻土。季节性冻土是指在冬季冻结而夏季融化，每年冻融交替一次的土层。在全国分布很广，季节性冻土层厚度在 0.5 m 以上，最厚达 3 m。若基础埋于冻胀土内，冬季土层冻结，处于冻结深度范围内的土中水被冻结形成冰晶体，未冻结区的自由水和部分结合水向冻结区迁移、聚集，使冰晶体逐渐扩大，引起土体膨胀和隆起，当冻胀力和冻切力足够大时，会导致基础与墙体发生不均匀的上抬，门窗不能开启，严重时墙体开裂；当春季解冻时，冰晶体融化，含水量增大，地基土的强度降低，使建筑物产生不均匀的沉陷。在气温低、冻结深度大的地区，由于冻害使墙体开裂的情况较多，应引起足够的重视。

2）地基土冻胀性分类

影响冻胀的因素主要是土的粒径大小、土中含水量的多少以及地下水补给条件等。对于结合水含量极少的粗粒土，因不发生水分迁移，故不存在冻胀问题。处于坚硬状态的黏性土，因为结合水的含量很少，所以冻胀作用也很微弱。此外，若地下水位高或通过毛细水能使水分向冻结区补充，则冻胀会较严重。《建筑地基基础设计规范》(GB50007—2002)根据冻土层的平均冻胀率的大小，把地基冻胀性分为不冻胀、弱冻胀、冻胀、强冻胀和特强冻胀五个等级。

3）考虑冻胀的基础最小埋深

当建筑基础底面下允许有一定厚度的冻土层时，基础最小埋深应满足下式：

$$d_{\min} = z_d - h_{\max} \tag{10-1}$$

$$z_d = z_0 \cdot \psi_{zs} \cdot \psi_{zw} \cdot \psi_{ze} \tag{10-2}$$

式中：z_d——设计冻深；

z_0——地区标准冻深，按《地基规范》附录 F 采用；

ψ_{zs}、ψ_{zw}、ψ_{ze}——影响系数分别按表 10－4、表 10－5、表 10－6 采用；

$h_{\max}$——基础底面下允许残留冻土层的最大厚度，按表 10－7 采用。

表 10－4　土的类别对冻深的影响系数

土的类别	影响系数 ψ_{zs}	土的类别	影响系数 ψ_{zs}
黏性土	1.00	中、粗、砾砂	1.30
细砂、粉砂、粉土	1.20	碎石土	1.40

表 10－5　土的冻胀性对冻深的影响系数

冻胀性	影响系数 ψ_{zw}	冻胀性	影响系数 ψ_{zw}
不冻胀	1.00	冻胀	0.90
弱冻胀	0.95	强冻胀	0.85

表 10－6　环境对冻深的影响系数

周围环境	影响系数 ψ_{ze}	周围环境	影响系数 ψ_{ze}
村、镇、旷野	1.00	城市市区	0.90
城市近郊	0.95		

注：环境影响系数一项，当城市市区人口为 20 万～50 万时，按城市近郊取值；当人口大于 50 万小于或等于 100 万时，按城市市区取值；当城市市区人口超过 100 万时，按城市市区取值，5 km 以内的郊区应按城市近郊取值。

表 10－7　建筑基底下允许残留冻土层最大厚度 $h_{\max}$（m）

冻胀性	基础形式	采暖情况	基底平均压力（kPa）						
			90	110	130	150	170	190	210
弱冻胀土	方形基础	采暖	—	0.94	0.99	1.04	1.11	1.15	1.20
		不采暖	—	0.78	0.84	0.91	0.97	1.04	1.10
	条形基础	采暖	—	>2.50	>2.50	>2.50	>2.50	>2.50	>2.50
		不采暖	—	2.20	2.50	>2.50	>2.50	>2.50	>2.50
冻胀土	方形基础	采暖	—	0.64	0.70	0.75	0.81	0.86	—
		不采暖	—	0.55	0.60	0.65	0.69	0.74	—
	条形基础	采暖	—	1.55	1.79	2.03	2.26	2.50	—
		不采暖	—	1.15	1.35	1.55	1.75	1.95	—

续表 10-7

冻胀性	基础形式	采暖情况	基底平均压力(kPa)						
			90	110	130	150	170	190	210
强冻胀土	方形基础	采暖	—	0.42	0.47	0.51	0.56	—	—
		不采暖	—	0.36	0.40	0.43	0.47	—	—
	条形基础	采暖	—	0.74	0.88	1.00	1.13	—	—
		不采暖	—	0.56	0.66	0.75	0.84	—	—
特强冻胀土	方形基础	采暖	0.30	0.34	0.38	0.41	—	—	—
		不采暖	0.24	0.27	0.31	0.34	—	—	—
	条形基础	采暖	0.43	0.52	0.61	0.70	—	—	—
		不采暖	0.33	0.40	0.47	0.53	—	—	—

注：(1) 本表只计算法向冻胀力，如果基侧存在切向冻胀力，应采取防切向力措施。
(2) 本表不适用于宽度小于 0.6 m 的基础，矩形基础可取短边尺寸按方形基础计算。
(3) 表中数据不适用于淤泥、淤泥质土和欠固结土。
(4) 表中基底平均压力数值为永久荷载标准值乘以 0.9，可以内插。

10.3.4 建筑场地的环境条件

靠近原有建筑物修建新基础时，为保证原有建筑物安全和正常使用，新建筑物的基础埋深不宜大于原有建筑物基础的埋深，并应考虑新加荷载对原有建筑物的不利作用。当新建筑物荷载较大，楼层高，基础埋深要求大于原有建筑物基础埋深时，新旧两基础之间的净距应大于两基础底面高差 1～2 倍，即 $L \geqslant (1\sim2)h$，如图 10-15 所示。当不能满足此要求时，应在基础施工期间采取有效措施保证原有建筑物的安全。如新建基础采取分段施工；或基坑壁设置临时加固支撑；打板桩或用沉井、地下连续墙等；加固原有建筑物地基等。

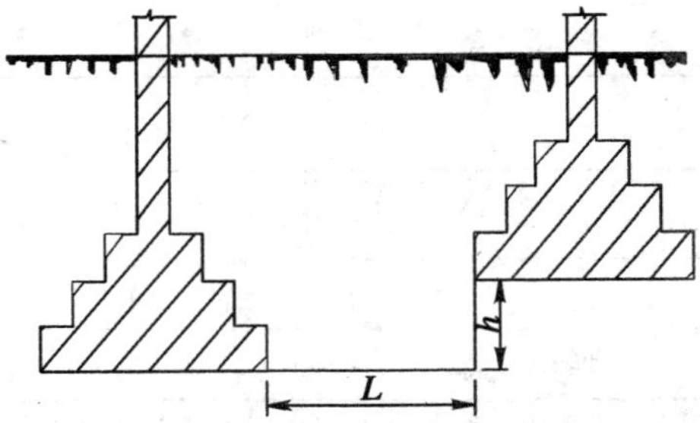

图 10-15 相邻基础的埋深

在确定基础埋深时，需考虑给排水、供热等管道及沟、坑等地下设施。原则上不允许管道从基础底下通过，一般可以在基础上设洞口，且洞口顶面与管道之间要留有足够的净空高度，以防止基础沉降压裂管道，造成事故。

在河流、湖泊等水体旁建造的建筑物基础，如可能受到流水或波浪冲刷的影响，其底面应位于冲刷线以下。

位于稳定边坡之上的拟建工程，要保证地基有足够的稳定性，如图 10-16 所示。对于坡高 $H \leqslant 8$ m，坡角 $\beta \leqslant 45°$，且 $b \leqslant 3$ m、$a \geqslant 2.5$ m 时，基

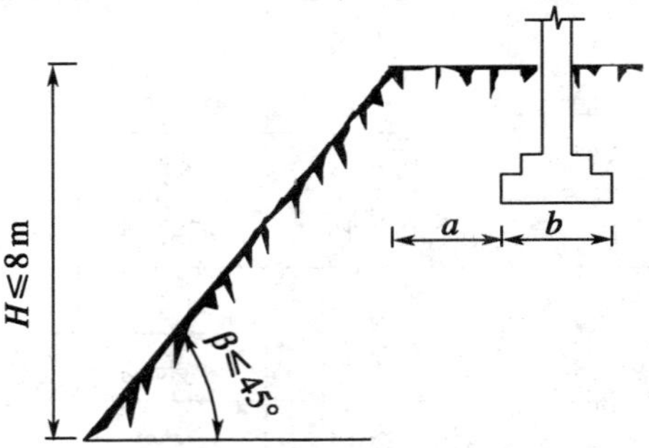

图 10-16 山坡坡顶处基础最小埋深

础埋深 d 应符合下列条件时，可以认为已满足稳定要求：

$$条形基础：d \geqslant (3.5b - a)\tan\beta \tag{10-3}$$

$$矩形基础：d \geqslant (2.5b - a)\tan\beta \tag{10-4}$$

10.4　基础底面尺寸的确定

10.4.1　按持力层承载力初步确定基础底面尺寸

在进行浅基础设计时，一般先确定基础的埋置深度，选定地基持力层并计算地基承载力特征值 f_{ak}，然后再根据已确定的基础类型、埋置深度、地基承载力特征值和作用在基础底面的荷载值，进行基础底面尺寸的设计。

1）轴心受压基础底面尺寸的确定

作用在基底形心的荷载只有竖向荷载，没有力矩荷载情况下，为轴心受压基础，如图 10-17 所示。

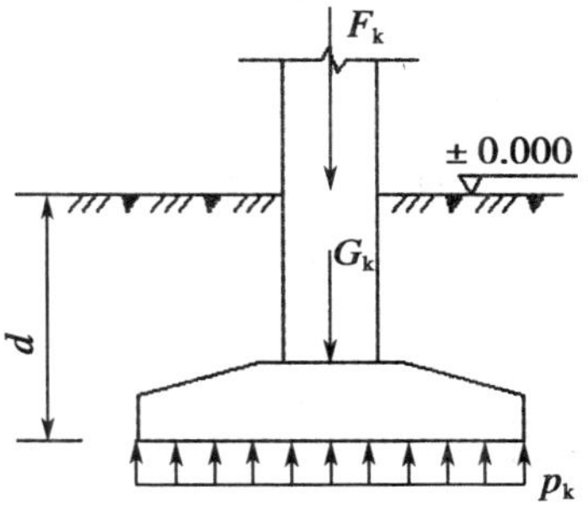

图 10-17　轴心受压基础

在轴心荷载作用下，基础底面的压力应符合：

$$p_k \leqslant f_a \tag{10-5}$$

式中：f_a——修正后的地基承载力特征值；

p_k——相应于荷载效应标准组合时，基础底面处的平均压力值。

$$p_k = \frac{F_k + G_k}{A} \tag{10-6}$$

式中：F_k——相应于荷载效应标准组合时，上部结构传至基础顶面的竖向力值；

G_k——基础自重和基础上的土重，一般实体基础，可近似地取 $G_k = \gamma_G Ad$，当在地下水以下时，应扣除水的浮托力，即 $G_k = \gamma_G Ad - \gamma_w Ah_w$；

γ_G——基础及回填土的平均重度，一般取 $\gamma_G = 20\ kN/m^3$ 计算；

d——基础平均埋深，取基础底面距离基础两侧设计地面的平均值；

h_w——地下水位至基础底面的距离；

A——基础底面面积。

可得基础底面积计算公式如下：

$$A \geqslant \frac{F_k}{f_a - \gamma_G d + \gamma_w h_w} \tag{10-7}$$

（1）柱下独立基础

采用正方形基础时，其正方形基础边长为

$$b \geqslant \sqrt{A} \geqslant \sqrt{\frac{F_k}{f_a - \gamma_G d + \gamma_w h_w}} \tag{10-8}$$

采用矩形基础时，基础宽度为

$$b \geqslant \sqrt{\frac{F_k}{n(f_a - \gamma_G d + \gamma_w h_w)}} \tag{10-9}$$

$$n = \frac{l}{b}$$

一般 $n=1\sim2$。

(2) 墙下条形基础($l/b \geqslant 10$)

计算条形基础时，沿基础长度方向取 1 m 作为计算单元，荷载也为相应的线荷载(kN/m)，则条形基础基底宽度为

$$b \geqslant \frac{F_k}{f - \gamma_G d + \gamma_w h_w} \tag{10-10}$$

值得注意的是：基础底面宽度 b 一般采用试算法来确定。因为要确定基础底面宽度 b，需知道修正后的地基承载力特征值 f_a，而 f_a 又与 b 有关，一般先按深度修正(即 $b \leqslant 3$ m 假设)，计算地基承载力设计值，再代入公式(10-10)，如 $b \leqslant 3$ m，表示假定正确，算得的基础底面宽度即为所求；否则，需将宽度修正项加上，重新修正地基承载力特征值 f_a，再进行计算。

此外，基础底面尺寸计算出来之后，还应结合施工要求和构造要求进行取值，且最后确定的基底尺寸 b 和 l 均应为 100 mm 的倍数。

【例 10-1】 某校舍外墙基础采用钢筋混凝土条形基础，图 10-18 为基础剖面图，基础埋置深度 $d=1.8$ m，室内外高差为 0.45 m，相应于荷载效应标准组合上部结构传至基础顶面的荷载值 $F_k=260$ kN/m，基础埋深范围内土的重度 $\gamma_0=18.5$ kN/m^3，地基持力层为黏性土 $e=0.85$，$I_L=0.75$，$f_{ak}=180$ kPa。试确定基础底面宽度。

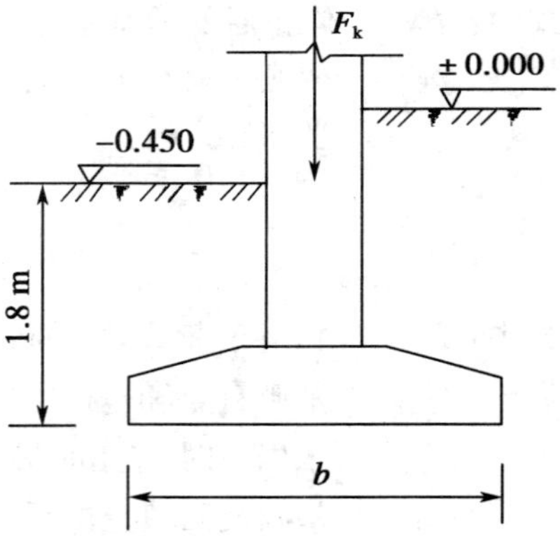

图 10-18

【解】 (1) 确定修正后的地基承载力标准值

假定基础宽度 $b<3$ m，因为 $d=1.8$ m>0.5 m，故计算地基承载力设计值时需进行深度修正。由表 8-9 查得 $\eta_d=1.1$，于是

$$f_a = f_{ak} + \eta_d \gamma_0 (d - 0.5) = [180 + 1.1 \times 18.5 \times (1.8 - 0.5)]\text{kPa} = 206.46\ \text{kPa}$$

(2) 确定基础底面宽度

因为室内外高差为 0.45 m，故基础的平均埋深为

$$d = \left(1.8 + 0.45 \times \frac{1}{2}\right)\text{m} = 2.025\ \text{m}$$

基础底面宽度

$$b \geqslant \frac{F_k}{f_a - \gamma_G d + \gamma_w h_w} = \frac{260}{206.46 - 20 \times 2.025 + 0} = 1.24\ \text{m}，取\ b=1.3\ \text{m}$$

因为 $b=1.3$ m<3 m 与假设相符，故 $b=1.3$ m 即为所求。

【例 10-2】 图 10-19 为某工业厂房柱下基础剖面图，基础埋置深度 $d=2$ m，室内外高差为 0.5 m，上部结构传至基础顶面的荷载值 $F_k=540$ kN，基础埋深范围内土的重度 $\gamma_0=19$ kN/m^3，地基持力层为中砂土 $f_{ak}=170$ kPa。试确定该矩形基础底面尺寸。

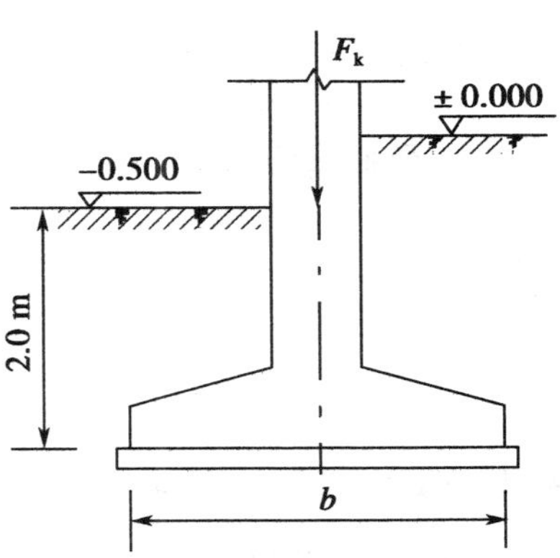

图 10-19

【解】 (1) 确定修正后的地基承载力标准值

假定基础宽度 $b<3$ m，因为 $d=2$ m>0.5 m，故计算地基承载力设计值时需进行深度修正，由表 8-9 查得 $\eta_d=4.4$，于是

$$
\begin{aligned}
f_a &= f_{ak}+\eta_d\gamma_0(d-0.5)\\
&=[170+4.4\times19\times(2-0.5)]\text{kPa}\\
&=295.4\ \text{kPa}
\end{aligned}
$$

(2) 确定基础底面尺寸

因为室内外高差为 0.5 m，故基础的平均埋深为

$$d=\left(2+0.5\times\frac{1}{2}\right)\text{m}=2.25\ \text{m}$$

采用 $n=\dfrac{l}{b}=1.5$ 的矩形基础，则

$$b\geqslant\sqrt{\frac{F_k}{n(f_a-\gamma_G d+\gamma_w h_w)}}=\sqrt{\frac{540}{1.5\times(295.4-20\times2.25)}}\text{m}=1.2\ \text{m}$$

取 $b=1.2$ m，$l=1.5b=1.5\times1.2$ m$=1.8$ m。

应该指出，只有建筑物处于规范规定的可不作地基变形计算设计等级为丙级的建筑物范围内时，上述所确定的基础底面尺寸才是最后尺寸，否则尚需进行地基变形验算。

2) 偏心荷载作用下基础底面尺寸的确定

作用在基底形心的荷载既有竖向荷载，又有水平荷载及力矩荷载的情况下，为偏心受压基础。考虑水平荷载作用的柱基，地下室墙基础以及工业厂房的柱基都是偏心受压基础的例子。在此，我们仅讨论单向偏心受压的情况，如图 10-20 所示。

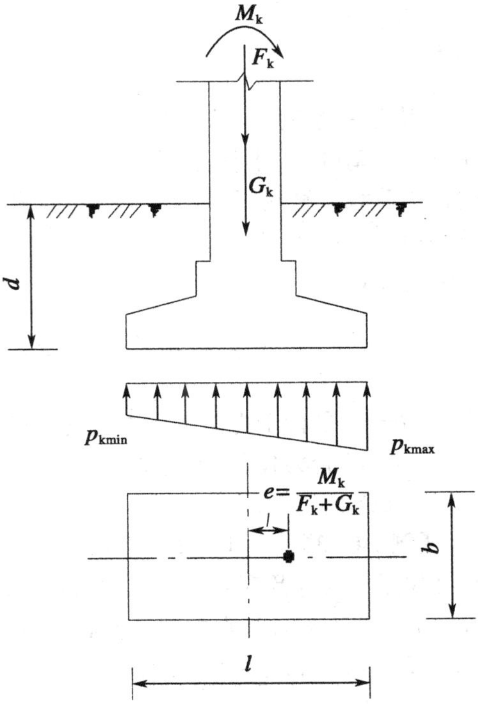

图 10-20 单向偏心受压基础

确定偏心基础底面尺寸的计算步骤如下：

(1) 先假定基础底宽 $b\leqslant3$ m，修正地基承载力。

(2) 按轴心受压初步估算基础底面尺寸，即按公式(10-7)求出 A_0。

(3) 根据偏心距的大小，按轴心受压基础计算出底面面积后扩大 10%～40%，即 $A=(1.1\sim1.4)A_0$，再以适当的比例确定矩形基础的长 l 和宽 b，一般取 $l/b=1\sim2$。

(4) 按假定的基础底面尺寸，用下列公式进行基底最大压力和平均压力的验算。

$$p_{\mathrm{kmax}}=\frac{F_{\mathrm{k}}+G_{\mathrm{k}}}{A}+\frac{M_{\mathrm{k}}}{W}\leqslant 1.2f_{\mathrm{a}} \tag{10-11}$$

$$p_{\mathrm{k}}=\frac{F_{\mathrm{k}}+G_{\mathrm{k}}}{A}\leqslant f_{\mathrm{a}} \tag{10-12}$$

式中：M_{k}——相应于荷载效应标准组合时，作用于基础底面的力矩值(kN·m)；

W——基础底面的抵抗矩(m^3)，$W=\frac{bl^2}{6}$，其中 l 为偏心方向的边长，b 为另一边的边长（即平行于力矩矢量方向的基础底面边长）；

p_{kmax}——相应于荷载效应标准组合时，基础底面边缘的最大压力值($\mathrm{kN/m^2}$)。

若不满足地基承载力要求，需重新调整基础底面尺寸，直至符合要求为止。

另外，为避免基础底面由于偏心距 e 过大而与地基土脱离，应控制基础边缘的最小压力值满足下式：

$$p_{\mathrm{kmin}}=\frac{F_{\mathrm{k}}+G_{\mathrm{k}}}{A}-\frac{M_{\mathrm{k}}}{W}\geqslant 0 \tag{10-13}$$

即

$$\frac{F_{\mathrm{k}}+G_{\mathrm{k}}}{A}\left(1-\frac{6e}{l}\right)\geqslant 0$$

$$e\leqslant\frac{l}{6} \tag{10-14}$$

其中

$$e=\frac{M_{\mathrm{k}}}{F_{\mathrm{k}}+G_{\mathrm{k}}}$$

因此，一般对中、高压缩性土上的基础或有吊车梁的工业厂房柱基础，要求偏心距 $e\leqslant l/6$；对于低压缩性土或个别的特殊荷载组合可适当放宽，但宜将偏心距控制在 $l/4$。若偏心距 $e>l/6$ 时(图 10-21)，p_{kmin} 为负值，此时 p_{kmax} 应按下式进行计算：

$$p_{\mathrm{kmax}}=\frac{2(F_{\mathrm{k}}+G_{\mathrm{k}})}{3ab} \tag{10-15}$$

式中：b——平行于力矩矢量方向的基础底面边长(m)；

a——合力作用点至基础底面最大压力边缘的距离(m)。

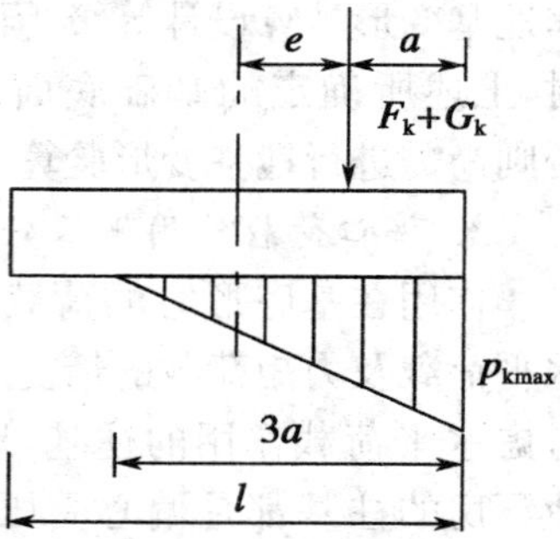

图 10-21　偏心荷载($e>l/6$)下基底压力计算示意图

【例 10-3】 图 10-22 为某工业吊车厂房柱下基础剖面图，基础埋置深度 $d=1.6$ m，各荷载标准组合及深度尺寸如图所示，轴心力 $F_{\mathrm{k1}}=1\,600$ kN，$M_{\mathrm{k}}=140$ kN·m，向左的水平剪力 $V_{\mathrm{k}}=150$ kN，竖直向下的偏心力 $F_{\mathrm{k2}}=180$ kN，地基持力层为黏土，$\gamma_0=19\ \mathrm{kN/m^3}$，$e=0.84$，$I_{\mathrm{L}}=0.75$，$f_{\mathrm{ak}}=200$ kPa。试确定该矩形基础的底面尺寸。

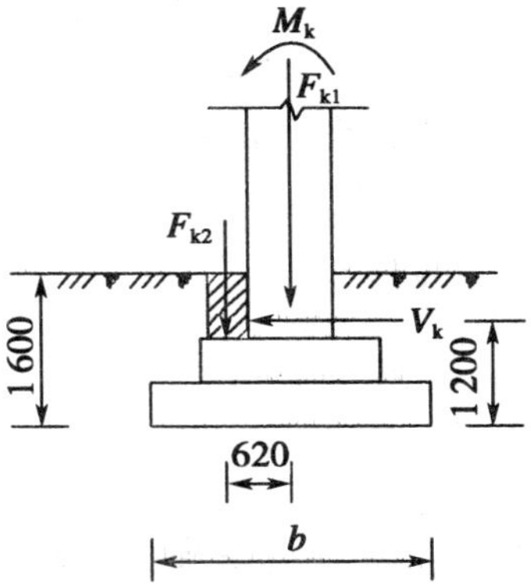

图 10-22
(尺寸单位为 mm)

【解】 (1) 确定修正后的地基承载力标准值

假定基础宽度 $b<3$ m,因为 $d=1.6$ m>0.5 m,故计算地基承载力设计值时需进行深度修正,由表 8-9 查得 $\eta_d=1.6$,于是

$$f_a = f_{ak} + \eta_d \gamma_0 (d-0.5) = [200 + 1.6 \times 19 \times (1.6-0.5)]\text{kPa} = 233.44\ \text{kPa}$$

(2) 按轴心受压初步确定所需基础底面尺寸

$$A_0 \geqslant \frac{F_k}{f_a - \gamma_G d + \gamma_w h_w} = \frac{1\,600}{233.44 - 20 \times 1.6}\text{m}^2 = 7.94\ \text{m}^2$$

考虑荷载偏心,将初估底面面积扩大 20%,即

$$A = 1.2A_0 = 1.2 \times 7.94 = 9.53\ \text{m}^2$$

设 $n=\frac{l}{b}=1.5$,则

$$A = 1.5b^2 = 9.53\ \text{m}^2,\ b = \sqrt{\frac{9.53}{1.5}}\ \text{m} = 2.52\ \text{m}$$

取 $b=2.6$ m,$l=1.5b=1.5\times2.6$ m$=3.9$ m,则 $A=lb=3.9\times2.6$ m$^2=10.14$ m^2

(3) 验算荷载偏心距

$$F_k + G_k = 1\,600 + 180 + 20 \times 10.14 \times 1.6 = 2\,104.48\ \text{kN}$$

$$M_k = 140 + 180 \times 0.62 + 150 \times 1.2 = 431.6\ \text{kN} \cdot \text{m}$$

$$e = \frac{M_k}{F_k + G_k} = \frac{431.6}{2\,104.48}\text{m} = 0.21\ \text{m} < \frac{l}{6} = \frac{3.9}{6} = 0.65\ \text{m}$$

(4) 验算基底边缘的最大压力及平均压力

$$p_{kmax} = \frac{F_k + G_k}{A} + \frac{M_k}{W} = \left(\frac{2\,104.48}{10.14} + \frac{431.6}{2.6 \times 3.9^2/6}\right)\text{kPa} = 273.03\ \text{kPa} \leqslant 1.2f_a = 280.13\ \text{kPa}$$

$$p_k = \frac{F_k + G_k}{A} = \frac{2\,104.48}{10.14}\text{kPa} = 207.54\ \text{kPa} \leqslant f_a = 233.44\ \text{kPa}$$

结论:基础底面面积满足要求。

10.4.2 软弱下卧层承载力验算

如果地基受力层范围内存在着承载力明显低于持力层的下卧层,则所选择的基底尺寸尚需满足对软弱下卧层验算的要求。即要求软弱下卧层顶面处的附加应力和自重应力之和不超过其修正后的地基承载力特征值,如下式:

$$\sigma_z + \sigma_{cz} \leqslant f_a \tag{10-16}$$

式中:σ_z——相应于荷载效应标准组合时,软弱下卧层顶面处的附加压力值;

σ_{cz}——软弱下卧层顶面处土的自重压力值；

f_a——软弱下卧层顶面处经深度修正后地基承载力设计值。

对条形基础和矩形基础式(10－16)中的 σ_z 值可按下列公式简化计算：

条形基础

$$\sigma_z=\frac{b(p_k-\sigma_c)}{b+2z\tan\theta} \tag{10-17}$$

矩形基础

$$\sigma_z=\frac{lb(p_k-\sigma_c)}{(b+2z\tan\theta)(l+2z\tan\theta)} \tag{10-18}$$

式中：b—— 矩形基础或条形基础底面的宽度(m)；

l—— 矩形基础底面的长度(m)；

σ_c——基础底面处土的自重压力值(kN/m^2)；

z——基础底面至软弱下卧层顶面的距离(m)；

θ——地基压力扩散线与垂直线的夹角(°)，可按表 10－8 采用。

表 10－8　地基压力扩散角 θ

E_{s1}/E_{s2}	$z\geqslant 0.25b$	$z\geqslant 0.50b$
3	6°	23°
5	10°	25°
10	20°	30°

注：(1) E_{s1} 为上层土压缩模量；E_{s2} 为下层土压缩模量。

(2) $z/b<0.25$ 时取 $\theta=0°$，必要时，宜由试验确定；$z/b>0.50$ 时 θ 值不变。

【例 10－4】 图 10－23 所示为某轴心受压柱基础，上部结构传来轴向荷载标准值 $F_k=750$ kN，地基及基础资料如图所示。试确定基础底面面积并验算下卧层承载力。

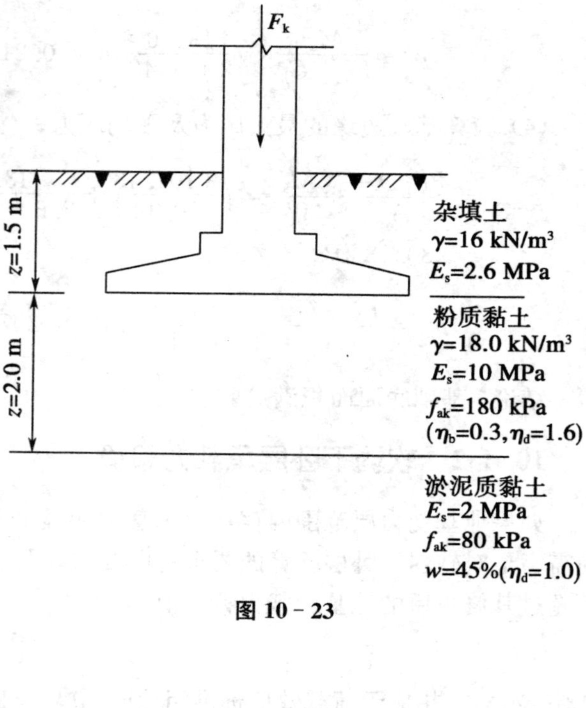

图 10－23

【解】 (1) 确定修正后的地基承载力特征值

假定基础宽度 $b<3$ m，因为 $d=1.5\text{ m}>0.5$ m，故需进行深度修正，于是

$$\begin{aligned} f_a &= f_{ak}+\eta_d\gamma_0(d-0.5)\\ &=[180+1.6\times16\times(1.5-0.5)]\text{kPa}\\ &=205.6\text{ kPa}\end{aligned}$$

(2) 确定基础底面尺寸

采用 $n=\frac{l}{b}=1.5$ 的矩形基础，则

$$b\geqslant\sqrt{\frac{F_k}{n(f_a-\gamma_G d+\gamma_w h_w)}}=\sqrt{\frac{750}{1.5\times(205.6-20\times1.5)}}\text{m}=1.69\text{ m}$$

取 $b=1.8\text{ m}, l=1.5b=1.5\times1.8\text{ m}=2.7\text{ m}$

(3) 基底处土的自重应力和平均压力

$$\sigma_c=16\times1.5\text{ kPa}=24\text{ kPa}$$

$$p_k=\frac{F_k+G_k}{A}=\frac{750+20\times1.5\times1.8\times2.7}{1.8\times2.7}\text{kPa}=184.32\text{ kPa}\leqslant f_a=205.6\text{ kPa}$$

(4) 软弱下卧层顶面处的附加压力值和土的自重应力值

$$\sigma_z=\frac{lb(p_k-\sigma_c)}{(b+2z\tan\theta)(l+2z\tan\theta)}=\frac{2.7\times1.8\times(184.32-24)}{(1.8+2\times2\tan25°)(2.7+2\times2\tan25°)}\text{kPa}$$
$$=46.57\text{ kPa}$$

$$\sigma_{cz}=(24+18\times2)\text{kPa}=60\text{ kPa}$$

(5) 软弱下卧层顶面处修正后的地基承载力标准值

下卧层顶面以上土的平均重度为

$$\gamma_0=\frac{1.6\times1.5+18\times2}{1.5+2}=17.14\text{ kN/m}^3$$

$$f_a=f_{ak}+\eta_d\gamma_0(d-0.5)=[80+1.0\times17.14\times(3.5-0.5)]\text{kPa}=131.42\text{ kPa}$$

(6) 验算软弱下卧层的地基承载力

$$\sigma_z+\sigma_{cz}=46.57\text{ kPa}+60\text{ kPa}=106.57\text{ kPa}\leqslant f_a$$

符合要求。

需指出，必要时还应对地基变形或地基稳定性进行验算。

10.5 无筋扩展基础设计

无筋扩展基础系指由砖、毛石、混凝土或毛石混凝土、灰土和三合土等材料组成的墙下条形基础或柱下独立基础。无筋扩展基础适用于多层民用建筑和轻型厂房。

10.5.1 无筋扩展基础的特点及设计原则

由于无筋扩展基础的材料具有抗压强度高而抗拉、抗剪强度低的特点，所以，在进行无筋扩展基础设计时，必须使基础主要承受压应力，并保证基础内产生的拉应力和剪应力都不超过材料强度的设计值。在具体设计过程中，主要通过控制基础的外伸宽度与基础高度的比值小于等于无筋扩展基础台阶宽高比的允许值来实现(如图 10-24)。同时，其基础宽度还应满足地基承载力的要求。**由台阶宽高比的允许值确定的角度 α 称为刚性角**。按刚性角设计的

基础相对宽度都较大，几乎不发生挠曲变形，基础截面可做成台阶形式，也可做成梯形。

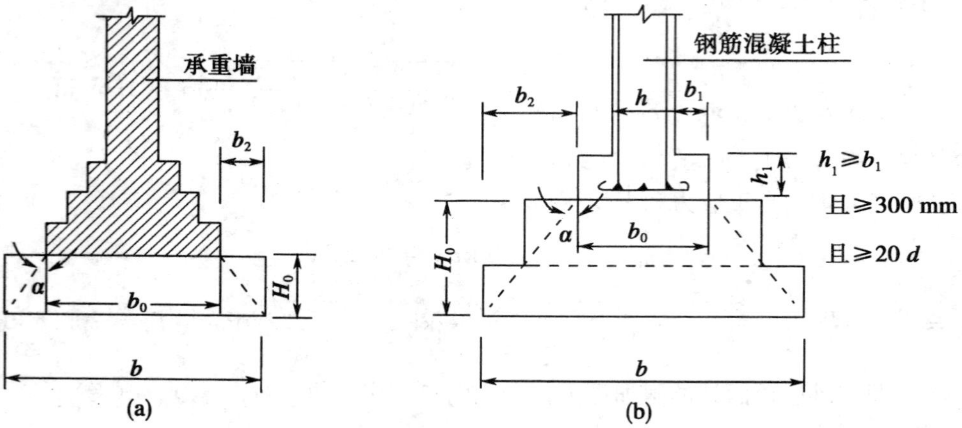

图 10－24　无筋扩展基础构造示意图

d——柱中纵向钢筋直径

10.5.2　无筋扩展基础的构造要求

根据无筋扩展基础台阶的允许宽高比，基础的尺寸应符合下式：

$$\frac{b-b_0}{2H_0} \leqslant [\tan\alpha] = \left[\frac{b_2}{H_0}\right]$$

则基础的高度应符合

$$H_0 \geqslant \frac{b-b_0}{2[\tan\alpha]} = \frac{b-b_0}{2\left[\dfrac{b_2}{H_0}\right]} \tag{10-19}$$

式中：b——基础底面的宽度(m)；

H_0——基础的高度(m)；

b_0——基础顶面的墙体宽度或柱脚宽度(m)；

b_2——基础台阶宽度(m)；

$[\tan\alpha]$——基础台阶的允许宽高比，α 为刚性角，$[\tan\alpha]=\left[\dfrac{b_2}{H_0}\right]$，可按表 10－9 选取。

表 10－9　无筋扩展基础台阶宽高比的允许值

基础材料	质量要求		台阶宽高比的允许值		
			$p_k \leqslant 100$	$100 < p_k \leqslant 200$	$200 < p_k \leqslant 300$
混凝土基础	C10 混凝土		1∶1.00	1∶1.00	1∶1.00
	C7.5 混凝土		1∶1.00	1∶1.25	1∶1.50
毛石混凝土基础	C7.5～C10 混凝土		1∶1.00	1∶1.25	1∶1.50
砖基础	砖不低于 MU7.5	M5 砂浆	1∶1.50	1∶1.50	1∶1.50
		M2.5 砂浆	1∶1.50	1∶1.50	—

续表 10-9

基础材料	质量要求	台阶宽高比的允许值		
		$p\leqslant100$	$100<p\leqslant200$	$200<p\leqslant300$
毛石基础	M2.5～5 砂浆	1∶1.25	1∶1.50	—
	M1 砂浆	1∶1.50		
灰土基础	体积比为 3∶7 或 2∶8 的灰土的最小密度：粉土 1.55 t/m³；粉质黏土 1.50 t/m³；黏土 1.45 t/m³	1∶1.25	1∶1.50	—
三合土基础	体积比为 1∶2∶4～1∶3∶6(石灰∶砂∶骨料)，每层虚铺 220 mm，夯至 150 mm	1∶1.50	1∶2.00	—

注：(1) p_k 为荷载效应标准组合时基础底面处的平均压力值(kPa)。
(2) 阶梯形毛石基础的每阶伸出宽度不宜大于 200 mm。
(3) 当基础由不同材料叠合组成时，应对接触部分作抗压验算。
(4) 基础底面处的平均压力值超过 300 kPa 的混凝土基础，尚应进行抗剪验算。

采用无筋扩展基础的钢筋混凝土柱，其柱脚高度 h_1 不得小于 b_1(图 10-24(b))，并不应小于 300 mm 且不小于 $20d$(d 为柱中的纵向受力钢筋的最大直径)。当柱纵向钢筋在柱脚内的竖向锚固长度不满足锚固要求时，可沿水平方向弯折，弯折后的水平锚固长度不应小于 $10d$ 也不应大于 $20d$。

10.5.3 无筋扩展基础的设计步骤

设计无筋扩展基础的一般步骤：

(1) 根据地基的土质情况和地下水的水位首先确定基础的埋深。

(2) 根据上部荷载、地基承载力修正值、基础类型等确定基础底面的尺寸，可按第四节相关方法进行确定。

(3) 考虑如下因素，初步确定基础的高度：

① 混凝土基础的高度不宜小于 20 cm，一般为 30 cm。

② 对于石灰三合土基础和灰土基础，基础高度应为 15 cm 的倍数。

③ 砖基础应符合相应的构造要求，其高度应符合砖的模数，标准砖的规格为 240 mm×115 mm×53 mm。

(4) 按式(10-19)进行基础尺寸的验算，如满足要求，则可采用选定的基础宽度和高度，否则应调整基础高度重新验算，直至满足要求为止。

【例 10-5】 某厂房柱断面 600 mm×400 mm。基础受竖向荷载标准值 520 kN，力矩标准值 120 kN·m。基础埋置深度为 1.8 m，地基剖面图如图 10-25，地基持力层为粉质黏土，按深度修正后的地基承载力特征值为 $f_a=245$ kPa。试设计柱下无筋扩展基础。

图 10-25

【解】 (1) 按轴心受压情况初步确定基础底面积 $A_0\geqslant\dfrac{F_k}{f_a-\gamma_G d+\gamma_w h_w}=\dfrac{520}{245-20\times1.8}\text{m}^2=2.49\ \text{m}^2$。考虑荷载

偏心，将初估底面面积扩大40%，即

$$A = 1.4A_0 = 1.4 \times 2.49 = 3.49\ \text{m}^2$$

设 $n=\dfrac{l}{b}=1.5$，则

$$A = 1.5b^2 = 3.49\ \text{m}^2,\quad b=\sqrt{\frac{3.49}{1.5}}\text{m} = 1.53\ \text{m}$$

取 $b=1.6\ \text{m}$，$l=1.5b=1.5\times1.6\ \text{m}=2.4\ \text{m}$，则 $A=lb=1.6\times2.4\ \text{m}^2=3.84\ \text{m}^2$

（2）验算荷载偏心距

$$F_k + G_k = 520 + 20\times3.84\times1.8 = 658.24\ \text{kN}$$

$$e=\frac{M_k}{F_k+G_k}=\frac{120}{658.24}\text{m}=0.18\ \text{m}<\frac{l}{6}=\frac{2.4}{6}=0.4\ \text{m}$$

（3）验算基底边缘的最大压力及平均压力

$$p_{kmax}=\frac{F_k+G_k}{A}+\frac{M_k}{W}=\left(\frac{658.24}{3.84}+\frac{120}{1.6\times2.4^2/6}\right)\text{kPa}=249.54\ \text{kPa}\leqslant1.2f_a=294\ \text{kPa}$$

$$p_k=\frac{F_k+G_k}{A}=\frac{658.24}{3.84}\text{kPa}=171.42\ \text{kPa}\leqslant f_a=245\ \text{kPa}$$

（4）选择基础材料并确定基础剖面尺寸

采用C15素混凝土基础。查表10－9，C15素混凝土台阶宽高比的允许值$[b_2/H_0]=1.0$，则基础高度为 $H_0\geqslant\dfrac{l-l_0}{2}=\dfrac{2\,400-600}{2}=900\ \text{mm}$，做三个台阶，长度方向取每个台阶宽300 mm，宽度方向取每个台阶宽200 mm，基础剖面尺寸如图10－26所示。

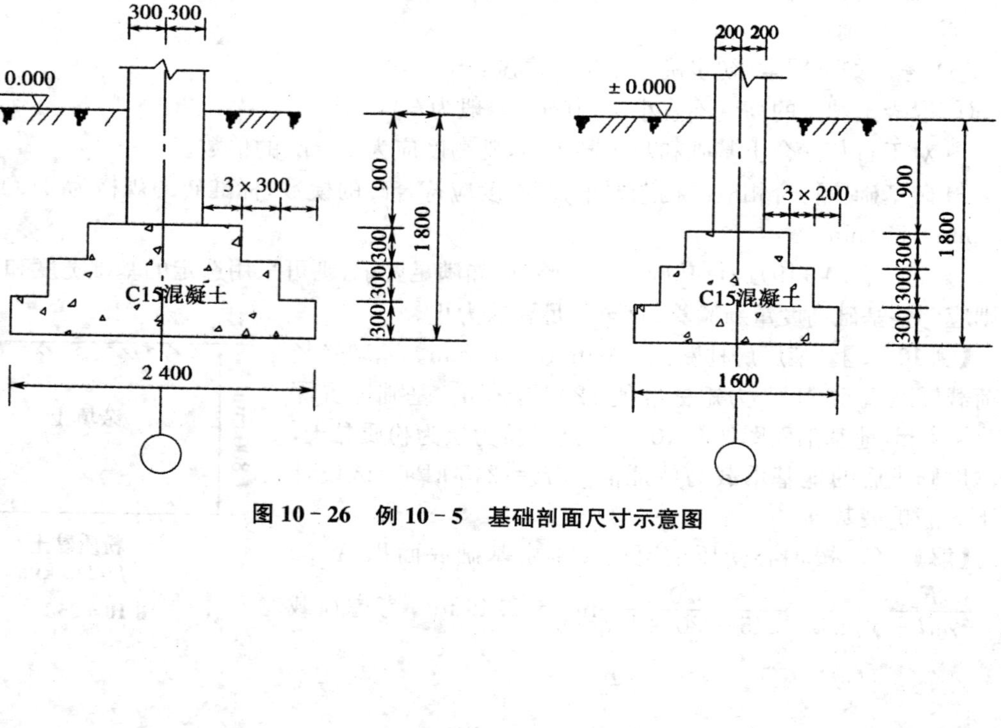

图10－26　例10－5　基础剖面尺寸示意图

10.6 钢筋混凝土基础设计

10.6.1 钢筋混凝土扩展基础设计

钢筋混凝土扩展基础系指墙下钢筋混凝土条形基础和柱下钢筋混凝土独立基础。

1）墙下钢筋混凝土条形基础设计

（1）墙下钢筋混凝土条形基础的构造要求

① 墙下钢筋混凝土条形基础一般采用锥形基础，锥形基础的边缘高度不宜小于 200 mm。

② 基础垫层混凝土强度等级应为 C10；垫层的厚度不宜小于 70 mm。

③ 墙下钢筋混凝土条形基础底板受力钢筋的最小直径不宜小于 10 mm，间距不宜大于 200 mm，也不宜小于 100 mm；纵向分布钢筋的直径不小于 8 mm，间距不大于 300 mm；每延米分布钢筋的面积应不小于受力钢筋面积的 1/10。当有垫层时钢筋保护层的厚度不小于 40 mm，无垫层时不小于 70 mm。

④ 基础混凝土强度等级不应低于 C20。

⑤ 当墙下钢筋混凝土条形基础的宽度大于或等于 2.5 m 时，底板受力钢筋的长度可取边长或宽度的 0.9 倍，并宜交错布置（图 10-27(a)）。

⑥ 钢筋混凝土条形基础底板在 T 形及十字形交接处，底板横向受力钢筋仅沿一个主要受力方向通长布置，另一方向的横向受力钢筋可布置到主要受力方向底板宽度 1/4 处（图 10-27(b)）。在拐角处底板横向受力钢筋应沿两个方向布置（图 10-27(c)）。

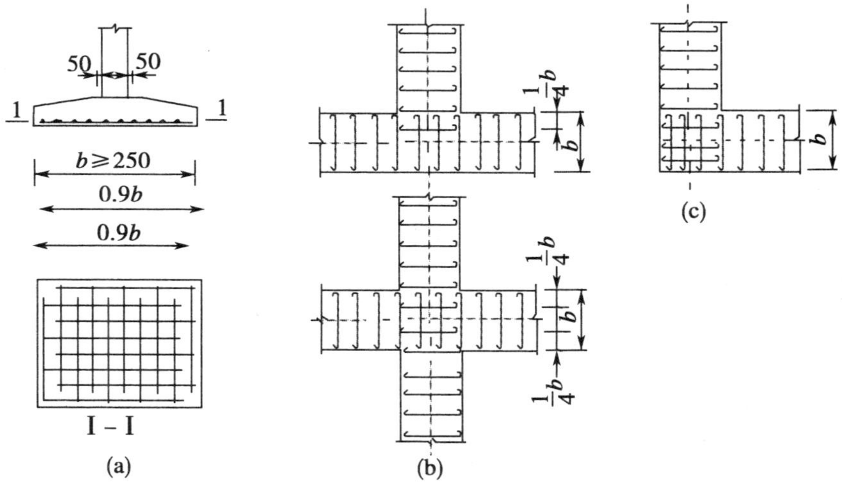

图 10-27 扩展基础底板受力钢筋布置示意图

（2）墙下钢筋混凝土条形基础的设计原则与计算步骤

① 设计原则

a. 墙下钢筋混凝土条形基础的内力计算可取 1 m 的长度进行计算。

b. 基础截面设计(验算)包括确定基础底面宽度 b、基础底板厚度 h 及基础底板配筋。

c. 在确定基础底面尺寸或计算基础沉降时,应考虑设计地面以下基础及其上覆土重的作用,按地基承载力要求确定。

d. 在进行基础截面设计(基础高度的确定、基础底板配筋)中,应采用不计基础与上覆土重力作用的地基净反力进行计算。其中基础高度由混凝土的抗剪条件确定,底板的受力钢筋配筋则由基础验算截面的抗弯能力确定。

② 计算步骤

a. 基础宽度

基础宽度的计算与一般浅基础相同,取 $l=1$ m 长为计算单元(方法、步骤见第五节)。

b. 地基净反力计算

地基净反力是指由上部结构荷载在基底产生的反力。其中之所以不包括由基础自重及其上覆土重在基底产生的反力,是因为由该自重产生的均布压力与其相应的地基反力相抵消。

Ⅰ. 轴心受压时

基底地基净反力为

$$p_j = \frac{F}{b} \tag{10-20}$$

式中:F——相应于荷载效应基本组合时作用在基础顶面上的荷载(kN/m);

b——基础宽度(m)。

Ⅱ. 偏心受压时

基底净反力的偏心距为

$$e_0 = \frac{\sum M}{F} \tag{10-21}$$

式中:$\sum M$——对基底中心的力矩和。

当 $e_0 \leqslant \frac{b}{6}$ 时,基底地基净反力呈梯形分布,基底边缘处的最大和最小净反力为

$$\left.\begin{matrix} p_{j,\max} \\ p_{j,\min} \end{matrix}\right\} = \frac{F}{b} \pm \frac{6M}{b^2} \tag{10-22}$$

c. 危险截面处的弯矩和剪力

墙下钢筋混凝土条形基础可看成是一倒置的悬臂板。最大弯矩和剪力发生在基础底板悬臂根部,如图 10-28、图 10-29 所示的截面Ⅰ-Ⅰ处。

Ⅰ. 轴心受压时,如图 10-28

截面Ⅰ-Ⅰ处的弯矩 M_{I}、剪力 V_{I} 分别如下:

$$M_{\mathrm{I}} = \frac{1}{2} p_j a_1^2 \tag{10-23}$$

$$V_{\mathrm{I}} = p_j a_1 \tag{10-24}$$

式中:a_1——弯距最大截面位置距底面最大地基反力处的距离(m);当墙体材料为混凝土时,取 $a_1 = b_1$,如为砖墙且放脚不大于 1/4 砖长时,取 $a_1 = b_1 + 1/4$ 砖长,其中

b_1 为基础边缘至墙面的距离。

Ⅱ. 偏心受压时，如图 10－29

截面Ⅰ－Ⅰ处的地基净反力、弯矩、剪力分别如下：

地基净反力
$$p_{j,Ⅰ}=p_{j,min}+\frac{b-a_1}{b}(p_{j,max}-p_{j,min}) \tag{10-25}$$

弯矩
$$M_Ⅰ=\frac{1}{6}(2p_{j,max}+p_{j,Ⅰ})a_1^2 \tag{10-26}$$

剪力
$$V_Ⅰ=\frac{1}{2}(p_{j,max}+p_{j,Ⅰ})a_1 \tag{10-27}$$

式中：$p_{j,max}$、$p_{j,min}$——相应于荷载效应标准组合时的基础底面边缘的最大和最小地基净反力设计值(kPa)；

b——基础宽度(m)。

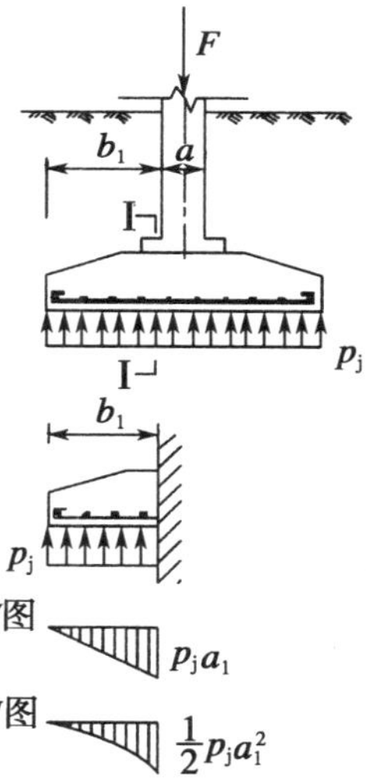

图 10－28　轴心受压墙下钢筋混凝土条形基础受力分析图

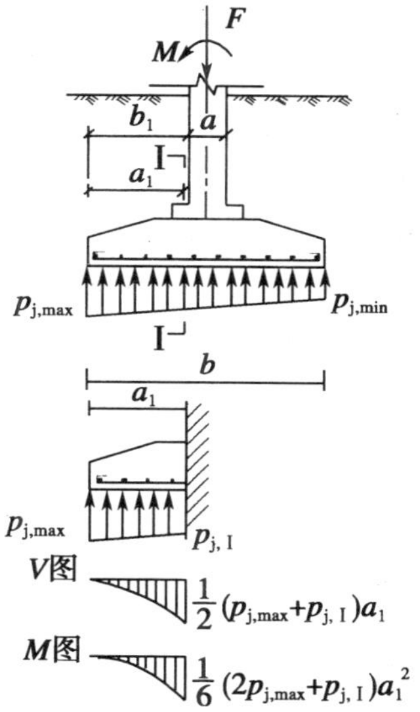

图 10－29　偏心受压墙下钢筋混凝土条形基础受力分析图

d. 基础底板厚度 h

根据实验可知，当满足下列条件时，基础底板在设计剪力作用下，不会产生斜裂缝破坏的条件：

$$V\leqslant 0.7\beta_h f_t h_0 \tag{10-28}$$

式中：V——基础底面板悬臂根部截面的最大剪力设计值(kN)。

h_0——基础底板有效高度：当设垫层时，$h_0=h-40$ mm；当无垫层时，$h_0=h-70$ mm。

h——基础底板高度。

f_t——混凝土轴心抗拉强度设计值。

β_h——截面高度影响系数：$\beta_h=\left(\frac{800}{h_0}\right)^{1/4}$，当 $h_0<800$ mm 时，取 $h_0=800$ mm；当 $h_0>$

2 000 mm 时，取 $h_0=2\ 000$ mm。

在确定基础底板厚度时，一般根据经验采用试算法，即一般取 $h=b/8$（b 为基础宽度），然后按式(10－28)进行抗剪强度校核。

e. 基础底板配筋计算

墙下钢筋混凝土条形基础的受力钢筋在横向(基础宽度方向)、纵向配置分布钢筋，受力钢筋经计算确定。每延米墙长的基础底板内受力钢筋的截面面积按下式计算：

$$A_s = \frac{M_{\text{I}}}{0.9 f_y h_0} \tag{10-29}$$

式中：A_s——基础底板受力钢筋面积(mm^2)；

f_y——钢筋抗拉强度设计值(N/mm^2)。

受力钢筋一般采用 HRB 400 级和 HRB 335 级，也可采用 HPB 235 级和 RRB 400 级钢筋。

【例 10－6】 某职工公寓为砖混承重结构，拟采用钢筋混凝土墙下条形基础。外墙厚 370 mm，上部荷载传至±0.000 处的荷载标准值为 $F_k=240$ kN/m，相应于荷载效应基本组合时，荷载 $F=278$ kN/m，室内外高差 0.5 m，基础埋置深度为 1.4 m，修正后的地基承载力特征值 $f_a=160$ kPa。基础的混凝土强度等级为 C20($f_t=1.1\ N/mm^2$)，采用 HPB235 级钢筋($f_y=210\ N/mm^2$)。试设计该外墙基础。

【解】 (1) 确定基础底面宽度 b

因为室内外高差为 0.5 m，故基础的平均埋深为

$$d = \left(1.4+0.5\times\frac{1}{2}\right)\text{m} = 1.65\ \text{m}$$

基础底面宽度

$$b \geqslant \frac{F_k}{f_a-\gamma_G d+\gamma_w h_w} = \frac{240}{160-20\times1.65+0} = 1.89\ \text{m}\ \text{，取}\ b=2\ \text{m}$$

(2) 计算地基净反力

$$p_j = \frac{F}{b} = \frac{278\ \text{kN/m}}{2\ \text{m}} = 139\ \text{kPa}$$

(3) 危险截面处的弯矩和剪力

$$a_1 = \frac{1}{2}(2-0.37)+\frac{1}{4}\times0.24 = 0.875\ \text{m}$$

$$M_{\text{I}} = \frac{1}{2}p_j a_1^2 = \frac{1}{2}\times139\times0.875^2 = 53.2\ \text{kN}\cdot\text{m}$$

$$V_{\text{I}} = p_j a_1 = 139\times0.875 = 121.625\ \text{kN}$$

(4) 基础底板厚度 h

初取 $h=b/8=2\ 000/8=250$ mm，采用 100 mm 厚 C10 混凝土垫层，则

$$h_0 = 250-40 = 210\ \text{mm}$$

$$\beta_h = \left(\frac{800}{h_0}\right)^{1/4} = 1.0$$

$0.7\beta_h f_t l h_0 = 0.7 \times 1.0 \times 1.1 \times 10^3 \times 0.21 \times 10^3 = 161.7\ \text{kN} > V_{\text{I}} = 121.625\ \text{kN}$，故基础底板高度满足抗剪强度要求。

(5) 基础底板配筋计算

$$A_s = \frac{M_{\text{I}}}{0.9 f_y h_0} = \frac{53.2 \times 10^6}{0.9 \times 210 \times 210} = 1\,340\ \text{mm}^2$$

选用 $\phi14$ @ 110 mm（A_s = 1 399 mm^2），根据构造要求纵向分布钢筋 $\phi8$@250 mm（A_s = 201.0 mm^2）。基础剖面详图见图 10－30。

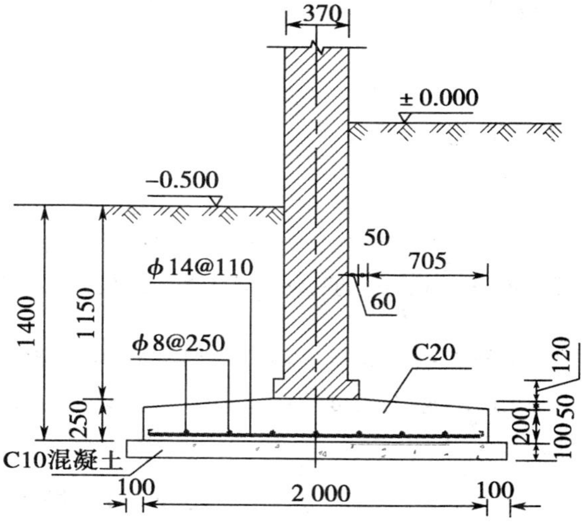

图 10－30　例 10－6 墙下钢筋混凝土条形基础剖面图

2) 柱下钢筋混凝土独立基础设计

柱下钢筋混凝土独立基础按截面形状可分为锥形和阶梯形两种；按施工方法分为现浇和预制两种。

(1) 柱下钢筋混凝土独立基础的构造要求

① 柱下钢筋混凝土独立基础可采用锥形基础和阶梯形基础。如采用锥形基础，其边缘高度不宜小于 200 mm；阶梯形基础的每阶高度宜为 300～500 mm。

② 垫层混凝土强度等级应为 C10；垫层的厚度不宜小于 70 mm。

③ 柱下钢筋混凝土独立基础底板受力钢筋的最小直径不宜小于 10 mm，间距不宜大于 200 mm，也不宜小于 100 mm。当有垫层时钢筋保护层的厚度不小于 40 mm，无垫层时不小于 70 mm。

④ 混凝土强度等级不应低于 C20。

⑤ 当柱下钢筋混凝土独立基础的边长大于或等于 2.5 m 时，底板受力钢筋的长度可取边长或宽度的 0.9 倍，并宜交错布置(图 10－27(a))。

⑥ 钢筋混凝土柱和剪力墙纵向受力钢筋在基础内的锚固长度 l_a 应根据钢筋在基础内的最小保护层厚度，按现行《混凝土结构设计规范》(GB 50010—2002)的有关规定确定。

有抗震设防要求时纵向受力钢筋的最小锚固长度应按下式计算：

一、二级抗震等级

$$l_{aE} = 1.15 l_a \tag{10-30}$$

三级抗震等级

$$l_{aE} = 1.05 l_a \tag{10-31}$$

四级抗震等级

$$l_{aE} = l_a \tag{10-32}$$

式中：l_a——纵向受拉钢筋的锚固长度。

⑦ 现浇柱的基础，其插筋的数量、直径以及钢筋种类应与柱内纵向受力钢筋相同。插筋的锚固长度应满足《建筑地基基础设计规范》(GB 50007—2002)中第 8.2.3 条的要求，插

筋与柱的纵向受力钢筋的连接方法应符合《混凝土结构设计规范》(GB 50010—2002)的规定。插筋的下端宜做成直钩放在基础底板钢筋网上。当符合下列条件之一时，可仅将四角的插筋伸至底板钢筋网上，其余插筋锚固在基础顶面下的长度按其是否有抗震要求分别为 l_a 或 l_{aE}(图 10－31)。

a. 柱为轴心受压或小偏心受压，基础高度大于等于 1 200 mm。

b. 柱为大偏心受压，基础高度大于等于 1 400 mm。

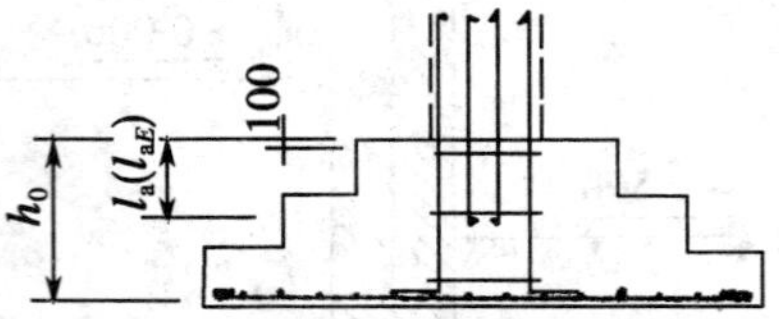

图 10－31　现浇柱的基础中插筋构造示意图

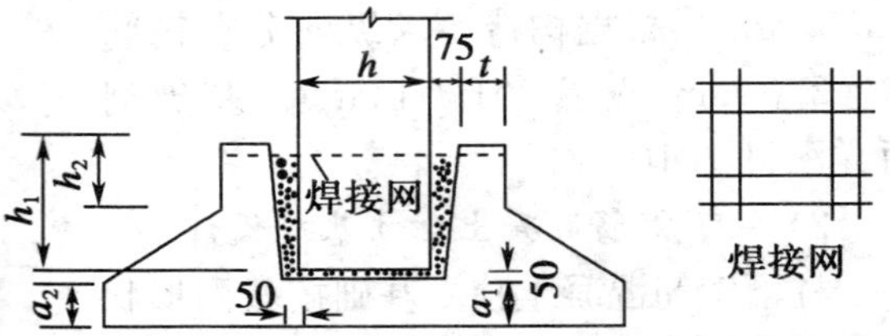

图 10－32　预制钢筋混凝土柱独立基础示意图

注：$a_2 \geqslant a_1$

⑧ 预制钢筋混凝土柱与杯口基础的连接应符合下列要求(图 10－32)：

a. 柱的插入深度可按表 10－10 选用，并应满足钢筋锚固长度的要求及吊装时柱的稳定性。

表 10－10　柱的插入深度 h_1(mm)

矩形或工字形柱				双肢柱
$h<500$	$500 \leqslant h<800$	$800 \leqslant h \leqslant 1\,000$	$h>1\,000$	$(1/3 \sim 2/3)h_a$
$h \sim 1.2h$	h	$0.9h$ 且 $\geqslant 800$	$0.8h$ 且 $\geqslant 1\,000$	$(1.5 \sim 1.8)h_b$

注：(1) h 为柱截面长边尺寸；h_a 为双肢柱全截面长边尺寸；h_b 为双肢柱全截面短边尺寸。

(2) 柱轴心受压或小偏心受压时，h_1 可适当减小，偏心距大于 $2h$ 时，h_1 可适当加大。

b. 基础的杯底厚度和杯壁厚度可按表 10－11 选用。

表 10－11　基础的杯底厚度和杯壁厚度

柱截面长边尺寸 h(mm)	杯底厚度 a_1(mm)	杯壁厚度 t(mm)
$h<500$	$\geqslant 150$	150～200
$500 \leqslant h<800$	$\geqslant 200$	$\geqslant 200$
$800 \leqslant h<1\,000$	$\geqslant 200$	$\geqslant 300$
$1\,000 \leqslant h<1\,500$	$\geqslant 250$	$\geqslant 350$
$1\,500 \leqslant h<2\,000$	$\geqslant 300$	$\geqslant 400$

注：(1) 双肢柱的杯底厚度值，可适当加大。

(2) 当有基础梁时，基础梁下的杯壁厚度，应满足其支承宽度的要求。

(3) 柱子插入杯口部分的表面应凿毛，柱子与杯口之间的空隙，应用比基础混凝土强度等级高一级的细石混凝土充填密实，当达到材料设计强度的 70%以上时方能进行上部吊装。

c. 当柱为轴心受压或小偏心受压且 $t/h_2 \geqslant 0.65$ 时，或大偏心受压且 $t/h_2 \geqslant 0.75$ 时，杯壁可不配筋；当柱为轴心受压或小偏心受压且 $0.5 \leqslant t/h_2 < 0.65$ 时，杯壁可按表 10－12 构造

配筋；其他情况下，应按计算配筋。

表 10-12　杯壁构造配筋

柱截面长边尺寸(mm)	$h<1\,000$	$1\,000\leqslant h<1\,500$	$1\,500\leqslant h\leqslant 2\,000$
钢筋直径(mm)	8～10	10～12	12～16

注：表中钢筋置于杯口顶部，每边两根(图 10-32)。

⑨ 预制钢筋混凝土柱与高杯口基础的连接及构造要求参见《建筑地基基础设计规范》(GB 50007—2002)中第 8.2.6 条的规定。

(2) 柱下钢筋混凝土独立基础的设计原则与计算步骤

① 设计原则

a. 柱下钢筋混凝土独立基础的设计包括确定基础底面尺寸、基础底板厚度和基础底板配筋。

b. 在确定基础底面尺寸或计算基础沉降时，应考虑设计地面以下基础及其上覆土重的作用，按地基承载力要求确定。

c. 设计基础截面(基础高度的确定、基础底板配筋)时，上部结构传来的荷载效应组合和相应的基底反力应按承载能力极限状态下荷载效应的基本组合，并采用相应的分项系数。分项系数可按《建筑结构荷载规范》(GB 50009—2001)的规定选用。应采用不计基础与上覆土重力作用的地基净反力进行计算。其中基础高度由混凝土的抗剪条件确定，底板的受力钢筋配筋则由基础验算截面的抗弯能力确定。

② 计算步骤

a. 基础底面尺寸

基础宽度的计算与一般浅基础相同，取 1 m 长为计算单元。

b. 地基净反力计算

Ⅰ. 轴心受压时

基底地基净反力为：

$$p_j=\frac{F}{lb} \tag{10-33}$$

式中：F——相应于荷载效应基本组合时作用在基础顶面上的荷载(kN/m)；

l、b——分别为基础底面的长边和短边(m)。

Ⅱ. 偏心受压时

基底净反力的偏心距：

$$e_0=\frac{\sum M}{F}$$

式中：$\sum M$——对基底中心的力矩和。

当 $e_0\leqslant\frac{b}{6}$ 时，基底地基净反力呈梯形分布，基底边缘处的最大和最小净反力为：

$$\begin{matrix}p_{j,\max}\\p_{j,\min}\end{matrix}=\frac{F}{lb}\pm\frac{6M}{bl^2} \tag{10-34}$$

c. 基础底板厚度 h 的确定和基础底板配筋计算

根据实验可知，柱下钢筋混凝土独立基础有两种破坏形式。

第一种破坏形式：在地基净反力作用下，基础底板在两个方向均发生向上的弯曲，底部受拉，顶部受压。在危险截面内的弯矩超过底板的抗弯强度时，底板将发生弯曲破坏，如图 10－33 所示。为了防止这种破坏，需要在基础底板下部配置钢筋。

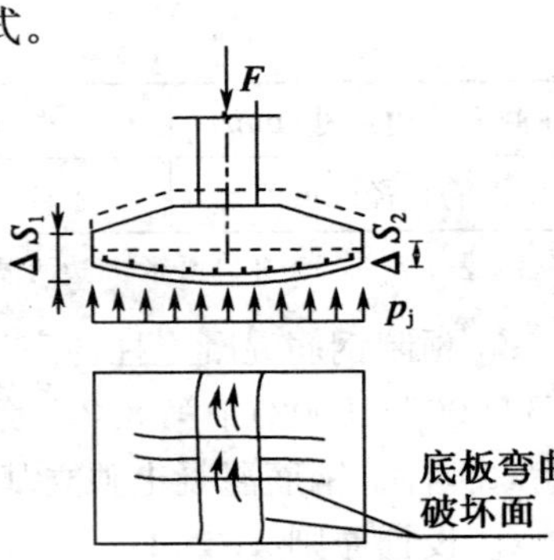

图 10－33　基础底板弯曲破坏

第二种破坏形式：当基础底板面积较大而高度较薄时，将沿柱周边（或阶梯高度变化处）发生冲切破坏，形成 45°斜裂面的角锥体，如图 10－34 所示。为防止这种破坏，基础应有足够的高度。

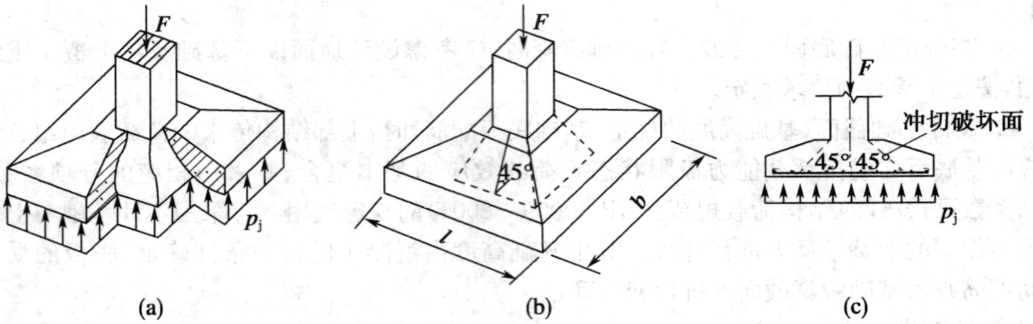

图 10－34　基础冲切破坏

Ⅰ. 基础底板厚度 h 的确定

基础底板厚度应根据在基础冲切角锥体以外，由相应于荷载效应基本组合时地基净反力 p_j 在破坏锥面上产生的冲切荷载 F_l 小于基础冲切破坏面上混凝土的抗冲切强度（抗拉承载力）的条件确定，即对于矩形截面柱（长边为 l_0，短边为 b_0）的矩形基础，柱与基础交接处以及基础变阶处的受冲切承载力应按下式验算：

$$F_l \leqslant 0.7\beta_{hp} f_t a_m h_0 \tag{10-35}$$

$$F_l = p_j A_l \tag{10-36}$$

式中：β_{hp}——受冲切承载力截面高度影响系数，当 h 不大于 800 mm 时，β_{hp} 取 1.0；当 h 大于等于 2 000 mm 时，β_{hp} 取 0.9，其间按线性内插法取用；

f_t——混凝土轴心抗拉强度设计值（kPa）；

h_0——基础冲切破坏锥体的有效高度；

a_m——冲切破坏锥体最不利一侧计算长度（m），$a_m=(a_t+a_b)/2$，对于矩形基础，柱短边一侧冲切破坏角柱长边一侧危险；

a_t——冲切破坏锥体最不利一侧斜截面的上边长（m），当计算柱与基础交接处的受冲切承载力时取柱宽，当计算基础变阶处的受冲切承载力时取上阶宽；

a_b——冲切破坏锥体最不利一侧斜截面在基础底面积范围内的下边长（m），当冲切破坏锥体的底面落在基础底面以内（图 10－36a、b），计算柱与基础交接处的受冲切承载力时，取柱宽加两倍基础有效高度；当计算基础变阶处的受冲切承载力时，取上阶宽加两倍该处的基础有效高度；当冲切破坏锥体的底面在方向落在基础底面以外，即 $a+2h_0 \geqslant b$ 时（图 10－36c）$a_b=b$。

轴心荷载作用时：

柱与基础交接处（图 10－35(a)）

$$a_m = 2\left[\frac{l_0+(l_0+2h_0)}{2}+\frac{b_0+(b_0+2h_0)}{2}\right]=2(l_0+b_0+2h_0) \tag{10-37}$$

基础变阶处（图 10－35(b)），式（10－37）中 l_0、b_0 应改为变阶处台阶平面尺寸；

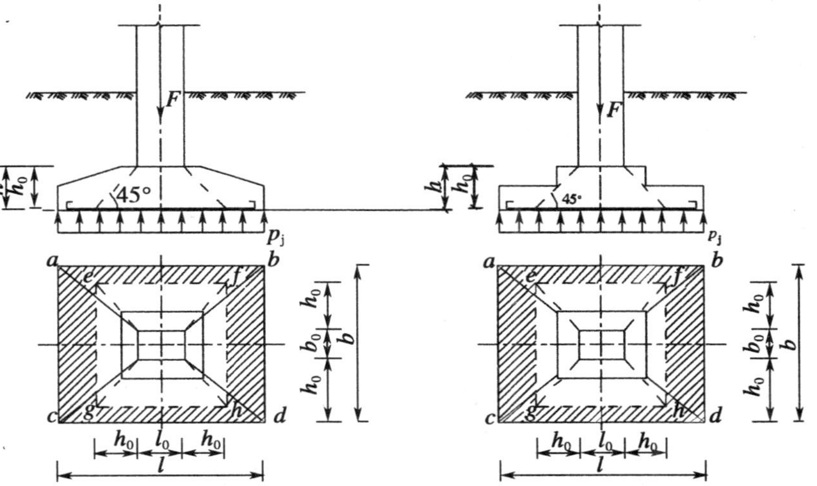

(a) 柱与基础交接处　(b) 基础变阶处

图 10－35　轴心荷载冲切验算图形

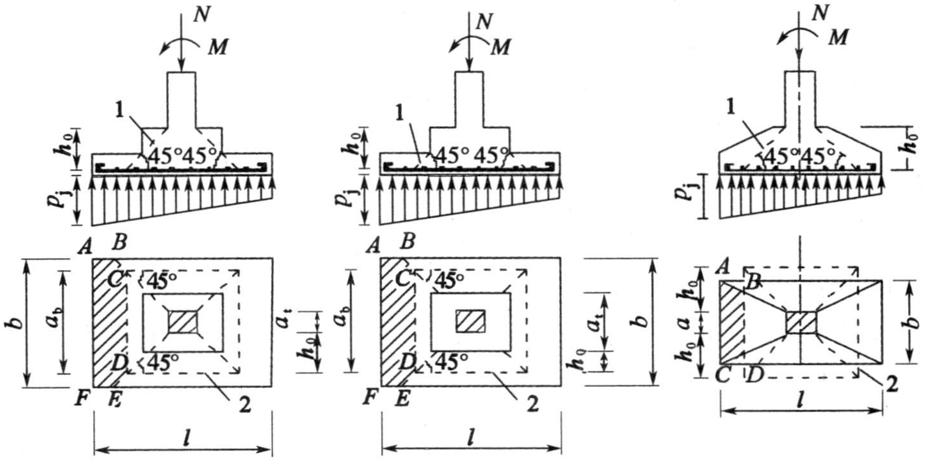

(a) 柱与基础交接处　(b) 基础变阶处　(c) 柱与基础交接处

图 10－36　计算阶形基础的受冲切承载力截面位置

1—冲切破坏锥体最不利一侧的斜截面；2—冲切破坏锥体的底面线

偏心荷载作用时：

若 $a_t+2h_0<b$

柱与基础交接处(图 10－36(a))，$a_m=b_0+h_0$。

基础变阶处(图 10－36(b))，a_m＝变阶处上阶宽$+h_0$。

若 $a_t+2h_0\geqslant b$(图 10－36(c))，$a_m=(b_0+b)/2$。

p_j——对应于荷载效应基本组合时的地基土单位面积净反力 p_j，对偏心受压基础可取基础边缘处最大地基土单位面积净反力 $p_{j,max}$。

A_l——冲切验算时取用的部分基底面积(m^2)(图 10－35 阴影部分面积，图 10－36(a)、(b)中的阴影面积 $ABCDEF$，或图 10－36(c)中的阴影面积 $ABCD$)。

轴心荷载作用时(图 10－35)：

$$A_l = l\times b-(l_0+2h_0)(b_0+2h_0) \tag{10-38}$$

偏心荷载作用时：

若 $a_t+2h_0<b$(图 10－36(a)、(b))

$$A_l=\left(\frac{l}{2}-\frac{l_0}{2}-h_0\right)b-\left(\frac{b}{2}-\frac{b_0}{2}-h_0\right)^2 \tag{10-39}$$

若 $a_t+2h_0\geqslant b$(图 10－36(c))

$$A_l=\left(\frac{1}{2}-\frac{l_0}{2}-h_0\right)b \tag{10-40}$$

F_l——对应于荷载效应基本组合时作用在 A_l 上的地基土净反力设计值(kN)。

应注意：如果柱边起的 45°斜截面线位于变阶处起的 45°斜截面线以外，则仅需进行变阶处验算；否则需进行柱边及变阶处的冲切验算。如果冲切破坏锥体的底面全部落在基础底面以外则不会产生冲切破坏，不必进行冲切验算。

Ⅱ．基础底板配筋计算

柱下钢筋混凝土独立基础在地基净反力 p_j 作用下，基础底板将沿着柱子四周向上弯曲，一般矩形基础的长宽比 $l/b\leqslant 2$，因此基础底板为双向弯曲板，当弯曲应力超过基础的抗弯强度时，基础底板将发生弯曲破坏。故在基础底板纵、横向均应配置受力钢筋。当基础底板发生弯曲破坏时，裂缝是沿柱角至基础角将基础底面分裂成四块梯形面积。因此，在进行配筋计算时，可将基础底板视为四块固定在柱边的梯形悬臂板。计算截面取在柱边或变阶处，在矩形基础沿长短两个方向的弯矩等于梯形基底面积上地基净反力的合力对柱边或基础变阶处截面形心的力矩。

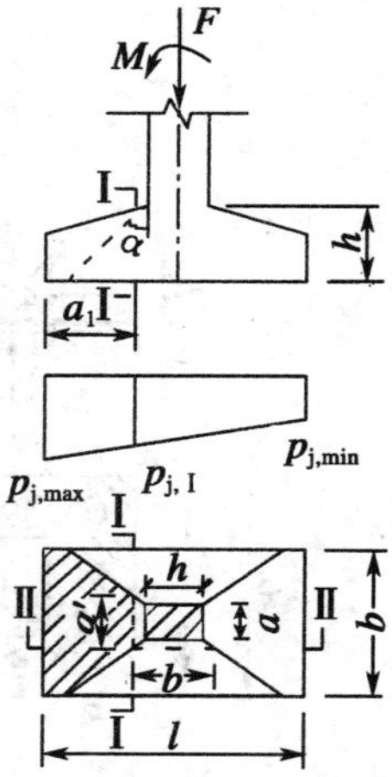

图 10－37　矩形基础底板配筋计算示意图

对于矩形基础，当台阶的宽高比小于或等于 2.5 和偏心距小于或等于 1/6 基础宽度时，基础底面截面Ⅰ－Ⅰ、Ⅱ－Ⅱ的弯矩可按下列公式计算(图 10－37)：

$$M_Ⅰ=\frac{1}{12}a_1^2[(2b+a')(p_{j,max}+p_{j,Ⅰ})+(p_{j,max}-p_{j,Ⅰ})b] \tag{10-41}$$

$$M_Ⅱ=\frac{1}{48}(b-a')^2(2l+b')(p_{j,max}+p_{j,min}) \tag{10-42}$$

式中：M_{I}、M_{II}——截面Ⅰ-Ⅰ、Ⅱ-Ⅱ处相应于荷载效应基本组合时的弯矩设计值（kN·m）；

a_1——截面Ⅰ-Ⅰ至基底边缘最大反力处的距离；

l、b——分别为基础底面的长边和短边；

a'、b'——分别为截面Ⅰ-Ⅰ和截面Ⅱ-Ⅱ的上边长；

$p_{j,max}$、$p_{j,min}$——相应于荷载效应基本组合时的基础底面边缘最大和最小地基净反力设计值，可由式(10-34)计算；

$p_{j,\mathrm{I}}$——相应于荷载效应基本组合时在任意截面Ⅰ-Ⅰ处基础底面地基净反力设计值，可由下式计算：

$$p_{j,\mathrm{I}}=p_{j,min}+\frac{l-a_1}{l}(p_{j,max}-p_{j,min})$$

注意：对于阶梯形基础，除进行柱边截面配筋计算外，还应计算变阶处截面的配筋，此时变阶处截面的弯矩只需用台阶平面尺寸 a'_1、b'_1 替换式(10-41)、(10-42)中柱截面的尺寸 a'、b' 即可求出，如图 10-38 所示。

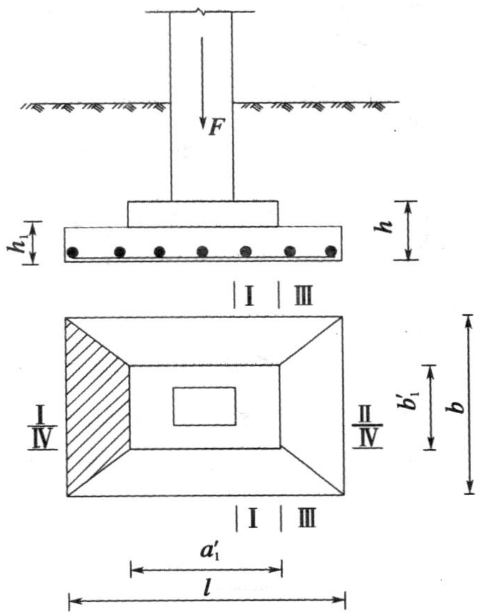

图 10-38 阶梯形基础底板配筋计算

按式(10-41)、(10-42)求得弯矩后，可用下式分别计算基础底板纵横两个方向的钢筋面积：

底板长边方向（平行 l 方向，垂直于Ⅰ-Ⅰ截面）的受力钢筋面积：

$$A_{s\mathrm{I}}\geqslant\frac{M_{\mathrm{I}}}{0.9f_yh_{0\mathrm{I}}}\tag{10-43}$$

底板短边方向（平行 b 方向）的受力钢筋面积：

$$A_{s\mathrm{II}}\geqslant\frac{M_{\mathrm{II}}}{0.9f_yh_{0\mathrm{II}}}\tag{10-44}$$

式中：f_y——钢筋抗拉强度设计值（N/mm^2）；

$h_{0\mathrm{I}}$、$h_{0\mathrm{II}}$——截面在Ⅰ-Ⅰ、Ⅱ-Ⅱ处基础的有效高度（mm）。

【例 10-7】 某工业厂房柱下钢筋混凝土独立基础的底面尺寸为 2 700 mm×1 800 mm，柱截面尺寸为 600 mm×400 mm，基础埋深 1.6 m，如图 10-39 所示。基础高度 h=600 mm，基础下设 100 mm 厚 C10 混凝土垫层，h_0=560 mm，传至基础顶面相应于荷载效应基本组合的竖向荷载设计值 F=750 kN，力矩设计值 M=110 kN·m，基础的混凝土强度等级 C20，f_t=1.1 N/mm^2，采用 HPB235 级钢筋，f_y=210 N/mm^2。试验算基础高度和配置基础钢筋。

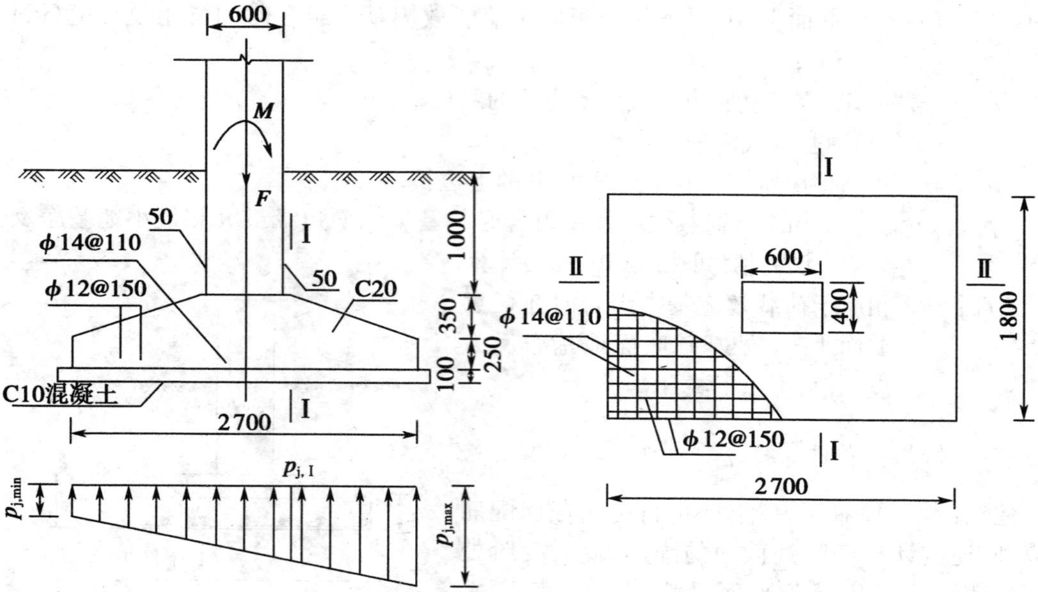

图 10-39 例 10-7 柱下钢筋混凝土独立基础计算与配筋布置图

【解】 (1) 地基净反力计算

基底地基净反力的偏心距：

$$e_0 = \frac{\sum M}{F} = \frac{110}{750} = 0.15\ \text{m} < \frac{l}{6} = \frac{2.7}{6} = 0.45\ \text{m}$$，故地基净反力呈梯形分布

基底边缘处的最大和最小净反力为：

$$p_{j,\max} = \frac{F}{lb} + \frac{6M}{bl^2} = \frac{750}{2.7 \times 1.8} + \frac{6 \times 110}{1.8 \times 2.7^2} = 154.32 + 50.3 = 204.62\ \text{kPa}$$

$$p_{j,\min} = 154.32 - 50.3 = 104.02\ \text{kPa}$$

注：b——平行于力矩矢量方向的基础底面边长；

l——基础底面偏心方向的边长。

(2) 验算基础高度

利用式(10-35)、(10-36)验算基础的冲切承载力。

$$F_l \leqslant 0.7\beta_{hp} f_t a_m h_0$$

$$F_l = p_{j,\max} A_l$$

$$A_l = \left(\frac{l}{2} - \frac{l_0}{2} - h_0\right)b - \left(\frac{b}{2} - \frac{b_0}{2} - h_0\right)^2$$

$$= \left(\frac{2.7}{2} - \frac{0.6}{2} - 0.56\right) \times 1.8 - \left(\frac{1.8}{2} - \frac{0.4}{2} - 0.56\right)^2$$

$$= 0.862\ \text{m}^2$$

$$F_l = p_{j,\max} A_l = 204.62 \times 0.862 = 176.38\ \text{kN}$$

因为 $h=600\ \mathrm{mm}<800\ \mathrm{mm}$，所以 $\beta_{hp}=1.0$。

因为 $a_t+2h_0=0.4+2\times0.56=1.52\ \mathrm{m}<b=1.8\ \mathrm{m}$，于是 $a_m=b_0+h_0=0.4+0.56=0.96\ \mathrm{m}$

$$0.7\beta_{hp}f_t a_m h_0=0.7\times1.0\times1.1\times10^3\times0.96\times0.56=376.32\ \mathrm{kPa}>F_l$$

故基础高度 $h=600$ mm 满足要求。

(3) 配置基础钢筋

因基础为锥形基础，故设计控制截面在柱边处，此时相应的 $a'=b_0=0.4\ \mathrm{m}$，$b'=l_0=0.6\ \mathrm{m}$，$a_1=(2.7-0.6)/2=1.05\ \mathrm{m}$

$$\begin{aligned}p_{j,\mathrm{I}}&=p_{j,\min}+\frac{l-a_1}{l}(p_{j,\max}-p_{j,\min})=104.02+\frac{2.7-1.05}{2.7}\times(204.62-104.02)\\&=165.5\ \mathrm{kPa}\end{aligned}$$

基础底面控制截面处的弯矩可按公式(10－41)、(10－42)计算。

长边方向，控制截面Ⅰ－Ⅰ的弯矩：

$$\begin{aligned}M_{\mathrm{I}}&=\frac{1}{12}a_1^2[(2b+a')(p_{j,\max}+p_{j,\mathrm{I}})+(p_{j,\max}-p_{j,\mathrm{I}})b]\\&=\frac{1}{12}\times1.05^2\times[(2\times1.8+0.4)(204.62+165.5)+(204.62-165.5)\times1.8]\\&=142.5\ \mathrm{kN\cdot m}\end{aligned}$$

短边方向，控制截面Ⅱ－Ⅱ的弯矩：

$$M_{\mathrm{II}}=\frac{1}{48}\times(1.8-0.4)^2\times(2\times2.7+0.6)\times(204.62+104.02)=75.6\ \mathrm{kN\cdot m}$$

底板长边方向(平行 l 方向，垂直于Ⅰ－Ⅰ截面)的受力钢筋面积：

$$A_{s\mathrm{I}}\geqslant\frac{M_{\mathrm{I}}}{0.9f_y h_{0\mathrm{I}}}=\frac{142.5\times10^6}{0.9\times210\times560}=1\,346.4\ \mathrm{mm}^2$$

则基础长边方向配置 A14@110mm($A_s=1\,399\ \mathrm{mm}^2$)。

底板短边方向(平行 b 方向)的受力钢筋面积：

$$A_{s\mathrm{II}}\geqslant\frac{M_{\mathrm{II}}}{0.9f_y h_{0\mathrm{II}}}=\frac{75.6\times10^6}{0.9\times210\times560}=714.3\ \mathrm{mm}^2$$

则基础短边方向配置 A12@150mm($A_s=754\ \mathrm{mm}^2$)。

钢筋布置图如图 10－39 所示。

10.6.2 柱下钢筋混凝土条形基础设计

柱下钢筋混凝土条形基础是指布置成单向或双向的钢筋混凝土条状基础，也称为基础梁。它由肋梁及其横向伸出的翼板组成(图 10－40)。根据柱子的数量、基础的剖面尺寸、上部荷载大小与分布以及结构刚度等情况，柱下条形基础可分别采用以下两种形式：

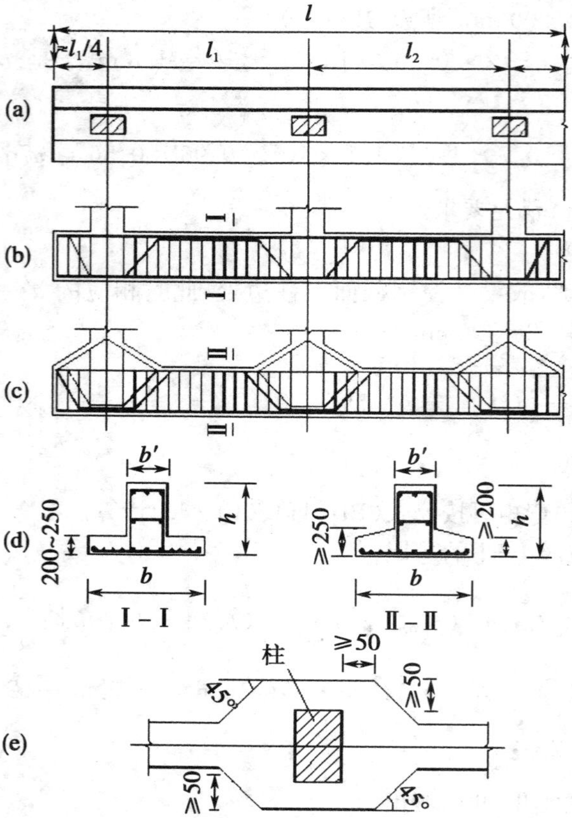

图 10－40　柱下条形基础的构造

(a) 平面图;(b)、(c) 纵剖面图 ;(d) 横剖面图;(e) 现浇柱与条形基础梁交接处平面尺寸

(1) 等截面条形基础

此类基础的横截面通常呈倒 T 形,底部挑出部分为翼板,其余部分为肋部。

(2) 局部扩大条形基础

此类基础的横截面,在与柱交接处局部加高或扩大,以适应柱与基础梁的荷载传递和牢固联接。

当遇到下列情况时,可设计成柱下条形基础:

① 单柱荷载较大,地基承载力不大,按常规设计的柱下独立基础,因基础需要底面大,基础之间的净距很小。为施工方便,把各基础之间的净距取消,连在一起,即为柱下条形基础。

② 对于不均匀沉降或振动敏感的地基,为加强结构整体性,可将柱下独立基础连成条形基础。

1) 柱下钢筋混凝土条形基础的构造要求

柱下条形基础的构造除扩展基础的要求外,尚应符合下列规定:

(1) 柱下条形基础梁的高度宜为柱距的 1/4～1/8,翼板厚度不应小于 200 mm;当翼板厚度大于 250 mm 时宜采用变厚度翼板,其坡度宜小于或等于 1：3(图 10－40(d))。

(2) 条形基础的端部宜向外伸出,其长度宜为第一跨距的 0.25 倍。

(3) 现浇柱与条形基础梁的交接处,其平面尺寸不应小于图 10－40(e)的规定。

(4) 条形基础梁顶部和底部的纵向受力钢筋除满足计算要求外，顶部钢筋按计算配筋全部贯通，底部通长钢筋不应少于底部受力钢筋截面总面积的 1/3。

(5) 柱下条形基础的混凝土强度等级不应低于 C20。

2) 柱下钢筋混凝土条形基础纵向内力的简化计算方法

根据《建筑地基基础设计规范》(GB 50007—2002)的规定，在比较均匀的地基上，上部结构刚度较好，荷载分布较均匀，且条形基础梁的高度不小于 1/6 柱距时，地基反力可按直线分布，条形基础梁的内力可按连续梁计算。此时，边跨跨中弯矩及第一内支座的弯矩值宜乘以 1.2 的系数。当不满足上述要求时，宜按弹性地基梁计算。下面简单介绍静定分析法和倒梁法。

(1) 静定分析法

这是一种常用的简化方法。假定基底净反力按直线分布，即把梁视为绝对刚性梁，则按整体静力平衡条件求出基底净反力的最大值和最小值，按式(10－45)计算。将柱端视为固端，在上部结构分析完成后得到固端荷载 F_i、M_i。将基底净反力、固端荷载及可能作用于梁上的分布荷载共同作用于基础梁上，然后按一般静定梁的内力分析方法计算基础梁各截面的弯矩和剪力(图 10－41)。

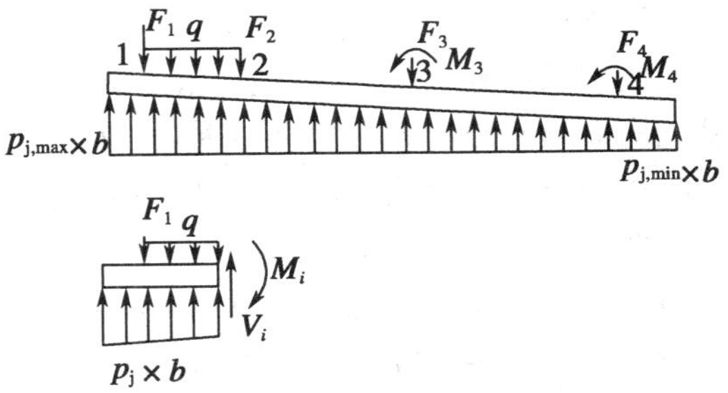

图 10－41　静力分析法计算条形基础的内力

静定分析法适用于上部为柔性结构且基础本身刚度较大的条形基础。

$$\left.\begin{matrix}p_{j,max}\\p_{j,min}\end{matrix}\right\}=\frac{\sum F_i}{bl}\pm\frac{6\sum M_i}{bl^2} \tag{10-45}$$

式中：$\sum F_i$——为上部建筑物作用在基础梁上的各竖向荷载之和(包括分布荷载，但不包括基础梁自重和覆土重)(kN)；

$\sum M_i$——各外荷载对基础梁形心的力矩代数和(kN·m)；

b——基础梁的宽度(m)；

l——基础梁的长度(m)。

(2) 倒梁法

倒梁法是假定柱下条形基础的基底净反力为直线分布，基底净反力的求法与静定分析法相同，不同之处在于分析梁的内力时把柱子作为固定铰支座，基底净反力作为荷载，将基础视为倒置的连续梁计算内力的方法。计算简图如图 10－42 所示。

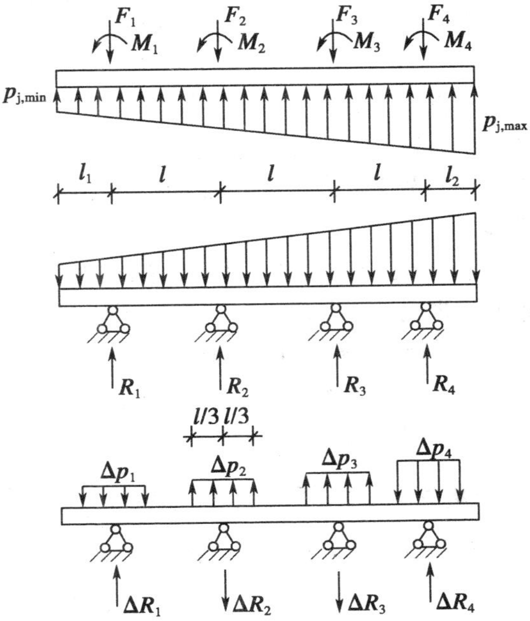

图 10－42　倒梁法计算简图

当基础或上部结构刚度较大，柱距不大且接近等间距，相邻柱荷载相差不大时，用倒梁法计算内力比较接近实际。但按这种方法计算的支座反力一般不等于柱荷载。主要原因是没有考虑土与基础及上部结构的三者共同作用，且假定地基反力按直线分布与实际不符，可通过逐次调整消除不平衡力。将不平衡力先算为均布荷载布置在支座两侧 1/3 跨度范围内，再按连续梁计算内力，然后与原来求得的内力叠加。

倒梁法较适合于地基比较均匀，上部结构刚度较好，荷载分布较均匀，且条形基础梁的高度大于 1/6 柱距的情况。

(3) 柱下条形基础的设计计算步骤

① 确定基础梁长度及宽度

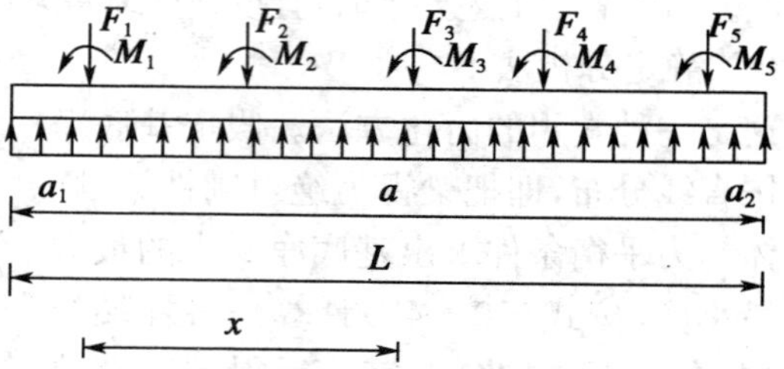

图 10－43 柱下钢筋混凝土条形基础梁长度确定计算简图

确定条形基础长度时，应尽量调整基础底面形心与荷载合力重心重合，以消除偏心作用。为此，可通过调整基础梁外伸尺寸来实现。首先应确定荷载合力重心。荷载分别如图 10－43 所示，合力作用点至竖向力 F_1 作用的距离为

$$x=\frac{\sum F_i x_i+\sum M_i}{\sum F_i} \tag{10-46}$$

根据构造要求选定基础梁左边伸出轴线外长度 a_1，则基础长度 L 及右边伸出轴线外长度 a_2 分别为

$$L=2x+2a_1 \tag{10-47}$$

$$a_2=L-a-a_1 \tag{10-48}$$

根据本章第四节基础底面尺寸的确定方法，确定出条形基础面积 A，则基础宽度为 $b=A/L$。如果无法实现基础底面形心与荷载合力重心重合，则基底反力按梯形分布计算，即可参照偏心荷载下的矩形基础底面尺寸确定方法，先初步选定基础宽度，再用边缘最大压力验算地基。

② 确定基础梁剖面尺寸及横向钢筋的配筋。基础梁剖面尺寸可按构造要求设置；横向钢筋可根据墙下条形基础受弯计算方法计算。

③ 基础梁纵向内力计算。

④ 纵向受力钢筋配置和柱边缘处基础梁受剪验算。

⑤ 施工图绘制。

10.6.3 十字交叉钢筋混凝土条形基础设计

十字交叉条形基础是在柱列下纵横两个相互垂直方向的条形基础组成的一种空间结构(图 10－44)。当上部荷载较大，以致沿柱列的一个方向上设置柱下条形基础已不能满足地基承载力要求和地基变形要求时，可考虑沿纵、横柱列的两个方向都设置条形基础，形成十字交叉基础，以增大基础底面积及基础刚度，减小地基附加压力和基础不均匀沉降。

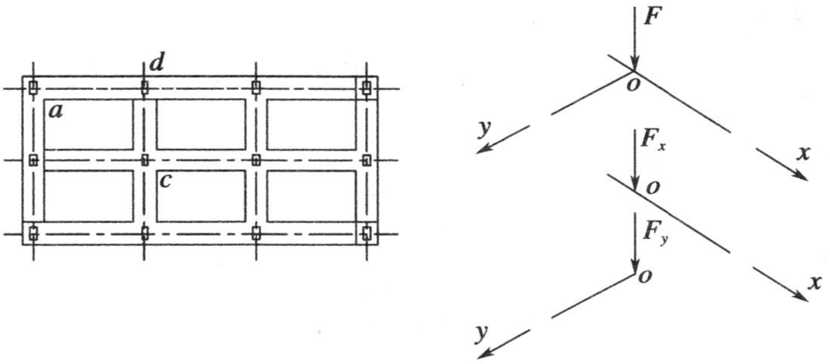

图 10-44 十字交叉条形基础平面图

作用在交叉结点上的上部结构荷载，一般是由柱子传来的集中荷载。在简化计算时，假定纵横条形基础的交点均为铰接；一个方向的条形基础有转角时在另一方向的条形基础内不引起内力；结点上两个方向的弯矩分别由纵向条形基础和横向条形基础承担，不计相邻条形基础上荷载的影响；只需将柱子传来的竖向荷载按照一定的原则在纵横两个方向上进行分配。当交叉条形基础每个结点的结点荷载均沿 x、y 方向分配后，即得纵横两组单列柱下条形基础，可按前述的条形基础内力分析方法分别进行计算。

1）边柱结点荷载分配

边柱节点 d，如图 10-44，在结点荷载 F 作用下，作用在 x、y 方向的分力分别为

$$F_x = \frac{4b_x s_x}{4b_x s_x + b_y s_y} F \tag{10-49}$$

$$F_y = \frac{b_y s_y}{4b_x s_x + b_y s_y} F \tag{10-50}$$

式中：F——上部结构传至交叉梁基础结点的竖向荷载设计值(kN)；

b_x、b_y——x、y 方向地基梁的底面宽度(m)；

s_x、s_y——x、y 方向地基梁的特征长度(m)。

$$s_x = \sqrt[4]{\frac{4E_c I_x}{kb_x}}, \quad s_y = \sqrt[4]{\frac{4E_c I_y}{kb_y}}$$

式中：k——地基的基床系数，按表 10-13 选用(kN/m³)；

I_x、I_y——x、y 方向地基梁横截面的惯性矩(m⁴)；

E_c——混凝土的弹性模量(kPa)。

表 10-13 地基的基床系数 k(kN/m³)

淤泥质土、有机质土或新填土	1 000～5 000
软质黏性土	5 000～10 000
软塑黏性土	10 000～20 000
可塑黏性土	20 000～40 000
硬塑黏性土	40 000～100 000
松　　砂	10 000～15 000
中密砂或松散砾石	15 000～25 000
紧密砂或中密砾石	25 000～40 000

2）中柱和角柱结点荷载分配

中柱结点 c、角柱结点 a，如图 10－44 所示，在节点荷载 F 作用下，作用在 x、y 方向的分力分别为

$$F_x = \frac{b_x s_x}{b_x s_x + b_y s_y} F \tag{10-51}$$

$$F_x = \frac{b_y s_y}{b_x s_x + b_y s_y} F \tag{10-52}$$

思考与练习

一、选择题

1. 砖石条形基础属于下面哪一类基础（　　）。

A. 刚性基础　　B. 柔性基础　　C. 轻型基础　　D. 以上都不对

2. 当新建建筑物基础深于旧建筑物基础时，新、旧建筑物相邻基础间应保持的距离不宜小于两相邻基础地面高差的（　　）。

A. 0.5～1 倍　　B. 1～2 倍　　C. 2～3 倍　　D. 3～4 倍

3. 除岩石地基外，基础的埋深不宜小于（　　）。

A. 0.1 m　　B. 0.2 m　　C. 0.4 m　　D. 0.5 m

4. 某墙下条形基础，顶面的中心荷载 $F=180$ kN/m，基础埋深 $d=1.0$ m，地基承载力特征值 $f_a=180$ kPa，该基础的最小底面宽度应为（　　）。

A. 1.0 m　　B. 1.1 m　　C. 1.13 m　　D. 1.2 m

5. 某排架柱，采用柱下独立基础，作用于基础顶面的荷载为：$F=250$ kN，$M=70$ kN·m，$Q=20$ kN，基础埋深为 1.5 m，该基础的最小底面积应为（　　）。

A. 1.5 m×1.3 m　　B. 1.7 m×1.5 m　　C. 1.9 m×1.7 m　　D. 2.1 m×1.9 m

6. 将软弱下卧层的承载力标准值修正为设计值时（　　）。

A. 仅需作深度修正

B. 仅需作宽度修正

C. 需作宽度和深度修正

D. 仅当基础宽度大于 3 m 时才需作宽度修正

7. 高层建筑为了减小地基的变形，下列（　　）基础形式较为有效。

A. 钢筋混凝土十字交叉基础　　B. 箱形基础

C. 筏形基础　　D. 扩展基础

二、简答题

1. 影响基础埋深的因素有哪些？为什么基底下面可以保留一定厚度的冻土层？

2. 如何确定基础底面尺寸？轴心受压与偏心受压基础底面积尺寸的确定方法有何不同？

3. 计算基础底面积的公式中 $A \geqslant \dfrac{F_k}{f_a - 20d}$，是否考虑了基础及其上方填土重力的作用？

4. 在什么情况下,应进行地基软弱下卧层的强度验算?若不满足下卧层验算时,应该怎么办?

5. 无筋扩展基础的特点有哪些?怎样确定无筋扩展基础的剖面尺寸?

6. 如何确定墙下钢筋混凝土条形基础与柱下钢筋混凝土独立基础的高度?

三、计算题

1. 某砖混结构,校舍外墙基础采用钢筋混凝土条形基础,如习题图 10-1 所示,基础埋置深度 $d=1.5$ m,相应于荷载效应标准组合上部结构传至基础顶面的荷载值 $F_k=200$ kN/m,基础埋深范围内土的重度 $\gamma_m=19$ kN/m^3,地基持力层为黏性土,$e=0.85$,$I_L=0.75$,$f_k=185$ kPa。试确定基础底面宽度。

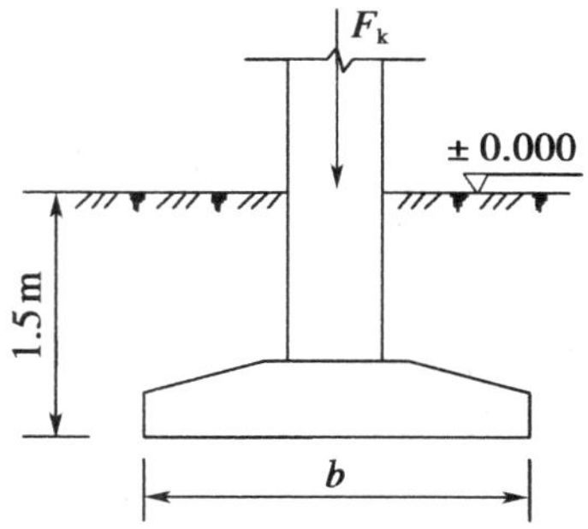

习题图 10-1

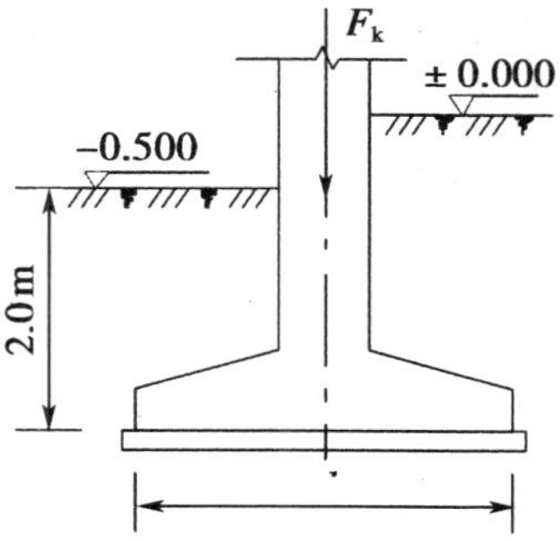

习题图 10-2

2. 习题图 10-2 为某矩形基础剖面图,基础埋置深度 $d=2$ m,室内外高差为0.5 m,上部结构传至基础顶面的荷载值 $F_k=600$ kN,基础埋深范围内土的重度 $\gamma_m=18.9$ kN/m^3,地基持力层为细砂土,$f_a=176$ kPa。试确定该矩形基础底面尺寸。

3. 习题图 10-3 为某厂房柱下基础剖面图,基础埋置深度 $d=1.8$ m,各荷载标准组合及深度尺寸如习题图 10-3 所示,轴心力 $F_k=1\,500$ kN,$M_k=110$ kN·m,向左的水平剪力 $V_k=100$ kN,地基持力层为黏土,$\gamma_m=19$ kN/m^3,$e=0.83$,$I_L=0.75$,$f_{ak}=208$ kPa。试确定该矩形基础的底面尺寸。

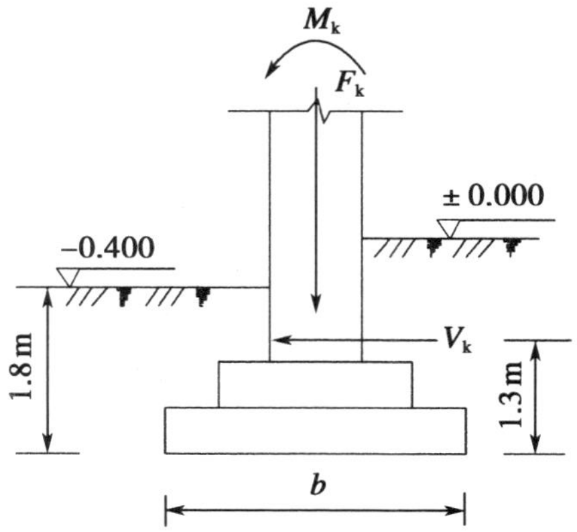

习题图 10-3

4. 某厂房柱断面 400 mm×400 mm。基础受竖向荷载标准值 $F_k=300$ kN,基础埋置深度为 1.7 m,修正后的地基承载力特征值为 $f_a=213$ kPa。试设计柱下无筋扩展基础。

5. 某教学楼，外墙厚为 370 mm，上部荷载传至±0.000 处的竖向荷载标准值为 F_k＝290 kN/m，相应于荷载效应基本组合时，竖向荷载 F＝350 kN/m，基础埋置深度为 1.2 m，修正后的地基承载力特征值 f_{ak}＝260 kPa。基础的混凝土强度等级为 C20（f_t＝1.1 N/mm^2），采用 HPB235 级钢筋（f_y＝210 N/mm^2）。试设计该外墙基础。

6. 某工业厂房柱下钢筋混凝土独立基础的底面尺寸为 2 400 mm×1 600 mm，柱截面尺寸为 400 mm×400 mm，基础埋深 1.5 m，如习题图 10－4 所示。基础高度 h＝540 mm，基础下设 100 mm厚 C10 混凝土垫层，500 mm，传至基础顶面相应于荷载效应基本组合的竖向荷载设计值 F＝560 kN，基础的混凝土强度等级 C20，f_t＝1.1 N/mm^2，采用 HPB235 级钢筋，f_y＝210 N/mm^2。试验算基础高度和配置基础钢筋。

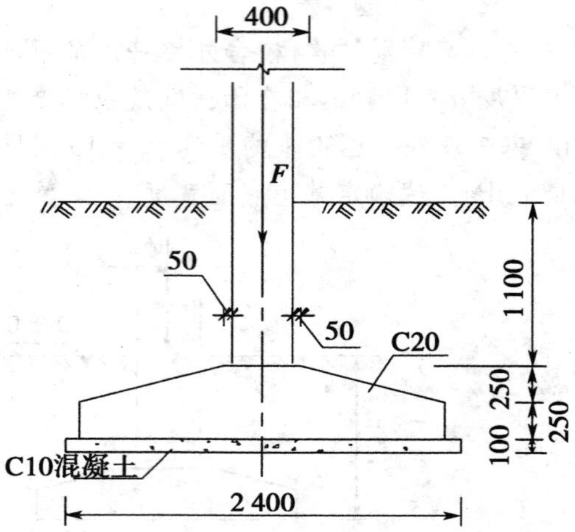

习题图 10－4

11 桩基础

本章概要： 了解桩基础的适用条件及分类标准，了解负摩阻力及中性点的概念，熟悉单桩的破坏模式，掌握单桩竖向承载力的确定方法，熟悉群桩效应及桩基础的设计方法。

本章重点： 单桩竖向承载力的确定及桩基础的受力验算。

11.1 概 述

11.1.1 桩基础的适用性

当采用天然地基上的浅基础不能满足地基基础设计承载力和变形要求时，可采用地基加固，或采用桩基础将荷载传至承载力高的深部土层。桩基础具有较大的整体性和刚性，具有承载力高、沉降量小而均匀、稳定性好、便于机械化施工、适应性强等特点，能适应高、重、大的建筑物的要求。下述情况，一般可考虑选用桩基础方案：

(1) 地基上层土的土质太差而下层土的土质较好；或地基土软硬不均；或荷载不均，不能满足上部结构对不均匀变形限制的要求。

(2) 地基软弱，如存在较深厚的软土，采用地基加固措施不合适；或地基土性特殊，如存在可液化土层、自重湿陷性黄土、膨胀土及季节性冻土等。

(3) 除承受较大竖向荷载外，尚有较大的偏心荷载、水平荷载、动力或周期性荷载作用。

(4) 上部结构对基础的不均匀沉降相当敏感；或建筑物受到大面积地面超载的影响。

(5) 地下水位很高，采用其他基础型式施工困难；或位于水中的构筑物基础，如桥梁、码头、钻采平台等。

(6) 需要长期保存、具有重要历史意义的建筑物；需要减少基础振幅或应控制基础沉降和沉降速率的精密或大型设备基础。

通常，当软弱土层很厚，桩端达不到良好地层时，桩基设计时应考虑基础沉降问题。目前，桩基设计思想正在由过去单纯的承载力控制向承载力和变形双控制过渡，按地基容许沉降量大小设计桩基的思想正逐步得到推广。

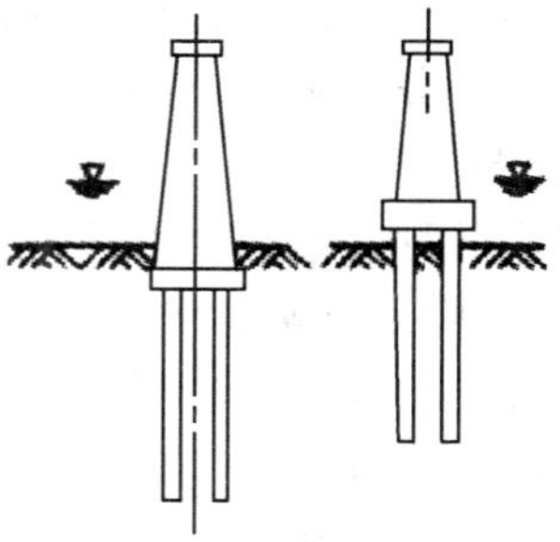

(a) 低桩承台 (b) 高桩承台

图 11-1 高桩承台和低桩承台

11.1.2 桩基础的分类

桩的分类，根据不同标准可以有不同的分类法。

1) 按承台位置分

桩基础按承台位置可分为高桩承台基础和低桩承台基础，如图 11-1 所示。承台底面位于地面(或冲刷线)以上称为高承台桩基础，也称高桩承台基础；而承台全部沉入土中则称为低承台桩基础，也称低桩承台基础。高桩承台基础结构的特点是基桩部分桩身埋入土中，部分桩身外露在地面以上，由于承台位置较高或设在施工水位以上，可减少墩台的圬工数量，避免或减少水下作业，施工较为方便。但高桩承台基础刚度较小，在水平力作用下，由于承台及基桩露出地面一段自由长度，而周围又无土体来共同承受水平外力，基桩的受力情况较为不利，桩身内力和位移都将大于在同样水平外力作用下的低桩承台基础，稳定性方面低桩承台基础也较高桩承台基础好。

2）按桩的承载性能分类

桩在竖向荷载作用下，桩顶部的荷载由桩与桩侧岩土层间的侧阻力和桩端的端阻力共同承担。由于桩侧、桩端岩土的物理力学性质以及桩的尺寸和施工工艺不同，桩侧和桩端阻力的大小以及它们分担荷载的比例有很大差异，据此将桩分为摩擦型桩和端承型桩。

（1）摩擦型桩

摩擦型桩是指在竖向极限荷载作用下，桩顶荷载全部或主要由桩侧阻力承受。根据桩侧阻力分担荷载的大小，摩擦型桩又可以分为摩擦桩和端承摩擦桩两类。摩擦桩是指在竖向极限荷载作用下，桩顶荷载由桩侧阻力承受，桩端阻力忽略不计（见图11－2(a)）；端承摩擦桩是指在竖向极限荷载作用下，桩顶荷载主要由桩侧阻力承担，桩端阻力占比例较小，但不可忽略（见图 11－2(b)）。

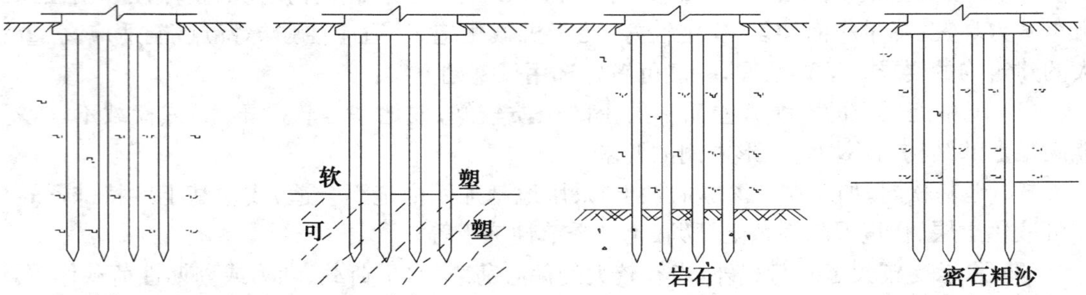

图 11－2　摩擦型桩和端承型桩

（2）端承型桩

端承型桩是指在竖向极限荷载作用下，桩顶荷载全部或主要由桩端阻力承担。根据桩端阻力发挥的程度和分担荷载的比例，端承型桩可以分为端承桩和摩擦端承桩两类。在竖向极限荷载作用下，桩顶荷载绝大部分由桩端阻力承担，桩侧阻力可以忽略不计的称为端承桩（见图 11－2(c)）；在竖向极限荷载作用下，桩顶荷载主要由桩端阻力承担，桩侧阻力占比例较小的称为摩擦端承桩（见图 11－2(d)）。

3）按施工方法分类

按桩的施工方法可分为预制桩和灌注桩两种。

（1）预制桩

预制桩指在工厂或施工现场制成的各种形式和材料的桩，而后用沉桩设备将桩打入、压入、旋入、冲入、振入土中。

① 打入桩。打入桩是靠机具动力冲击将桩体打入地基土中的成桩施工方法。古代木桩就是人工打入桩，而现代打入桩是靠专业打桩机械实施的，如柴油锤打桩机等。

② 压入桩。压入桩是靠专门的压桩机以静力方式将预制桩体压入地基中的方法。压入法几乎不产生振动和噪声，但沉桩能力小于打桩法，因而适用于对桩承载力要求不是很高的情况。

③ 旋入桩。旋入桩是在桩端处设一螺旋板，利用外部机械的扭力将其逐渐转入地基中的一种成桩方法。这种桩的直径一般较小，而螺旋板相对较大。施工过程中对桩侧土体的扰动较大。

④ 振沉桩。振沉桩是利用振动沉桩机械的上下振动而将预制桩沉入地基中的成桩方法。这种方法介于打入法和压入法之间。

(2) 灌注桩

灌注桩指在工程现场通过机械钻孔、钢管挤土或人力挖掘等手段在地基土中形成桩孔然后在桩孔内放置钢筋笼，灌注混凝土而形成的桩。灌注桩的直径可以达到 0.3～2.0 m，桩长可达一百多米。根据成孔方法不同，灌注桩又可分为钻孔灌注桩、挖孔灌注桩、冲孔灌注桩、沉管灌注桩及爆扩桩等。

① 钻孔灌注桩。钻孔灌注桩是各类灌注桩中应用最广的一种。钻孔灌注桩是利用钻孔机械先行钻孔，然后在孔中放置钢筋笼，灌注混凝土而形成的桩。钻孔灌注桩的桩径和桩长都远远超过了预制桩，适用于多种土质土层条件。

② 沉管灌注桩。沉管灌注桩属于套管保护作业桩，可分为振动沉管桩和锤击沉管桩两种。这种方法的特点是施工速度快而造价低。为保证桩的质量，沉管和拔管时一定要多加注意。

③ 挖孔灌注桩。挖孔灌注桩是采用人工或机械挖孔，然后制作钢筋混凝土桩的成桩方法。挖孔时每挖一段就要浇制一圈混凝土护壁。人工挖孔时应该有可靠的保护孔壁、防止落物、强制送风等保护措施。

4) 按桩的使用功能分类

(1) 竖向抗压桩。一般的房屋建筑，在正常工作的条件下(如不承受地震荷载，或抗震设防烈度不高而建筑物高度亦不大)，主要承受上部结构传来的竖向荷载，因此大多采用此类桩。

(2) 水平受荷桩。港口工程的板桩、基坑的支护桩等，都是主要承受水平荷载的桩。此时桩身的稳定依靠桩侧土的抗力，往往还设置水平支撑或拉锚以承受部分水平力。

(3) 抗拔桩。指主要承受拉拔荷载的桩。如板桩墙背的锚桩和受浮力的构筑物在浮力作用下自身不能稳定而在底板下设置的锚桩。

5) 按挤土效应分类

大量工程实践表明，成桩挤土效应对桩的承载力、成桩质量控制与环境等有很大影响，因此根据成桩方法和成桩过程挤土效应可将桩分为以下三类：

(1) 挤土桩(亦称排土桩)。这类桩在设置过程中，桩周土被挤开，使土的工程性质与天然状态相比发生较大变化。挤土桩主要包括打入或压入预制混凝土桩、封底钢管桩、混凝土管桩和沉管式的灌注桩等。

(2) 部分挤土桩(亦称少量排土桩)。这类桩在设置过程中，由于挤土作用轻微，故桩周土的工程性质变化不大。如打入的截面厚度不大的工字形钢和 H 形钢桩、开口钢管桩和螺旋钻成孔桩等。

(3) 非挤土桩(亦称非排土桩)。这类桩在设置过程中，将相当于桩身体积的土挖出，因而对桩周土无挤压作用，包括各种形式的钻孔桩、挖孔桩以及预钻孔埋桩等，其中钻孔灌注桩应用得最广泛。

11.1.3 桩基概率极限状态设计

1）概率极限状态设计法

应用概率论和数理统计理论分析极限状态时各因素的变化规律进行设计的方法称为概率极限状态设计法。《建筑结构可靠度设计统一标准》(GB 50068—2001)摒弃了传统的安全系数 K，而以与结构失效概率 P_f 相对应的可靠指标 β 作为衡量结构可靠度的尺度。该标准规定，结构的极限状态分为承载能力极限状态和正常使用极限状态两类。承载能力极限状态主要考虑有关结构的安全性的功能，正常使用极限状态主要考虑有关结构适用性和耐久性功能。这种以结构的各种功能要求的极限状态为依据的设计方法，称为极限状态设计法。若以结构的失效概率 P_f 或可靠指标 β 来度量结构的可靠度，并建立结构可靠度与极限状态之间的数学关系，这种设计方法就称为概率极限状态设计法或可靠性设计法。

2）桩基的极限状态

《建筑桩基技术规范》(JGJ 94—2008)将桩基极限状态分为桩基承载能力极限状态和桩基正常使用极限状态两类。

承载能力极限状态：对应于桩基达到最大承载能力或整体失稳或发生不适于继续承载的变形；正常使用极限状态：对应于桩基达到建筑物正常使用所规定的变形限值或达到耐久性要求的某项限值。根据承载能力极限状态和正常使用极限状态的要求，桩基需进行下列计算和验算。

(1) 所有桩基均应进行承载能力极限状态的计算，应采用基本组合和地震作用效应组合，计算内容包括：

① 根据桩基的使用功能和受力特征进行桩基的竖向(抗压或抗拔)承载力计算和水平承载力计算；对于某些条件下的群桩基础宜考虑由桩群、土、承台相互作用产生的承载力群桩效应。

② 对桩身及承台承载力进行计算；对于桩身露出地面或桩侧为可液化土、极限承载力小于 50 kPa(或不排水抗剪强度小于 10 kPa)土层中的细长桩尚应进行桩身压屈验算；对混凝土预制桩尚应按施工阶段的吊装、运输和锤击作用进行强度验算。

③ 当桩端平面以下存在软弱下卧层时，应验算软弱下卧层的承载力。

④ 对位于坡地、岸边的桩基应验算整体稳定性。

⑤ 按现行《建筑抗震设计规范》(GB 50011—2001)规定应进行抗震验算的桩基，应验算抗震承载力。

(2) 按正常使用极限状态验算桩基沉降时应采用荷载的长期效应组合；验算桩基的水平变位、抗震、裂缝宽度时，根据使用要求和裂缝控制等级应分别采用作用效应的短期效应组合或短期效应组合考虑长期荷载的影响。

桩基在竖向或横向荷载下的破坏由以下两种强度之一的破坏状态引起：地基土强度破坏或桩身强度破坏。通常竖向承载桩和横向承载短桩的破坏多由地基土强度破坏而引起；而横向承载长桩的破坏则多由桩的材料强度破坏所引起。这种以地基土或桩结构丧失稳定性的极限状态即为桩基承载力极限状态。

11.2 单桩基础设计

11.2.1 竖向荷载下单桩的荷载传递

桩的荷载传递机理揭示的是桩—土之间力的传递与变形协调的规律，因而它是桩的承载力机理和桩—土共同作用分析的重要理论依据。

桩侧阻力与桩端阻力的发挥过程就是桩—土体系荷载的传递过程。桩顶受竖向荷载后，桩身压缩而向下位移，桩侧表面受到土的向上摩阻力，桩侧土体产生剪切变形，并使桩身荷载传递到桩周土层中去，从而使桩身荷载与桩身压缩变形随深度递减。随着荷载的增加，桩端出现竖向位移和桩端反力。桩端位移加大了桩身各截面的位移，并促使桩侧阻力进一步发挥。一般来说，靠近桩身上部土层的侧阻力先于下部土层、侧阻力先于端阻力发挥出来。

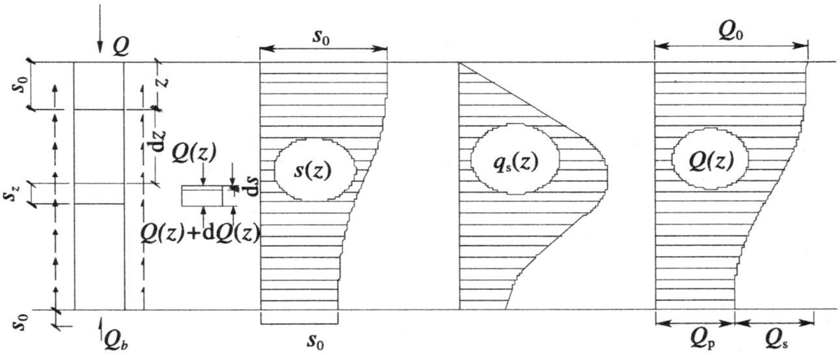

(a) 轴向受压的柱　(b) 截面位移　(c) 摩擦力分析　(d) 轴力分析

图 11-3　桩土体系荷载传递分析

由图 11-3 看出，任一深度 z 桩身截面的荷载为

$$Q(z)=Q-u\int_0^z q_s(z)\mathrm{d}z \tag{11-1}$$

根据力的竖向平衡，有

$$Q=Q_s+Q_p \tag{11-2}$$

式中：Q_s——桩侧总摩阻力(kN)；

Q_p——桩端总阻力(kN)；

u——桩的横断面周长。

根据 Q_s/Q 和 Q_p/Q 的大小，定性地将桩分为摩擦桩（Q_s/Q 大致在 0.8 以上）、端承摩擦桩（Q_s/Q 大致在 0.6～0.75）、端承桩（Q_p/Q 大致在 0.8 以上）和摩擦端承桩（Q_p/Q 大致在 0.6～0.75）。

11.2.2 桩侧负摩阻力问题

1）产生桩侧负摩阻力的条件

当土体相对于桩身向下位移时，土体不仅不能起扩散桩身轴向力的作用，反而会产生下拉的摩阻力，使桩身的轴力增大，该下拉的摩阻力称为负摩阻力。负摩阻力的存在，增大了桩身荷载和桩基的沉降。**在桩身某一深度处的桩土位移量相等，该处称为中性点。**中性点是正、负摩阻力的分界点。

产生负摩阻力的条件，可归纳为三类情况：第一类情况为桩周土在自重作用下固结沉降或浸水导致土体结构破坏、强度降低而固结（湿陷），如桩穿越较厚松散填土、自重湿陷性黄土、欠固结土层，进入相对较硬土层；第二类情况为外界荷载作用导致桩周土固结沉降，如桩周存在软弱土层，邻近桩侧地面承受局部较大的长期荷载或大面积地面堆载（包括填土）；第三类情况为因降水导致桩周土中有效应力增大而固结。软土地区由密集桩群施工造成的土隆起和随后的再固结，也会产生桩侧负摩阻力。

负摩阻力对于桩基承载力和沉降的影响随桩侧阻力与桩端阻力分担荷载比、建筑物各桩基周围土层沉降的均匀性、建筑物对不均匀沉降的敏感程度而定，因此，考虑负摩阻力对承载力和沉降验算也应有所区别。

2）考虑桩侧负摩阻力的桩基承载力和沉降问题

对于摩擦型桩基，当出现负摩阻力对桩体施加下拉荷载时，由于持力层压缩性较大，随之引起沉降。桩基沉降一出现，土对桩的相对位移便减小，负摩阻力便降低，直至转化为零。因此，一般情况下对摩擦型桩基，可近似视（理论）中性点以上侧阻力为零计算桩基承载力。

对于端承型桩基，由于其桩端持力层较坚硬，受负摩阻力引起下拉荷载后不致产生沉降或沉降较小，此时负摩阻力将长期作用于桩身中性点以上侧表面。因此，应计算中性点以上负摩阻力形成的下拉荷载 Q_n，并以下拉荷载作为外荷载的一部分验算其承载力。

11.2.3 单桩竖向承载力

1）单桩承载力的破坏模式

单桩承载力的破坏模式是指其达到破坏时所表现出的特征，它取决于桩身的强度、土的工程性质及构造、桩底沉降等因素。主要有五种特征：

（1）桩身材料屈服（压屈），端承桩和超长摩擦桩都有可能发生这种破坏。

（2）持力层整体剪切破坏，当桩穿过软弱土层支承于较硬持力层时易发生这种破坏。

（3）刺入剪切破坏，常见于均质土中的摩擦桩。

（4）沿桩身侧面纯剪切破坏，当桩底软弱不能提供承载力，仅靠桩侧摩阻力承担荷载的纯摩擦桩的破坏模式。

（5）在拔力作用下沿桩身侧面纯剪切破坏。

2）单桩极限承载力

单桩极限承载力是指一根桩在上述破坏模式下，任何破坏发生之前所能承受的最大荷载。桩的承载力主要取决于桩的材料强度和土的支承能力两个方面。

当桩身强度足够时，桩的竖向承载力取决于土对桩的支承能力，包括由土的强度条件决定的对桩的支承力和由土的变形条件决定的桩所能承受的支承力。

3）单桩竖向极限承载力的确定

单桩竖向承载力取决于桩本身的材料强度和土对桩的支承力，取其小值作为单桩承载力的特征值。一般情况下，土对桩的支承力小于桩身的材料强度，桩的承载力由土的强度和变形条件确定。如果土对桩的支承力大于桩身的材料强度，则桩的承载力应根据桩身材料的最大承压强度计算。

（1）按土对桩的支承力确定

按土对桩的支承力确定单桩竖向承载力特征值的方法很多，主要有静载荷试验、经验公式、静力触探等。

① 静载荷试验

根据《建筑地基基础设计规范》(GB 50007—2002)的规定：单桩竖向承载力特征值应通过单桩静载荷试验确定。在同一条件下的试桩数量，不宜少于总桩数的 1%，且不应少于 3 根。

A. 试验装置

试验装置主要由加载系统和量测系统组成，图 11－4(a)所示为锚桩横梁试验装置布置图；图 11－4(b)所示为压重平台装置布置图。加载系统由反力千斤顶及其反力系统组成，后者包括主、次梁及锚桩，所提供的反力应大于预估最大试验荷载的 1.2～1.5 倍。采用工程桩作为锚桩时，锚桩数量不能少于 4 根，并应对试验过程锚桩的上拔量进行监测。反力系统也可采用压重平台反力装置或锚桩压重联合反力装置。采用压重平台时，要求压重量必须大于预估最大试验荷载的 1.2 倍，且压重应在试验开始前一次加上，并均匀稳固地放置在平台上。

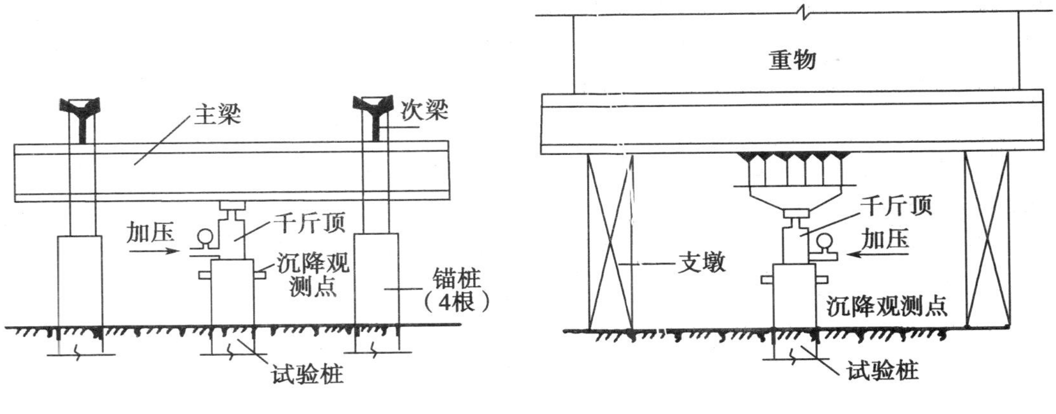

(a) 锚桩横梁反力装置　　(b) 压重平台反力装置

图 11－4　单桩静载荷试验的加荷装置

量测系统主要由千斤顶上的应力环、应变式压力传感器(测荷载大小)及百分表或电子位移计(测试桩沉降)等组成。荷载大小也可采用连于千斤顶的压力表测定油压，再根据千斤顶的率定曲线换算得到。为准确测量桩的沉降，消除相互干扰，要求有基准系统(基准桩、基准梁组成)，并保证在试桩、锚桩(或压重平台支墩)和基准桩之间有足够的距离，见表 11－1 所示。

表 11-1　试桩、锚桩(或压重平台支墩)和基准桩之间的中心距离

反力系统	试桩与锚桩 (或压重平台支座墩边)	试桩与基准桩	基准桩与锚桩 (或压重平台支座墩边)
锚桩横梁反力装置 压重平台反力装置	$\geqslant 4d$ >2.0 m	$\geqslant 4d$ >2.0 m	$\geqslant 4d$ >2.0 m

注：d 为试桩或锚桩的设计直径，取其较大者(如试桩或锚桩为扩底桩时，试桩或锚桩的中心距尚不应小于 2 倍扩大端直径)。

B. 试验方法

一般应采用慢速维持荷载法逐级加载，加荷分级不应少于 8 级，每级荷载增量一般为预估极限荷载的 1/8～1/10，第一级荷载可加倍施加。每级加荷后，按 5、10、15、30、45、60、90、120 分钟……间隔测读桩顶沉降量。当桩的沉降量连续两次每小时小于 0.1 mm，则认为沉降已经稳定，可加下一级荷载。当符合下列条件之一时，可终止加载：

a. 当桩的荷载-沉降曲线($Q-s$ 曲线)上有可判定极限承载力的陡降段，且桩顶总沉降量超过 40 mm。

b. $\dfrac{\Delta s_{n+1}}{\Delta s_n} \geqslant 2$，且经 24 h 尚未达到稳定。

c. 25 m 以上的非嵌岩桩，$Q-s$ 曲线呈缓变型时，桩顶总沉降量大于 60～80 mm。

d. 在特殊条件下，可根据具体要求加载至桩顶沉降量大于 100 mm。

终止加载后进行卸载，每级基本卸载量按每级基本加载量的 2 倍控制，并按 15、30、60 min 测读回弹量，然后进行下一级的卸载。全部卸载后，隔 3～4 h 再测读一次桩顶回弹量。

常规试验方法还有循环加卸载法(每级荷载相对稳定后卸载到零)和快速维持荷载法(每隔 1 h 加一级荷载)。在进行单桩竖向荷载传递的研究时，经常有选择地在桩身某些截面(如土层分界面)的主筋上埋设钢筋应力计，在静荷载试验时，可同时测得这些截面的应变，进而可得到这些截面的轴力、位移，从而算出两个截面之间的平均摩阻力。

C. 试验成果与极限承载力的确定

采用以上试验装置与方法进行试验，测试结果一般可整理成 $Q-s$、$s-\lg t$ 等曲线，$Q-s$ 曲线表示桩顶荷载与沉降的关系，$s-\lg t$ 曲线表示对应荷载下沉降与时间的变化关系，见图 11-5 所示。

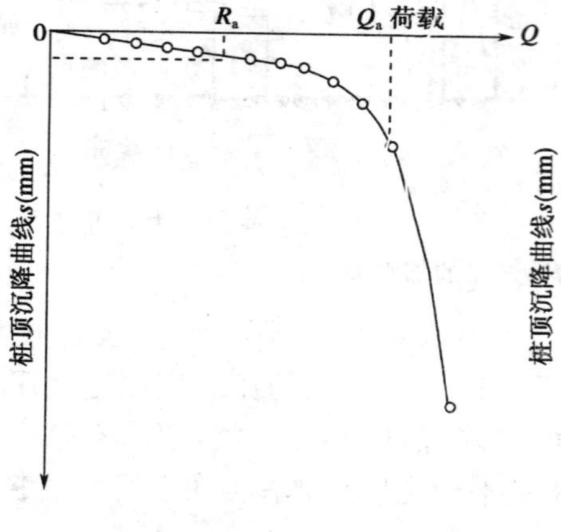

(a) 单桩 $Q-s$ 曲线

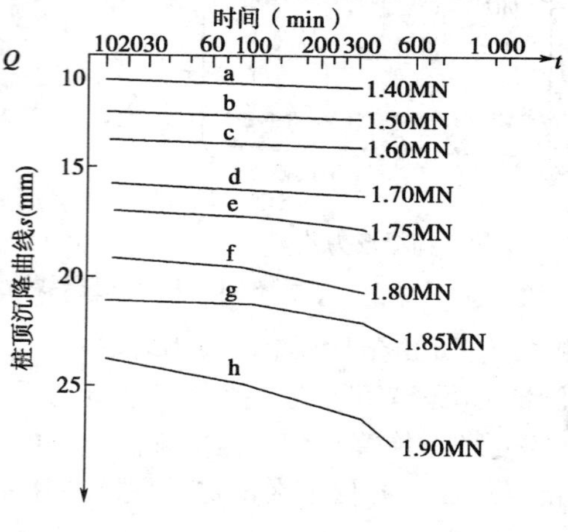

(b) 单桩 $s-t$ 曲线

图 11-5　单桩静载荷试验曲线

单桩极限承载力根据 $Q-s$、$s-\lg t$ 等曲线按下列方法确定：

a. $Q-s$ 曲线有明显陡降段时，取相应于陡降段起点的荷载值。

b. 当出现"$\frac{\Delta s_{n+1}}{\Delta s_n}\geqslant 2$，且经 24 h 尚未达到稳定"的情况时，取终止加载的前一级荷载值。

c. $Q-s$ 曲线有明显缓变型时，取桩顶总沉降量 $s=40$ mm 所对应的荷载值。

d. $s-\lg t$ 曲线尾部明显向下弯曲的前一级荷载值。

参加统计的试桩，当满足其极差不超过平均值的 30%时，可取其平均值作为单桩竖向极限承载力；对桩数为 3 根及 3 根以下的柱下桩台，取最小值。极差超过平均值的 30%时，宜增加试桩数量并分析差值过大的原因，结合工程具体情况确定极限承载力。

D. 单桩竖向承载力特征值

将单桩竖向极限承载力除以安全系数 2，为单桩竖向承载力特征值。

② 经验公式

初步设计时，单桩竖向承载力特征值可按下式估算：

$$R_a = q_{pa}A_p + u_p\sum q_{asi}l_i \tag{11-3}$$

式中：R_a——单桩竖向承载力特征值(kN)；

q_{pa}、q_{asi}——桩端阻力、桩侧摩阻力特征值(kPa)；

A_p——桩端横截面积(m^2)；

u_p——桩身截面周长(m)；

l_i——第 i 层岩土的厚度(m)。

当桩端嵌入完整或较完整的硬质岩石中时，可按下式估算：

$$R_a=q_{pa}A_p \tag{11-4}$$

式中：q_{pa}——桩端岩石承载力特征值(kPa)。

(2) 桩身材料强度验算

将桩视为插入土中的轴心受压构件，单桩的桩身材料强度应满足下式：

$$Q\leqslant A_p f_c \psi_c \tag{11-5}$$

式中：Q——相应于荷载效应基本组合时的单桩竖向力设计值(kN)；

A_p——桩身截面面积(m^2)；

f_c——混凝土轴心抗压强度设计值，按现行《混凝土结构设计规范》(GB 50010—2002)取值(kPa)；

ψ_c——工作条件系数，预制桩取 0.75，灌注桩取 0.6～0.7(水下灌注桩或长桩取低值)。

11.2.4 单桩水平承载力

桩的水平承载力是指与桩轴线垂直方向的承载力，作用在桩基上的水平荷载有长期作用的水平荷载和反复作用的水平荷载，如地下室外墙上土和水的侧压力、拱的推力、挡土结构物和水工结构物经常作用着土和水的侧压力等，风荷载、波浪和潮水产生的水平力和弯矩、机械制动荷载以及地震水平作用等。

以承受水平荷载为主的桩基础可考虑采用斜桩，但常受施工条件的限制而难以实现。一般来说，当水平荷载和竖向荷载的合力与竖直线的夹角不超过5°(相当于水平荷载的数值为竖向荷载的1/12～1/10)时，竖直桩的水平承载力可以满足设计要求，应采用竖直桩。

目前确定单桩水平承载力的方法主要有两种，即现场水平静载荷试验和理论计算，必要时可进行带承台桩的载荷试验。此外，也可根据理论计算，从桩顶水平位移限值、材料强度或抗裂验算来加以确定，有可能时还应参考当地经验。

1) 单桩水平静载荷试验

单桩水平静载荷试验是在现场进行的，采用接近于水平受力桩的实际工作条件的试验方法确定单桩的水平承载力和地基土的水平抗力系数，或对工程桩的水平承载力进行检验和评价。

(1) 试验设备和仪表装置(见图11-6)

常采用一台水平放置的千斤顶同时对两根桩施加水平荷载，桩的水平位移宜采用大量程百分表测量，放置在桩的外侧，每一试桩在力的作用水平面上和该平面以上500 mm左右各安装一只或两只百分表，处于下面的表测量桩身在地面处的水平位移，处于上面的表测量桩顶水平位移，根据两表位移差与两表距离的比值求得地面以上桩身的转角。如果桩身露出地面较短，可只在力的作用水平面上安装百分表测量水平位移。固定百分表的基准桩宜设在试桩侧面，与试桩的净距不少于1倍试桩直径。

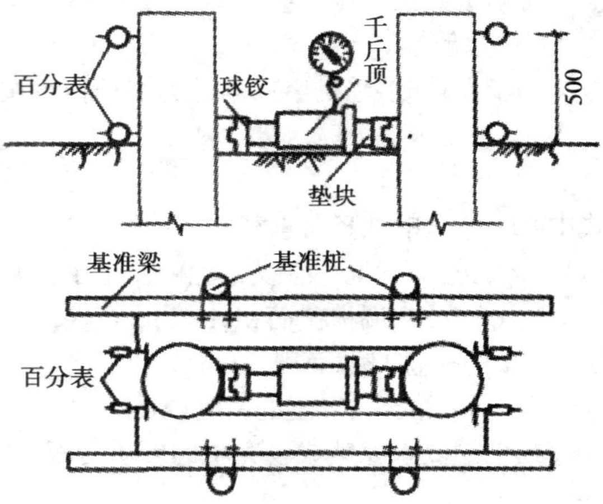

图11-6 桩水平静载试验装置

(2) 加载方法

对承受反复作用的水平荷载的桩基，宜采用单向多循环加卸载法，对于个别受长期水平荷载的桩基也可采用慢速维持加载法，加载后的稳定标准可参照竖向静载荷试验。当桩身折断，或水平位移超过30～40 mm(软土取40 mm)，或桩侧地表出现明显裂缝或隆起，或所加的水平荷载已超过极限荷载时，可终止试验。

(3) 确定单桩水平承载力特征值。《建筑桩基技术规范》(JGJ 94—2008)规定如下：

① 对于受水平荷载较大的设计等级为甲级、乙级的建筑桩基，单桩水平承载力特征值应通过单桩水平静载试验确定，试验方法可按现行行业标准《建筑基桩检测技术规范》(JGJ 106—2003)执行。

② 对钢筋混凝土预制桩、钢桩、桩身全截面配筋率不小于0.65%的灌注桩，可根据静载试验结果取地面处水平位移为10 mm(对水平位移敏感的建筑物取6 mm)对应的荷载为单桩水平承载力特征值。

③ 对桩身配筋率小于0.65%的灌注桩，可取单桩水平静载试验的临界荷载的75%为单桩水平承载力特征值。

④ 当缺少单桩水平静载试验资料时，可按经验公式估算桩身配筋率小于0.65%的灌注桩的单桩水平承载力特征值。

⑤ 对于混凝土护壁的挖孔桩，计算单桩水平承载力时，其设计桩径取护壁内直径。

⑥ 当桩的水平承载力由水平位移控制，且缺少单桩水平静载试验资料时，可按经验公式估算预制桩、钢桩、桩身配筋率不小于0.65%的灌注桩单桩水平承载力特征值。

⑦ 验算永久荷载控制的桩基的水平承载力时，应将上述②～⑤确定的单桩水平承载力特征值乘以调整系数0.80；验算地震作用桩基的水平承载力时，宜将按上述②～⑤确定的单桩水平承载力特征值乘以调整系数1.25。

2）理论分析法

用理论方法计算单桩水平承载力时，通常把承受水平荷载的单桩视作文克尔假定的弹性地基中的竖直梁，研究桩在水平荷载和两侧土压力共同作用下的挠度曲线，通过梁的挠曲微分方程解答，计算桩身的弯矩、剪力和桩的水平承载力，并考虑由桩顶竖向荷载产生的轴力，进行桩的强度计算。

3）单桩水平承载力验算

桩基承受水平荷载时，桩基中各桩桩顶水平位移相等，故各桩桩顶所受水平荷载可按各桩弯曲刚度进行分配。当桩材料与断面面积相同时，应满足下式要求：

$$H_{ik}=\frac{H_k}{n}\leqslant R_{ha} \tag{11-6}$$

式中：H_k——相应于荷载效应标准组合时，作用于承台底面的水平力(kN)；

H_{ik}——相应于荷载效应标准组合时，作用于任一单桩的水平力(kN)；

R_{ha}——单桩水平承载力特征值；

n——桩基中桩的数目。

11.3 群桩承载力

11.3.1 群桩的荷载传递机理

群桩基础受竖向荷载后，承台、桩群与土形成一个相互作用、共同工作的体系，其变形和承载力均受相互作用的影响。

1）端承型群桩

由端承桩组成的群桩基础，通过承台传递到各桩顶的竖向荷载，其大部分由桩身直接传递到桩端。因此，端承型群桩中基桩（桩群中的单桩）与（独立）单桩相近，桩与桩的相互作用、承台与土的相互作用，都小到可忽略不计，端承型群桩的承载力可近似取为各单桩承载力之和。由于端承型群桩的桩端持力层比较刚硬，因此其沉降也不致因桩端应力的重叠效应而显著增大，一般无需计算沉降。

2）摩擦型群桩

由摩擦型桩组成的群桩，在竖向荷载作用下，其桩顶荷载的大部分通过桩侧阻力传递到桩侧和桩端土层中，其余部分由桩端承受。当桩数少（桩间距大于6倍桩直径），桩端平面处各桩传来的压力互不重叠或重叠不多，群桩中各桩的工作情况仍和单桩单独工作一样，故群桩的承载力等于各单桩承载力之和。**但当桩距较小(桩轴间距小于 6 倍桩直径时),桩端处地基中各桩传来的压力就会相互重叠,使桩端处压力要比单桩时增大很多,群桩中基桩的工作性状明显不同于(独立)单桩,群桩承载力小于各单桩承载力之和,而群桩的沉降却明显地超过单桩,这称之为群桩效应。**

设计群桩基础时,一般可不考虑群桩效应对单桩竖向承载力的影响,即取群桩效应系数等于 1,但对摩擦型桩基、设计等级为甲级以及部分乙级的建筑物桩基,必须进行沉降验算,以确保桩基沉降不超过允许值。

11.3.2 群桩承载力计算

目前群桩承载力的计算方法主要有《建筑桩基技术规范》(JGJ 94—2008)采用的群桩分项效应系数法和《建筑地基基础设计规范》(GB 50007—2002)采用的等代实体基础法,下面主要介绍群桩分项效应系数法。

群桩分项效应系数法属于以概率理论为基础的极限状态设计法,与传统的桩基础设计法主要有两点区别:① 不再采用单一的安全系数,而代之以采用侧阻、端阻和承台底土的抗力分项系数或侧阻、端阻综合抗力分项系数和承台底土的抗力分项系数;② 根据桩群、土、承台相互作用特性,在大量试验结果的基础上,经统计分析,给出了各项群桩效应系数。

(1) 对端承桩和桩数不超过 3 根的非端承桩基,不考虑群桩效应,其基桩的竖向承载力设计值为

$$R=\frac{Q_{sk}}{\gamma_s}+\frac{Q_{pk}}{\gamma_p} \tag{11-7}$$

式中:Q_{sk}、Q_{pk}——单桩总极限侧阻力和总极限端阻力标准值(kN);

γ_s、γ_p——分别为桩侧阻抗力分项系数、桩端阻抗力分项系数,按表 11-2 采用。

当根据静载荷试验确定单桩竖向极限承载力特征值时,基桩的竖向承载力设计值为

$$R=\frac{Q_{uk}}{\gamma_{sp}} \tag{11-8}$$

式中:Q_{uk}——单桩竖向极限承载力标准值(kN);

γ_{sp}——桩侧阻端阻综合抗力分项系数,按表 11-2 采用。

表 11-2 桩基竖向承载力抗力分项系数

桩型与工艺	$\gamma_s=\gamma_p=\gamma_{sp}$		γ_c
	静载试验法	经验系数法	
预制桩、钢管桩	1.60	1.65	1.70
大直径灌注桩(清底干净)	1.60	1.65	1.65
泥浆护壁钻(冲)孔灌注桩	1.62	1.67	1.65
干作业钻孔灌注桩($d<0.8$)	1.65	1.70	1.65
沉管灌注桩	1.70	1.75	1.70

注:(1) 根据静力触探方法确定预制桩、钢管桩承载力时,取 $\gamma_s=\gamma_p=\gamma_{sp}=1.6$。

(2) 抗拔桩的侧阻抗力分项系数可取表中数值。

(2) 桩数超过 3 根的非端承桩复合桩基(图 11－7),宜考虑桩群、土、承台的相互作用效应,其复合基桩竖向承载力设计值为

$$R=\eta_s\frac{Q_{sk}}{\gamma_s}+\eta_p\frac{Q_{pk}}{\gamma_p}+\eta_c\frac{Q_{ck}}{\gamma_c} \quad (11-9)$$

式中:Q_{ck}——相应于任一复合基桩的承台底地基土总极限阻力标准值(kN);

γ_c——承台底土阻力抗力分项系数,按表 11－2 确定;

η_s、η_p——桩侧阻群桩效应系数、桩端阻群桩效应系数,按表 11－3 确定;

η_c——承台底土阻力群桩效应系数,按《建筑桩基技术规范》(JGJ 94—2008)有关规定确定。

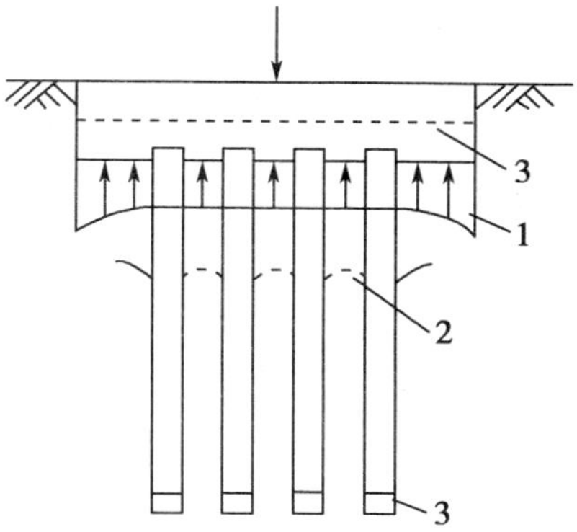

图 11－7　复合桩基图

1—土反力;2—上层土位移;3—桩基整体下沉

侧阻群桩效应系数 η_s 和端阻群桩效应系数 η_p 定义如下:

$$\eta_s=\frac{群桩中基桩平均极限侧阻力}{单桩平均极限侧阻力} \quad (11-10)$$

$$\eta_p=\frac{群桩中基桩平均极限端阻力}{单桩平均极限端阻力} \quad (11-11)$$

侧阻端阻综合群桩效应系数定义如下:

$$\eta_{sp}=\frac{群桩中各基桩平均极限承载力}{单桩极限承载力} \quad (11-12)$$

则

$$\eta_{sp}=\eta_s\cdot\alpha_s+\eta_p\cdot\alpha_p=\alpha_s\eta_s+(1-\alpha_s)\eta_p \quad (11-13)$$

式中:α_s——桩侧阻分担荷载比,$\alpha_s=Q_{sk}/Q_{ki}$;

α_p——桩端阻分担荷载比,$\alpha_p=Q_{pk}/Q_{uk}$。

显然,$\alpha_s+\alpha_p=1$。《建筑桩基技术规范》(JGJ 94—2008)根据上述各式,以及假定 $\alpha_s=0.85$ 和 $\alpha_p=0.15$,得到群桩效应系数 η_s、η_p 和 η_{sp}。当实际工程中 α_s 和 α_p 不是 0.85 和 0.15 时,应根据实际的 α_s 和 α_p 及 η_s、η_p 计算 η_{sp} 值。

当根据静载荷试验确定单桩竖向极限承载力标准值时,其复合基桩的竖向承载力设计值为

$$R=\eta_{sp}\frac{Q_{uk}}{\gamma_{sp}}+\eta_c\frac{Q_{ck}}{\gamma_c} \quad (11-14)$$

$$Q_{ck}=q_{ck}\frac{A_c}{n} \quad (11-15)$$

式中:η_{sp}——桩侧阻端阻综合群桩效应系数,按表 11－3 确定;

q_{ck}——承台底 1/2 承台宽度深度范围(≤5 m)内地基土极限阻力标准值(kPa);

A_c——承台底地基土净面积(m^2);

n——桩数。

表 11-3　侧阻、端阻群桩效应系数及侧阻端阻综合群桩效应系数

效应系数	土名称	黏性土				粉土、砂土			
	s_a/d \ B_c/l	3	4	5	6	3	4	5	6
η_s	≤0.20	0.80	0.90	0.96	1.00	1.20	1.10	1.05	1.00
	0.40	0.80	0.90	0.96	1.00	1.20	1.10	1.05	1.00
	0.60	0.79	0.90	0.96	1.00	1.09	1.10	1.05	1.00
	0.80	0.73	0.85	0.94	1.00	0.93	0.97	1.03	1.00
	≥1.00	0.67	0.78	0.86	0.93	0.78	0.82	0.89	0.95
η_p	≤0.20	1.64	1.35	1.18	1.06	1.26	1.18	1.11	1.06
	0.40	1.68	1.40	1.23	1.11	1.32	1.25	1.20	1.15
	0.60	1.72	1.44	1.27	1.16	1.37	1.31	1.26	1.22
	0.80	1.75	1.48	1.31	1.20	1.41	1.36	1.32	1.28
	≥1.00	1.79	1.52	1.35	1.24	1.44	1.40	1.36	1.33
η_{sp}	≤0.20	0.93	0.97	0.99	1.01	1.21	1.11	1.06	1.01
	0.40	0.93	0.97	1.00	1.02	1.22	1.12	1.07	1.02
	0.60	0.93	0.98	1.01	1.02	1.13	1.13	1.08	1.03
	0.8	0.89	0.95	0.99	1.03	1.01	1.03	1.07	1.04
	≥1.00	0.84	0.89	0.94	0.97	0.88	0.91	0.96	1.00

注：(1) B_c、l 分别为承台宽度和桩的入土长度，s_a 为桩的中心距。

(2) 当 $s_a/d>6$ 时，取表中效应系数等于 1，两向桩距不等 s_a 时，s_a/d 取均值。

(3) 当桩侧为成层土时，η_s 可按主要土层或分别按各土层类别取值。

(4) 对于孔隙比 $e>0.8$ 的非饱和黏性土和松散粉土、砂类土中的挤土群桩，表中系数可提高 5%；对于密实粉土、砂类土中的群桩，表中系数宜降低 5%。

当承台底面以下存在可液化土、湿陷性黄土、高灵敏度软土、欠固结土、新填土或可能出现震陷、降水、沉桩过程产生高孔隙水压和土体隆起时，不考虑承台效应，而应按非复合基桩计算，即取 $\eta_c=0$，η_s、η_p、η_{sp}取表 11-3 中 $B_c/l=0.2$ 一栏的对应值。

11.3.3　承台土反力及承台分担荷载的计算

摩擦型桩基，当其承受竖向荷载而沉降时，承台底一般会产生土反力，从而分担一部分荷载，桩基的承载力随之提高。桩基承台分担荷载的比率随承台底土性、桩侧与桩端土性、桩径与桩长、施工工艺等诸多因素而变化。根据现有试验与工程实测资料，承台分担荷载比率可由零至 60%～70%。但对于低承台群桩基础建成后，承台底面可能与地基土脱开的情况，一般都不考虑承台底土阻力对桩基承载力的贡献。

11.3.4 桩顶作用荷载的简化计算

桩顶作用效应分为荷载效应和地震作用效应，相应的作用效应组合分为荷载效应基本组合和地震效应组合。

1）基桩桩顶荷载效应计算

对于一般建筑物和受水平力较小的高大建筑物，当桩基中桩径相同时，可按下列公式计算基桩的桩顶作用效应（图 11－8）。

轴心竖向力作用下

$$Q_k = \frac{F_k + G_k}{n} \qquad (11-16)$$

偏心竖向力作用下

$$Q_{ki} = \frac{F_k + G_k}{n} \pm \frac{M_{kx} y_i}{\sum y_i^2} \pm \frac{M_{ky} x_i}{\sum x_i^2} \qquad (11-17)$$

水平力作用下

$$H_{ki} = \frac{H_k}{n} \qquad (11-18)$$

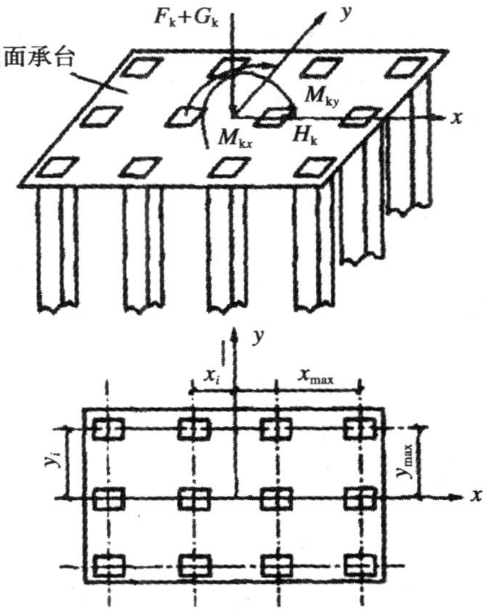

图 11－8 桩顶荷载计算简图

式中：F_k——相应于荷载效应标准组合时，作用于桩基承台顶面的竖向力（kN）；

G_k——桩基承台自重及承台上土自重标准值（kN）；

Q_k——相应于荷载效应标准组合轴心竖向力作用下任一单桩的竖向力（kN）；

n——桩基中的桩数；

Q_{ki}——相应于荷载效应标准组合偏心竖向力作用下第 i 根桩的竖向力（kN）；

M_{kx}、M_{ky}——相应于荷载效应标准组合作用于承台底面通过桩群形心的 x、y 轴的力矩（kN·m）；

x_i、y_i——桩 i 至桩群形心的 x、y 轴线的距离（m）；

H_k——相应于荷载效应标准组合时，作用于承台底面的水平力（kN）；

H_{ki}——相应于荷载效应标准组合时，作用于任一单桩的水平力（kN）。

当基桩承受较大水平力，或为高承台桩基时，桩顶作用效应的计算应考虑承台与基桩协同工作和土的弹性抗力。

2）地震作用效应

对于主要承受竖向荷载的抗震设防区低承台桩基，当同时满足下列条件时，计算桩顶作用效应时可不考虑地震作用：

（1）按现行《建筑抗震设计规范》（GB 50011—2001）规定可不进行天然地基和基础抗震承载力计算的建筑物。

（2）不位于斜坡地带和地震可能导致滑移、地裂地段的建筑物。

（3）桩端及桩身周围无可液化土层。

(4) 承台周围无可液化土、淤泥、淤泥质土。

对位于8度和8度以上抗震设防区的高大建筑物低承台桩基，在计算各基桩的作用效应和桩身内力时，可考虑承台(包括地下墙体)与基桩的共同工作和土的弹性抗力作用。

11.3.5 群桩验算

1) 单桩承载力验算

承受轴心竖向力作用的桩基，相应于荷载效应标准组合时作用于单桩的竖向力 Q_k 应符合下式要求：

$$Q_k \leqslant R_a \tag{11-19}$$

承受偏心竖向力作用的桩基，除应满足式(11-18)的要求外，相应于荷载效应标准组合时作用于单桩的最大竖向力 Q_{kmax} 尚应满足下式要求：

$$Q_{kmax} \leqslant 1.2R_a \tag{11-20}$$

承受水平力作用的桩基，相应于荷载效应标准组合时作用于单桩的水平力 H_{ki} 应符合下式要求：

$$H_{ki} \leqslant R_{Ha} \tag{11-21}$$

上述三式中，R_a 和 R_{Ha} 分别为单桩竖向承载力特征值和水平承载力特征值。

对于抗震设防区必须进行抗震验算的桩基，可按下列公式验算单桩的竖向承载力。

轴心竖向力作用下，相应于地震作用效应组合时作用于单桩的竖向力 Q 应符合下式要求：

$$Q \leqslant 1.25R_a \tag{11-22}$$

偏心竖向力作用下，除应满足式(11-21)的要求外，相应于地震作用效应组合时作用于单桩的最大竖向力 Q_{max} 尚应满足下式要求：

$$Q_{max} \leqslant 1.5R_a \tag{11-23}$$

2) 桩基软弱下卧层承载力验算

在土层竖向分布不均匀的情况下，为减小桩长、节约投资，或由于沉桩(管)穿透硬层的困难，可将桩端设置于存在软弱下卧层的有限厚度硬层上。该有限厚度硬层是否可作为群桩的可靠持力层，是设计中要考虑的重要问题。设计不当，可能导致两种后果：一是较薄的持力层因冲剪破坏而使桩基整体失稳，如图11-9所示；二是因软弱下卧层的变形而使桩基沉降过大。

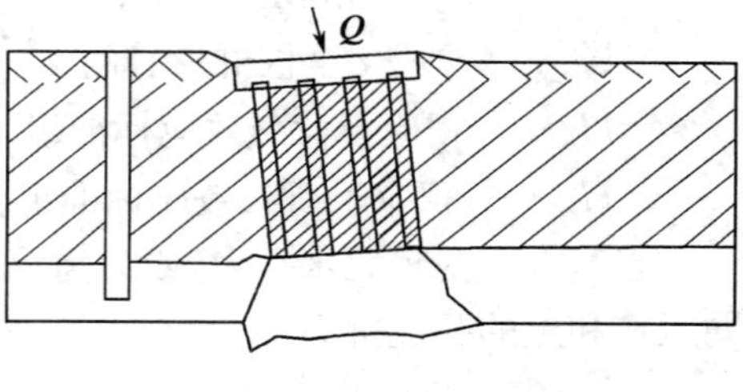

图11-9 桩基受软弱下卧层影响发生冲剪破坏

上述现象的出现与下列因素有关：① 软弱下卧层的强度和压缩性；② 硬持力层的强度、压缩性和厚度；③ 群桩的桩距、桩数；④ 承台的设置方式(高低承台)及低承台底面下土的性质；⑤ 桩基的荷载水平。

11.4 桩基础设计

桩基础的一般设计内容和步骤(程序)如下。

(1) 调查研究,收集设计资料。需要掌握的资料有:

① 建筑物上部结构的类型、平面尺寸、构造及使用上的要求。

② 上部结构传来的荷载大小及性质。

③ 工程地质勘察资料,在提出勘察任务书时,必须说明拟议的桩基方案,以便勘察工作符合有关规范的一般规定和桩基工程的专门要求。

④ 当地的施工技术条件,包括成桩机具、材料供应、施工方法及施工质量。

⑤ 施工现场的交通、电源、邻近建筑物、周围环境及地下管线情况。

⑥ 当地及现场周围建筑基础工程设计及施工的经验教训等。

(2) 选择桩的类型及其几何尺寸,包括桩的材料、顶底标高(即承台埋深)、持力层的选定。

(3) 确定单桩承载力设计值。

(4) 确定桩的数量及平面布置,包括承台的平面形状尺寸。

(5) 确定群桩或单桩基础的承载力,必要时验算群桩地基强度和变形(沉降量)。

(6) 桩身构造设计与强度计算。

(7) 承台设计,包括构造和受弯、冲切、剪切计算。

(8) 绘制桩基础施工图。

11.4.1 选择桩的类型、持力层及几何尺寸

(1) 选择桩的类型,要根据前段所列设计资料综合考虑确定,同时应作具体的技术与经济分析。必要时可考虑爆扩桩、组合式桩或结合采用某些地基处理方法。

端承桩应在下列情况下选用:地层中有坚实的土层(砂、砾石、卵石、坚硬老黏土)或岩层,需要桩底扩大时应按端承桩设计。

摩擦桩应在下列情况下选用:地层中无坚实的土层作持力层,且不宜扩底时;虽有较坚实土层,但埋深大时;灌注桩桩底沉渣较厚难以清底,或预制桩打入时挤土现象严重,出现上涌,使桩端阻力无法充分发挥时,宜按摩擦桩进行设计。

预制钢筋混凝土桩适于下列情况下选用:持力层顶面起伏不大,且穿越土层为高、中压缩性土或需贯穿厚度不大的中密砂层及不含大卵石或漂石的碎石类土;周围建筑物或地下管线对沉桩挤土效应不敏感或无打桩振动、噪声污染限制;除桩尖外不需要桩进入坚实持力层以及单桩设计承载力不大于 3 000 kN。

钢管桩目前在我国只宜在极少数深厚软土层上的高层建筑物或海洋平台基础中选用。

灌注桩宜在下列情况下选用:桩端持力层顶面起伏和坡角变化较大,土层厚度不均,地层成因及构造复杂;桩基埋深很大,预制桩难以施工;桩端需嵌入基岩;地基土为黏土、粉土、碎石土或基岩;根据土层情况和荷载分布,需要不同的桩长或桩径,需要扩底或变化截面及配筋率的桩;高重建筑物承载力很大的一柱一桩等。

(2) 正确地选择桩基持力层,对发挥桩基的效益十分重要。有坚实土层和岩层作持力

层最好。

桩端进入持力层的深度，对于黏性土和粉土不宜小于 $2d$；对于砂土不宜小于 $1.5d$；对于碎石类土不宜小于 d。当存在软弱下卧层时，桩基以下硬持力层厚度不宜小于 $4d$。

(3) 桩的尺寸主要是桩长和截面尺寸(桩径或边长)。桩长(一般指桩身长度，不包括桩尖)为承台底面标高与桩端标高之差。在确定持力层及其进入深度后，就要拟定承台底面标高，即承台埋置深度。

承台底面标高的选择应考虑上部建筑物的使用要求，柱下或墙下的桩基有无地下室，箱形基础、承台或筏板基础的预估厚度以及季节性冻土的影响等。一般应使承台顶面低于室外地面 100 mm 以上；如有基础梁、筏板、箱基等，其厚(高)度应考虑在内；在季节性冻土地区，应按浅基础埋置深度的确定原则防止土的冻胀影响；为便于开挖施工，应尽量将承台埋置于地下水位以上。

桩截面尺寸(桩径或边长)的确定要力求既满足使用要求，又能充分发挥地基土的承载性能；既符合成桩技术的现实工艺水平，又能满足工期要求和降低造价。

桩径(边长)的确定，首先要考虑不同桩型(或施工技术)的最小直径要求，例如：钢筋混凝土方桩边长不小于 250 mm；干作业钻孔桩和振动沉管灌注桩不小于 300 mm；泥浆护壁回转或冲击钻孔桩不小于 500 mm；人工挖孔桩不小于 1 m；钢管桩不小于 400 mm 等。摩擦桩为获得较大比表面(桩侧表面积与体积之比)，宜采用细长桩，不宜用短粗桩。端承桩的持力层强度低于桩材强度而地基土层又适宜时，应优先考虑采用扩底灌注桩。

桩径的确定，还要考虑单桩承载力的需求和布桩的构造要求。

11.4.2 桩数及桩位布置

1) 桩的数量

根据前述方法确定出单桩的承载力设计值后，在初步确定桩数时，可暂不考虑群桩效应和承台底面处地基土的承载力。当桩基为轴心受压时，桩数 n 可按下式估算：

$$n > \frac{F_k + G_k}{R_a} \tag{11-24}$$

式中：n——桩的根数；

F_k——相应于荷载效应标准组合时，上部结构传至承台顶面的竖向荷载(kN)；

G_k——承台及其上方填土的自重标准值，对地下水位以下部分应扣除水的浮力(kN)；

R_a——复合基桩或基桩的竖向承载力特征值。

偏心受压时，对于偏心距固定的桩基，如果桩的布置使得群桩横截面的形心与上部结构荷载合力作用点重合，桩数仍可按上式确定。否则，应将上式确定的桩数增加 10%～20%。对桩数超过 3 根的非端承群桩基础，应求得基桩承载力设计值后重新估算桩数。如有必要，还要通过桩基软弱下卧层承载力和桩基沉降验算才能最终确定。

承受水平荷载的桩基，桩数的确定还应满足对桩的水平承载力的要求。此时，可以简单地以各单桩水平承载力之和作为桩基的水平承载力。这样处理是偏于安全的。

2) 桩的间距

桩的间距过大，会增加承台的体积，造价提高；桩的间距过小，将使桩基(摩擦型桩)的沉降量增加，且给桩基的施工造成困难，并使桩的承载力得不到充分发挥。《建筑桩基技术规范》(JGJ 94—2008)规定，一般桩的最小中心距应满足表 11－4 的要求。对于大面积的群桩，尤其是挤土桩，还应根据表中的数值适当加大。

表 11－4　桩的最小中心距

土类与成桩工艺	桩排数≥3 且桩根数≥9 的摩擦桩	其他情况
非挤土和部分挤土灌注桩	3.0d	2.5d
挤土灌注桩　穿越非饱和土	3.5d	3.0d
挤土灌注桩　穿越饱和土	4.0d	3.5d
挤土预制桩	3.5d	3.0d
打入式敞口管桩和 H 形钢桩	3.5d	3.0d
钻、挖孔扩底灌注桩	1.5d_b 或 d_b＋1(m)(当 d_b＞2 m 时)	
沉管夯扩灌注桩	2.0d_b	

注：(1) d_b 为桩扩大端的直径。
(2) d 为圆桩直径或方桩边长。

3) 桩位的布置

桩在平面内可布置成方形或矩形、三角形和梅花形，条形基础下的桩，可采用单排或双排布置，也可采用不等距布置。

工程实践中，桩群的常用平面布置形式为：柱下桩基多采用对称多边形(图 11－10(a))，墙下桩基采用梅花式或行列式(图 11－10(b))，筏形或箱形基础宜尽量沿柱网、肋梁或隔墙的轴线布置。因烟囱、水塔基础通常为圆形，桩的平面布置为圆环形(图 11－10(c))。实践表明，桩的合理布置对桩承载力的充分发挥、减少沉降量，特别是不均匀沉降量具有重要作用。

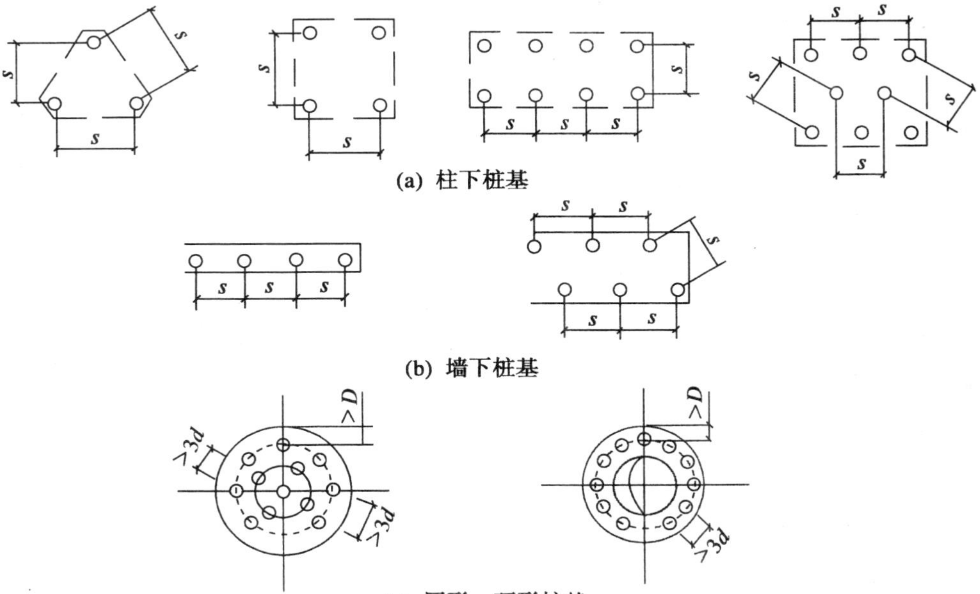

(a) 柱下桩基

(b) 墙下桩基

(c) 圆形、环形桩基

图 11－10　桩的常用布置方式

为了使桩基中各桩受力均匀，桩的布置应尽量使桩群承载力合力作用点与长期荷载重心重合，并使桩基受水平力方向和力矩较大方向有较大的截面模量。

11.4.3 桩身截面强度计算

1）钢筋混凝土预制桩

预制桩的混凝土强度等级不应低于C30，采用静压法沉桩时可适当降低，但不宜低于C20；预应力混凝土桩的混凝土强度等级不应低于C40。图11-11为方形截面的钢筋混凝土预制桩的构造示意图。预制桩的主筋（纵向）应按计算确定，并根据断面的大小及形状选用4～8根ϕ4～ϕ25的钢筋，箍筋采用ϕ6～ϕ8，间距不大于200 mm，在桩顶和桩尖处应适当加密。用打入法沉桩时，直接受到锤击的桩顶应放置三层钢筋网。桩尖处所有主筋应焊接在一根圆钢上，或在桩尖处用钢板加强。计算主筋配筋量时，除首先满足工作条件下桩的承载力或抗裂性要求外，还应验算桩在起吊、运输、吊立和锤击打入时的应力。桩的混凝土强度必须达到设计强度的70%时才可起吊，达到100%时才可搬运。

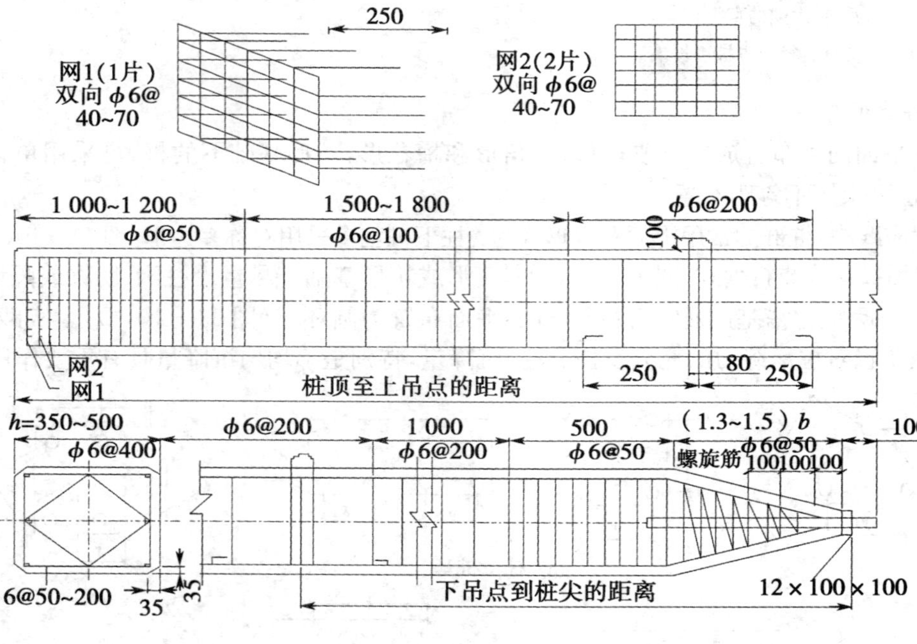

图11-11　混凝土预制桩

2）灌注桩

灌注桩的混凝土强度等级一般应不低于C15，水下浇灌时应不低于C20，混凝土预制桩尖不应低于C30。当桩顶轴向压力和水平力经计算满足《建筑桩基技术规范》（JGJ 94—2008）规定时，可按构造要求配制桩身的钢筋。

11.4.4 桩基承台设计

桩基承台可分为柱下独立承台、柱下梁式承台或墙下条形承台，以及筏板承台和箱形承台等。承台的作用是将桩联结成一个整体，并把建筑物的荷载传到桩上，因而承台应有足够的强度和刚度。承台设计包括确定承台的材料及强度等级、形状、高度、底面标高、平面尺寸，以及局部受压、受冲切、受剪及受弯承载力计算，并应符合构造要求。必要时还应对承台的抗裂性、变形进行验算。

1）承台的外形尺寸及构造要求

承台的平面尺寸一般由上部结构、桩数及布桩形式决定。通常，墙下桩基做成条形承台即梁式承台；柱下桩基宜做成板式承台（矩形或三角形），如图 11-12 所示，其剖面形状可做成锥形、台阶形或平板形。

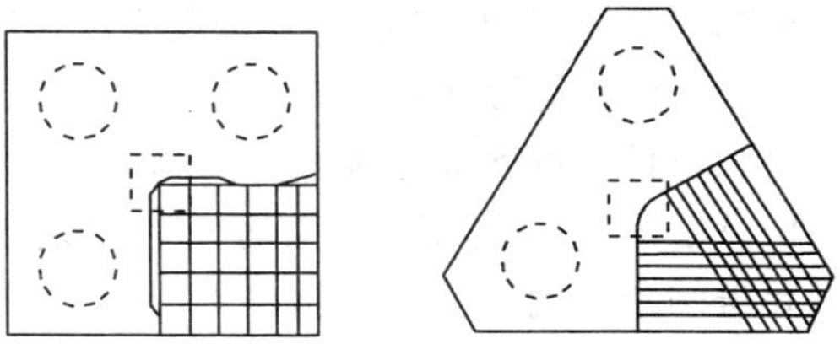

(a) 矩形承台　　(b) 三桩承台

图 11-12　柱下独立桩基承台配筋示意图

承台的宽度不应小于 500 mm。边桩中心至承台边缘的距离不宜小于桩的直径或边长，且桩的外边缘至承台边缘的距离不小于 150 mm。对于条形承台梁，桩的外边缘至承台梁边缘的距离不小于 75 mm。承台的最小厚度不应小于 300 mm。

承台的厚度及边缘挑出长度按构造要求初步确定。承台的混凝土强度等级不宜小于 C15，采用Ⅱ级钢筋时，混凝土强度等级不宜小于 C20。承台的配筋按计算确定，对于矩形承台板配筋宜按双向均匀配置，钢筋直径不宜小于 $\phi 10$，间距应满足 100～200 mm；对于三桩承台，应按三向板带均匀配置，最里面的三根钢筋相交围成的三角形应位于柱截面范围以内。承台梁的纵向主筋不应小于 $\phi 12$。架立筋直径不宜小于 $\phi 10$，箍筋直径不宜小于 $\phi 6$。承台的钢筋的混凝土保护层厚度不宜小于 70 mm，当有混凝土垫层时，不应小于 40 mm。

为了保证群桩与承台之间联结的整体性，桩顶应嵌入承台一定长度，对大直径桩不宜小于 100 mm，对中等直径桩不宜小于 50 mm。混凝土桩的桩顶主筋应伸入承台内，其锚固长度不宜小于 30 倍主筋直径（HPB235 级钢筋）和钢筋直径的 35 倍（HRB335 级钢筋），对于抗拔桩基不应小于 40 倍主筋直径。

承台埋深应不小于 600 mm。在季节性冻土、膨胀土地区，承台宜埋设在冰冻线、大气影响线以下。但当冰冻线、大气影响线深度不小于 1 m 且承台高度较小时，则应视土的冻胀性、膨胀性等级，分别采取换填无黏性土垫层、预留孔隙等隔胀措施。

承台之间的连接应符合下列要求：① 单桩承台，宜在两个互相垂直的方向上设置联系梁；② 两桩承台，宜在其短向设置联系梁；③ 有抗震要求的柱下独立承台，宜在两个主轴方向设置联系梁；④ 联系梁顶面宜与承台位于同一标高。联系梁的宽度不应小于 250 mm，梁的高度可取承台中心距的 1/10～1/15；⑤ 联系梁的主筋应按计算要求确定。联系梁内上下纵向钢筋直径不应小于 12 mm 且不应少于 2 根，并应按受拉要求锚入承台。

2）承台的计算

大量模型试验表明，柱下独立承台将产生弯曲破坏，其破坏特征呈梁式破坏。例如，四桩承台破坏时屈服线如图 11-13 所示，最大弯矩产生于屈服线处。下面主要介绍承台内力计算方法，当内力确定后，可按《混凝土结构设计规范》（GB 50010—2002）进行受弯、受剪、受冲切、局部受压的强度计

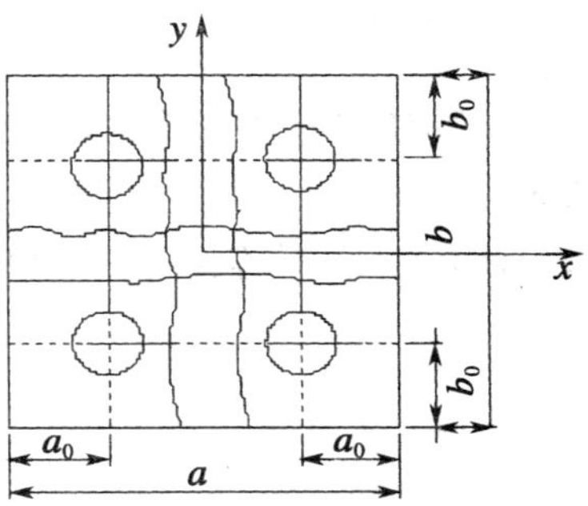

图 11-13　四柱承台弯曲破坏模型

算，并进行配筋，防止桩承台破坏，保证工程的安全。

3）承台厚度及强度计算

承台厚度可按冲切及剪切条件确定。一般可先按经验估计承台厚度，然后再校核冲切和剪切强度，并进行调整。承台强度计算包括受冲切、受剪切、局部承压及受弯计算。

(1) 承台受弯计算

受弯计算的实质是配筋计算，将承台看成反力作用下的受弯构件进行计算。根据承台模型试验资料，柱下独立桩基承台在配筋不足的情况下将产生弯曲破坏，利用极限平衡原理可导得两个方向的承台正截面弯矩计算式，根据承台截面最大弯矩按《混凝土结构设计规范》(GB 50010—2002)计算其正截面受弯承载力和配筋。柱下桩基承台的弯矩可按以下简化计算方法确定：

① 柱下多桩矩形承台(图 11－14)，弯矩计算截面取在柱边和承台高度变化处(杯口外侧或台阶边缘)，按下式计算弯矩：

$$M_x = \sum N_i y_i \tag{11-25}$$

$$M_y = \sum N_i x_i \tag{11-26}$$

式中：M_x、M_y——分别为垂直于 y 轴和 x 轴方向计算截面处的弯矩设计值(kN·m)；

x_i、y_i——分别为垂直于 y 轴和 x 轴方向自桩轴线到相应计算截面的距离(m)；

N_i——扣除承台和承台上填土自重后相应于荷载效应基本组合时第 i 根桩竖向净反力设计值，当不考虑承台效应时，则为第 x 根桩竖向总反力设计值(kN)。

根据计算的柱边截面和截面高度变化处的弯矩，分别计算同一方向各截面的配筋量，取各方向的最大值分别按均布配筋。

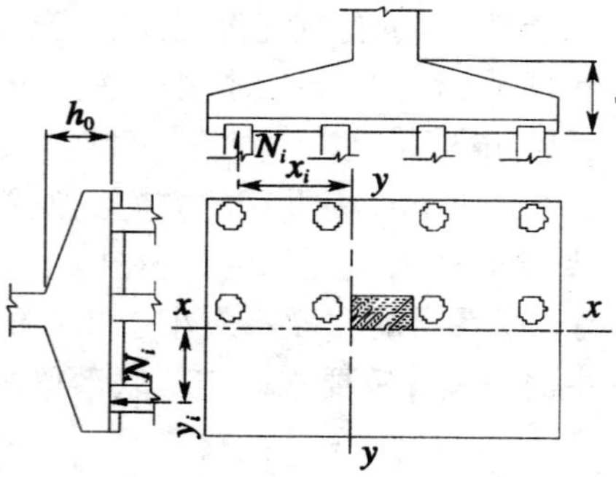

图 11－14　矩形承台弯矩计算

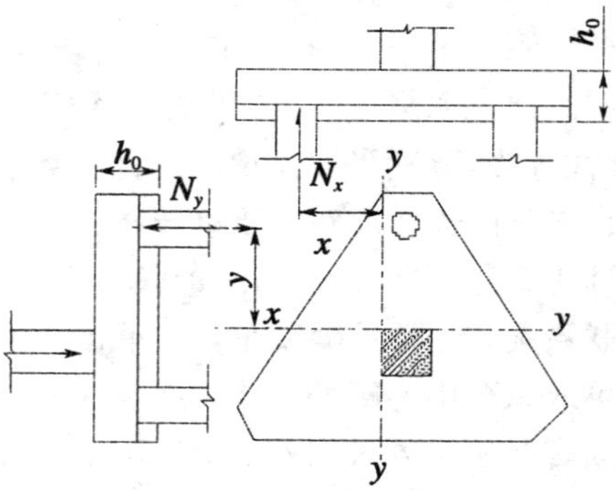

图 11－15　三桩三角形承台弯矩计算

② 柱下三桩三角形承台(图 11－15)，弯矩计算截面取在桩边，对等边三桩承台，按式(11－27)计算弯矩；对等腰三桩承台，按式(11－28)和式(11－29)计算弯矩。

$$M=\frac{N_{max}}{3}\left(s-\frac{\sqrt{3}}{4}c\right) \tag{11-27}$$

$$M_1=\frac{N_{max}}{3}\left(s-\frac{0.75}{\sqrt{4-\alpha^2}}c_1\right) \tag{11-28}$$

$$M_2=\frac{N_{max}}{3}(s\alpha-\frac{0.75}{\sqrt{4-\alpha^2}}c_2) \quad (11-29)$$

式中：M——由承台形心至承台边缘距离范围内板带的弯矩设计值(kN)；

M_1、M_2——承台形心到承台两腰和底边的距离范围内板带的弯矩设计值(kN·m)；

N_{max}——扣除承台和其上填土自重后的三桩中相应于荷载效应基本组合时最大的单桩竖向力设计值(kN)；

s——长向桩距(m)；

α——短向桩距与长向桩距之比，当$\alpha<0.5$时，应按变截面的二桩承台计算；

c——方柱边长或圆柱直径，圆柱时$c=0.866d$(d为圆柱直径)(m)；

c_1、c_2——分别为垂直于、平行于承台底边的柱截面边长(m)。

(2) 承台受冲切计算

承台有效高度不足，将产生冲切破坏。其破坏方式可分为沿柱(墙)边的冲切和单一基桩对承台的冲切两类。柱边冲切破坏锥体斜面与承台底面的夹角大于等于45°，该斜面的上周边位于柱与承台交接处或承台变阶处，下周边位于相应的桩顶内边缘处(图11-16)。

承台的受冲切承载力与冲切锥角有关，用冲跨比表示，表达式为

$$\lambda=\frac{a_0}{h_0} \quad (11-30)$$

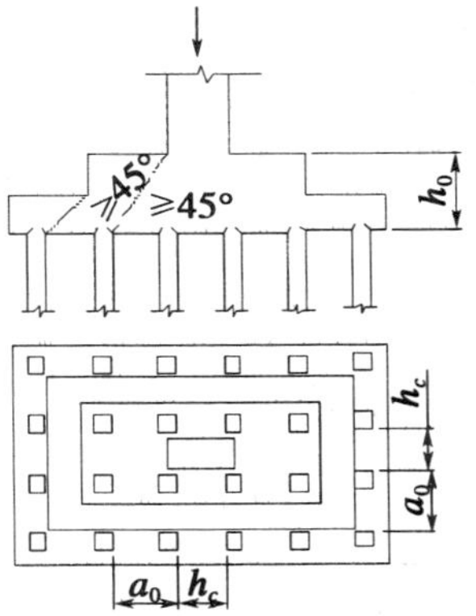

图11-16　柱下承台的冲切

式中：λ——冲跨比，在0.2～1.0之间；

h_0——承台冲切破坏锥体的有效高度(m)；

a_0——冲跨，即柱(墙)边或承台变阶处到桩边的水平距离(m)，当$a_0<0.2h_0$时，取$a_0=0.2h_0$，当$a_0>h_0$时取$a_0=h_0$。

根据《建筑地基基础设计规范》(GB 50007—2002)，柱下矩形独立承台受柱冲切时承载力可按下列公式计算：

$$F_l\leqslant 2[\beta_{0x}(b_c+a_{0y})+\beta_{0y}(h_c+a_{0x})]\beta_{hp}f_th_0 \quad (11-31)$$

$$F_l=F-\sum N_i \quad (11-32)$$

$$\beta_{0x}=0.84/(\lambda_{0x}+0.2) \quad (11-33)$$

$$\beta_{0y}=0.84/(\lambda_{0y}+0.2) \quad (11-34)$$

式中：F_l——扣除承台及其上填土自重，作用在冲切破坏锥体上的冲切力设计值，冲切破坏锥体应采用自柱边或承台变阶处至相应桩顶边缘连线构成的锥体，锥体与承台底面的夹角不小于45°(kN)；

β_{hp}——受冲切承载力截面高度影响系数；

β_{0x}、β_{0y}——冲切系数；

f_t——承台混凝土抗拉强度设计值(kPa)；

λ_{0x}、λ_{0y}——冲跨比，$\lambda_{0x}=a_{0x}/h_0$、$\lambda_{0y}=a_{0y}/h_0$，a_{0x}、a_{0y}分别为柱边或变阶处至桩边的水

平距离；

F——作用于柱根部的轴力设计值(kN)；

h_0——承台冲切破坏锥体的有效高度(m)；

$\sum N_i$——冲切破坏锥体范围内各桩的净反力(不计承台和承台上土自重)设计值之和(kN)。

对位于柱冲切破坏锥体以外的基桩，尚应考虑单桩对承台的冲切作用，并按四桩承台、三桩承台等不同情况计算受冲切承载力。

对中、低压缩性土上的承台，当承台与地基土之间没有脱空现象时，可根据地区经验适当减小柱下桩基独立承台受冲切计算的承台厚度。

(3) 承台斜截面受剪计算

桩基承台的抗剪计算，在小剪跨比的条件下具有深梁的特征。桩基承台的剪切破坏面为一通过柱(墙)边与桩边连线所形成的斜截面(图 11－17)。对于柱下桩基独立承台应分别对柱边和桩边、变阶处和桩边连线形成的斜截面进行受剪计算(图 11－18)。当柱边(墙边)外有多排桩形成多个剪切斜截面时，对每一个斜截面都应进行受剪承载力计算。对于柱下矩形独立承台，在验算承台斜截面的抗剪承载力时，应分别对柱的纵、横两个方向进行计算。对锥边承台需在承台顶斜面与平面交接位置进行斜截面受剪计算。桩基承台斜截面受剪承载力计算同一般混凝土结构，但由于桩基承台多属小剪跨比($\lambda<1.40$)的情况，故需将混凝土结构所限制的剪跨比(1.40～3.0)延伸到 3.0 的范围。

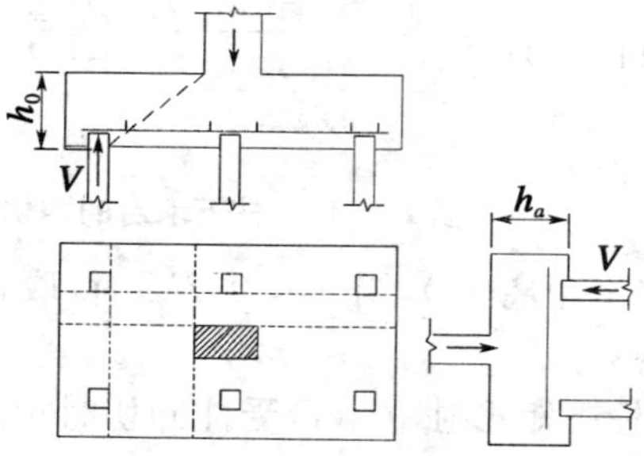

图 11－17　承台截面受剪承载力计算

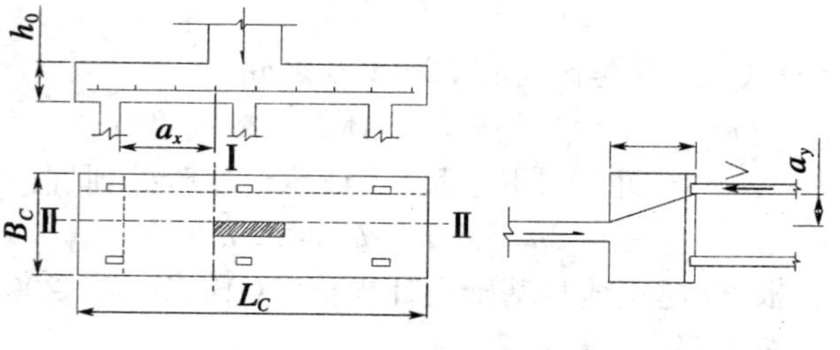

图 11－18　承台截面受剪计算

柱下等厚度承台斜截面受剪承载力可按下列公式计算：

$$\gamma_0 V \leqslant \beta_{hs} \beta f_t b_0 h_0 \tag{11-35}$$

式中：γ_0——建筑桩基重要性系数；

V——扣除承台及其上填土自重后相应于荷载效应基本组合时斜截面的最大剪力设计值；

f_t——混凝土轴心抗拉强度设计值(kN)；

b_0、h_0——分别为承台计算截面处的计算宽度和计算宽度处的有效高度(m)，见有关资料；

β——剪切系数。

β的表达式为

当 $0.3\leqslant\lambda<1.4$ 时

$$\beta=\frac{0.12}{\lambda+0.3} \tag{11-36}$$

当 $1.4 \leqslant \lambda < 3.0$ 时

$$\beta = \frac{0.2}{\lambda + 1.5} \tag{11-37}$$

计算截面的剪跨比，$\lambda = 0.3 \sim 3.0$；当 $\lambda < 0.3$ 时，取 $\lambda = 0.3$；当 $\lambda > 3$ 时，取 $\lambda = 3$。x、y 方向剪跨比分别为 $\lambda_x = \frac{a_x}{h_0}$，$\lambda_y = \frac{a_y}{h_0}$，其中 a_x、a_y 分别为柱(墙)边或承台变阶处至 x、y 方向计算一排桩的桩边的水平距离。

受剪切承载力截面高度影响系数：$\beta_{hs} = \left(\frac{800}{h_0}\right)^{1/4}$，当 $h_0 < 800$ mm 时，取 800 mm，$h_0 >$ 2 000 mm 时，取 2 000 mm。

(4) 承台局部受压计算

对于柱下桩基承台，当承台的混凝土强度等级低于柱或桩的混凝土强度等级时，应按《混凝土结构设计规范》(GB 50010—2002)的规定验算承台的局部受压承载力。

当进行承台的抗震验算时，应根据现行《建筑抗震设计规范》(GB 50011—2001)的规定对承台的受弯、受剪承载力进行抗震调整。

【例 11-1】 某二级建筑的桩基础如图 11-19 所示，柱截面尺寸为 450 mm×600 mm，作用在基础顶面的荷载标准值如下：$F_k = 2\ 800$ kN，$M_k = 210$ kN·m(作用于长边方向)，$H_k = 145$ kN，设计值分别为 $F = 3\ 654$ kN，$M = 455$ kN·m，$H = 188$ kN。拟采用截面为 350 mm×350 mm 的预制混凝土方桩，桩长 12 m，已确定基桩竖向承载力特征值 $R_a = 500$ kN，水平承载力设计值 $R_h = 45$ kN，承台混凝土强度等级为 C25，配置 HRB335 级(Ⅱ级)钢筋，试设计该桩基础(不考虑承台效应)。

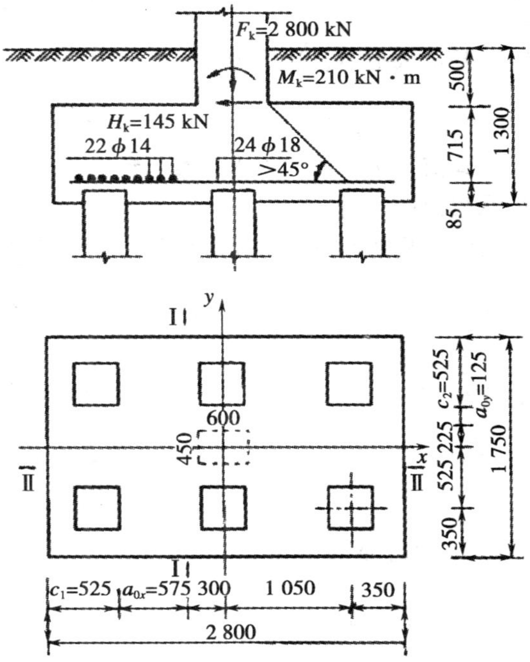

图 11-19 例 11-1 图

【解】 C25 混凝土，$f_t = 1\ 270$ kPa，$f_c = 11\ 900$ kPa；HRB335 级(Ⅱ级)钢筋，$f_y = 300$ N/mm²。

(1) 基桩持力层、桩材、桩型、外形尺寸及单桩承载力设计值均已选定，桩身结构设计从略。

(2) 确定桩数及布桩。初选桩数为

$$n > \frac{F_k}{R_a} = \frac{2\ 800}{500} = 5.6$$

暂取 6 根，取桩距 $s = 3d = 3 \times 0.35 = 1.05$ m，按矩形布置如图 11-19 所示。

(3) 初选承台尺寸。取承台长边和短边分别为

$a=2\times(0.35+1.05)=2.8$ m　　$b=2\times0.35+1.05=1.75$ m

承台埋置深度 1.3 m，承台高 0.8 m，桩顶伸入承台 50 mm，钢筋保护层取 35 mm，则承台有效高度为

$$h_0=0.8-0.05-0.035=0.715\text{ m}$$

(4) 计算桩顶荷载标准值。取承台及其上土的平均重度 $\gamma_G=20\text{ kN/m}^3$，则桩顶平均竖向力标准值为

$$Q_k=\frac{F_k+G_k}{n}=\frac{2\,800+20\times2.8\times1.75\times1.3}{6}=487.9\text{ kN}<500\text{ kN}$$

$$\begin{aligned}Q_{k\min}^{\max}&=N\pm\frac{(M_k+H_kh)x_{\max}}{\sum x_i^2}\\&=487.9\pm\frac{(210+145\times0.8)\times1.05}{4\times1.05^2}\\&=487.9\pm77.6\end{aligned}$$

$$Q_{\max}=565.5\text{ kN}<1.2R_a$$

$$Q_{k\min}=410.3\text{ kN}>0$$

基桩水平力设计值为

$$H_1=H/n=188/6=31.3\text{ kN}$$

其值远小于单桩水平承载力设计值 $R_h=45$ kN，因此，无需验算考虑群桩效应的基桩水平承载力设计值。

(5) 承台受冲切承载力验算。桩顶竖向力设计值为

$$\begin{aligned}Q_{\max}&=\frac{F}{n}+\frac{(M+Hh)x_{\max}}{\sum x_i^2}\\&=\frac{3\,654}{6}+\frac{(455+188\times0.8)\times1.05}{4\times1.05^2}\\&=609+144.1\\&=753.1\text{ kN}\end{aligned}$$

① 柱边冲切：

$$\lambda_{0x}=\frac{a_{0x}}{h_0}=\frac{0.575}{0.715}=0.804$$

满足 $\lambda_{0x}=0.2\sim1.0$。

$$\beta_{0x}=\frac{0.84}{\lambda_{0x}+0.2}=\frac{0.84}{0.804+0.2}=0.837$$

$\lambda_{0y}=\dfrac{a_{0y}}{h_0}=\dfrac{0.125}{0.715}=0.175>0.20$　取 $\lambda_{0y}=0.20$。

$\beta_{0y}=\dfrac{0.84}{\lambda_{0y}+0.2}=\dfrac{0.84}{0.2+0.2}=2.1$　$h=800$ mm　故 $\beta_{hp}=1.0$。

$$2[\beta_{0x}(b_c+a_{0y})+\beta_{0y}(h_c+a_{0x})]\beta_{hp}f_t h_0$$
$$=2\times[0.837\times(0.45+0.125)+2.1\times(0.6+0.575)]\times1\ 270\times0.715$$
$$=5\ 355.3\ \text{kN}>\gamma_0 F=1.0\times3\ 645=3\ 654\ \text{kN}$$

② 角桩向上冲切，从角桩内边缘主承台外边缘距离 $c_1=c_2=0.525$ m，$a_{1x}=a_{0x}$，$\lambda_{1x}=\lambda_{0x}$，有

$$\beta_{1x}=\frac{0.56}{\lambda_{1x}+0.2}=\frac{0.56}{0.804+0.2}=0.558$$

$$\beta_{1y}=\frac{0.56}{\lambda_{1y}+0.2}=\frac{0.56}{0.2+0.2}=1.4$$

$$[\beta_{1x}(c_2+\frac{a_{1y}}{2})+\beta_{1y}(c_1+\frac{a_{1x}}{2})]\beta_{hp}f_t h_0$$
$$=[0.558\times(0.525+0.125/2)+1.4\times(0.525+0.575/2)]\times1\times1\ 270\times0.715$$
$$=1\ 330.6\ \text{kN}>\gamma_0 Q_{max}=1.0\times753.1=753.1\ \text{kN}$$

(6) 承台受剪切承载力计算。剪跨比与以上冲跨比相同，对斜截面Ⅰ-Ⅰ $\lambda_x=0.804$，故剪切系数为

$$\beta=\frac{1.75}{\lambda_x+1.0}=\frac{1.75}{0.804+1.0}=0.970$$

$$\beta_{hs}=1.0$$

$$\beta f_t b_0 h_0=0.970\times1\ 270\times1.75\times0.715$$
$$=1\ 541.4\ \text{kN}>2\gamma_0 Q_{max}=2\times1.0\times753.7=1\ 506.2\ \text{kN}$$

斜截面Ⅱ-Ⅱ λ 按 0.3 计，其受剪切承载力更大，故验算从略。

(7) 承台受弯承载力计算

$$M_x=\sum N_i y_i=3\times609\times0.325=593.8\ \text{kN}\cdot\text{m}$$

$$A_s=\frac{M_x}{0.9f_y h_0}=\frac{593.8\times10^6}{0.9\times300\times715}=3\ 076\ \text{mm}^2$$

选用 22ϕ14，$A_s=3\ 386\ \text{mm}^2$，沿平行 y 轴方向均匀布置。

$$M_y=\sum N_i x_i=2\times753.1\times0.757=1\ 140.2\ \text{kN}\cdot\text{m}$$

$$A_s=\frac{M_y}{0.9f_y h_0}=\frac{1\ 140.2\times10^6}{0.9\times300\times715}=5\ 906.2\ \text{mm}^2$$

选用 24ϕ18，$A_s=6\ 108\ \text{mm}^2$，沿平行 x 轴方向均匀布置。

思考与练习

一、选择题

1. 有关确定单桩竖向极限承载力标准值的叙述，不正确的是(　　)。

A. 一级建筑桩基应采用现场静载试验，并结合静力触探、标准贯入等原位测试方法综合确定

B. 二级建筑桩基应根据静力触探、标准贯入、经验参数等估算，并参照地质条件相同的试桩资料综合确定。当缺乏可参照的试桩资料或地质条件复杂时，应由现场载荷试验确定

C. 对三级建筑桩基，如无原位测试资料时，可利用承载力经验参数估算

D. 采用现场静载荷试验确定单桩竖向极限承载力标准值时，在同一条件下的试桩数量不宜少于总桩数的2%，且不应少于3根，工程总桩数在50根以内时不应少于3根

2. 某排架桩，采用单独桩基础，作用于基础顶面的荷载为：$F=250$ kN，$M=70$ kN·m，$Q=20$ kN，基础埋深为5 m，该基础的最小底面积应为(　　)。

A. 1.5 m×1.3 m　　B. 1.7 m×1.5 m

C. 1.9 m×1.7 m　　D. 2.1 m×1.9 m

3. 以下不属于桩基础验算内容的是(　　)。

A. 单桩受力验算　　B. 桩的数量计算

C. 群桩地基承载力验算　　D. 桩基沉降计算

4. 有一宽7 m的条形基础，每延米基础布置直径为30 cm的桩5根，桩中心距承台边0.3 m，上部传至桩顶平面处的偏心垂直荷载为1 800 kN/m，偏心距为0.4 m，边桩受到的最大荷载为(　　)。

A. 350 kN　　B. 400 kN　　C. 450 kN　　D. 500 kN

5. 桩基础用的桩，按其受力情况可分为摩擦桩和端承桩两种，摩擦桩是指(　　)。

A. 桩上的荷载全部由桩侧摩擦力承受

B. 桩上的荷载由桩侧摩擦力和桩端阻力共同承受

C. 桩端为锥形的预制桩

D. 不要求清除桩端虚土的灌注桩

6. 针对下列几种提高地基承载力的方法：

Ⅰ. 预制钢筋混凝土桩；Ⅱ. 砂石桩；Ⅲ. 钻孔灌注桩；Ⅳ. 水泥搅拌桩。

下列全部属于桩基础范畴的一项是(　　)。

A. Ⅰ Ⅲ　　B. Ⅰ Ⅱ Ⅲ　　C. Ⅰ Ⅲ Ⅳ　　D. Ⅰ Ⅱ Ⅲ Ⅳ

7. 对于一级建筑物，单桩的竖向承载力标准值，应通过现场静荷载试验确定。在同一条件下的试桩数量不宜少于(　　)。

A. 总桩数的1%，并不少于2根　　B. 总桩数的1%，并不少于3根

C. 总桩数的2%，并不少于2根　　D. 总桩数的2%，并不少于3根

8. 对土层情况、各桩的直径、入土深度和桩顶荷载都相同的摩擦桩，群桩(桩距一般为桩径的3倍)的沉降量将比单桩(　　)。

A. 大　　B. 小　　C. 两者相同　　D. 无法确定

9. 桩顶受有轴向压力的竖直桩，按照桩身截面与桩周土的相对位移，桩周摩擦力的方向(　　)。

A. 只能向上

B. 可能向上、向下或沿桩身上部向下、下部向上

C. 只能向下

D. 与桩的侧面成某一角度

10. 对单桩竖向承载力而言,下列叙述不正确的是(　　)。

A. 取决于土对桩的支承阻力和桩身材料强度

B. 一般由土对桩的支承阻力控制

C. 一般由桩身材料强度控制

D. 对于端承桩、超长桩和桩身质量有缺陷的桩,可能由桩身材料强度控制

二、思考题

1. 桩基础适宜在什么情况下采用?

2. 何谓单桩承载力?如何确定单桩竖向和水平承载力?

3. 什么是群桩基础?什么是群桩效应?什么是承台效应?如何考虑群桩效应和承台效应?

4. 对哪些建筑物桩基应进行沉降验算?

5. 影响群桩承载力的因素是什么?群桩中的基桩和单桩在承载力和沉降方面有何差别?

6. 何谓桩的负摩阻力?其产生的原因有哪些?

三、计算题

1. 某建筑场地上的砖混结构建设项目采用桩基础,室内外高差 0.90 m,底层外墙厚度 490 mm,承台梁埋深 1.5 m,荷载效应标准组合上部结构作用于承台顶面的竖向力为 30 kN/m;施工图单桩设计完成,采用桩径为 450 mm 的灌注桩,由现场静载荷试验确定的单桩竖向地基承载力标准值为 450 kN。试设计该项目外墙下的桩基础。

2. 某场区从天然地面起往下的土层分布是:粉质黏土,厚度 $l_1=3$ m,含水量 $w_1=30.6\%$,塑限 $w_P=18\%$,液限 $w_L=35\%$;粉土,厚度 $l_2=6$ m,孔隙比 $e=0.9$;中密的中砂。试确定各土层的混凝土预制桩桩周土极限摩阻力标准值和预制桩桩端(中密的中砂)极限端阻力标准值(按桩入土深度 10 m 考虑)。

3. 某场地土层情况(自上而下)为:第一层为杂填土,厚度 1.0 m;第二层为淤泥,软塑状态,厚度 6.5 m;第三层为粉质黏土,$I_L=0.25$,厚度较大。现需设计一框架内柱(截面 300 mm×450 mm)的预制桩基础。桩底在地面处的荷载设计值为:轴向力 $F=2\ 500$ kN,弯矩 $M=180$ kN·m,水平力 $H=100$ kN,初选预制桩截面为 350 mm×350 mm。试设计该桩基础。

4. 某 10 层框架结构办公楼,室内外高差为 0.9 m,拟采用钻孔灌注桩基础,场地地层自上而下依次为:① 填土,厚度 1.2 m;② 淤泥质土,软塑—流塑,$q_s=11$ kPa,厚度 6.0 m;③ 粉质黏土,可塑,$q_s=32$ kPa,厚度 4.6 m;④ 碎石土,中密,该层未揭穿,$q_s=80$ kPa,$q_p=2\ 000$ kPa。初步选定承台底面在天然地面下 1.2 m 处,已知一外柱传至承台顶面(天然地面下 0.5 m)处的荷载标准值为 $F=4\ 000$ kN,$M=360$ kN·m,$H=120$ kN,试设计该桩基础。

12 沉井基础

本章概要： 了解沉井的特点及适用条件；掌握沉井分类、构造组成及各部分的设计要求；熟悉沉井作为整体深基础和沉井施工过程中的结构计算，主要是受力特点、设计思路、计算原理和计算方法；掌握沉井施工的程序和下沉工艺方法；了解沉井下沉出现的常见问题、原因、预防措施和处理方法。

本章重点： 钢筋混凝土沉井的构造，沉井施工的程序和下沉工艺；沉井结构的设计计算。

12.1 概　　述

12.1.1 沉井的特点及适用条件

沉井是一种带刃脚的井筒状构筑物(图 12-1(a))。**它是利用人工或机械方法清除井内土石，借助自重克服井壁摩阻力逐节下沉至设计标高，再浇筑混凝土封底并填塞井孔，成为结构物的基础**(图 12-1(b))。

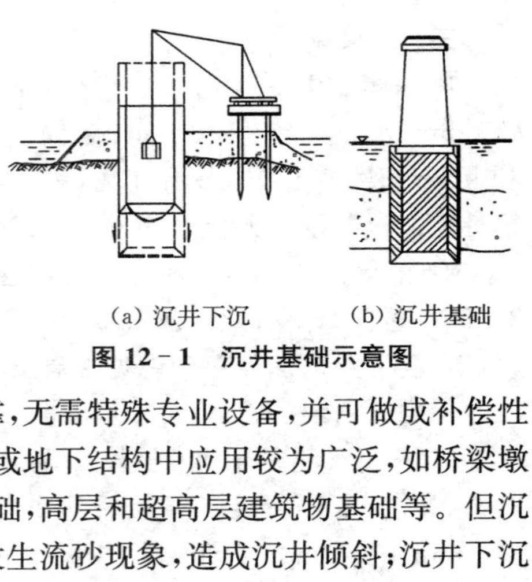

(a) 沉井下沉　　(b) 沉井基础

图 12-1　沉井基础示意图

沉井的特点是埋置深度较大(如日本采用壁外喷射高压空气施工，井深超过 200 m)，整体性强，稳定性好，具有较大的承载面积，能承受较大的垂直和水平荷载。此外，沉井既是基础，又是施工时的挡土和挡水围堰结构物，施工工艺简便，技术稳妥可靠，无需特殊专业设备，并可做成补偿性基础，避免过大沉降，保证基础稳定性，因此在深基础或地下结构中应用较为广泛，如桥梁墩台基础，地下泵房、水池、油库，矿用竖井，大型设备基础，高层和超高层建筑物基础等。但沉井基础施工工期较长，对粉、细砂类土在井内抽水易发生流砂现象，造成沉井倾斜；沉井下沉过程中遇到的大孤石、树干或井底岩层表面倾斜过大，也会给施工带来一定的困难。

沉井最适合在不太透水的土层中下沉，其易于控制沉井下沉方向，避免倾斜。一般下列情况可考虑采用沉井基础：

① 上部荷载较大，表层地基土承载力不足，而在一定深度下有较好的持力层，且与其他基础方案相比较为经济合理。

② 在山区河流中，虽土质较好，但冲刷大，或河中有较大卵石不便桩基础施工。

③ 岩层表面较平坦且覆盖层薄，但河水较深，采用扩大基础施工围堰有困难。

12.1.2 沉井的分类

(1) 按施工方法的不同，沉井可分为一般沉井和浮运沉井。一般沉井指直接在基础设计的位置上制造，然后挖土，依靠沉井自重下沉，若基础位于水中，则先人工筑岛，再在岛上筑井下沉。浮运沉井指先在岸边制造，再浮运就位下沉的沉井。通常在深水地区（如水深大于 10 m），或水流流速大，有通航要求，人工筑岛困难或不经济时可采用浮运沉井。

（2）按制造沉井的材料可分为混凝土沉井、钢筋混凝土沉井、竹筋混凝土沉井和钢沉井。混凝土沉井因抗压强度高，抗拉强度低，多做成圆形，且仅适用于下沉深度不大（4～7 m）的松软土层。钢筋混凝土沉井抗压抗拉强度高，下沉深度大（可达数十米以上），可做成重型或薄壁就地制造下沉的沉井，也可做成薄壁浮运沉井及钢丝网水泥沉井等，在工程中应用最广。沉井承受拉力主要在下沉阶段，我国南方盛产竹材，因此可就地取材，采用耐久性差但抗拉性能好的竹筋代替部分钢筋，做成竹筋混凝土沉井，如南昌赣江大桥、白沙沱长江大桥等。钢沉井由钢材制作，其强度高，重量轻，易于拼装，适于制造空心浮运沉井，但用钢量大，国内较少采用。此外，根据工程条件也可选用木沉井和砌石圬工沉井等。

（3）按沉井的平面形状可分为圆形、矩形和圆端形三种基本类型，根据井孔的布置方式，又可分为单孔、双孔及多孔沉井（图 12－2）。

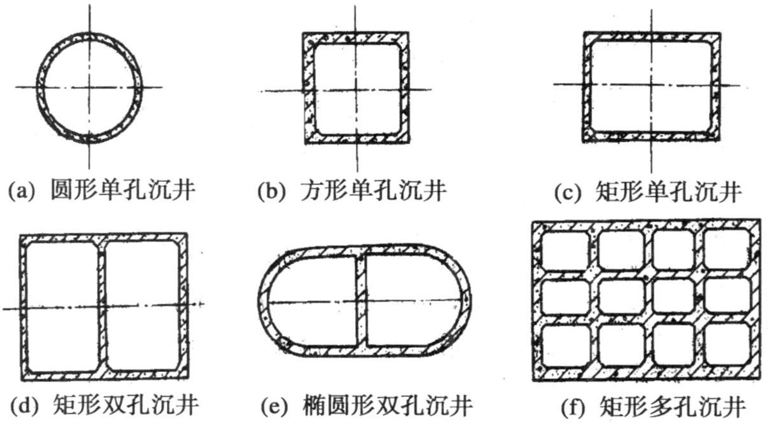

图 12－2 沉井的平面形状

圆形沉井在下沉过程中易于控制方向。当采用抓泥斗挖土时，比其他沉井更能保证其刃脚均匀地支承在土层上，在侧压力作用下，井壁仅受轴向应力作用，即使侧压力分布不均匀，弯曲应力也不大，能充分利用混凝土抗压强度大的特点，多用于斜交桥或水流方向不定的桥墩基础。

矩形沉井制造方便，受力有利，能充分利用地基承载力，与矩形墩台相配合。沉井四角一般做成圆角，以减少井壁摩阻力和除土清孔的困难。矩形沉井在侧压力作用下，井壁受较大的挠曲力矩；在流水中阻水系数较大，冲刷较严重。

圆端形沉井控制下沉、受力条件、阻水冲刷均较矩形沉井有利，但施工较为复杂。

对平面尺寸较大的沉井，可在沉井中设隔墙，构成双孔或多孔沉井，以改善井壁受力条件及均匀取土下沉。

（4）按沉井的竖直剖面形式可分为柱形、阶梯形和锥形沉井（图 12－3）。柱形沉井受周围土体约束较均衡，下沉过程中不易发生倾斜，井壁接长较简单，模板可重复利用；但井壁侧阻力较大，当土体密实、下沉深度较大时，易出现下部悬空，造成井壁拉裂，故一般用于入土不深或土质较松软的情况。阶梯形沉井和锥形沉井可以减小土与井壁的摩阻力，井壁抗侧压力性能较为合理，但施工较复杂，消耗模板多，沉井下沉过程中易发生倾斜。多用于土质较密实，沉井下沉深度大，且要求沉井自重不太大的情况。通常锥形沉井井壁坡度为1/20～1/40，阶梯形井壁的台阶宽约为100～200 mm。

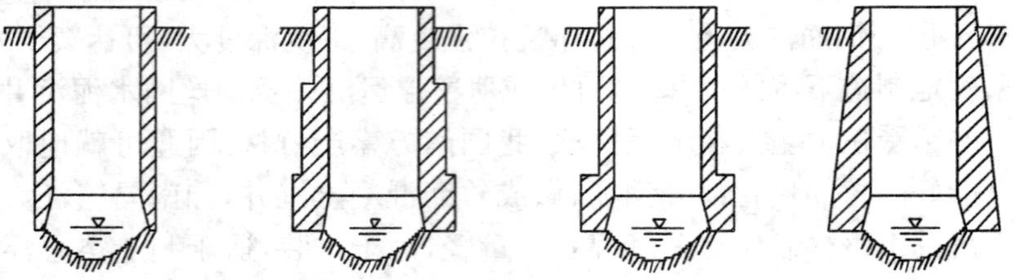

(a) 外壁直立无台阶　(b)台阶式(1)　(c) 台阶式(2)　(d) 外壁倾斜式

图 12-3　沉井的竖直剖面形式

12.1.3　沉井基础的构造

1) 沉井的轮廓尺寸

沉井的平面形状常取决于结构物底部的形状。对于矩形沉井，为保证下沉的稳定性，沉井的长短边之比不宜大于3。若结构物的长宽比较为接近，可采用方形或圆形沉井。沉井顶面尺寸为结构物底部尺寸加襟边宽度。襟边宽度不宜小于0.2 m，且大于沉井全高的1/50，浮运沉井不小于0.4 m，如沉井顶面需设置围堰，其襟边宽度根据围堰构造还需加大。结构物边缘应尽可能支承于井壁上或顶板支承面上，对井孔内不以混凝土填实的空心沉井不允许结构物边缘全部置于井孔位置上。

沉井的入土深度须根据上部结构、水文地质条件及各土层的承载力等确定。入土深度较大的沉井应分节制造和下沉，每节高度不宜大于5 m；当底节沉井在松软土层中下沉时，还不应大于沉井宽度的0.8倍；若底节沉井高度过高，沉井过重，将给制模、筑岛时岛面处理、抽除垫木下沉等带来困难。

2) 沉井的一般构造

沉井一般由井壁、刃脚、隔墙、井孔、凹槽、封底和顶板等组成(图12-4)。有时井壁中还预埋射水管等其他部分。各组成部分的作用如下：

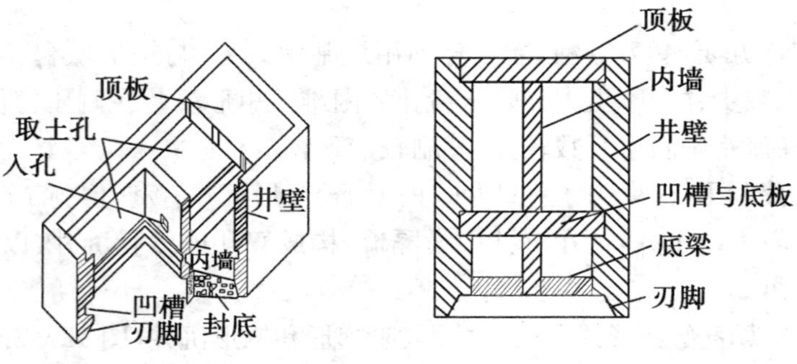

图 12-4　沉井结构示意图

(1) 井壁。沉井的外壁,是沉井的主体部分,在沉井下沉过程中起挡土、挡水及利用本身自重克服土与井壁间摩阻力下沉。当沉井施工完毕后,就成为传递上部结构荷载的基础或基础的一部分。因此,井壁必须具有足够的强度和一定的厚度,并根据施工过程中的受力情况配置竖向及水平向钢筋。一般壁厚为 0.80～1.50 m,最薄不宜小于 0.4 m,混凝土强度等级不低于 C15。

(2) 刃脚。即井壁下端形如楔状的部分,其作用是利于沉井切土下沉。刃脚底面(踏面)宽度一般为 0.1～0.3 m,软土可适当放宽。若下沉深度大,土质较硬,刃脚底面应以型钢(角钢或槽钢)加强(图 12-5),以防刃脚损坏。刃脚内侧斜面与水平面夹角不宜小于 45°。刃脚高度视井壁厚度、便于抽除垫木而定,一般大于0.5 m,混凝土强度等级宜大于 C20。

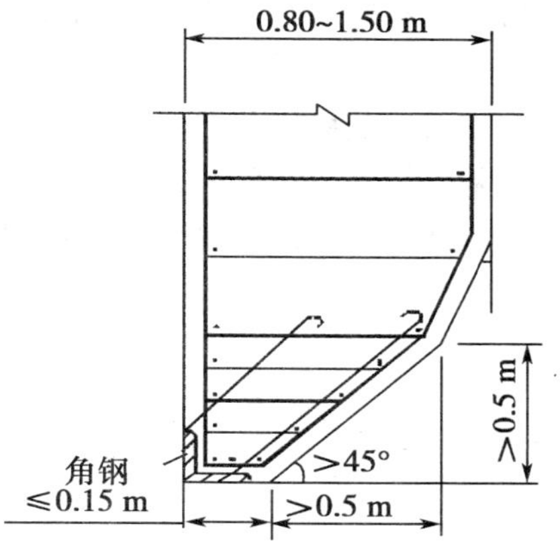

图 12-5　刃脚构造示意图

(3) 隔墙。沉井的内壁,其作用是将沉井空腔分隔成多个井孔,便于控制挖土下沉,防止或纠正倾斜和偏移,并加强沉井刚度,减小井壁挠曲应力。隔墙厚度一般小于井壁,约 0.5～1.0 m。隔墙底面应高出刃脚底面 0.5 m 以上,避免被土搁住而妨碍下沉。如为人工挖土,还应在隔墙下端设置过人孔,以便工作人员在井孔间往来。

(4) 井孔。为挖土排土的工作场所和通道。其尺寸应满足施工要求,最小边长不宜小于 3 m。井孔应对称布置,以便对称挖土,保证沉井均匀下沉。

(5) 凹槽。位于刃脚内侧上方,用于沉井封底时使井壁与封底混凝土较好地结合,使封底混凝土底面反力更好地传给井壁。凹槽高约 1.0 m,深度一般为 150～300 mm。

(6) 射水管。当沉井下沉较深,土阻力较大,估计下沉困难时,可在井壁中预埋射水管组。射水管应均匀布置,以利于控制水压和水量来调整下沉方向。一般水压不小于 600 kPa。如使用泥浆润滑套施工方法,应有预埋的压射泥浆管路。

(7) 封底。沉井沉至设计标高进行清基后,便在刃脚踏面以上至凹槽处浇筑混凝土形成封底。封底可防止地下水涌入井内,其底面承受地基土和水的反力,封底混凝土顶面应高出凹槽 0.5 m,其厚度可由应力验算决定,根据经验也可取不小于井孔最小边长的 1.5 倍。混凝土强度等级一般不低于 C15,井孔内填充的混凝土强度等级不低于 C10。

(8) 顶板。沉井封底后,若条件允许,为节省圬工量,减轻基础自重,在井孔内可不填充任何东西,做成空心沉井基础,或仅填以砂石,此时须在井顶设置钢筋混凝土顶板,以承托上部结构的全部荷载。顶板厚度一般为 1.5～2.0 m,钢筋配置由计算确定。

沉井井孔是否填充,应根据受力或稳定要求决定。在严寒地区,低于冻结线 0.25 m 以上部分必须用混凝土或圬工填实。

3) 浮运沉井的构造

浮运沉井可分为不带气筒和带气筒的浮运沉井两种。不带气筒的浮运沉井多用钢、木、钢丝网水泥等材料制作,薄壁空心,具有构造简单、施工方便、节省钢材等优点。适用于水不太深、流速不大、河床较平、冲刷较小的自然条件。为增加水中自浮能力,还可做成带临时性井底的浮运沉井,即浮运就位后,灌水下沉,同时接筑井壁,当到达河床后,打开临时性井底,再按一般沉井施工。

当水深流急、沉井较大时，通常可采用带气筒的浮运沉井。其主要由双壁的沉井底节、单壁钢壳、钢气筒等组成。双壁钢沉井底节是一个可自浮于水中的壳体结构，底节以上的井壁采用单壁钢壳，既可防水，又可作为接高时灌注沉井外圈混凝土模板的一部分。钢气筒为沉井提供所需浮力，同时在悬浮下沉中可通过充放气调节使沉井上浮、下沉或校正偏斜等，当沉井落至河床后，切除气筒即为取土井孔。

4）组合式沉井

当采用低桩承台出现围水挖基浇筑承台困难，而采用沉井则岩层倾斜较大或沉井范围内地基土软硬不均且水深较大时，可采用沉井—桩基的混合式基础，即组合式沉井。施工时先将沉井下沉至预定标高，浇筑封底混凝土和承台，再在井内预留孔位钻孔灌注成桩。该混合式沉井结构既可围水挡土，又可作为钻孔桩的护筒和桩基的承台。

12.2 沉井的施工

沉井基础施工一般可分为旱地施工、水中筑岛和浮运沉井三种。施工前应详细了解场地的地质和水文条件。水中施工应做好河流汛期、河床冲刷、通航及漂流物等的调查研究，充分利用枯水季节，制订出详细的施工计划和必要的措施，确保施工安全。

12.2.1 旱地沉井施工

旱地沉井施工可分为就地制造、除土下沉、封底、充填井孔以及浇筑顶板等（图 12－6），其一般工序如下：

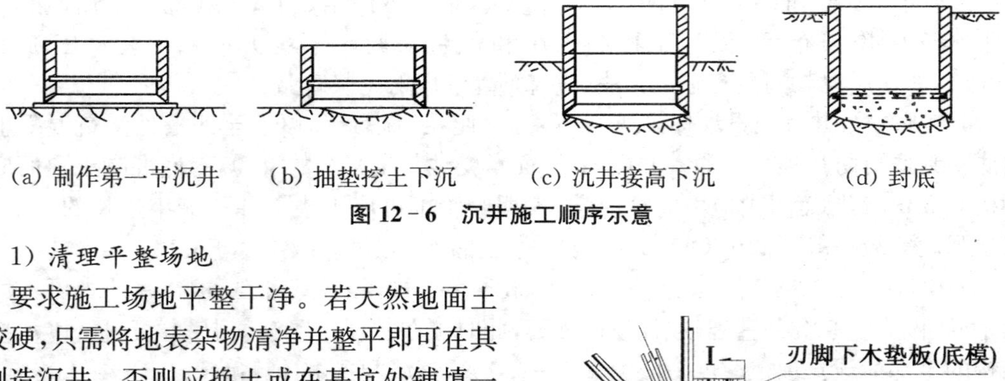

图 12－6 沉井施工顺序示意

1）清理平整场地

要求施工场地平整干净。若天然地面土质较硬，只需将地表杂物清净并整平即可在其上制造沉井。否则应换土或在基坑处铺填一不小于 0.5 m 厚夯实的砂或砂砾垫层，防止沉井在混凝土浇筑之初因地面沉降不均而产生裂缝。为减小下沉深度，也可挖一浅坑，在坑底制作沉井，但坑底应高出地下水位面 0.5～1.0 m。

2）制作第一节沉井

制造沉井前，应先在刃脚处对称铺满垫木（图 12－7），以支承第一节沉井的重量，并按

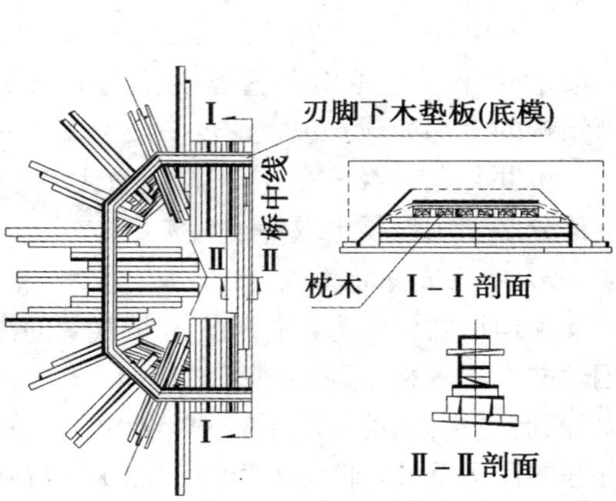

图 12－7 垫木布置实例

垫木定位立模板以绑扎钢筋。垫木数量可按垫木底面压力不大于 100 kPa 计算，其布置应考虑抽垫方便。垫木一般为枕木或方木(200 mm×200 mm)，其下垫一层厚约 0.3 m 的砂，垫木间间隙用砂填实(填到半高即可)。然后在刃脚位置处放上刃脚角钢，竖立内模，绑扎钢筋，再立外模浇筑第一节沉井。模板应有较大刚度，以免挠曲变形。当场地土质较好时也可采用土模。

3) 拆模及抽垫

当沉井混凝土强度达设计强度 70%时可拆除模板，达设计强度后方可抽撤垫木。抽垫应分区、依次、对称、同步地向沉井外抽出。其顺序为：先内壁，再短边，最后长边。长边下垫木隔一根抽一根，以固定垫木为中心，由远而近对称地抽，最后抽除固定垫木，并随抽随用砂土回填捣实，以免沉井开裂、移动或偏斜。

4) 除土下沉

沉井宜采用不排水除土下沉，在稳定的土层中，也可采用排水除土下沉。除土方法可采用人工或机械除土，排水下沉常用人工除土。人工除土可使沉井均匀下沉和易于清除井内障碍物，但应有安全措施。不排水下沉时，可使用空气吸泥机、抓土斗、水力吸石筒、水力吸泥机等除土。通过黏土、胶结层除土困难时，可采用高压射水破坏土层。

沉井正常下沉时，应自中间向刃脚处均匀地对称除土，排水下沉时应严格控制设计支承点土的排除，并随时注意沉井正位，保持竖直下沉，无特殊情况不宜采用爆破施工。

5) 接高沉井

当第一节沉井下沉至一定深度(井顶露出地面不小于 0.5 m，或露出水面不小于 1.5 m)时，停止挖土，接筑下节沉井。接筑前刃脚不得掏空，并应尽量纠正上节沉井的倾斜，凿毛顶面，立模，然后对称、均匀地浇筑混凝土，待强度达设计要求后再拆模继续下沉。

6) 设置井顶防水围堰

若沉井顶面低于地面或水面，应在井顶接筑临时性防水围堰，围堰的平面尺寸略小于沉井，其下端与井顶上预埋锚杆相连。井顶防水围堰应因地制宜，合理选用，常见的有土围堰、砖围堰和钢板桩围堰。若水深流急，围堰高度大于 5.0 m 时，宜采用钢板桩围堰。

7) 基底检验和处理

沉井沉至设计标高后，应检验基底地质情况是否与设计相符。排水下沉时可直接检验；不排水下沉则应进行水下检验，必要时可用钻机取样进行检验。

当基底达设计要求后，应对地基进行必要的处理。砂性土或黏性土地基，一般可在井底铺一层砾石或碎石至刃脚底面以上 200 mm。风化岩石地基，应凿除风化岩层。若岩层倾斜，还应凿成阶梯形。要确保井底浮土、软土清除干净，封底混凝土、沉井与地基结合紧密。

8) 沉井封底

基底检验合格后应及时封底。排水下沉时，如渗水量上升速度≤6 mm/min，可采用普通混凝土封底；否则宜用水下混凝土封底。若沉井面积大，可采用多导管先外后内、先低后高依次浇筑。封底一般为素混凝土，但必须与地基紧密结合，不得存在有害的夹层、夹缝。

9) 井孔填充和顶板浇筑

封底混凝土达设计强度后，再排干井孔中水，填充井内圬工。如井孔中不填料或仅填砾石，则井顶应浇筑钢筋混凝土顶板以支承上部结构，且应保持无水施工。然后砌筑井上结构物，随后拆除临时性的井顶围堰。

12.2.2 水中沉井施工

1）水中筑岛

当水深小于 3 m，流速≤1.5 m/s 时，可采用砂或砾石在水中筑岛（图 12－8(a)），周围用草袋围护；若水深或流速加大，可采用围堤防护筑岛（图 12－8(b)）；当水深较大（通常＜15 m）或流速较大时，宜采用钢板桩围堰筑岛（图 12－8(c)）。岛面应高出最高施工水位 0.5 m以上，砂岛地基强度应符合要求。围堰筑岛时，围堰距井壁外缘距离 $b \geq H\tan(45°-\varphi/2)$，且大于 2 m（$H$ 为筑岛高度，φ 为砂在水中的内摩擦角）。其余施工方法与旱地沉井施工相同。

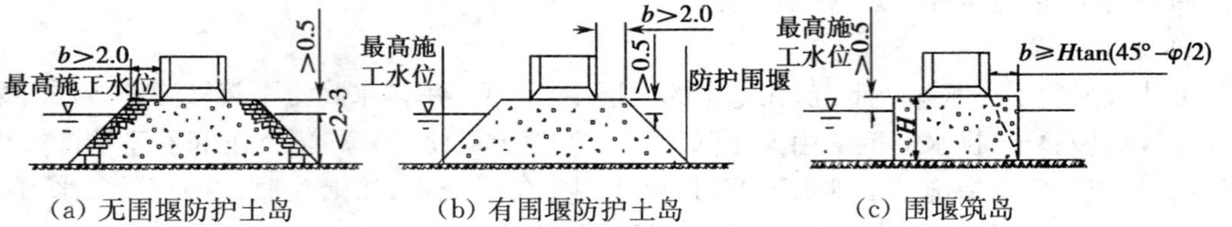

图 12－8 水中筑岛下沉沉井(m)

2）浮运沉井

若水深（如大于 10 m），人工筑岛困难或不经济时，可采用浮运法施工。即将沉井在岸边做成空体结构，或采用其他措施（如带钢气筒等）使沉井浮于水上，利用在岸边铺成的滑道滑入水中（图 12－9），然后用绳索牵引至设计位置。在悬浮状态下，逐步将水或混凝土注入空体中，使沉井徐徐下沉至河底。若沉井较高，需分段制造，在悬浮状态下逐节接长下沉至河底，但整个过程应保证沉井本身稳定。当刃脚切入河床一定深度后，即可按一般沉井下沉方法施工。

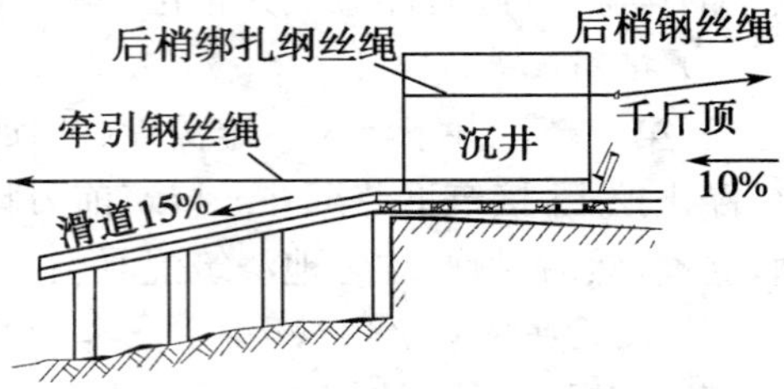

图 12－9 浮运沉井下水示意

12.2.3 泥浆套和空气幕下沉沉井施工简介

当沉井深度很大，井侧土质较好时，井壁与土层间的摩阻力很大，若采用增加井壁厚度或压重等办法受限时，通常可设置泥浆润滑套和空气幕来减小井壁摩阻力。

1）用泥浆套下沉沉井

泥浆套下沉法是借助泥浆泵和输送管道将特制的泥浆压入沉井外壁与土层之间，在沉井外围形成有一定厚度的泥浆层，该泥浆层把土与井壁隔开，并起润滑作用，从而大大降低沉井下沉中的摩擦阻力（可降低至 3～5 kPa，一般黏性土约为 25～50 kPa），减少井壁圬工数量，加速沉井下沉，并具有良好的稳定性。

泥浆通常由膨润土、水和碳酸钠分散剂配置而成，具有良好的固壁性、触变性和胶体稳定性。泥浆润滑套的构造主要包括射口挡板、地表围圈及压浆管。

射口挡板可用角钢或钢板弯制，置于每个泥浆射出口处固定在井壁台阶上（图 12－

10(a)),其作用是防止压浆管射出的泥浆直冲土壁,以免土壁局部坍落堵塞射浆口。

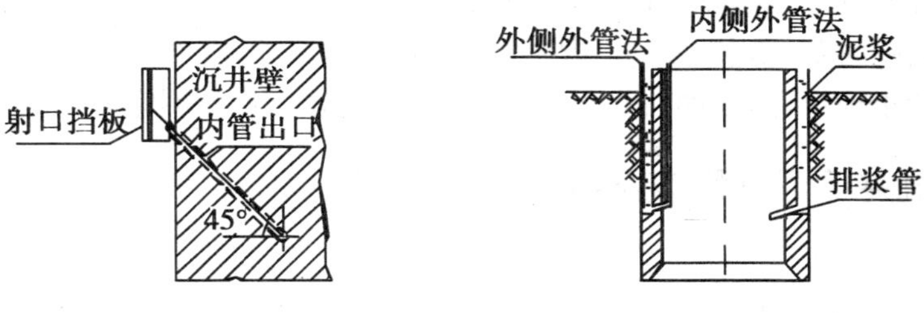

(a) 射口挡板 (b) 外管法压浆管构造

图 12-10 射口挡板与压浆管构造

地表围圈用木板或钢板制成,埋设在沉井周围。其作用是防止沉井下沉时土壁坍落,为沉井下沉过程中新造成的空隙补充泥浆,以及调整各压浆管出浆的不均衡。其宽度与沉井台阶相同,高约 1.5～2.0 m,顶面高出地面或岛面 0.5 m,圈顶面宜加盖。

压浆管可分为内管法(厚壁沉井)和外管法(薄壁沉井)两种(图 12-10(b)),通常用 ϕ38～ϕ50 的钢管制成,沿井周边每 3～4 m 布置一根。

下沉过程中要勤补浆,勤观测,发现倾斜、漏浆等问题要及时纠正。若基底为一般土质,易出现边清基边下沉现象,此时应压入水泥砂浆置换泥浆,以增大井壁摩阻力。此外,该法不宜用于卵石、砾石土层。

2) 用空气幕下沉沉井

用空气幕下沉是一种减少下沉时井壁摩阻力的有效方法。它是通过向沿井壁四周预埋的气管中压入高压气流,气流沿喷气孔射出再沿沉井外壁上升,在沉井周围形成一空气"帷幕"(即空气幕),使井壁周围土松动或液化,摩阻力减小,促使沉井下沉。

如图 12-11 所示,空气幕沉井在构造上增加了一套压气系统,该系统由气斗、井壁中的气管、压缩空气机、贮气筒和输气管等组成。

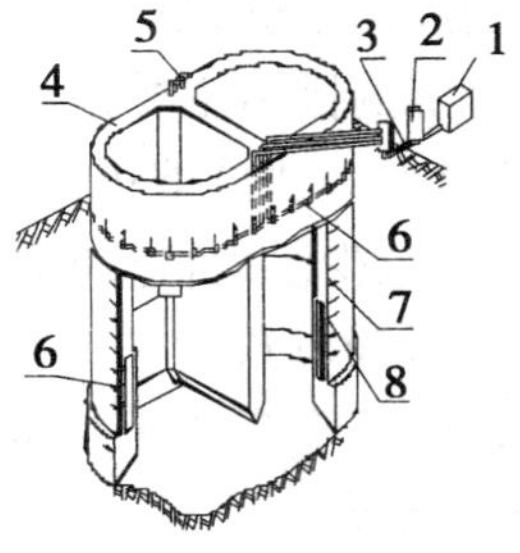

图 12-11 空气幕沉井压气系统构造

1—压缩空气机;2—贮气筒;3—输气管;4—沉井;5—竖管;6—水平喷气管;7—气斗;8—喷气孔

气斗是沉井外壁上凹槽及槽中的喷气孔,凹槽的作用是保护喷气孔,使喷出的高压气流有一扩散空间,然后较均匀地沿井壁上升,形成气幕。气斗应布设简单、不易堵塞、便于喷气,目前多用棱锥形(150 mm×150 mm),其数量根据每个气斗所作用的有效面积确定。喷气孔直径 1 mm,可按等距离分布,上下交错排列布置。

气管有水平喷气管和竖管两种,可采用内径 25 mm 的硬质聚氯乙烯管。水平管连接各层气斗,每 1/4 或 1/2 周设一根,以便纠偏;每根竖管连接两根水平管,并伸出井顶。

由压缩空气机输出的压缩空气应先输入贮气筒,再由地面输气管送至沉井,以防止压气时压力骤然降低而影响压气效果。

在整个下沉过程中,应先在井内除土,消除刃脚下土的抗力后再压气。但也不得过分除土而不压气,一般除土面低于刃脚 0.5～1.0 m 时即应压气下沉。压气时间不宜过长,一般不超过 5 min/次。压气顺序应先上后下,以形成沿沉井外壁上喷的气流。气压不应小于喷气孔最深处理论水压的 1.4～1.6 倍，并尽可能使用风压机的最大值。

停气时应先停下部气斗，依次向上，最后停上部气斗，并应缓慢减压，不得将高压空气突然停止，防止造成瞬时负压，使喷气孔内吸入泥沙而被堵塞。空气幕下沉沉井适用于砂类土、粉质土及黏性土地层，对于卵石类土、砾类土及风化岩等地层不宜使用。

12.2.4 沉井下沉过程中遇到的问题及处理

1）偏斜

沉井偏斜大多发生在下沉不深时。导致偏斜的主要原因有：① 土岛表面松软，或制作场地或河底高低不平，软硬不均；② 刃脚制作质量差，井壁与刃脚中线不重合；③ 抽垫方法欠妥，回填不及时；④ 除土不均匀对称，下沉时有突沉和停沉现象；⑤ 刃脚遇障碍物顶住而未及时发现，排土堆放不合理，或单侧受水流冲击淘空等导致沉井受力不对称。

纠正偏斜，通常可用除土、压重、顶部施加水平力或刃脚下支垫等方法处理，空气幕沉井也可采用单侧压气纠偏。若沉井倾斜，可在高侧集中除土，加重物，或用高压射水冲松土层，底侧回填砂石，必要时在井顶施加水平力扶正。若中心偏移则先除土，使井底中心向设计中心倾斜，然后在对侧除土，使沉井恢复竖直，如此反复至沉井逐步移近设计中心。当刃脚遇障碍物时，须先清除再下沉。如遇树根、大孤石或钢料铁件，排水施工时可人工排除，必要时用少量炸药（少于 200 g）炸碎。不排水施工时，可由潜水工进行水下切割或爆破。

2）难沉

难沉即沉井下沉过慢或停沉。导致难沉的主要原因是：① 开挖面深度不够，正面阻力大；② 偏斜，或刃脚下遇到障碍物或坚硬岩层和土层；③ 井壁摩阻力大于沉井自重；④ 井壁无减阻措施或泥浆套、空气幕等而遭到破坏。

解决难沉的措施主要是增加压重和减少井壁摩阻力。增加压重的方法有：① 提前接筑下节沉井，增加沉井自重；② 在井顶加压沙袋、钢轨等重物迫使沉井下沉；③ 不排水下沉时，可井内抽水，减少浮力，迫使下沉，但需保证土体不产生流砂现象。减小井壁摩阻力的方法有：① 将沉井设计成阶梯形、锥形，或使外壁光滑；② 井壁内埋设高压射水管组，射水辅助下沉；③ 利用泥浆套或空气幕辅助下沉；④ 增大开挖范围和深度，必要时还可采用 0.1～0.2 kg 炸药起爆助沉，但同一沉井每次只能起爆一次，且需适当控制炮振次数。

3）突沉

突沉常发生于软土地区，容易使沉井产生较大的倾斜或超沉。引起突沉的主要原因是井壁摩阻力较小，当刃脚下土被挖除时，沉井支承削弱，或排水过多、挖土太深、出现塑流等。防止突沉的措施一般是控制均匀挖土，在刃脚处挖土不宜过深，此外，在设计时可采用增大刃脚踏面宽度或增设底梁的措施提高刃脚阻力。

4）流砂

在粉砂、细砂层中下沉沉井，经常出现流砂现象，若不采取适当措施将造成沉井严重倾斜。产生流砂的主要原因是土中动水压力的水头梯度大于临界值，故防止流砂的措施是：① 排水下沉时发生流砂可向井内灌水，采取不排水除土，减小水头梯度；② 采用井点，或深井和深井泵降水，降低井外水位，改变水头梯度方向使土层稳定，防止流砂发生。

12.3 沉井的设计与计算

沉井既是结构物的基础，又是施工过程中挡土、挡水的结构物，因此其设计计算需包括沉井作为整体深基础的计算和在施工过程中的计算两大部分。

在设计沉井计算之前必须掌握以下有关资料：① 上部结构尺寸要求，沉井基础设计荷载；② 水文和地质资料（如设计水位、施工水位、冲刷线或地下水位标高，土的物理力学性质指标，沉井通过的土层有无障碍物等）；③ 拟采用的施工方法（排水或不排水下沉，筑岛或防水围堰的标高等）。

12.3.1 沉井作为整体深基础的设计与计算

沉井作为整体深基础时的基本假定条件：

（1）地基土作为弹性变形介质，水平向地基系数随深度成正比例增加。

（2）不考虑基础与土之间的黏聚力和摩阻力。

（3）沉井基础的刚度与土的刚度之比可认为是无限大。

1）非岩石地基上沉井基础的计算

沉井基础受到水平力 H 及偏心竖向力 N 作用时，如图 12-12(a)所示。为了讨论方便，可以把这些外力转变为中心荷载和水平力的共同作用，转变后的水平力 H 距离基底的作用高度 λ（见图 12-12(b)）为

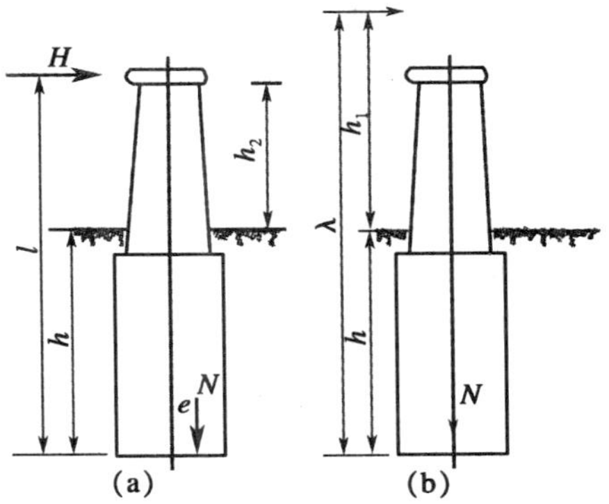

图 12-12 荷载作用情况

$$\lambda=\frac{Ne+Hl}{H}=\frac{\sum M}{H} \qquad (12-1)$$

先讨论沉井在水平力 H 作用下的情况。由于水平力的作用，沉井将围绕位于地面下 z_0 深度处的 A 点转动一 ω 角（如图 12-13），地面下深度 z 处深井基础产生的水平位移 Δx 和土的横向抗力 σ_{zx} 分别为

$$\Delta x=(z_0-z)\tan\omega \qquad (12-2)$$

$$\sigma_{zx}=\Delta xC_z=C_z(z_0-z)\tan\omega \qquad (12-3)$$

式中：z_0——转动中心 A 离地面的距离；

C_z——深度 z 处水平向的地基系数，$C_z=mz_0$(kN/m³)，m 为地基比例系数(kN/m⁴)。

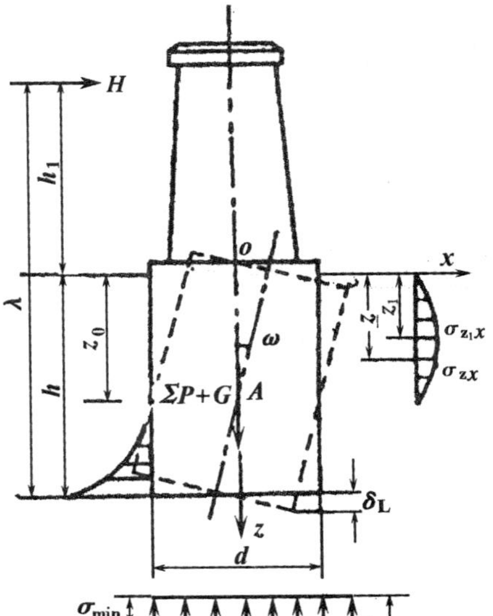

图 12-13 水平及竖向荷载作用下的应力分布

将 C_z 值代入得：

$$\sigma_{zx}=mz(z_0-z)\tan\omega \tag{12-4}$$

从式中可见，土的横向抗力沿深度为二次抛物线变化。

基础底面处的压应力，考虑到该水平面上的竖向地基系数 C_0 不变，故其压应力图形与基础竖向位移图相似。故

$$\sigma_{\frac{d}{2}}=C_0\delta_1=C_0\frac{d}{2}\tan\omega \tag{12-5}$$

式中：C_0——地基竖向抗力系数(kN/m³)，$C_0=m_0h$，且不得小于 10 m_0；

m_0——沉井底面地基竖向抗力系数的比例系数(kN/m⁴)，近似取 $m_0=m$；

d——基底宽度或直径(m)。

在上述三个公式中，有两个未知数 z_0 和 ω，要求解其值，可建立两个平衡方程式。即

$$\sum x=0, H-\int_0^h\sigma_{zx}b_1\mathrm{d}z=H-b_1m\tan\omega\int_0^h z(z_0-z)\mathrm{d}z=0 \tag{12-6}$$

$$\sum M=0, Hh_1+\int_0^h\sigma_{zx}b_1z\mathrm{d}z-\sigma_{\frac{d}{2}}\cdot W=0 \tag{12-7}$$

式中：b_1——基础的计算宽度(m)；

W——基底截面模量(m³)。

对以上两式联立，解得

$$z_0=\frac{\beta b_1h^2(4\lambda-h)+6dW}{2\beta b_1h(3\lambda-h)} \tag{12-8}$$

$$\tan\omega=\frac{12\beta H(2h+3h_1)}{mh(\beta b_1h^3+18Wd)} \tag{12-9}$$

$$\tan\omega=\frac{6H}{Amh}$$

式中，$A=\frac{\beta b_1h^3+18Wd}{2\beta(3\lambda-h)}$；$\beta=\frac{C_h}{C_0}=\frac{mh}{C_0}$($h$ 处沉井侧面的水平向地基系数与沉井底面的竖向地基系数的比值)。

将式(12-8)、(12-9)代入式(12-3)、(12-4)及式(12-5)，得

$$\sigma_{zx}=\frac{6H}{Ah}z(z_0-z) \tag{12-10}$$

$$\sigma_{\frac{d}{2}}=\frac{3Hd}{A\beta} \tag{12-11}$$

当有竖向荷载 N 及水平力 H 同时作用时，则基底边缘处的压应力为

$$\sigma_{\min}^{\max}=\frac{N}{A_0}\pm\frac{3Hd}{A\beta} \tag{12-12}$$

式中：A_0——基础底面积(m²)。

离地面或最大冲刷线以下 z 深度处基础截面上的弯矩，为

$$
\begin{aligned}
M_z &= H(\lambda - h + z) - \int_0^z \sigma_{zx} b_1 (z - z_0) \mathrm{d}z \\
&= H(\lambda - h + z) - \frac{H b_1 z^3}{2hA}(2z_0 - z)
\end{aligned}
\tag{12-13}
$$

2）基底嵌入基岩内的计算方法

若基底嵌入基岩内，在水平力和竖直偏心荷载作用下，可以认为基底不产生水平位移，则基础的旋转中心 A 与基底中心相吻合，即 $z_0 = h$，为一已知值（如图 12-14）。这样，在基底嵌入处便存在一水平阻力 P，由于 P 力对基底中心轴的力臂很小，一般可忽略 P 对 A 点的力距。当基础有水平力 H 作用时，地面下 z 深度处产生的水平位移 Δx 和土的横向抗力 σ_{zx} 分别为

$$\Delta x = (h - z)\tan\omega \tag{12-14}$$

$$\sigma_{zx} = mz\Delta x = mz(h - z)\tan\omega \tag{12-15}$$

基底边缘处的竖向应力为

$$\sigma_{\frac{d}{2}} = C_0 \frac{d}{2}\tan\omega = \frac{mhd}{2\beta}\tan\omega \tag{12-16}$$

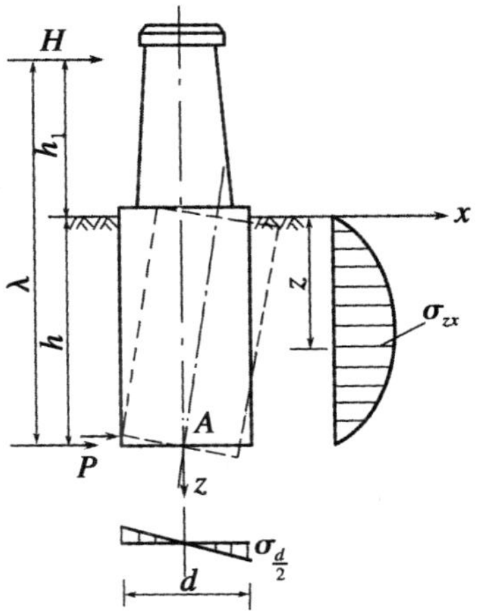

图 12-14　水平及力作用下的应力分布

上述公式中只有一个未知数 ω，故只需建立一个弯矩平衡方程便可解出 ω 值。

由 $\sum M_A = 0$ 得

$$H(h + h_1) - \int_0^h \sigma_{zx} b_1 (h - z)\mathrm{d}z - \sigma_{\frac{d}{2}} W = 0 \tag{12-17}$$

解上式得

$$\tan\omega = \frac{H}{mhD} \tag{12-18}$$

式中

$$D = \frac{b_1 \beta h^3 + 6Wd}{12\lambda\beta}$$

将 $\tan\omega$ 代入式(12-15)、式(12-16)中，得

$$\sigma_{zx} = (h - z)z\frac{H}{Dh} \tag{12-19}$$

$$\sigma_{\frac{d}{2}} = \frac{Hd}{2\beta D} \tag{12-20}$$

基底边缘处的应力为

$$\sigma_{\min}^{\max} = \frac{N}{A_0} \pm \frac{Hd}{2\beta D} \tag{12-21}$$

根据$\sum x=0$，可以求出嵌入处未知的水平阻力 P：

$$P=\int_0^h b_1\sigma_{zx}\mathrm{d}z-H=H\left(\frac{b_1Hh^2}{6D}-1\right) \tag{12-22}$$

地面以下 z 深度处基础截面上的弯矩为

$$M_z=H(\lambda-h+z)-\frac{b_1Hz^3}{12Dh}(2h-z) \tag{12-23}$$

3）墩台顶面的水平位移

基础在水平力和力矩作用下，墩台顶面产生水平位移 δ，它由地面处水平位移 $z_0\tan\omega$，地面到墩台顶范围 h_2 内的水平位移 $h_2\tan\omega$，在 h_2 范围内墩台本身弹性挠曲变形引起的墩台顶水平位移 δ_0 三部分所组成。即

$$\delta=(z_0+h_2)\tan\omega+\delta_0 \tag{12-24}$$

当转角很小时，令 $\tan\omega=\omega$，误差很小。此外，考虑实际刚度对地面处水平位移的影响及对地面处转角的影响，用系数 K_1 及 K_2 表示，K_1、K_2 是 αh，λ/h 的函数，其值可查表 12-1。式(12-24)可写成：

$$\delta=(z_0K_1+h_2K_2)\omega+\delta_0 \tag{12-25}$$

或对支撑在岩石基础上的墩台顶面水平位移为

$$\delta=(hK_1+h_2K_2)\omega+\delta_0 \tag{12-26}$$

表 12-1　系数 K_1 和 K_2 数值

αh	系数	λ/h				
		1	2	3	4	5
1.6	K_1	1.0	1.0	1.0	1.0	1.0
	K_2	1.0	1.1	1.1	1.1	1.1
1.8	K_1	1.0	1.1	1.1	1.1	1.1
	K_2	1.1	1.2	1.2	1.2	1.3
2.0	K_1	1.1	1.1	1.1	1.1	1.2
	K_2	1.2	1.3	1.4	1.4	1.4
2.2	K_1	1.1	1.2	1.2	1.2	1.2
	K_2	1.2	1.5	1.6	1.6	1.6
2.4	K_1	1.1	1.2	1.3	1.3	1.3
	K_2	1.3	1.8	1.9	1.9	2.0
2.6	K_1	1.2	1.3	1.4	1.4	1.4
	K_2	1.4	1.9	2.1	2.2	2.3

注：如 $\alpha h<1.6$ 时，$K_1=K_2=1.0$，$\alpha=\sqrt[5]{\frac{mb_1}{EI}}$。

4）验算

（1）基底应力验算

考虑基础边缘处最大压应力不应超过深井底面处土容许压应力，即

$$\sigma_{max} \leqslant [\sigma]_h \tag{12-27}$$

(2) 横向抗力验算

$$\sigma_{zx} \leqslant p_p - p_a \tag{12-28}$$

由朗肯土压力理论可知

$$p_p = \gamma z \tan^2(45° + \frac{\varphi}{2}) + 2\cot(45° + \frac{\varphi}{2})$$

$$p_a = \gamma z \tan^2(45° + \frac{\varphi}{2}) + 2\cot(45° + \frac{\varphi}{2})$$

代入式(12-28),得

$$\sigma_{zx} \leqslant \frac{4}{\cos\varphi}(\gamma z \tan\varphi + c) \tag{12-29}$$

式中,γ 为土的重度,φ 和 c 分别为土的内摩擦角和黏聚力。考虑到桥梁结构性质和荷载情况,并根据试验知道出现最大的横向抗力大致在 $z=\frac{h}{3}$ 和 $z=h$ 处,将考虑的这些值代入,便有下列不等式:

$$\sigma_{\frac{h}{3}x} \leqslant \eta_1 \eta_2 \frac{4}{\cos\varphi}\left(\frac{\gamma h}{3}\tan\varphi + c\right) \tag{12-30}$$

$$\sigma_{hx} \leqslant \eta_1 \cdot \eta_2 \frac{4}{\cos\varphi}\left(\frac{\lambda h}{3}\tan\varphi + c\right) \tag{12-31}$$

式中:$\sigma_{\frac{h}{3}x}$——相应于 $z=\frac{h}{3}$ 深度处的土横向抗力(kPa);

σ_{hx}——相应于 $z=h$ 深度处的土横向抗力,h 基础的埋置深度(m);

η_1——取决于上部结构形式的系数,一般取 $\eta_1=1$,对于拱桥 $\eta_1=0.7$;

η_2——考虑恒载对基础重心所产生的弯矩 M_g 在总弯矩 M 中所占百分比的系数,即 $\eta_2=1-0.8\frac{M_g}{M}$。

(3) 墩台顶面水平位移验算

现行规范中规定:墩台顶面的水平位移应符合下列要求:

$$\delta \leqslant 0.5\sqrt{L}(\text{cm}) \tag{12-32}$$

式中:L——相邻跨中最小跨的跨度(m),当跨度 $L<25$ m 时,L 按 25 m 计算。

此外,对高而窄的沉井应验算产生施工容许偏差时的影响。

12.3.2 沉井施工过程中的结构强度计算

沉井结构在施工过程中主要进行下列验算。

1) 沉井自重下沉验算

为了使沉井能在自重下顺利下沉,沉井重力(不排水下沉应扣除浮力)应大于土对井壁的摩阻力,将两者之比称为下沉系数,要求

$$K=\frac{Q}{T}>1 \tag{12-33}$$

式中：K—— 下沉系数，应根据土类别及施工条件取大于 1 的数值；

Q—— 沉井自重(kN)；

T—— 土对井壁的总摩阻力，$T=\sum f_i h_i u_i$，其中 h_i、u_i 为沉井穿过第 i 层土的厚度(m)和该段沉井的周长(m)，f_i 为第 i 层土对井壁单位面积的摩阻力，其值应根据试验确定。

当不能满足上式要求时，可选择下列措施直至满足要求：加大井壁厚度或调整取土井尺寸；如为不排水下沉，则下沉到一定深度后可采用排水下沉；增加附加荷载或射水助沉；采用泥浆润滑套或壁后压气法等措施。

2) 第一节(底节)沉井的竖向挠曲验算

第一节沉井在抽除垫木以及挖土下沉过程中，沉井可按承受自重的梁计算井壁产生的竖向挠曲应力。如挠曲应力超过了沉井材料的容许限值，就应减小第一节沉井高度或在井壁内设置横向钢筋，以防止沉井竖向开裂。

(1) 排水挖土下沉

为了使井体挠曲应力尽可能小些，支点距离可以控制在最有利的位置处。对矩形及圆端形沉井而言，是使其支点和跨中点的弯矩大致相等。如沉井长宽比 $L/B>1.5$ 时，支点应设在长边上，支点间距可采用 $0.7L$(L 为沉井长度)，如图 12-15(a)所示。圆形沉井四个支点可布置在两个相互垂直线上的端点处。

(2) 不排水挖土下沉

对矩形及圆端形沉井，支点在长边的中点上，如图 12-15(b)所示；另一种情况支点在四个角上，如图 12-15(c)所示。

图 12-15(a)和(b)情况使沉井成为一悬臂梁，在支点处，沉井顶部可能产生竖向开裂；而图 12-15(c)使沉井成为一简支梁，跨中弯矩最大，可能沉井下部竖向开裂。这两种情况均需对长边跨中附近最小截面上下缘进行验算。

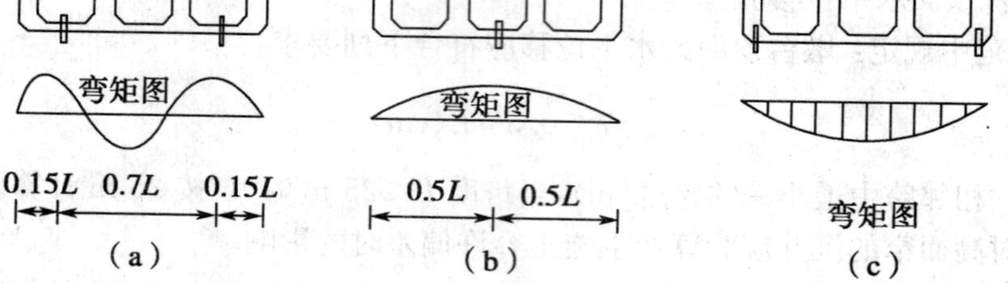

图 12-15　第一节沉井支承点布置示意图

3) 沉井刃脚受力计算

刃脚悬臂作用的分配系数为

$$\alpha=\frac{0.1L_1^4}{h_k^4+0.05L_1^4}\quad(\alpha\leqslant 1.0) \tag{12-34}$$

刃脚框架作用的分配系数为

$$\beta=\frac{h_k^4}{h_k^4+0.05L_2^4} \tag{12-35}$$

式中：L_1——支承于隔墙间的井壁最大计算跨度(m)；

L_2——支承于隔墙间的井壁最小计算跨度(m)；

h_k——刃脚斜面部分高度(m)。

(1) 刃脚竖向受力分析

刃脚竖向受力情况一般截取单位宽度井壁来分析，把刃脚视为固定在井壁上的悬臂梁，梁的跨度即为刃脚高度。由内力分析有下述两种情况：

① 刃脚向外挠曲的内力计算

a. 作用在刃脚外侧单位宽度上的土压力及水压力的合力为

$$p_{e+w}=\frac{1}{2}(p_{e2+w2}+p_{e3+w3})h_k \tag{12-36}$$

式中：p_{e2+w2}——作用在刃脚根部处的土压力及水压力强度之和(kPa)；

p_{e3+w3}——刃脚底面处的土压力及水压力强度之和(kPa)。

h_k——刃脚高度(m)。

p_{e+w}力的作用点(离刃脚根部的距离)为

$$t=\frac{h_k}{3}\cdot\frac{2p_{e2+w2}+p_{e3+w3}}{p_{e2+w2}+p_{e3+w3}} \tag{12-37}$$

地面下深度 h_i 处刃脚承受的土压力 e_i 可按朗肯主动土压力公式计算，即

$$e_i=\gamma_i h_i \tan^2(45-\frac{\varphi}{2}) \tag{12-38}$$

式中：γ_i——h_i 高度范围内土的平均重度(kN/m^3)，在水位以下应扣除浮力；

h_i——计算位置至地面的距离(m)。

水压力 w_i 的计算为 $w_i=\gamma_w h_{wi}$，其中 γ_w 为水的重度，h_{wi}为计算位置至水面的距离。按规范要求，由式(12－36)算得的刃脚外侧土、水压力值不得大于静水压力的 70%。

b. 作用在刃脚外侧单位宽度上的摩阻力 T_1 可按下列两式计算，并取其较小者：

$$T_1=\tau h_k \quad 或 \quad T_1=0.5E \tag{12-39}$$

式中：τ——土与井壁间单位面积上的摩阻力(kPa)；

h_k——刃脚高度(m)；

E——刃脚外侧总的主动土压力(kN/m)，即 $E=\frac{1}{2}h_k(e_3+e_2)$。

c. 刃脚下抵抗力的计算。刃脚下竖向反力 R(取单位宽度)可按下式计算：

$$R=V_1+V_2=q-T' \tag{12-40}$$

式中：q——沿井壁周长单位宽度上沉井的自重(kN/m)，在水下部分应扣除水的浮力；

T'——沉井入土部分单位宽度上的摩阻力(kN/m)；

V, V_2——单位宽度上刃脚踏面及斜面部分土的竖向反力(kN/m)。

R 的作用点距井壁外侧的距离为

$$x=\frac{1}{R}\left[V_1\frac{a_1}{2}+V_2\left(a_1+\frac{b_2}{3}\right)\right] \tag{12-41}$$

式中：a_1——踏面宽度(m)；

b_2——刃脚内侧入土斜面在水平面上的投影长度(m)。

根据力的平衡条件，可知：

$$V_1=a_1\sigma=a_1\frac{R}{a_1+\frac{b_2}{2}}=\frac{2a_1}{2a_1+b_2}R \tag{12-42}$$

$$V_2=\frac{b_2}{2a_1+b_2}R \tag{12-43}$$

$$H=V_2\tan(\theta-\delta_2) \tag{12-44}$$

上式中的 δ_2 为土与刃脚斜面间的外摩擦角，一般定为 30°，刃脚斜面上水平反力 H 作用点离刃脚底面 1/3 m。

d. 刃脚(单位宽度)自重 g 为

$$g=\frac{\lambda+a_i}{2}h_k\cdot\gamma_k \tag{12-45}$$

式中：λ——井壁厚度(m)；

γ_k——钢筋混凝土刃脚的重度(kN/m^3)，不排水施工时应扣除浮力。

刃脚自重 g 的作用点至刃脚根部中心轴的距离为

$$x_1=\frac{\lambda^2+a_1\lambda-2a_1^2}{6(\lambda+a_1)} \tag{12-46}$$

求出以上各力的数值、方向及作用点后，再算出各力对刃脚根部中心轴的弯矩总和值 M_0，竖向力 N_0 及剪力 Q，其计算式为

$$M_0=M_R+M_H+M_{e+w}+M_T+M_g \tag{12-47}$$

$$N_0=R+T_1+g \tag{12-48}$$

$$Q=P_{e+w}+H \tag{12-49}$$

式中 M_R、M_H、M_{e+w}、M_T、M_g 分别为反力 R、土压力及水压力 P_{e+w}、横向力 H、刃脚底部的外侧摩阻力 T_1 以及刃脚自重 g 对刃脚根部中心轴的弯矩，其中作用在刃脚部分的各水平力均应按规定考虑分配系数 α。上述各式数值的正负号视具体情况而定。

根据 M_0、N_0 及 Q 值可验算刃脚根部应力并计算出刃脚内侧所需的竖向钢筋用量。一般刃脚钢筋截面积不宜少于刃脚根部截面积的 0.1%，刃脚的竖向钢筋应伸入根部以上 $0.5L_1$(L_1 为支承于隔墙间的井壁最大计算跨度)。

② 刃脚向内挠曲的内力计算

计算刃脚向内挠曲的最不利情况是沉井已下沉至设计标高，刃脚下的土已挖空而尚未浇筑封底混凝土，这时，将刃脚作为根部固定在井壁的悬臂梁，计算最大的向内弯矩。

作用在刃脚上的力有刃脚外侧的土压力、水压力、摩阻力及刃脚本身的重力。以上各力的计算方法同前。计算所得各水平外力同样均应按规定考虑分配系数 α。根据外力值计算出对刃脚根部中心轴的弯矩、竖向力及剪力后，并以此求出刃脚外壁的钢筋用量。配筋构造要求同向外挠曲时的情形。

（2）刃脚水平钢筋计算

刃脚水平向受力最不利的情况是沉井已下沉至设计标高，刃脚下的土已挖空，尚未浇筑封底混凝土的时候，由于刃脚有悬臂作用及水平闭合框架的作用，故当刃脚作为悬臂考虑时，刃脚所受水平力乘以 α，而作用于框架的水平力应乘以分配系数 β 后，其值作为水平框架中控制截面的外力，由此求出框架的弯矩及轴向力值，再计算框架所需的水平钢筋用量。其内力计算式见相关规范。

4）井壁受力计算

（1）井壁竖向拉应力验算

沉井在下沉过程中，刃脚下的土已被挖空，但沉井上部被摩阻力较大的土体夹住（这一般在下部土层比上部土层软的情况下出现），这时下部沉井呈悬挂状态，井壁就有在自重作用下被拉断的可能，因而应验算井壁的竖向拉应力。拉应力的大小与井壁摩阻力分布图有关，在判断可能夹住沉井的土层不明显时，可近似假定沿沉井高度成倒三角形分布，如图 12－16 所示。在地面处摩阻力最大，而刃脚底面处为零。

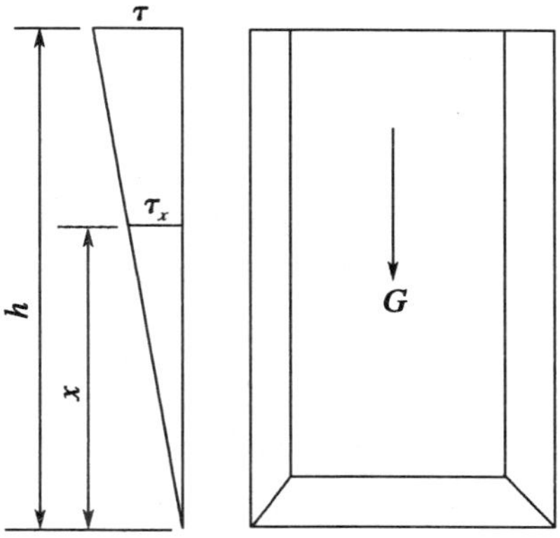

图 12－16　井壁摩阻力分布

该沉井自重为 G，h 为沉井的入土深度，U 为井壁的周长，τ 为地面处井壁上的摩阻力，τ_x 为距刃脚底 x 处的摩阻力。

由于 $G=\frac{1}{2}\tau hU$；$\tau=\frac{2G}{hU}$；$\tau_x=\frac{\tau}{h}x=\frac{2Gx}{h^2U}$，离刃脚底 x 处井壁的拉力为 S_x，其值为：$S_x=\frac{Gx}{h}-\frac{\tau_x}{2}xU=\frac{Gx}{h}-\frac{Gx^2}{h^2}$，为求得最大拉应力，令 $\frac{\mathrm{d}S_x}{\mathrm{d}x}=0$，即 $\frac{\mathrm{d}S_x}{\mathrm{d}x}=\frac{G}{h}-\frac{2Gx}{h^2}=0$；解微分方程得

$$x=\frac{1}{2}h \tag{12-50}$$

$$S_{\max}=\frac{G}{h}\cdot\frac{h}{2}-\frac{G}{h^2}\cdot\left(\frac{h}{2}\right)^2=\frac{1}{4}G \tag{12-51}$$

当 S_x 大于井壁圬工材料容许限值时，应布置必要的竖向受力钢筋。对每节井壁接缝处的竖直拉力验算，可假定该处混凝土不承受拉应力，全部由接缝处钢筋承受。钢筋的应力应小于 0.75 钢筋标准强度，并须验算钢筋锚固长度。

对于变截面的井壁，每段井壁都应进行拉力计算，然后取最大值，并按最大拉应力计算井壁内的竖向钢筋。

（2）井壁横向受力计算

当沉井沉至设计标高，刃脚下的土已挖空而尚未封底，井壁承受最大的土压和水压，按水平框架分析内力。

对于分节浇筑的沉井，整个沉井高度范围的井壁厚度可能不一致，而依厚度变化分成数段。因此，除了应验算靠近刃脚根部以上的井壁材料强度外，同时还应验算各厚度变化段最下端处单位高度的井壁材料强度作为水平框架的强度，并以此来控制该段全高的设计。这些水平框架所承受的水平力为该水平框架高度范围内的土压力及水压力，并不需要乘以分配系数 β。

采用泥浆润滑套的沉井，若台阶以上泥浆压力大于上述土压力和水压力之和，则井壁压力应按泥浆压力计算。

5) 混凝土封底及顶盖的计算

(1) 封底混凝土计算

封底混凝土厚度，可按下列两种方法计算并取其控制值。

① 封底混凝土视为支承在凹槽或隔墙底面和刃脚上的底板，按周边支承的双向板(矩形或圆端形沉井)或圆板(圆形沉井)计算：

$$h_{\mathrm{t}}=\sqrt{\frac{\sigma\times\gamma_{si}\times\gamma_{\mathrm{m}}\times M_{\mathrm{tm}}}{bR_{\mathrm{w}}^{\mathrm{j}}}} \tag{12-52}$$

式中：h_{t}——封底混凝土的厚度(m)。

M_{tm}——在最大均布反力作用下的最大计算弯矩(kN·m)，按支承条件考虑的荷载系数可由结构设计手册查取；

$R_{\mathrm{w}}^{\mathrm{j}}$——混凝土弯曲抗拉极限强度(kPa)；

γ_{si}——荷载安全系数，此处 $\gamma_{si}=1.1$；

γ_{m}——材料安全系数，此处 $\gamma_{\mathrm{m}}=2.31$；

b——计算宽度(m)，此处取 1 m。

② 封底混凝土按受剪计算，即计算封底混凝土承受基底反力后是否有沿井孔范围内周边剪断的可能性。若剪应力超过其抗剪强度则应加大封底混凝土的抗剪面积。

(2) 钢筋混凝土盖板的计算

盖板厚度一般是预先拟定的，只需进行配筋计算，计算时考虑盖板作为承受最不利组合传来均布荷载的双向板，然后以此计算结果进行配筋计算。

12.4 沉井基础算例

某公路桥桥墩基础，上部构造为等跨等截面悬链线双曲拱桥，下部构造为重力式墩及沉井基础。基础平面及剖面尺寸如图 12-17 所示，浮运法施工(浮运方法及浮运稳定性等验算从略)。试进行该圆端形沉井计算。

1) 设计资料

土质情况如图 12-17 所示。传给沉井的恒载见表 12-2，最低水位标高 91.8 m，潮水位 96.56 m，河床标高 90.4 m，最大冲刷线 86.77 m，沉井混凝土标号 C20，钢筋采用 5 号钢筋。

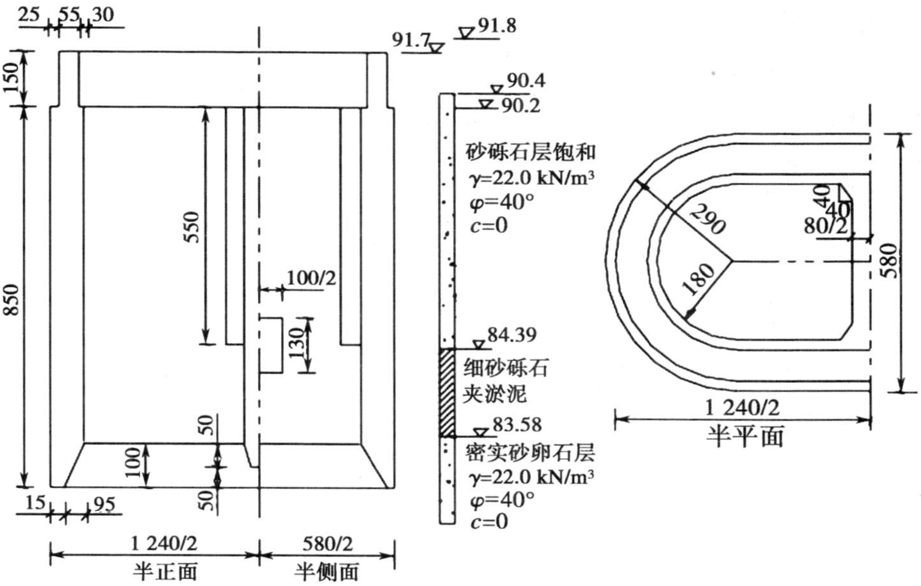

图 12-17　圆端形沉井半正面、半侧面、半平面图及地质剖面

表 12-2　沉井各力汇总

力的名称	力值(kN)	对沉井底面形心距离(m)	弯矩(kN·m)
两孔上部结构恒载及墩身 一孔活载(竖向力) 由制动力产生的竖向力 沉井自重 沉井浮力	$P_1=25\ 691.00$ $P_g=650.00$ $P_T=32.40$ $G=14\ 839.39$ $G'=-6\ 355.23$	1.15 1.15	747.50 37.26
合计	$\sum P=34\ 857.62$		784.76
一孔活载(水平力)	$H_g=815.10$	18.806	−15 328.77
制动力	$H_T=75.00$	18.806	−1 410.45
合计	$\sum H=890.10$		−16 739.22

2) 确定沉井高度及各部分尺寸

(1) 沉井高度确定。综合各因素，取沉井高度 $H=10$ m，沉井顶面标高定为91.7 m，沉井底面标高为 81.7 m。沉井顶面在最低水位下 0.1 m。第一节沉井高度为8.5 m，其顶面标高为 90.2 m。第二节高 1.5 m。

(2) 沉井平面尺寸。根据桥墩形式采用双孔圆端形沉井。圆端的外半径 2.9 m，矩形边长为 6.6 m，宽度为 5.8 m。井壁厚度第一节取 $\lambda=110$ cm，第二节厚度为 0.55 m。隔墙厚度为 $\delta=0.8$ m。刃脚踏面宽度采用 0.15 m，刃脚高度为 1.0 m，刃脚内侧倾角 $\theta=46°28'>45°$。

3) 荷载计算

(1) 刃脚

刃脚重度 $\gamma_1=25.00\ kN/m^3$；刃脚截面积 $A=0.5\times(1.1+0.15)\times1.0=0.625\ m^2$

形心至井壁外侧距离：

$$x_1=[0.15\times1\times0.5\times0.15+0.5\times1.0\times0.95(0.15+0.95/3)]/0.625=0.372\ \text{m}$$

刃脚体积：$V_1=[2\times3.1416\times(2.9-0.372)+6.6\times2\times0.625]=18.18\ \text{m}^3$

刃脚重力：$Q_1=18.18\times25.00=454.50\ \text{kN}$

(2) 底节第一沉井井壁

$$\gamma_2=24.50\ \text{kN/m}^3;\quad A_2=1.1\times7.5=8.25\ \text{m}^2$$

$$V_2=(2\times2.35\times3.1416+6.6\times2)\times8.25=230.72\ \text{m}^3$$

$$Q_2=230.72\times24.50=5\,652.64\ \text{kN}$$

(3) 底节沉井隔墙

$$\gamma_3=24.50\ \text{kN/m}^3$$

$$V_3=[0.8\times7.5+(0.15+0.8)\times0.5/2]\times3.6+0.4\times0.4\times2\times5.5=24.22\ \text{m}^3$$

$$Q_3=24.22\times24.50=593.39\ \text{kN}$$

(4) 第二节沉井井壁

$$\gamma_4=24.50\ \text{kN/m}^2;\quad A_4=0.55\times1.5=0.825\ \text{m}^2$$

$$V_4=(2\times2.375\times3.1416+6.6\times2)\times0.825=23.20\ \text{m}^3$$

$$Q_4=23.20\times24.50=568.40\ \text{kN}$$

(5) 钢筋混凝土盖板(厚 1.5 m)。

$$\gamma_5=24.50\ \text{kN/m}^3$$

$$V_5=[3.1416\times2.1^2+6.6\times4.2]\times1.5=62.36\ \text{m}^3$$

$$Q_5=62.36\times24.50=1\,527.82\ \text{kN}$$

(6) 井孔填砂、卵石重

自井底以上 3.6 m 范围内水下混凝土封底，以上用砂、卵石填孔，填孔高度 4.9 m，取 $\gamma_6=20.0\ \text{kN/m}^3$，则

$$V_6=(3.1416\times1.8^2+6.6\times3.6-0.4\times0.4\times2-0.8\times3.6)\times4.9=150.62\ \text{m}^3$$

$$Q_6=150.62\times20.00=3\,012.40\ \text{kN}$$

(7) 封底混凝土

$$\gamma_7=24.00\ \text{kN/m}^3$$

$$V_7=(3.1416\times2.9^2+6.6\times5.8)\times8.5-(18.18+230.72+24.22+150.62)=126.26\ \text{m}^3$$

$$Q_7=126.26\times24.00=3\,030.24\ \text{kN}$$

沉井总重为：

$$G=Q_1+Q_2+Q_3+Q_4+Q_5+Q_6+Q_7$$

$=454.50+5\ 652.64+593.39+568.40+1\ 527.82+3\ 012.40+3\ 030.24=14\ 839.39$ kN

(8) 低水位时沉井的浮力

$G'=(549.96\times+3.141\ 6\times2.65^2\times1.5+6.6\times5.3\times1.5)\times10.00=6\ 355.23$ kN

4) 基底应力验算

(1) 沉井最大冲刷线至井底的埋置深度

$$h=86.77-81.7=5.07\ \text{m}$$

(2) 考虑井壁侧面土的弹性抗力计算

$$N=\sum P=34\ 857.62\ \text{kN};A_0=3.141\ 6\times2.9^2+6.6\times5.8=64.7\ \text{m}^2$$

$$d=5.8\ \text{m};H=890.10\ \text{kN};A=\frac{b_1\beta h^3+18\ dW}{2\beta(3\lambda-h)}$$

$$b_1=\left(1-0.1\frac{a}{b}\right)(b+1)=\left(1-0.1\times\frac{5.8}{12.4}\right)(12.4+1)=12.77\ \text{m}$$

$$\beta=\frac{C_h}{C_0}=0.5(h<10m,C_0=10m_0,C_h=mh,h=5.07,\text{取}\ m_0=m);h=5.07\ \text{m}$$

$$W=\frac{\pi d^3}{32}+\frac{1}{6}a^2b=0.098\times5.8^3+\frac{1}{6}\times5.8^2\times6.6=56.12\ \text{m}^2$$

$$\lambda=\frac{M}{H}=\frac{15\ 954.46}{890.10}=17.92\ \text{m}$$

$$A=\frac{12.77\times0.5\times5.07^3+18\times5.8\times56.12}{2\times0.5\times(3\times17.92-5.07)}=137.42\ \text{m}^2$$

$$\sigma_{\min}^{\max}=\frac{N}{A_0}\pm\frac{3Hd}{A\beta}=\frac{34\ 857.62}{64.70}\pm\frac{3\times890.10\times5.8}{137.42\times0.5}=538.76\pm225.41=\begin{cases}764.71\\313.35\end{cases}(\text{kPa})$$

沉井底面处地基容许承载力：$[\sigma]=[\sigma_0]+K_1\gamma_1(b-2)+K_2\gamma_2(h-3)$

取$[\sigma_0]=600$ kPa。$K_1=4,K_2=6$，土重度 $\gamma_1=\gamma_2=12.00\ \text{kN/m}^3$。承载力提高 25%。

$$[\sigma]=[600+4\times12.0\times(5.8-2)+6\times12.0\times(5.07-3)]\times1.25=1\ 164.30>764.71(\text{kPa})$$

$$\sigma_{\min}^{\max}=\frac{34\ 857.62}{64.70}\pm\frac{15\ 954.46}{56.12}=538.74\pm284.29=\begin{cases}823.05\\254.47\end{cases}(\text{kPa})\text{；均满足要求。}$$

5) 横向抗力验算

(1) 在地面 Z 深处井壁承受的侧土横向抗力

$$\sigma_{zx}=\frac{6H}{Ah}z(z_0-z)$$

已知 $H=890.10$ kN，$A=137.42\ \text{m}^2$，$h=5.07$ m，根据有关计算式得：

$$z_0=\frac{\beta b_1h^2(4\lambda-h)+6dW}{2\beta b_1h(3\lambda-h)}=\frac{0.5\times12.77\times5.07^2\times(4\times17.92-5.07)+6\times5.8\times56.12}{2\times0.5\times12.77\times5.07\times(3\times17.92-5.07)}=4.09\ \text{m}$$

当 $z=\frac{1}{3}h=\frac{1}{3}\times5.07$ 时，$\sigma_{\frac{1}{3}hx}=\frac{6\times890.10}{137.42\times5.07}\times\frac{5.07}{3}(4.09-\frac{5.07}{3})=31.06$ kPa

当 $z=h=5.07$ m 时，$\sigma_{hx}=\dfrac{6\times890.10\times5.07}{137.42\times5.07}\times(4.09-5.07)=-38.17$ kPa

(2) 沉井井壁侧土极限横向抗力

$$z=\frac{1}{3}h,[\sigma_{zx}]=\eta_1\eta_2\frac{4}{\cos\varphi}\left(\frac{\gamma h}{3}\tan\varphi+c\right);z=h,[\sigma_{zx}]=\eta_1\eta_2\frac{4}{\cos\varphi}(\gamma h\tan\varphi+c)$$

已知 $\gamma=12.00\ \text{kN/m}^2$，$h=5.07$ m，$c=0$，$\eta_1=0.7$，$\eta_2=1.0$，将这些值代入上式得

$$0.7\times1.0\times\frac{4}{\cos40^\circ}\left(\frac{12.00\times5.07}{3}\tan40^\circ\right)=62.21>\sigma_{\frac{h}{3}}=31.06\ \text{kPa}$$

$$0.7\times1.0\times\frac{4}{\cos40^\circ}(12.00\times5.07\times\tan40^\circ)=186.64>\sigma_h=-38.17\ \text{kPa}$$

均满足要求，故计算时可以考虑沉井侧面土的弹性抗力。

6) 沉井在施工过程中的强度验算(不排水下沉)

(1) 沉井下沉系数验算

沉井自重：$G=$(刃脚重+底节沉井重+底节隔墙重+顶节沉井重)

$=454.50+5\ 652.64+593.39+568.40=7\ 268.93$ kN

沉井浮力：$B=(18.18+230.72+24.22+23.22)\times10=2\ 963.40$ kN

土与井壁间平均单位摩阻力：

$$T_m=\frac{20.0\times1.9+12.0\times0.8+18.0\times6.0}{8.7}=17.89\ \text{kN/m}^2$$

井周所受摩阻力：

$$T=[(\pi\times5.3+2\times6.6)\times0.2(\pi\times5.8+2\times6.6)]\times17.89=4\ 883.26\ \text{kN}$$

排水下沉时，$G>T$(未考虑围堰重)；不排水下沉时，考虑沉井顶部围堰(高出潮水位)重预计为 600 kN，则(7 268.93+600−2 963.40)/4 883.26=1.01。沉井自重稍大于摩阻力，施工中，下沉如有困难，可采用加压重物或其他措施以利于下沉。

(2) 刃脚向外挠曲计算

① 分配系数计算

刃脚向外挠曲最不利的情况，定为刃脚下沉中途，标高为 90.4−8.7+4.35=86.05 m，刃脚切入土中 1 m，第二节沉井已接上，如图 12-18 所示。

刃脚悬臂作用分配系数：

$$\alpha=\frac{0.1L^4}{h_k^4+0.05L_1^4}=\frac{0.1\times4.7^4}{1.0^4+0.05\times4.7^4}=1.92>1.0，取\ \alpha=1.0。$$

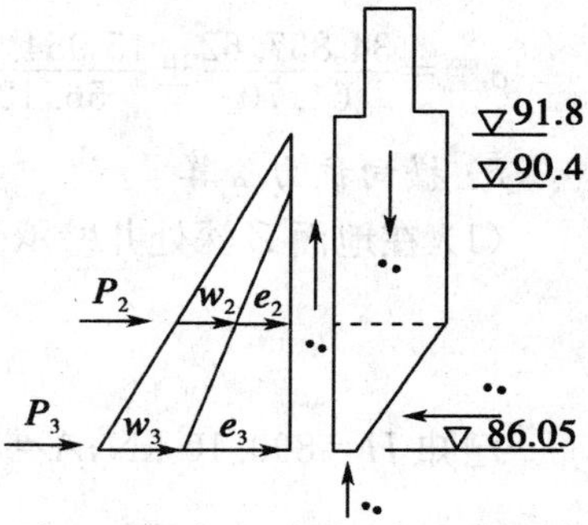

图 12-18 刃脚向外挠曲计算

② 计算各力值(按低水位取单位宽度计算)

$w_2=(91.8-87.05)\times10=47.50$ kN/m

$w_3=(91.8-86.05)\times10=57.50$ kN/m

$e_2=12.0\times(90.4-87.05)\times0.217=8.70$ kN/m

$e_3=12.0\times(90.4-86.05)\times0.217=11.30$ kN/m

从安全考虑，刃脚外侧水压力以 50%计算，作用在刃脚外侧的水压力和土压力为

$p_{w2+e2}=47.5\times0.5+8.7=32.45$ kN/m

$p_{w3+e3}=57.5\times0.5+11.3=40.05$ kN/m

$p_{e+w}=(p_{w2+e2}+p_{w3+e3})h_k/2=(32.45+40.05)\times1.0/2=36.25$ kN/m

以静水压力的 70%计算：

$0.7\gamma_w h h_k=0.7\times10.00\times5.25\times1=36.75$ kN/m$>p_{e+w}$；取用 $p_{e+w}=36.25$ kN/m

刃脚摩阻力为：$T_1=0.5E=0.5\times0.5\times(8.7+11.3)\times1\times1=5.00$ kN/m

查表得砂砾石层 $\tau=18.00$ kPa；$T_1=\tau h_k\times1=18.00$ kN；刃脚摩阻力为 5.00 kN/m

单位宽沉井自重：

$q=0.625\times25.0+8.25\times24.50+0.825\times24.50=237.96$ kN(未计浮力及隔墙)

刃脚踏面竖向反力为：

$$R=237.96-11.30\times4.35\times0.5/2=237.96-12.29=225.67\ \text{kN}$$

（式中由于 $\tau h_k>0.5E$，采用 $0.5E$ 计算）

刃脚斜面横向力为：$H=V_2\tan(\theta-\delta_2)=\dfrac{b_2R}{2a_1+b_2}\tan(\theta-\delta_2)$

式中 δ_2 取为土的内摩擦角，即 $\delta_2=\varphi=40°$，故：

$$H=\frac{225.67\times0.95}{2\times0.15+0.95}\tan(46°28'-40°)=171.51\times0.113=19.38\ \text{kN}$$

井壁自重 q 的作用点至刃脚根部中心轴距离为：

$$x_1=\frac{\lambda^2+a_1\lambda-2a_1^2}{6(\lambda+a_1)}=\frac{1.1^2+0.15\times1.1-2\times0.15^2}{6\times(1.1+0.15)}=0.178\ \text{m}$$

刃脚踏面下反力合力：$V_1=\dfrac{2a_1}{2a_1+b_2}R=\dfrac{0.15\times2}{0.15\times2+0.95}R=0.24R$

刃脚斜面上反力合力：$V_2=R-0.24R=0.76R$

R 的作用点：

$$x=\frac{1}{R}\left[V_1\frac{a_1}{2}+V_2\left(a_1+\frac{b_2}{3}\right)\right]=\frac{1}{R}\left[0.24R\frac{0.15}{2}+0.76R\left(0.15+\frac{0.95}{3}\right)\right]=0.38\ \text{m}$$

③ 各力对刃脚根部截面中心弯矩计算

刃脚斜面水平反力引起的弯矩为：$M_H=19.38\times(1-0.38)=12.98$ kN·m

水平水压力及土压力引起的弯矩为：

$$M_P=\frac{1}{2}(p_{w2+e2}+p_{w3+e3})\times\frac{1}{3}\frac{2p_{w3+e3}+p_{w2+e2}}{p_{w3+e3}+p_{w2+e2}}$$

$$=36.25\times\frac{1}{3}\times\frac{2\times40.05+32.45}{40.05+32.45}=18.73\ \text{kN·m}$$

反力 R 引起的弯矩为：$M_R=225.67\times(1.1/2-0.38)=38.36\ \text{kN}\cdot\text{m}$

刃脚侧面摩阻力引起的弯矩为：$M_T=5.00\times1.1/2=2.75\ \text{kN}\cdot\text{m}$

刃脚自重引起的弯矩为：$M_g=0.625\times1\times25.00\times0.178=2.78\ \text{kN}\cdot\text{m}$

总弯矩为：$M_0=\sum M=12.98+38.36+2.75-18.73-2.78=32.58\ \text{kN}\cdot\text{m}$

④ 刃脚根部处的应力验算

$$N_0=225.67-0.625\times25.00=210.04\ \text{kN}$$

$$A=1.1\times1=1.1\ \text{m}^2$$

$$W=1\times1.1^2/6=0.2\ \text{m}^2$$

$$\sigma_h=\frac{N_0}{F}\pm\frac{M_0}{W}=\frac{210.04}{1.1}\pm\frac{32.58}{0.2}=190.95\pm162.90=\begin{cases}353.85\\28.05\end{cases}\text{kPa}$$

由于水平剪力很小，验算时未考虑，钢筋可按构造要求设置。

(3) 刃脚向内挠曲计算

① 计算各个力值

如图 12－19 所示，按潮水位计算单位宽度上的水、土压力：

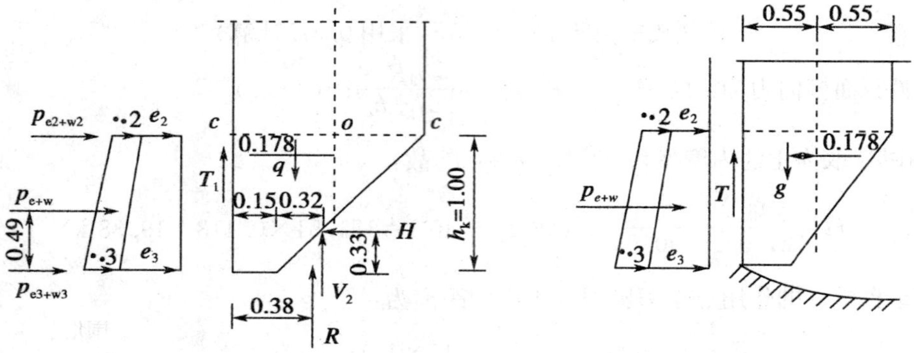

图 12－19　刃脚向内挠曲计算

$$w_2=(96.56-82.70)\times10=138.60\ \text{kN/m}^2$$

$$w_3=(96.56-81.7)\times10=148.60\ \text{kN/m}^2$$

$$e_2=12.0\times(90.4-82.7)\times0.217=20.1\ \text{kN/m}^2$$

$$e_3=12.0\times(90.4-81.7)\times0.217=22.6\ \text{kN/m}^2$$

其中，主动土压力系数：$K_a=\tan^2(45°-40°/2)=0.217$

$$p=(138.60+20.10+148.60+22.60)\times1/2=164.95\ \text{kN}$$

p 力对刃脚根部形心轴弯矩：

$$M_p=164.95\times\frac{1}{3}\times\frac{2\times(148.60+22.60)+138.60+20.10}{148.60+22.60+138.60+20.10}=83.52\ \text{kN}\cdot\text{m}$$

$T_1=0.5E=0.5\times0.5\times(22.60+20.10)\times1=10.68\ \text{kN}$；$T_1=\tau h_k=20.00\times1=20.00\ \text{kN}$

取用 $T_1=10.68$ kN；则刃脚摩阻力产生的弯矩：$M_t=-10.68\times0.55=-5.87$ kN·m

刃脚自重产生的弯矩：$g=0.625\times25.00=15.63$ kN；$M_g=15.63\times0.178=2.78$ kN·m

② 所有各力对刃脚根部的弯矩、轴力及剪力

$$M=M_p+M_t+M_g=83.52-5.87+2.78=80.43\ \text{kN}\cdot\text{m}$$

$$N=T_1-g=10.68-15.63=-4.95\ \text{kN}$$

$$Q=p=164.95\ \text{kN}$$

③ 刃脚根部截面应力验算

弯曲应力验算：

$$\sigma=\frac{N}{A}\pm\frac{M}{W}=\frac{-4.95}{1.1}\pm\frac{80.43}{0.20}=-4.5\pm402.15=\begin{cases}-406.65<[R_l^j]=1\,082\\397.65<6\,060\end{cases}(\text{kPa})$$

剪应力验算：$\sigma_j=\dfrac{164.95}{1.1}=149.96<[R_l^j]=\dfrac{3\,300}{2.31}=1\,428$ kPa

计算结果表明，刃脚外侧也只需按构造要求配筋。由于 $\alpha=1.0$，刃脚作为水平框架承受的水平力很小，故不需考虑，可按构造布置钢筋。

（4）沉井井壁竖向拉力验算

$$S_{max}=\frac{1}{4}(Q_1+Q_2+Q_3+Q_4)=1\,817.23\ \text{kN}$$

井壁受拉面积：$A_1=\pi(5.8^2-3.6^2)/4+6.6\times5.8-2.9\times3.6\times2=33.64\ \text{m}^2$

混凝土所受拉力：$\sigma_h=S_{max}/A=1\,817.23/33.64=54.02$ kPa

$$<0.8R_e^b=1\,600\times0.8=1\,280\ \text{kPa}$$

井壁内可按构造布置竖向钢筋。实际上根据土质情况井壁不可能产生大的拉力。

（5）井壁横向受力计算

如图 12－20 所示，其最不利的位置是在沉井沉至设计标高，这时刃脚根部以上一段井壁承受的外力最大。它不仅承受本身范围内的水平力，还要承受刃脚作为悬臂传来的剪力。考虑刃脚悬臂作用传来的荷载，分配系数 $\alpha=1.0$。

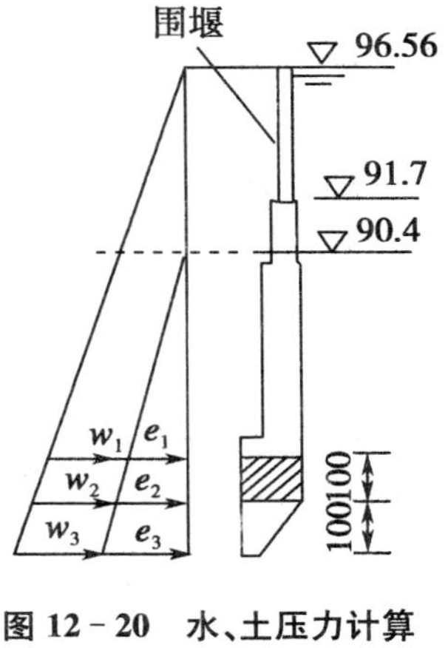

图 12－20　水、土压力计算

① 潮水位时，单位宽度井壁上的水压力

$$w_1=(96.56-83.8)\times10=127.60\ \text{kN/m}^2$$

$$w_2=(96.56-82.7)\times10=138.60\ \text{kN/m}^2$$

$$w_1=(96.56-81.7)\times10=148.60\ \text{kN/m}^2$$

② 单位宽度井壁上的土压力

$$e_1=12.0\times(90.4-83.8)\times0.217=17.19\ \text{kPa}$$

$$e_2=12.0\times(90.4-82.7)\times0.217=20.1\ \text{kN/m}^2$$

$e_3=12.0\times(90.4-81.7)\times0.217=22.6\ \text{kN/m}^2$；其中 $\tan^2(45°-40°/2)=0.217$

刃脚及刃脚根部以上 1.1 m 井壁范围的外力为：

$$p=\frac{1}{2}(17.19+22.60+148.60+127.60)\times 2.1=331.79\ \text{kN/m}(\alpha=1.0)$$

③ 圆端形沉井各部分所受的力

$$l=3.3\ \text{m}$$

$$r=0.5(2.9+1.8)=2.35\ \text{m}$$

$$\xi=\frac{l\left(0.25l^3+\frac{\pi}{2}rl^2+3r^2l+\frac{\pi}{2}r^3\right)}{l^2+\pi rl+2r^2}$$

$$=\frac{3.3\times(0.25\times 3.3^3+1.57\times 2.35\times 3.3^2+3\times 2.35^2\times 3.3+1.57\times 2.35^3)}{3.3^2+3.1416\times 2.35\times 3.3+2\times 2.35^2}=8.85\ \text{m}^2$$

$$\eta=\frac{0.67l^3+\pi rl^2+4r^2l+1.57r^2}{l^2+\pi rl+2r^2}$$

$$=\frac{0.67\times 3.3^3+3.1416\times 2.35\times 3.3^2+4\times 2.35^2\times 3.3+1.57\times 2.35^2}{463}=4.27\ \text{m}$$

$$\rho=\frac{0.33l^3+1.57rl^2+2r^2l}{2l+\pi r}=\frac{0.33\times 3.3^3+1.57\times 2.35\times 3.3^2+2\times 2.35^2\times 3.3}{2\times 3.3+3.1416\times 2.35}=6.33\ \text{m}$$

$$\delta_1=\frac{l^2+\pi rl+2r^2}{2l+\pi r}=\frac{3.3^2+3.1416\times 2.35\times 3.3+2\times 2.35^2}{2\times 3.3+3.1416\times 2.35}=3.3\ \text{m}$$

$$N=p\frac{\xi-\rho}{\eta-\delta}=331.79\times\frac{8.85-6.33}{4.27-3.3}=861.97\ \text{kN}$$

$$N_1=2N=1\ 723.94\ \text{kN}$$

$$N_2=pr=331.79\times 2.35=779.7\ \text{kN}$$

$$N_3=p(l+r)=331.79\times(3.3+2.35)-861.97=1\ 012.64\ \text{kN}$$

$$M_1=p\frac{\xi\delta_1-\rho\eta}{\delta_1-\eta}=331.79\times\frac{8.85\times 3.3-6.33\times 4.27}{3.3-4.27}=-744.30\ \text{kN}$$

$$M_2=M_1+Nl-p\frac{l^2}{2}=-744.30+861.97\times 3.3-331.79\times\frac{10.89}{2}=193.60\ \text{kN}\cdot\text{m}$$

$$M_3=M_1+Nl-pl\left(\frac{l}{2}+r\right)$$

$$=-744.30+861.97\times(3.3+2.35)-331.79\times 3.3\times(\frac{3.3}{2}+2.35)=-253.80\ \text{kN}\cdot\text{m}$$

井壁最不利的受力位置在隔墙处，其弯矩 $M_1=-744.30$ kN·m，轴向力 $N_2=779.7$ kN。

$$\sigma_{\min}^{\max}=\frac{N_2}{F}\pm\frac{M_1}{W}=\frac{779.71}{1.1\times 1.1}\pm\frac{744.30}{\frac{1}{6}(1.1)^3}=644.39\pm 3\ 355.22=\begin{Bmatrix}3\ 999.61<6\ 060\\-2\ 710.83>1\ 082\end{Bmatrix}(\text{kPa})$$

必须按计算配筋。

④ 配筋计算

如图 12－21 所示，偏心距 $e=\frac{744.30}{779.71}=0.955$ m。设钢筋中心至井壁边缘的距离为：$a'=a=0.05$ m，则 $c'=0.955-0.55+0.05=0.455$ m；

$c=0.955+0.55-0.05=1.455$ m。在钢筋和混凝土应力满足的条件下中性轴位置为：

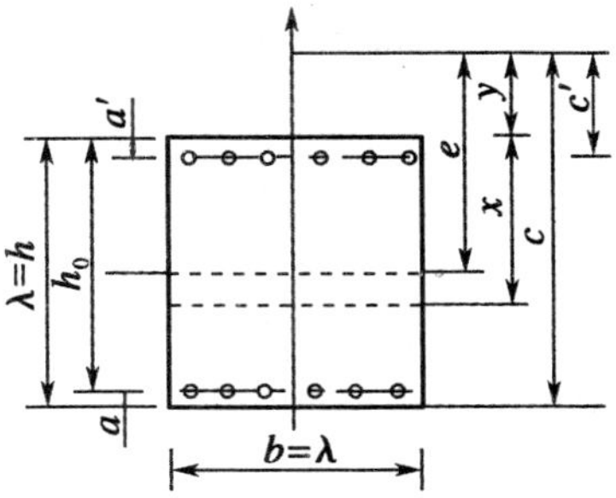

图 12－21 偏心距等计算位置

$$x=\frac{n[\sigma_w]}{[\sigma_g]+n[\sigma_w]}(\lambda-a)$$

$$=\frac{10\times 9.00\times 10^6}{160\times 10^6+10\times 9.00\times 10^6}\times(1.10-0.05)=0.378\text{ m}$$

（式中$[\sigma_w]=9$ MPa）

所需受拉钢筋总截面积为：

$$A_g=\frac{N'_c+[\sigma_w]\frac{bx}{2}\left(\frac{x}{3}-a'\right)}{[\sigma_g](\lambda-a-a')}$$

$$=\frac{779.71\times 0.455+9.00\times 10^3\times\frac{1.1\times 0.378}{2}\times\left(\frac{0.378}{3}-0.05\right)}{160.0\times 10^3\times(1.1-0.05-0.05)}=31.06\times 10^{-4}\text{ m}^2$$

受压钢筋总面积：

$$A'_g=\frac{N_c-\frac{1}{2}[\sigma_w]bx\left(\lambda-a-\frac{0.378}{3}\right)}{160.0\times 10^3\times(1.1-0.05-0.05)\times\frac{0.378-0.05}{1.1-0.378-0.05}}=-76\times 10^{-4}\text{ m}^2$$

根据计算不需设受压钢筋。现按构造布置 $7\phi 11$，其 $A'_g=5.46\times 10^{-4}\text{ m}^2$。

⑤ 应力验算

根据方程式：$bx^3+Bx^2+Cx+D=0$，求中性轴位置。

式中：$b=\lambda=1.10$；$B=3by=3\times 1.1\times(0.955-0.55)=1.336\ 5$

$$C=6n(A'_gc'+A_gc)=6\times 10\times(0.000\ 546\times 0.455+0.003\ 421\times 1.455)=0.313\ 559$$

$$D=6n(A'_gc'a'=A_gh_0c)$$

$$=6\times 10\times(0.000\ 546\times 0.455\times 0.05+0.003\ 421\times 1.05\times 1.455)=0.314\ 331$$

代入上式得：$x^3+1.215x^2+0.285\ 054x-0.285\ 755=0$；试算法得：$x=0.346\ 2$ m。

混凝土应力：

$$\delta_h=\frac{M}{\frac{bX}{2}\left(\frac{h}{2}-\frac{X}{3}\right)+\frac{nA'_g}{X}(x-a')\left(\frac{h}{2}-a'\right)+\frac{nA_g}{X}(h-x-a)\left(\frac{h}{2}-a\right)}$$

$$=744.30\div\left\{\begin{array}{l}\frac{1.10\times 0.346\ 2}{2}\times\left(\frac{1.10}{2}-\frac{0.346\ 2}{3}\right)+\frac{10\times 0.000\ 546}{0.346\ 2}\\ \times(0.346\ 2-0.05)\times\left(\frac{1.10}{2}-0.05\right)+\frac{10\times 0.003\ 421}{0.346\ 2}\\ \times(1.10-0.346\ 2-0.05)\times\left(\frac{1.10}{2}-0.05\right)\end{array}\right\}$$

$$=6\ 209.69\ \text{kPa}<0.8R_a^b=0.8\times 14\ 000=11\ 200\ \text{kPa}$$

受拉钢筋应力：

$$\sigma_g=n\sigma_h\frac{h-a-x}{x}=10\times 6.209\ 69\times\frac{1.10-0.05-0.346\ 2}{0.346\ 2}$$

$$=126.24<0.75R_a^b=0.75\times 280=210\ \text{MPa}$$

此外，通过计算第一节沉井在各种情况下上、下端竖向挠曲应力均小于混凝土容许限值（略）。

思考与练习

一、简答题

1. 何谓沉井基础？其适用于哪些场合？与桩基础相比，其荷载传递有何异同？
2. 沉井基础主要由哪些部分构成？工程中如何选择沉井的类型？
3. 沉井在施工中会遇到哪些问题？应如何处理？
4. 沉井作为整体深基础，其设计计算应考虑哪些内容？
5. 沉井在施工过程中应进行哪些验算？
6. 浮运沉井的计算有何特殊性？

二、计算题

1. 某水下圆形沉井基础直径 7 m，作用于基础上的竖向荷载 18 503 kN（已扣除浮力 3 848 kN），水平力 503 kN，弯矩 7 360 kN · m（均为考虑附加组合荷载）。$K_1=3.0$，$K_2=1.0$。沉井埋深 10 m，土质为中等密实的砂砾层，重度 21.0 kN/m³，内摩擦角 35°，黏聚力 $c=0$，试验算该沉井基础的地基承载力及横向土抗力。

2. 某圆形沉井基础，砂土地基（$\gamma=19\ \text{kN/m}^3$，$f_k=100\ \text{kPa}$，$\varphi=40°$）摩阻力 $f=10\ \text{kPa}$，地下水位 4.0 m，沉井高度（地面以下）25 m，外壁直径 22 m，沉井底面标高底层为不透水黏性土（承载力 $f_k=200\ \text{kPa}$），沉井上部荷载为 1 000 kN，试进行该沉井的设计计算。

3. 接第 2 题，① 如设计成单孔矩形沉井，沉井高度（地面以下）20 m，沉井边长为 7 m×5 m，② 如设计成双孔矩形沉井，沉井高度（地面以下）25 m，沉井边长为 15 m×6 m，试进行该沉井的设计计算。

4. 就本章沉井算例的设计资料，若设计成双孔对称矩形沉井，试进行该沉井的设计计算。

13 特殊性土

本章概要：了解常见特殊性土的特征及对工程带来的影响；掌握特殊性土在工程使用中常见处理方法和措施。

本章重点：湿陷性黄土、膨胀土的工程性质。

我国地域辽阔，从沿海到内地，由山区到平原，地理环境、地形高差、降雨量、地质成因和地质历史各不相同。在广阔的土地上分布着多种多样的土类，**某些土类，在特定地域内，由于不同的地理环境、气候条件、地质成因、历史过程、物质成分和次生变化等原因，而具有与一般土显然不同的特殊性质，这类土称为特殊性土。**

根据成土环境，这些特殊性土的分布都具有区域性的特点，因此也称为区域性土或环境土。我国各地区自然环境变化较大，世界上几种主要的特殊性土类都有分布，其中主要有湿陷性黄土、膨胀土、红黏土、软土、冻土、盐渍土等。

13.1 湿陷性黄土

黄土是一种特殊的第四纪陆相松散堆积物。黄土的颜色主要呈黄色或褐黄色，颗粒成分以粉粒为主，富含碳酸钙，有肉眼可见的大孔隙，天然剖面上垂直节理发育，受水浸湿后，土结构迅速破坏而显著下沉。**在上覆土层自重应力作用下，或者在自重应力和附加应力共同作用下，因浸水后土的结构破坏而发生显著附加变形的黄土称为湿陷性黄土。**

13.1.1 湿陷性黄土的特征与分布

湿陷性黄土具有与一般粉土和黏性土不同的特性，主要是具有大孔隙性和湿陷性。在自然界中有肉眼可见的大孔隙；在覆盖土层的自重应力和建筑物附加应力的综合作用下，浸水后土的结构迅速破坏，并发生显著的附加下沉。它具有以下特征：

(1) 土的颜色在干燥时呈淡黄色，稍湿时呈黄色，湿润时呈褐黄色。

(2) 粒度成分以粉土颗粒(0.05～0.005 mm)为主，约占60%。

(3) 孔隙比 e 一般在1.0左右，或更大。

(4) 含有较多的可溶性盐类，如重碳酸盐、硫酸盐、氯化物。

(5) 具垂直节理。

(6) 一般具肉眼可见的大孔。

其工程特性主要表现为：

(1) 塑性较弱。

(2) 含水较少。

(3) 压实程度很差，孔隙较大。

(4) 抗水性弱，遇水强烈崩解，膨胀量较小，但失水收缩较明显。

(5) 透水性较强。

(6) 强度较高，因为压缩中等，抗剪强度较高。

世界上黄土主要分布于中纬度干旱和半干旱地区，如法国的中部和北部，东欧的罗马尼亚、保加利亚、俄罗斯、乌克兰、乌兹别克斯坦，美国沿密西西比河流域及西部。在我国，黄土地域辽阔，其分布面积约为 45 万 km^2，其沉积过程经过了整个第四世纪时期，按形成年代的早晚，可分为老黄土和新黄土，如表 13－1 所示。老黄土土质密实，颗粒均匀，无大孔或稍带大孔结构，如午城黄土、离石黄土，一般不具湿陷性；新黄土，如马兰黄土及全新世黄土，土质均匀或较为均匀，结构疏松，大孔发育，一般具有湿陷性。

表 13－1　黄土的地层分布

时　代	地层划分	试验压力(kPa)200～300
全新世	黄土状土	具有湿陷性
晚更新世	马兰黄土	
中更新世	离石黄土	不具有湿陷性
早更新世	午城黄土	

按工程地质特征和湿陷性强弱程度，可将我国湿陷性黄土分为 7 个分区：陇西地区、陇东陕北地区、关中地区、山西地区、河南地区、冀鲁地区、北部边缘地区。

13.1.2　黄土湿陷性的形成及其影响因素

黄土在天然含水量时，一般具有较高的强度和较小的压缩性。但遇水后，在自重压力，或自重压力与附加压力共同作用下，有的会产生大量的湿陷变形，有的却并不发生湿陷。前者称为湿陷性黄土，后者称为非湿陷性黄土。

湿陷性黄土又分为自重湿陷性黄土和非自重湿陷性黄土。**自重湿陷性黄土是指黄土浸水后在饱和自重压力下发生湿陷的湿陷性黄土。非自重湿陷性黄土是指黄土浸水后在饱和自重压力下不发生湿陷，只有在附加一定压力后浸水才发生湿陷的湿陷性黄土。**

黄土产生湿陷的原因主要是其具有大孔结构和多孔性，被水浸湿后，水分子进入颗粒之间，土的强度降低，在压力作用下，颗粒彼此靠近，从而发生湿陷。土的大孔、多孔性是湿陷产生的内因，而水和压力则是湿陷产生的外界条件。

影响黄土湿陷性的主要物理性质指标为天然孔隙比和天然含水量。

13.1.3　湿陷性评价

黄土湿陷性评价是指系统地确定黄土的湿陷性，划分黄土自重湿陷性和非自重湿陷性的类别，对湿陷性黄土的湿陷程度进行分级以及判定黄土湿陷性的起始压力等工作。

1) 湿陷性判别

(1) 湿陷系数

黄土的湿陷性是根据湿陷系数进行判别的。**黄土的湿陷系数是单位厚度土样在规定的压力作用下受水浸湿后所产生的湿陷量。**可以通过室内无侧限浸水压缩试验确定。试验时在压缩仪中将原状土试样逐级加压到规定的压力值 p,待压缩稳定后测得试样的高度 h_p,然后加水浸湿,测得下沉稳定后的高度 h'_p。假设土样原始高度为 h_0,则可按下式计算土的湿陷系数 δ_s:

$$\delta_s=\frac{h_p-h'_p}{h_0} \tag{13-1}$$

式中:h_0——原状土样的原始高度(cm);

h_p——原状土样在规定压力下,下沉稳定后的高度(cm);

h'_p——上述加压稳定后的土样,在浸水作用下,下沉稳定后的高度(cm)。

(2) 测定湿陷系数的压力

① 应自基础底面算起,初步勘察时自地面下 1.5 m 算起。

② 10 m 以内的土层,应用 200 kPa。

③ 10 m 以下至非湿陷性土层顶面,应用其上覆土层的饱和自重压力(当大于 300 kPa 时,仍应用 300 kPa)。

(3) 黄土湿陷性判别标准

利用 δ_s 的值,可判定黄土是否有湿陷性:

① 当 $\delta_s<0.015$ 时,为非湿陷性黄土。

② $\delta_s\geqslant0.015$ 时,为湿陷性黄土,且该值越大,湿陷性越强烈。

工程实际中还规定(一般压力为 200 kPa 作用下):δ_s 为 0.015~0.03 时,湿陷性轻微;δ_s 为 0.03~0.07 时,湿陷性中等;$\delta_s>0.07$ 时,湿陷性强烈。

2) 自重与非自重湿陷性黄土的判别

当某一深度处的黄土层被水浸湿后,仅在其上覆土层的饱和自重压力(饱和度 $S_r=85\%$)下产生湿陷变形的,称自重湿陷性。

当某一深度处的黄土层浸水后,除上覆土的饱和自重外,尚需要一定的附加荷载(压力)才发生湿陷的,称非自重湿陷性。

测定方法:在室内固结仪上进行,即分级加荷至上覆土层的饱和自重压力,当下沉稳定后,使土样浸水湿陷达稳定为止。

自重湿陷系数 δ_{zs}的计算公式:

$$\delta_{zs}=\frac{h_z-h'_z}{h_0} \tag{13-2}$$

式中:h_0——土样的原始高度(cm);

h_z——原始土样加压至土的饱和自重压力时,下沉稳定后的高度(cm);

h'_z——上述加压稳定后的土样,在浸水作用下,下沉稳定后的高度(cm)。

当$\delta_{zs}<0.015$ 时,定为非自重湿陷性黄土;当 $\delta_{zs}\geqslant0.015$ 时,定为自重湿陷性黄土。

黄土的湿陷性一般是自地表以下逐渐减弱,埋深七、八米以上的黄土湿陷性较强。不同地区、不同时代的黄土是不同的,这与土的成因、固结成岩作用、所处的环境等条件有关。

3) 湿陷性黄土场地的湿陷类型的划分

在黄土地区地基勘察中,应按照实测自重湿陷量或计算自重湿陷量制定建筑物场地的湿陷类型。实测自重湿陷量应根据现场试坑浸水试验确定。

计算自重湿陷量按下列公式计算:

$$\Delta_{zs} = \beta_0 \sum_{i=1}^{n} \delta_{zsi} h_i \tag{13-3}$$

式中：δ_{zsi}——第 i 层土在上覆土的饱和($S_r = 85\%$) 自重应力作用下的湿陷系数；

h_i——第 i 层土的厚度(cm)；

n——总计算厚度内湿陷土层的数目。总计算厚度应从天然地面算起(当挖、填方厚度及面积较大时，自设计地面算起)至其下全部湿陷性黄土层的底面为止，但其中 $\delta_{zs}<0.015$ 土层不计；

β_0——修正系数，对陕西地区取 1.5，陇东地区取 1.2，关中地区取 0.7，其他地区取 0.5。

实际工程中，当 $\Delta_{zs}\leqslant 7$ cm 时，定为非自重湿陷性黄土场地；当 $\Delta_{zs}>7$ cm 时，定为自重湿陷性黄土场地。

4) 黄土地基的湿陷等级

湿陷等级应根据基底下各土层累积的总湿陷量和计算自重湿陷量的大小等因素按表 13-2判定。

总湿陷量计算公式：

$$\Delta_s = \sum_{i=1}^{n} \beta \delta_{si} h_i \tag{13-4}$$

式中：Δ_s——湿陷性黄土地基的总湿陷量(cm)；

δ_{si}——第 i 层土的湿陷系数；

h_i——第 i 层土的厚度(cm)；

β——考虑地基土的侧向挤出和受水浸湿可能性等因素的修正系数，在缺乏实测资料时，可按下列规定取值：基底下 5 m(或压缩层)深度内可取 1.5；基底下 5～10 m 深度内可取 1.0；基底下 10 m 以下至非湿陷性黄土层顶面，在自重湿陷性黄土场地，可按 β_0 取用。

表 13-2　湿陷性黄土地基的湿陷等级

湿陷类 / 计算自重湿陷量(cm) / 总湿陷量(cm)	非自重湿陷性场地	自重湿陷性场地	
	$\Delta_{zs}\leqslant 7$	$7<\Delta_{zs}\leqslant 35$	$\Delta_{zs}>35$
$\Delta_s\leqslant 30$	Ⅰ(轻微)	Ⅱ(中等)	—
$30<\Delta_s\leqslant 60$	Ⅱ(中等)	Ⅱ或Ⅲ	Ⅲ(严重)
$\Delta_s>60$	—	Ⅲ(严重)	Ⅳ(很严重)

13.1.4　湿陷性黄土地基处理

在湿陷性黄土地区进行建设，地基应满足承载力、湿陷变形、压缩变形和稳定性的要求。此外，应根据各地湿陷性黄土的特点和建筑物类别，采取以地基处理为主的综合措施，以防止地基湿陷，保证建筑物的安全和正常使用。建筑工程设计的综合措施主要有地基处理措施、防水措施和结构措施。

1）地基处理措施

地基处理时防止湿陷性危害的主要措施，其原理主要是破坏湿陷性黄土的大孔结构，以便全部或部分消除地基的湿陷性。通过换土或加密等各种方法，减小原有地基的总湿陷量，控制下部未处理土层的湿陷量不超过规范规定的数值。

当地基湿陷性大，要求处理的土层深，技术上有困难或经济上不合理时，也可采用深基础或桩基础穿越湿陷性土层将上部荷载直接传到非湿陷性土层或岩层中。

《湿陷性黄土地区建筑规范》(GB 50025—2004)根据建筑物的重要性及地基受水浸湿可能性的大小和在使用上对不均匀沉降限制的严格程度，将建筑物分为甲、乙、丙、丁四类。对甲类建筑要求消除地基的全部湿陷量，或穿透全部湿陷性土层。对乙、丙类建筑则要求消除地基的部分湿陷量。丁类属次要建筑，地基可不作处理。表 13 - 3 列出了处理湿陷性黄土地基的常用方法及其使用范围和一般处理(或穿透)基底下的湿陷性土层厚度。

表 13 - 3　湿陷性黄土地基常用的处理方法

名　　称		适 用 范 围	一般可处理(或穿透)基底下湿陷性土层厚度(m)
垫层法		地下水位以上，局部或整片处理	1～3
夯实法	强夯	S_r＜60%的湿陷性黄土，局部或整片处理	3～6
	重夯		1～2
挤密法		地下水位以上，局部或整片处理	5～15
桩基础		基础荷载大，有可靠的持力层	≤30
预浸水法		Ⅲ、Ⅳ级自重湿陷性黄土场地，6 m 以上采用垫层等方法处理	可消除地面以下 6 m 以上采用垫层等方法处理
单液硅化或碱液加固法		一般用于加固地下水位以上的已有建筑物地基	单液硅化加固的最大深度可达 20 m

2）防水措施

防水措施的目的是消除黄土发生湿陷变形的外因，因而也是保证建筑物安全和正常使用的重要措施之一。

(1) 基本防水措施

在建筑物布置、场地排水、地面防水、散水、排水沟、管道敷设、管道材料和接口等方面，应采取措施防止雨水或生产、生活用水的渗漏。

(2) 检漏防水措施

在基本防水措施的基础上，对防护范围内的地下管道应增设检漏管沟和检漏井。

(3) 严格防水措施

在检漏防水措施的基础上，应提高防水地面、排水沟、检漏管沟和检漏井等设施的材料标准，如增设卷材防水层、采用钢筋混凝土排水沟等。

3）结构措施

对于一些地基不处理，或处理后仅消除了地基的部分湿陷量的建筑，除了要采取防水措施外，还应采取结构措施，以减小建筑物的不均匀沉降或使结构能适应地基的湿陷变形。这些措施主要包括：

(1) 加强建筑物的整体性和空间刚度。

(2) 选择适宜的结构和基础型式。

(3) 加强砌体和构件的刚度。

13.2 膨胀土

膨胀土是土中黏粒成分主要由亲水性矿物组成，具有显著的吸水膨胀和失水收缩两种变形特性的黏性土。膨胀土常呈非饱和状态且结构不稳定，对环境变化，特别是对于温热变化非常敏感，由膨胀和收缩导致的体积变化可占原体积的40%以上，且胀缩可逆反复交替，给工程带来危害。膨胀土在我国有着广泛的分布，到目前为止先后发现膨胀土的省区达20多个。

13.2.1 膨胀土的特征及判别

膨胀土一般强度较高，压缩性低，易被认为是建筑性能良好的地基土。但由于其具有膨胀和收缩的特性，当利用这种土作为地基时，如果对它的特性缺乏认识，或在设计和施工中没有采取必要的措施，就会给建筑物造成危害。

1）膨胀土的特征

一般根据野外特征，结合室内试验指标及建筑物的破坏特点进行综合判别的方法来判定膨胀土。其主要特征为：

(1) 在自然条件下，土的结构致密，多呈硬塑或坚硬状态；具有黄、红、灰、白等多种颜色。

(2) 裂隙发育，竖向、斜交和水平三种均有，裂隙中常充填灰绿、灰白色黏土，土被浸湿后裂隙回缩变窄或闭合。

(3) 自由膨胀率不小于40%；天然含水量接近塑限，塑性指数大于17，多数在22～35之间；液性指数小于零；天然孔隙比变化范围在0.5～0.8之间。

(4) 多出现在二级及三级以上河谷阶地、垅岗、山梁、斜坡、山前丘陵和盆地边缘，地形坡度平缓，无明显自然陡坎。

(5) 土中成分含有较多的亲水性强的蒙脱石、多水高岭石、伊利石等，有明显的湿胀干缩效应，暴露在空气中时易干缩龟裂。

(6) 膨胀土地区旱季地表常出现地裂，雨季则裂缝闭合。地裂上宽下窄，一般长10～80 m，深度多在3.5～8.5 m，壁面陡立而粗糙。

2）膨胀土的判别

为了判别膨胀土以及膨胀土的胀缩性，常用以下一系列胀缩性指标：

(1) 自由膨胀率 δ_{ef}

自由膨胀率是指人工制备的土样，完全烘干后，在水中增大的体积与其原有体积之比，用下式表示：

$$\delta_{ef}=\frac{V_w-V_0}{V_0} \tag{13-5}$$

式中：V_w——土样在水中膨胀稳定后的体积(cm^3)；

V_0——土样的原有体积(cm^3)。

自由膨胀率表示土在无结构力影响下和无压力作用下的膨胀特性，可反映土的矿物成分及含量。该指标一般用作膨胀土的判别指标。

(2) 膨胀率 δ_{ep}

膨胀率是指原状土样在一定压力下浸水膨胀稳定后所增加的高度与原始高度之比，用百分数表示：

$$\delta_{ep}=\frac{h_w-h_0}{h_0} \tag{13-6}$$

式中：h_w——土样在一定压力下浸水膨胀稳定后的高度(mm)；

h_0——土样的原始高度(mm)。

为了比较不同土的膨胀性，需要统一规定压力值，这个压力我国规定采用 50 kPa。

(3) 线缩率 δ_s

线缩率是指土的竖向收缩应变与原状土样高度之比，可表示为

$$\delta_s=\frac{h_0-h_i}{h_0} \tag{13-7}$$

式中：h_0——土样的原始高度(mm)；

h_i——试验中某次测得的土样高度(mm)。

(4) 收缩系数 λ_s

收缩系数是指原状土样在直线收缩阶段，含水量减少 1%时的竖向收缩变形的线缩率，即

$$\lambda_s=\frac{\Delta\delta_s}{\Delta w} \tag{13-8}$$

式中：Δw——收缩过程中直线变化阶段两点含水量之差(%)；

$\Delta\delta_s$——收缩过程中与两点含水量之差相对应的竖向线缩率之差(%)。

具有下列地质特征的场地，且自由膨胀率 $\delta_{ef}\geqslant 40\%$的土，应判定为膨胀土。

(1) 裂隙发育，常有光滑面和擦痕，有的裂隙中充填着灰白、灰绿色黏土，在天然条件下呈坚硬或硬塑状态。

(2) 出露于二级或二级以上阶地、山前丘陵和盆地边缘地带，无明显自然陡坎。

(3) 常见浅层塑性滑坡、地裂，新开挖坑(槽)壁易发生坍塌。

(4) 建筑物裂缝随气候变化而张开和闭合。

13.2.2 膨胀土的成因与分类

膨胀土的成因多以残积、坡积、冲积、洪积、湖积为主。一般位于盆地内垅岗、山前丘陵

地带和二、三级阶地上。我国膨胀土，按其成因及特征基本分为三类：第一类为湖相沉积及风化层，黏土矿物中以蒙脱石为主，自由膨胀率、液限、塑性指数都较大，土的膨胀、收缩性最显著；第二类为冲积、洪积及坡积物，黏土矿物中以伊利石为主，自由膨胀率和液限较大，土的膨胀、收缩性也显著；第三类为碳酸盐类岩石的残积、坡积及洪积的红黏土，液限高，但自由膨胀率常小于 40%，故常被定为非膨胀土，但其收缩性很显著。

13.2.3 影响膨胀土胀缩变形的主要因素

膨胀土的胀缩变形特性主要由内在因素决定的，同时受到外部因素的制约。胀缩变形的产生是膨胀土的内在因素与外部适当的环境条件综合作用的结果。影响土的胀缩变形的主要内外在因素如下：

1）内因

（1）矿物及化学成分

膨胀土主要由蒙脱石、伊利石等矿物组成，亲水性强，胀缩变形大。

（2）黏粒的含量

由于黏土颗粒细小，比表面积大，因而具有很大的表面能，对水分子和水中阳离子的吸附能力强。因此，土中黏粒含量较多，则土的胀缩性越强。

（3）土的密度

土的密度大，即孔隙比小，则浸水膨胀强烈，失水收缩小；反之，密度小，即孔隙比大，则浸水膨胀小，失水收缩大。

（4）土的含水量

若初始含水量与膨胀后含水量接近，则膨胀小，收缩大；反之，膨胀大，收缩小。

（5）土的结构强度

结构强度越大，土体受限制胀缩变形的能力也就越大。当土的结构被破坏后，土的胀缩性也增大。

2）外因

（1）气候条件

气候条件是影响土胀缩变形的主要因素，包括降雨量、蒸发量、气温、相对湿度和地温等。雨季土体吸水膨胀，旱季失水收缩。

（2）地形、地貌条件

地形、地貌条件也是一个重要的因素，实质上仍然要联系到土中水分的变化问题。同类膨胀土地基，地势低处比高处胀缩变形小得多；在边坡地带，坡脚地段比坡肩地段的胀缩变形又要小得多。

（3）建筑物周围的树木

尤其是阔叶乔木，旱季树根吸水，加剧地基土的干缩变形，使邻近有成排树木的房屋产生裂缝。

（4）日照的时间和强度

房屋向阳面开裂多，背阴面开裂少。

13.2.4 膨胀土地基的处理措施

由于膨胀土的变形受外界因素影响较多，且带有周期性变形性质，因此在地基设计时主要控制最大变形值，使其不超过允许变形值；当不满足要求时，根据膨胀土的胀缩等级、当地材料及施工工艺等，进行综合工艺比较后确定处理方法，常采用的方法有换土垫层、增大基础埋深，必要时可采用桩基础。

1）换土垫层

在较强或强膨胀性土层出露较浅的建筑场地，或建筑物在使用上对不均匀变形有严格要求时，可采用非膨胀性土或灰土等置换膨胀土，以减少可膨胀的土层，达到减小地基胀缩变形的目的。换土厚度应通过计算来确定。平坦场地上Ⅰ、Ⅱ级膨胀土的地基处理，宜采用砂、碎石垫层，垫层厚度不应小于300 mm，基础两侧宜采用与垫层相同的材料回填，并做好防水处理。

2）增大基础埋深

膨胀土地基上建筑物的基础埋深不应小于1 m。一般基础的埋深宜超过大气影响的深度。

3）桩基础

当大气影响深度较深，膨胀土层厚，选用其他处理方式有困难或不经济时，可选用桩基础。桩基础应穿过膨胀土层，使桩尖进入非膨胀土层，或深入大气影响急剧层以下一定的深度。

除了以上这些常见的方法外，还可以根据膨胀土的特性，因地制宜，选用既经济又合理、切实可行的处理方法。

13.3 红黏土

红黏土是指碳酸盐类岩石（石灰岩、白云岩、泥灰岩等），在亚热带温湿气候条件下，经风化而成的残积、坡积或残～坡积的褐红色、棕红色或黄褐色的高塑性黏土。红黏土经搬运、沉积后仍保留其基本特征，且液限大于45%的土，称为次生红黏土，在相同的物理指标情况下，其力学性能低于红黏土。红黏土及次生红黏土广泛分布于我国的云贵高原、四川东部、广西、粤北及鄂西、湘西等地区的低山、丘陵地带顶部和山间盆地、洼地、缓坡及坡脚地段。

13.3.1 红黏土的特征

1）颜色

呈褐红、棕红、紫红及黄褐色。

2）土层厚度

一般厚3～10 m，个别地带厚达20～30 m。因受其基岩起伏影响，往往在水平距离仅1 m范围内，厚度可突变4～5 m，可能很不均匀。

3）状态与裂隙

沿深度状态上部硬，下部软。因胀缩交替变化，红黏土中网状裂隙发育，裂隙延伸至地下3～4 m，破坏了土体的完整性。位于斜坡、陡坎上的竖向裂隙，容易引起滑坡。

13.3.2 红黏土的成分及性质

1) 红黏土的成分

红黏土的主要矿物成分为高岭石、伊利石、绿泥石，是碳酸盐类以及其他类岩石风化的后期产物，母岩中的活动性较强的矿物经长期风化淋滤作用相继流失，此时地表多聚集含硅铝氧化物及硅酸盐矿物，并继而脱水变为氧化铁铝。使土染成褐红至砖红色。

2) 红黏土的物理力学性质

红黏土的物理力学性质具有两大特点：一是天然含水量、孔隙比、饱和度以及塑性界限(液限和塑限)都很高，但却具有较高的力学强度和较低的压缩性；二是各种指标的变化幅度很大。

(1) 天然含水量高，一般为40%～60%，有的高达90%。

(2) 孔隙比大，天然孔隙比一般为1.4～1.7，最高2.0，具有大孔性。

(3) 高塑性。液限一般为60%～80%，塑限为40%～60%，塑性指数一般为20～50。

(4) 由于塑性很高，所以尽管天然含水量高，一般仍处于坚硬或硬塑状态，液性指数一般小于0.25。

(5) 一般呈现较高的强度和较低的压缩性。

(6) 不具有湿陷性，原状土浸水后膨胀量很小，但失水后收缩剧烈。

(7) 各种指标的变化幅度很大，具有高分散性。

(8) 具有表面收缩、上硬下软、裂隙发育的特征。

(9) 透水性微弱，多为裂隙潜水和上层滞水。

13.3.3 红黏土地基的评价

(1) 红黏土地基的表层，通常呈坚硬-硬塑状态，强度高，压缩性低，为良好地基。可充分利用表层红黏土作为天然地基持力层。可塑、软塑，而强度则大幅度降低。

(2) 红黏土地基的底层，接近下卧基岩面附近，尤其在基岩面低洼处，因地下水聚集，常呈软塑或流塑状态，该处红黏土强度较低，压缩性较高，为不良地基。

(3) 红黏土由于下卧基岩面起伏不平并存在软弱土层，容易引起地基不均匀沉降。应注意查清基岩面起伏状况，并进行必要的处理。

(4) 岩溶地区的红黏土常有土洞，应注意查明土洞部位与大小，进行充填处理。

(5) 红黏土的胀缩特性与网状裂隙对土坡和基础有不良影响，基槽应防止日晒雨淋。

13.4 其他特殊土

我国地域广阔，各地自然条件错综复杂，除分布有湿陷性黄土、膨胀土、红黏土等特殊性土外，常见的特殊性土还有软土、冻土、盐渍土等。

13.4.1 软土

软土是指抗剪强度低、压缩性较高、渗透性较小、天然含水量较大的饱和黏性土。常见的软土有淤泥、淤泥质土、泥炭和泥炭质土及其他高压缩性的黏土、粉土等。其中淤泥和淤泥质土是软土的主要类型。淤泥一般指天然含水量大于液限，天然孔隙比不小于1.5的黏土；而淤泥质土则是指天然含水量大于液限，天然孔隙比在1.0～1.5之间的黏土或粉土。

1）软土的特征

软土按沉积环境的不同，可以分为海岸沉积、湖泊沉积、河滩沉积、沼泽沉积四种类型。软土厚度大的地区，地表面常有一层厚度不等的硬壳层或表层土，其承载力较高，压缩性较小，可利用作为浅基础的持力层。硬壳层下则为厚度不等的软土，河滩沉积淤泥厚度一般小于20 m，湖泊沉积淤泥厚度一般为5～25 m，海岸沉积淤泥厚度可达5～65 m。

(1) 天然含水量高，孔隙比大。软土主要由黏粒和粉粒组成，并含有有机质。其天然含水量高于液限，一般都大于30%，常在35%～80%之间。孔隙比大于1.0，常在1.0～2.0之间。

(2) 渗透性小。软土黏性高，渗透性很弱，其渗透系数一般在1×10^{-8}～1×10^{-4} cm/s。

(3) 压缩性较高。软土孔隙比大，因此压缩性高。软土的压缩系数一般在0.5～2.0 MPa^{-1}之间，最大可达4.5 MPa^{-1}。

(4) 抗剪强度低。由于软土天然含水量高、天然孔隙比大，因此软土地基变形大，强度低。此外，软土的强度大小还与加荷速度和排水条件有着密切的关系。

(5) 具有明显的流变性。土的流变性是指土在一定的剪切应力作用下，发生缓慢长期变形的性质。在荷载作用下，软土层受剪应力的作用下产生缓慢的剪切变形，并可能导致抗剪强度的衰减，在主固结沉降完成之后还可能产生次固结沉降。因流变产生的沉降持续时间可达几十年。

(6) 具有明显的触变性。软土在未破坏时，具有固态特性，已经扰动或破坏，即转变为稀式流动状态，是结构性沉积物，尤其以海相软土更为明显，因此具有较强的触变性。触变性的大小常用灵敏度来表示，软土一般在3～4之间，个别可达8～9。为此，当软土地基受振动荷载后，易产生侧向滑动、沉降及基底面两侧挤出等现象。

2）软土的分布

软土在我国沿海地区分布广泛，内陆平原和山区亦有分布。我国东海、黄海、渤海、南海等沿海地区，例如滨海相沉积的天津塘沽、浙江温州和宁波等地，以及溺谷相沉积的闽江口平原，河滩相沉积的长江中下游、珠江下游、淮河平原、松辽平原等地区。内陆（山区）软土主要位于湖相沉积的洞庭湖、洪泽湖、太湖、鄱阳湖四周和古云梦泽地区边缘地带，以及昆明的滇池地区、贵州六盘水地区的洪积扇等。

3）软土地基处理

(1) 利用软土层作为持力层时，地基承载力或变形不能满足设计要求时，地基处理可选用机械压（夯）实、堆载预压、塑料排水袋或砂井真空预压、换填垫层或复合地基等方法。处理后的地基承载力通过试验确定是否符合要求。

(2) 机械夯实包括重锤夯实、强夯、振动压实等方法，可用于处理杂填土地基，处理有效深度应通过试验确定。

(3) 堆载预压可用于处理较厚淤泥和淤泥质土地基。

(4) 换填垫层可用于软弱地基的浅层处理。

(5) 复合地基设计应满足建筑物承载力和变形要求。

13.4.2 冻土

冻土分多年冻土和季节性冻土。**多年冻土是指冻结状态保持在 2 年或 2 年以上的土层。季节性冻土受季节性的影响，冬季冻结，夏季全部融化，呈周期性冻结、融化的土。**冻土融化后，强度显著降低，压缩性增大，会导致建在其上的建筑物遭到破坏或影响正常使用。

1）冻土的性质与分布

(1) 冻土的物理性质

① 总含水量

冻土的总含水量 w_n 是指冻土中所有的冰河未冻水的总质量与土骨架质量之比。

$$w_n = w_i + w'_w \tag{13-9}$$

式中：w_i——土中冰的质量与土骨架质量之比；

w'_w——土中未冻水的质量与土骨架质量之比。

冻土在负温条件下，仍有一部分水不冻结，称为未冻水。未冻水的含量与土的性质和负温度有关，可按下式计算：

$$w'_w = K'_w w_p \tag{13-10}$$

式中：w_p——塑限；

K'_w——与塑性指数和温度有关的系数，见表 12－4 所示。

表 12－4 K'_w 系数

土的名称	塑性指数	土温(℃)时的系数					
		−0.3	−0.5	−1.0	−2.0	−4.0	−10.0
砂类土	$I_p<1$	0	0	0	0	0	0
粉砂或黏土	$1<I_p\leqslant 2$	0	0	0	0	0	0
	$2<I_p\leqslant 7$	0.6	0.5	0.4	0.35	0.3	0.25
粉质粉土或粉质黏土	$7<I_p\leqslant 13$	0.7	0.65	0.6	0.5	0.45	0.4
	$13<I_p\leqslant 17$	*	0.75	0.65	0.55	0.5	0.45
黏土	$I_p>17$	*	0.95	0.9	0.65	0.6	0.55

注：* 所有土孔隙中的水处于未冻结状态(即 $K'_w=1$)。

按冻土中未冻水的含量可把冻土分为：坚硬冻土，土中未冻水含量少，土粒为冰牢固胶结，土的强度高，压缩性低，在荷载下呈现脆性破坏；塑性冻土，土中含大量未冻水，土的强度不高，压缩性较大；松散冻土，土的含水量较小，土粒未被冰所胶结，仍呈冻前的松散状态。

② 冻土的含冰量

由于冻土中含有未冻水，所以冻土的含冰量不等于冻土融化时的含水量，衡量冻土中含冰量的指标有相对含冰量、质量含冰量和体积含冰量。

相对含冰量是指冻土中冰的质量与全部水的质量(包括冰和未冻水)之比。质量含冰量是指冻土中冰的质量与冻土中土骨架质量之比。体积含冰量是指冻土中冰的体积与冻土总体积之比。

(2) 冻土的力学性质

冻土的力学性质常以冻胀量、冻胀强度、冻胀力和冻结力等指标来衡量。

① 冻胀量是指土在冰冻过程中的相对体积膨胀，以小数表示，按下式计算：

$$V_p=\frac{r_r-r_d}{r_r} \tag{13-11}$$

式中：r_r、r_d——冻土融化后和融化前的干重度(kN/m^3)。

② 冻胀强度

单位冻结深度的冻胀量称为冻胀强度或冻胀率，按下式计算：

$$\eta=\frac{V_p}{h}\% \tag{13-12}$$

③ 冻胀力

土在冻结时由于体积膨胀对基础产生的作用力称为冻胀力。冻胀力按其作用方向可分为作用在基础底面的法向冻胀力和作用在侧面的切向冻胀力。法向冻胀力一般都很大，非建筑物自重所能克服的，所以一般要求基础埋深在冻结深度以下或采取相应的消除措施。切向冻胀力可在建筑物使用条件下通过现场或室内试验求得，也可根据经验确定。

(3) 冻土的分布

冻土主要分布在我国的严寒地区，当地的平均气温低于-2°C，冻期长达 7 个月以上。主要集中在东北大小兴安岭北部、青藏高原，以及天山、阿尔泰山等地区，总面积约为 215 万 km^2，约占我国面积的 22%。

2) 建筑物冻害的防治措施

(1) 换填法：用粗砂、砾石等不冻胀材料填筑在基础底下。

(2) 物理化学法：土中加入无机盐等降低冰点温度，加入减水剂减少地基的含水量，加入有机化合物改善土颗粒聚集或分散性等。

(3) 保温法：在建筑物基础底部或四周设隔热层，增大热阻，推迟土的冻结，提高土温，降低冻深。

(4) 排水隔水法：建筑物周围设排水沟，防止雨水渗入地基土中，同时在基础的两侧与底部填砂石料，并设排水管将入渗水排除。

(5) 结构措施：采用深基础、锚固式基础、架空通风基础等。

13.4.3 盐渍土

通常将地表不深的土层中，平均易溶盐含量大于 0.5%的土，称为盐渍土。盐渍土在干旱半干旱地区均有分布。我国盐渍土主要分布在江苏北部、河北、河南、山西、松辽平原西部和北部，以及西北和内蒙古等省(自治区)。

1) 盐渍土的成因

盐渍土常具有吸湿、松胀等特性。盐渍土主要形成于干旱、半干旱地区，因为这些地区蒸发量大，降雨量小，毛细作用强，所以极利于盐分在地表聚集。此外，内陆盆地因地势低洼，周围封闭，排水不畅，地下水位高，也利于水分蒸发盐类聚集。而农田洗盐、压盐、灌溉退水、渠道渗漏等进入某土层也会促使盐渍化。

盐渍土的厚度不大，一般为1.5～4.0 m。其厚度与地下水埋深、土的毛细作用上升高度以及蒸发作用影响深度(蒸发强度)有关。绝大部分盐渍土分布地区，地表有一层白色盐霜或盐壳，厚数厘米至数十厘米。盐渍土中盐分的分布随季节气候和水文地质条件而变化，在干旱季节地面蒸发量大，盐分向地表聚集，这时表层土含盐量最大，可超过10%，向下随深度增加，含盐量逐渐减少；雨季时地表盐分被地面水冲洗溶解，并随水渗入地下，表层含盐量减少，地表白色盐霜或盐壳甚至消失。因此，在盐渍土地区，经常发生盐类被淋溶和盐类聚集的周期性的过程。

2) 盐渍土的工程性质

(1) 氯盐类

① 氯盐含量增多，临塑荷载增大。

② 氯盐含量越高，可塑性越低。

③ 氯盐含量增大，孔隙比降低。

④ 有较大的吸湿性，土体容易压实。

⑤ 有一定的腐蚀性。

⑥ 溶解度大。

(2) 硫酸盐类

① 硫酸盐含量增大，力学强度降低。

② 具有松胀性。

③ 具有较强的腐蚀性。

(3) 碳酸盐类

① 遇水即发生强烈的膨胀作用，透水性减弱，密度减小，从而导致地基稳定性及强度降低。

② 对各种建筑材料具有不同的腐蚀性。

思考与练习

1. 我国特殊性土有哪些？
2. 简述湿陷性黄土的变形特性，如何判别黄土是否具有湿陷性？
3. 膨胀土、软土地基处理措施有哪些？
4. 什么是红黏土，红黏土的特征和性质有哪些？
5. 建筑物冻害的防治措施有哪些？
6. 什么是盐渍土，盐渍土的工程性质有哪些？

14 地 基 处 理

本章概要： 正确理解地基处理、换填垫层法、强夯法等基本概念；掌握砂垫层设计计算方法；了解换填垫层法、强夯法、重锤夯实法以及桩土复合地基法的加固机理。

本章重点： 砂垫层设计计算方法。

14.1 概　　述

地基是指受建筑物影响的那一部分地层。**对于地质条件良好的地基，可直接在其上修筑建筑物而无需事先对其进行加固处理，此地基称为天然地基**。但在工程建设中，不可避免地会遇到地质条件不良或软弱地基，若在此地基上修筑建筑物，则不能满足强度和变形的要求，必须先进行人工处理；另外，随着我国基本建设的不断发展，建筑物的荷载日益增大，对地基变形的要求也越来越严，因而，即使原来被评价为地质条件良好的地基，也有可能在特定的条件下必须进行地基加固。这些**需经人工加固处理后才可在其上修筑建筑物的地基称为人工地基**。地基处理就是指对不能满足承载力和变形设计要求的地基进行人工处理，亦称地基加固。

地基处理的对象是软弱地基和特殊土地基。**软弱地基系指主要由淤泥、淤泥质土、冲填土、杂填土和其他高压缩性土层构成的地基；而特殊土地基则主要包括由湿陷性黄土、红黏土、膨胀土和冻土等特殊区域性土所构成的地基**。地基处理既适用于拟建工程，也可用于已建建筑物的地基加固。

地基处理的目的是通过采用各种地基处理方法对地基土进行加固，用以改良地基土的工程特性。主要包括：提高地基土的抗剪强度，保证地基的稳定；降低地基的压缩性，减少其沉降或不均匀沉降；改善地基的透水特性以及特殊土地基的不良特性；提高地基抗液化能力等。

地基处理方法众多，分类各异。如按处理时间可分为临时处理和永久处理；按处理深度又可分为浅层处理和深层处理；按被处理土的特性分为砂性土处理和黏性土处理，饱和土处理和非饱和土处理；也可按地基处理的作用原理进行分类，由于此分类方法能充分体现各种处理方法自身的特点，与其他分类方法相比更为妥当、合理，因此，目前一般按地基处理的作用机理对地基处理方法进行分类。

表 14－1 给出了按地基处理作用机理进行分类的主要地基处理方法及其适用范围。

表 14-1　地基处理方法及其适用范围

分　类	处理方法	原理及作用	适用范围
换填垫层法	砂(石)垫层、碎石垫层、矿渣垫层、素土或灰土垫层	通过用砂(石)、矿渣、素土或灰土等强度较高的材料置换地基表层的软弱土,用以提高持力层的承载力,减少沉降量	浅层软弱土、湿陷性黄土
深层密实法	强夯法、水泥粉煤灰碎石桩法、挤密桩法	采用一定的技术措施,通过挤密或振动,使深层土密实,强度提高;也可在振动或挤密的过程中,回填砂、碎(砾)石、灰土、素土等,与桩间土组成复合地基,从而提高地基的承载力,减少沉降量	松砂、素填土、杂填土及湿陷性黄土
排水固结法	堆载预压法、真空预压法、电渗排水法、降水预压法	通过改善地基的排水条件及施加预压荷载,加速地基土的固结和强度增长,提高地基的承载力和稳定性,并使基础沉降提前完成	饱和黏性土
加筋法	土工合成材料、加筋土、土钉、土锚、碎石桩、砂桩、树根桩	通过在土层中埋设强度较大的土工聚合物或土钉、土锚等受力杆件来提高地基土的强度,减小沉降;也可在软弱地基中设置碎石桩、砂(石)桩、树根桩等形成人工复合土体,以提高地基的承载力	软土地基、人工填土及陡坡填土、松散砂土
胶结法	高压喷射注浆法、水泥土搅拌法	采用专门技术,在软弱地基土中注入水泥浆(化学浆液),使土粒胶结;或在地基中掺入水泥、石灰等物质形成加固体,与地基土一起组成复合地基,以提高地基承载力,减小沉降	淤泥、淤泥质土等地基
热学法	热加固法、冻结法	热加固法:通过在地基土中渗入压缩的热空气和燃烧物,依靠热传导将细颗粒土加热到100℃以上,以提高土的强度,降低压缩性 冻结法:通过人工冷却,使地基土发生冻结,从而具有理想的截水性能并同时获得较高的承载力	热加固法:非饱和黏性土、粉土和湿陷性黄土 冻结法:各类土

值得注意的是:表 14-1 给出的各种处理方法,有时也可能具有多种处理的效果,如碎石桩既具有置换、挤密的效果,又有排水和加筋等作用,因此,严格按地基处理的作用机理进行分类也是很困难的。

由于地基处理方法众多,每一种处理方法都有其各自的适用范围和局限性,而且还可能具有多种处理效果,加上地基土本身性质多变,成因复杂,具体工程对地基的要求、施工技术力量、施工机具和环境等又不尽相同,这就使得在选择地基处理方案时,应在深入调查和充分收集资料的基础上,从实际出发,对具体的工程地质条件、处理要求(包括预期处理效果、处理范围、施工工期等)、处理费用以及施工技术力量、机具设备等综合因素进行技术经济分析和比较,从中选出最优的地基处理方案。在选择处理方案时还应充分考虑环保问题,尽量减小或避免地基处理时对周围空气、地面和地下水的污染以及对周围环境的振动和噪音等影响。

14.2 换填垫层法

14.2.1 换填垫层法的处理原理及适用范围

换填垫层法是将基础底面下一定深度范围内的软弱土层部分或全部挖除，然后分层回填强度较大、性能稳定且无侵蚀性的材料如砂、碎石、灰土、素土、粉煤灰、高炉干渣等，并压实或夯实形成良好的地基垫层（持力层），从而提高浅层地基的承载力，减小沉降量，加速软弱土层的排水固结。

换填垫层法一般适用于处理淤泥、淤泥质土、素填土、杂填土、湿陷性黄土地基及暗沟、暗塘等，考虑到换土深度较大时，经常会因基坑支护、施工土方运输量大等问题使地基处理费用增加，工期延长，因此换填垫层法的处理深度常控制在 3～5 m 范围之内，但也不应小于 0.5 m，因为垫层太薄其处理效果不明显。因此，当软弱地基的承载力和变形不能满足建筑物的要求，而软弱土层的厚度又不很大时，宜采用既安全、简单又经济的换填垫层法。

换填垫层按回填的材料可分为砂（石）垫层、碎石垫层、素土或灰土垫层、粉煤灰垫层及干渣垫层等。虽然垫层的材料不同，其应力分布也有所差异，但从沉降观测资料分析发现，各种材料的垫层的特点基本相似，故都可近似的按砂垫层的设计方法进行计算。限于篇幅，本节仅介绍砂垫层的设计与施工。

14.2.2 砂垫层设计

砂垫层的设计主要是确定断面的合理厚度和宽度。对于换土垫层，根据建筑物对地基承载力和变形的要求，既要求垫层有足够的厚度以置换可能被剪切破坏的软弱土层，又要求垫层有足够的宽度以防止砂垫层向两侧挤出。而对于排水垫层，则主要是在基础底面下设置一厚度为 30 cm 的砂垫层形成排水面，以保证地基土排水路径的畅通，促进软弱土层的固结，从而提高地基强度。

1）垫层厚度的确定

垫层厚度应根据砂垫层底面处软弱下卧土层的承载力要求确定，即垫层底面处的自重应力和附加应力之和不大于经深度修正后软弱下卧土层的地基承载力特征值（如图 14－1 所示），计算公式如下：

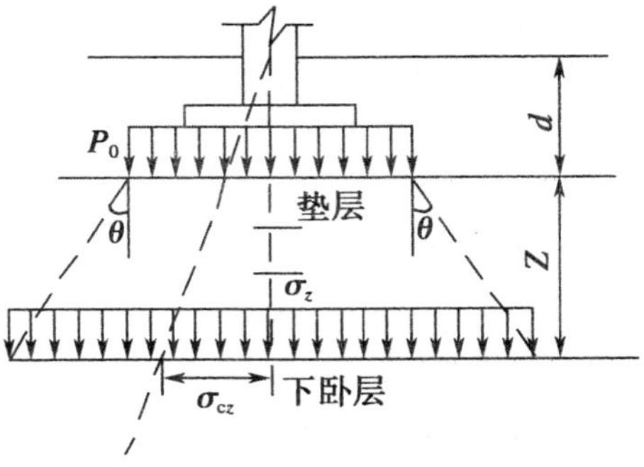

图 14－1　砂垫层剖面图

$$\sigma_z+\sigma_{cz}\leqslant f_a \qquad (14-1)$$

式中：σ_z——相应于荷载效应标准组合时，垫层底面处的附加应力值（kPa）；

σ_{cz}——垫层底面处土的自重应力值（kPa）；

f_a——垫层底面处经深度修正后软弱下卧土层的地基承载力特征值（kPa）。

垫层底面处的附加应力值 σ_z 可分别按式（14－2）和式（14－3）简化计算。

条形基础
$$\sigma_z=\frac{b(p_k-\sigma_c)}{b+2z\tan\theta} \tag{14-2}$$

矩形基础
$$\sigma_z=\frac{bl(p_k-\sigma_c)}{(b+2z\tan\theta)(l+2z\tan\theta)} \tag{14-3}$$

式中：b——矩形基础或条形基础底面的宽度(m)；

l——矩形基础底面的长度(m)；

p_k——相应于荷载效应标准组合时，基础底面的平均压力值(kPa)；

σ_c——基础底面处土的自重应力值(kPa)；

z——基础底面下垫层的厚度(m)；

θ——垫层的压力扩散角(°)，宜通过试验确定，当无试验资料时可按表14－2采用。

具体设计时，可根据下卧土层的地基承载力，先假设一个垫层的厚度，代入式(14－1)中进行验算，若不满足要求，则改变厚度，重新验算，直至符合要求为止。

表14－2　压力扩散角θ(°)

<table>
<tr><th rowspan="2">z/b</th><th colspan="3">换 填 材 料</th></tr>
<tr><th>中砂、粗砂、砾砂、圆砾、角砾、卵石、碎石、石屑、矿渣</th><th>粉质黏土和粉煤灰</th><th>灰土</th></tr>
<tr><td>0.25</td><td>20</td><td>6</td><td rowspan="2">28</td></tr>
<tr><td>≥0.50</td><td>30</td><td>23</td></tr>
</table>

注：(1) 当$z/b<0.25$时，除灰土仍取$\theta=28°$外，其余材料均取$\theta=0°$，必要时，宜由试验确定。

(2) 当$0.25<z/b<0.5$时，θ值可用内插法求得。

2) 垫层宽度的确定

(1) 垫层的底面宽度

垫层的底面宽度应以满足基底应力扩散和防止垫层向两侧挤出为原则进行设计，但目前尚无可靠的方法，一般可按下式计算或根据当地经验确定：

$$b'\geqslant b+2z\tan\theta \tag{14-4}$$

式中：b——矩形基础或条形基础底面宽度(m)；

b'——垫层底面宽度(m)；

z——基底下垫层厚度(m)；

θ——垫层的压力扩散角(°)，可按表14－2采用；当$z/b<0.25$时，仍按表14－2中$z/b=0.25$取值。

(2) 垫层的顶面宽度

垫层顶面宽度可从垫层底面两侧向上按当地基坑开挖期间保持边坡稳定的经验要求放坡确定，垫层顶面每边超出基础底边不宜小于0.3 m。整片垫层的宽度可根据施工要求适当加宽。

垫层的承载力取决于换填材料的性质、施工机具能量大小及施工质量的优劣等，一般通过现场试验(如标准贯入试验、动力触探试验)确定，并应进行软弱下卧层的承载力验算。

采用换填垫层法对地基进行处理后，由于垫层下软弱土层的变形，建筑物地基往往仍将产生一定的沉降及差异沉降。因此，在垫层的断面确定后，对于重要的建筑或垫层下存在软弱下卧层的建筑，还应对地基变形进行计算。垫层地基的变形由垫层自身变形与下卧层变形两部分组成。当换填垫层满足式(14－1)和式(14－4)以及相关的压实标准时，可仅考虑其下卧层的变形。但对垫层厚的或沉降要求严的建筑，则还应计算垫层自身的变形。

垫层下卧层的变形量计算可依据《建筑地基基础设计规范》(GB 50007—2002)的有关规定，对超出原地面标高的垫层或换填材料的重度高于天然土层重度的垫层，宜早换填并应考虑其附加的荷载对建筑物及邻近建筑物的影响。

14.2.3 砂垫层的施工要点

(1) 用砂石料作换填材料时，宜选用颗粒级配良好、质地坚硬、不含植物残体、垃圾等杂质的碎石、卵石、角砾、圆砾、砾砂、粗砂、中砂等。砂石的最大粒径不宜大于 50 mm。当使用粉细砂作回填料时，应掺入不少于总重 30%的碎石或卵石。对湿陷性黄土地基，不得选用砂土等透水材料。

(2) 砂垫层宜采用振动碾压施工，分层铺筑(每层虚铺厚度为 200～300 mm，但接触软弱下卧层的砂垫层底部则应根据施工机械设备及下卧层土质条件确定厚度)，逐层碾压密实，碾压时需控制一定的含水量。

(3) 砂垫层的底面宜设在同一标高上，如深度不同，基坑底土层面应挖成阶梯或斜坡搭接，并按先深后浅的顺序进行施工，搭接处应夯压密实。垫层竣工验收合格后，应及时施工基础和回填基坑。

(4) 除采用水撼法施工砂垫层外，基坑内应保持无积水，若地下水位高于基坑底面时应采用排水或降水措施。

14.2.4 砂垫层质量检验

(1) 通过现场试验以设计压实系数所对应的贯入度为标准检验砂垫层的施工质量，检验方法主要有贯入仪、环刀法、静力触探、轻型动力触探或标准贯入试验。

(2) 砂垫层的质量检验必须随施工分层进行，且应在每层的压实系数符合设计要求后才能铺填上层。压实系数也可采用环刀法、灌水法、灌砂法或其他方法检验。

(3) 当采用环刀法检验砂垫层的施工质量时，取样点应位于每层厚度的 2/3 深度处，对大基坑每 50～100 m^2 应不少于 1 个检验点；对基槽每 10～20 m^2 应不少于 1 个点，每个独立柱基应不少于 1 个点。当采用贯入仪或动力触探检验砂垫层的施工质量时，每分层检验点的间距应小于 4 m。

(4) 竣工验收如采用载荷试验检验砂垫层承载力时，每个单体工程不宜少于 3 个检验点，而对于大型工程则应按单体工程的数量或工程的面积确定检验点数。

【例 14－1】 某建筑物承重墙下为条形基础，基础宽度 1.5 m，埋深 1 m，相应于荷载效应标准组合时上部结构传至条形基础顶面的荷载 $F_k=250$ kN/m；地面下存在 6.0 m 厚的淤泥层，$\gamma=16.0$ kN/m^3，$\gamma_{sat}=18.0$ kN/m^3，淤泥层地基的承载力特征值 $f_{ak}=80$ kPa；地下水位距地面深 1 m。试设计砂垫层。

【解】 (1) 垫层材料选用中砂，设垫层厚度 $z=2.0$ m，则垫层的压力扩散角 $\theta=30°$。

(2) 垫层厚度验算

相应于荷载效应标准组合时基础底面平均压力值为：

$$p_k=\frac{250+1.5\times1\times20}{1.5}=186.7\ \text{kPa}$$

基础底面处土的自重压力：$\sigma_c=16.0\times1=16$ kPa

垫层底面处的附加压力值由式(14-2)计算得：

$$\sigma_z=\frac{(186.7-16)\times1.5}{1.5+2\times2\times\tan30^\circ}=67.2\ \text{kPa}$$

垫层底面处土的自重压力：$\sigma_{cz}=16.0\times1+(18-10)\times2.0=32$ kPa

淤泥层地基经深度修正后的地基承载力特征值为：

$$f_a=80+1.1\times\frac{16\times1+(18-10)\times2}{3}\times(3-0.5)=109.3\ \text{kPa}$$

$\sigma_{cz}+\sigma_z=32+67.2=99.2\ \text{kPa}\leqslant f_a=109.3$ kPa，满足强度要求。

垫层厚度选定为 2.0 m 是合适的。

(3) 确定垫层宽度

$$b'=1.5+2\times2\times\tan30^\circ=3.81\ \text{m}$$

取 $b'=3.85$ m，按 1∶1.5 边坡开挖。

14.3 重锤夯实法与强夯法

14.3.1 重锤夯实法

重锤夯实法是用起重机械将夯锤提升到某一高度后自由落下，不断重复夯击以加固地基。重锤夯实法既是一种独立的地基浅层处理方法，也是换填垫层法压实的一种手段。此法一般适用于处理地下水位距地表 0.8 m 以上稍湿的非饱和黏性土、砂土、湿陷性黄土或杂填土，但若在有效夯实深度内夹有软黏土层则不宜采用。夯打时地基土的含水量应控制在最优含水量范围内，否则不易密实。

重锤夯实的有效夯击深度及处理效果与锤重、锤底直径、落距、夯击的遍数以及土质条件等因素有关。一般夯锤采用圆台形，锤重为 15～30 kN，夯锤落距宜大于 2.5 m，夯击遍数 8～12 遍，影响深度 1.2 m 左右。

应用重锤夯实法加固软弱地基前应先试夯选定有关参数(锤重、锤底直径和落距)，确定最后下沉量及相应的夯击遍数和总下沉量。重锤夯击时宜采取一夯换一夯的顺序进行施工，若同一基坑底面标高不同，则按先深后浅的顺序进行夯实。基坑(槽)的夯实范围应超出基础底面每边 0.3 m 以上。

14.3.2 强夯法

强夯法又称为动力固结法，是法国 Menard 技术公司于 1969 年首创的一种深层地基加固方法。它通过反复将 100～400 kN 的重锤提升到 8～40 m 的高度自由落下，给地基土以巨大的冲击能，迫使土颗粒重组，排出孔隙中的水与气体，从而对土体进行强力夯实。由于强夯法具有设备简单、施工方便、适用范围广、节省材料、效果显著等优点，因此被世界各国工程界所重视，并迅速推广，现已取得了良好的技术经济效果。

强夯法是在重锤夯实法的基础上发展起来的新方法，它利用强大的夯击能迫使深层土液化和动力固结，使土体密实，以提高地基承载力，降低土的压缩性，消除湿陷性黄土的湿陷性等。同时，夯击能还可提高土层的均匀程度，减少地基的不均匀沉降。实践证明：强夯法适用于处理砂土、碎石土、低饱和度的粉土、湿陷性黄土、素填土和杂填土等地基。由于强夯处理的对象（即地基土）非常复杂，因此应用强夯法加固地基时，一定要根据现场的地质条件和工程的使用要求，通过试验正确选用各项强夯参数，这些参数包括：

1）有效加固深度

强夯法的有效加固深度既是选择地基处理方法的重要依据，又是反映处理效果的重要参数，一般根据现场试夯或当地经验确定，在缺少试验资料或经验的情况下可按表 14－3 取值。

表 14－3　强夯法的有效加固深度(m)

单击夯击能 （kN·m）	碎石土、砂土 等粗颗粒土	粉土、黏性土、湿陷性黄土 等细颗粒土
1 000	5.0～6.0	4.0～5.0
2 000	6.0～7.0	5.0～6.0
3 000	7.0～8.0	6.0～7.0
4 000	8.0～9.0	7.0～8.0
5 000	9.0～9.5	8.0～8.5
6 000	9.5～10.0	8.5～9.0
8 000	10.0～10.5	9.0～9.5

注：强夯的有效加固深度应从最初起夯面算起。

2）单击夯击能

夯击能是影响土层加固深度的关键因素，在设计中，一般先根据土层需要加固的深度初步确定采用的单击夯击能（夯锤重与落距的乘积），然后再根据施工机具条件确定锤重和落距。一般情况下夯击时最好锤重、落距大，这样单击的能量大，夯击击数少，夯击遍数也相应减少，地基加固效果较好。

3）夯击击数与遍数

夯击击数是强夯设计中的一个重要参数，它与地基土的性质有关。每遍每夯点的夯击击数常以土体竖向压缩最大、侧向位移最小为原则，按现场试夯得到的夯击击数和夯沉量关系曲线确定，一般为 4～10 击。

夯击遍数应根据地基土的性质和最佳夯击能的要求确定。最佳夯击能是指能使地基土中出现的孔隙水压力达到土的自重压力时的夯击能。根据工程实践，对于大多数工程可采用点夯 2～3 遍，最后再以低能量满夯 2 遍，一般都能取得较好的加固效果。但对于渗透性较弱的细颗粒土，必要时夯击遍数可适当增加。满夯时可采用低落距锤或轻锤多次夯击，锤印彼此搭接。

4）间歇时间

对于需要分多遍夯击的工程，两相邻夯击之间应有一定的时间间隔，即间歇时间。各遍间的间歇时间取决于加固土层中超静孔隙水压力的消散速率。对于砂性土，由于渗透性较大，孔隙水压力的消散时间只需 2～4 min，因此两遍夯击的间歇时间很短，即可连续夯击。而对于黏性土，由于孔隙水压力消散较慢，因此间歇时间可达 3～4 周。

5）夯击点布置和夯击点间距

为了使强夯加固后的地基比较均匀，对于基础面积较大的建筑物，夯击时可按等边三角形或正方形布置夯击点，而对办公楼和住宅建筑等，则按承重墙位置采用等腰三角形布点。考虑基础应力扩散作用，强夯处理范围应大于基础范围，具体的放大范围，可根据建筑物的类型和重要性等因素综合确定。

夯击点间距一般根据所要求加固的地基土性质和要求处理的深度而定。第一遍夯击点间距可取夯锤直径的 2.5～3.5 倍，第二遍夯击点位于第一遍夯击点之间，以后各遍夯击点间距可适当减小。当土体性质较差时可适当增大夯点间距；而当软土层较薄且有砂类土夹层时可适当减小夯距，但不能太小，因为相邻夯点的加固效应将在浅处叠加而形成硬层，这样会影响夯击能向深部传递。

强夯施工结束后应间隔一定时间才能对地基质量进行检验。检验方法可采用十字板试验、标准贯入试验、静力触探试验、旁压试验或载荷试验等。检测点位置可分别布置在夯坑内、外及边缘处，其数量应根据场地复杂程度和建筑物的重要性综合确定，检验深度不应小于设计处理的深度。另外，考虑到强夯法施工时振动大，会对附近建筑物有影响，因此夯击点应离建筑物 15 m 以上，必要时可采取防震措施。

14.4　桩土复合地基法

14.4.1　桩土复合地基的概念和分类

我国地域辽阔，软弱地基的分布较为广泛。自改革开放以来我国的工程建设发展很快，加上我国又是发展中国家，建设资金短缺，如何在保证工程质量前提下节省工程费用就显得尤为重要。复合地基技术比较适合我国国情，因此近年来在我国得到长足发展。复合地基是一个新概念，在国外最早源于 20 世纪 60 年代，当初主要是为了研究分析砂桩抵抗地基滑动的计算，提出了砂桩与桩周土共同作用的分析模型。随着深层搅拌法的推广，人们开始重视水泥土搅拌桩复合地基的应用与研究。复合地基的概念也因此由散体材料桩复合地基逐步扩展到黏结材料桩复合地基。后来，各类低强度混凝土桩复合地基和土工合成材料在地基处理中广泛应用，人们将复合地基的概念进一步拓宽，提出了竖向增强体复合地基和水平向增强体复合地基的概念。因此，**复合地基是指在地基处理过程部分土体得到增强或被置换，或在天然地基中设置加筋材料，加固区是由基体（天然地基土体或被改良的天然地基土体）和增强体两部分组成的人工地基**。近年来复合地基技术日益受到重视，但复合地基的承载力和沉降计算理论还不成熟，仍在发展之中。至今人们对复合地基的定义、地位和荷载传递机理的认识也还不完全一致。

根据地基中增强体的设置方法，复合地基可分为水平向增强体复合地基和竖向增强体复合地基(如图 14-2 所示)。水平向增强体复合地基主要包括由各种加筋材料，如土工聚合物、土工格栅等形成的复合地基。竖向增强体习惯上称为桩，有时也称柱，因此竖向增强体复合地基通常被称为桩土复合地基。根据竖向增强体的性质，桩土复合地基可分为散体材料桩复合地基、柔性桩复合地基和刚性桩复合地基三类。散体材料桩复合地基，如碎石桩复合地基、砂石桩复合地基等，其桩体是由颗粒之间无黏结的散体材料组成的，它只有依靠周围土体的围箍作用才能形成桩体以承受竖向传来的荷载。对应于散体材料桩，视桩体相对刚度不同，可分为柔性桩和刚性桩。

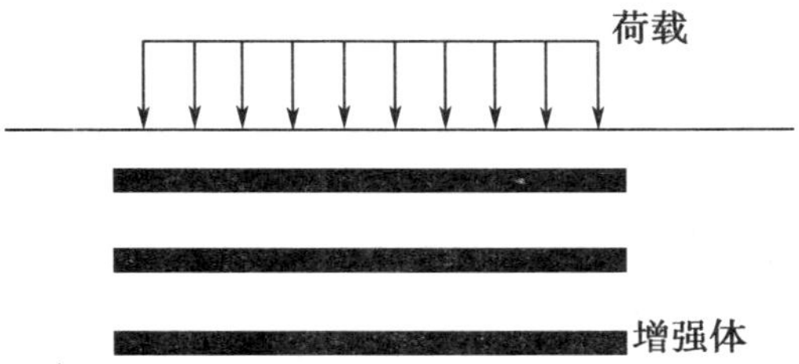

(a) 水平向增强体复合地基

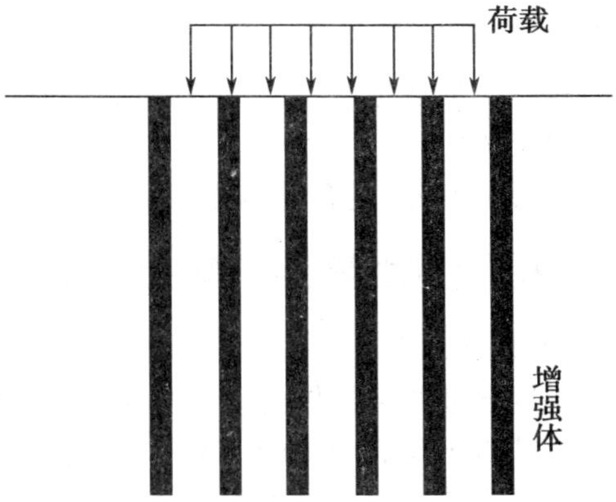

(b) 竖向增强体复合地基

图 14-2　复合地基分类示意图

不管是哪类桩土复合地基，它们都有几个明显的特点：① 是由“桩体”和桩周土共同组成的地基；② 加入的“桩体”材料的强度和变形模量，明显大于原地基土相应的指标；③ 在刚性基础的作用下，“桩体”和桩周土通过变形协调共同工作；④ 地基的承载力和变形体现出“复合”作用的结果。

在荷载作用下，竖向增强体和地基土体共同承担上部结构传来的荷载，这是桩土复合地基的本质。虽然桩土复合地基与桩基础都是采用以“桩”的形式处理地基，但两者间有着本质的区别：桩土复合地基属于地基范畴，而桩基础则属于基础范畴，桩土复合地基中的桩体与基础往往不是直接相连的，它们之间通过褥垫层来过渡，而桩基础中桩体与基础是直接相连，形成一个整体，这样致使两者在受力特性方面也存在差异，对于桩基础，荷载由桩通过桩端和桩侧传给地基土体；而对于桩土复合地基，荷载一部分通过桩体传递给地基土体，一部分则直接传递给地基土体。

14.4.2　桩土复合地基的作用机理

桩土复合地基通过设置竖向增强体，将地基分为加固区和非加固区两部分，其作用机理主要表现在以下几个方面：

1) 桩体作用

在刚性基础下等量变形时，地基中应力将按材料模量进行分配。由于桩体的刚度比周围土体大，因此，桩体上会产生应力集中现象，即大部分荷载将由桩体承担，而桩间土上的应力相应减小，这样使得复合地基承载力较原地基有所提高，沉降量减小。一般情况下，桩体刚度越大，其作用发挥得越明显。

2）挤密作用

如CFG桩和预制桩等在施工过程中由于振动、排土等原因，可对桩间土起到一定的挤密作用。

3）加速固结作用

散体材料桩具有良好的透水特性，可加速地基的固结。另外，水泥土类桩和混凝土类桩在某种程度上也可加速地基固结。因为地基固结不仅与地基土的排水性能有关，还与地基土的变形特性有关。

4）加筋作用

各种桩土复合地基不但可提高地基的抗剪强度，还可有效地提高土体的稳定性，增大土坡的抗滑能力。

此外，由于桩土复合地基能调整桩土应力，减小底面应力集中，可起到类似垫层的作用。

14.4.3 桩土复合地基的设计参数

1）桩土应力比 n

桩土复合地基中桩体的平均桩顶应力与桩间土的平均应力之比称为(平均)桩土应力比 n，它是反映桩土荷载分担的一个参数，也是某些桩型(如碎石桩)复合地基的一个重要的设计参数。桩土应力比 n 与桩长、桩体材料、固结时间以及面积置换率等因素有关。

2）桩土复合地基的承载力计算

桩土复合地基承载力一般应通过现场荷载试验确定。初步设计时，也可按复合求和法进行估算，即先分别确定桩体和桩间土的承载力，再按照一定的原则将这两部分承载力进行叠加，得到桩土复合地基的承载力。桩土复合地基的类型不同，其复合求和法的计算公式也有所不同。

3）桩土复合地基的变形验算

桩土复合地基的竖向压缩变形由加固区变形和下卧层变形两部分组成。目前在工程中常用于计算加固区变形的方法主要有复合模量法、应力修正法、桩身压缩量法，而下卧层变形则一般是按基础规范推荐的分层总和法计算，其中变形计算经验系数应根据当地沉降观测资料及工程经验综合确定。

思考与练习

1. 地基处理的目的是什么？常用的地基处理方法有哪些？其适用范围如何？
2. 简述换填垫层的作用。砂垫层如何设计？对垫层土有何要求？
3. 强夯法适宜于处理哪些地基？其加固机理是什么？
4. 桩土复合地基的承载力如何确定？其地基沉降又如何计算？

参考文献

1 韩晓雷主编.土力学与地基基础.北京：冶金工业出版社，2004
2 黄强.注册岩土工程师专业考试复习教程.北京：中国建筑工业出版社，2004
3 顾晓鲁，钱鸿缙，刘惠珊等.地基与基础.北京：中国建筑工业出版社，2003
4 米祥友等主编.注册岩土工程师专业考试辅导指南.北京：地震出版社，2003
5 李永乐主编.岩土工程勘察.郑州：黄河水利出版社，2004
6 王贵荣主编.岩土工程勘察.西安：西北工业大学出版社，2007
7 王秀花，申钢主编.土力学与地基基础.北京：中国电力出版社，2009
8 陈晋中主编.土力学与地基基础.北京：机械工业出版社，2008
9 秦植海主编.土力学与地基基础.北京：中国水利水电出版社，2008
10 邵光辉，吴能森主编.土力学与地基基础.北京：人民交通出版社，2007
11 李驰.土力学地基基础问题精解.天津：天津大学出版社，2008
12 董晓丽.土力学与基础工程.北京：清华大学出版社，2009
13 陈晓平.土力学与基础工程.北京：中国水利水电出版社，2008
14 李镜培，梁发云，赵春风编著.土力学.北京：高等教育出版社，2008
15 张孟喜.土力学原理.武汉：华中科技大学出版社，2007
16 王铁行.土力学.北京：中国电力出版社，2007
17 刘忠玉.土力学.北京：中国电力出版社，2007
18 姚仰平.土力学.北京：高等教育出版社，2004
19 陈希哲.土力学与地基基础.北京：清华大学出版社，2004
20 宛新林.土力学与地基基础.合肥：合肥工业大学出版社，2007
21 龚文惠.土力学.武汉：华中科技大学出版社，2007
22 莫海鸿，杨小平，刘叔灼.土力学及基础工程学习辅导与习题精解.北京：中国建筑工业出版社，2006
23 徐东强.土力学.北京：中国建材工业出版社，2006
24 李飞，高向阳.土力学.北京：中国水利水电出版社，2006
25 肖仁成，俞晓.土力学.北京：北京大学出版社，2006
26 张伯平，党进谦.土力学与地基基础.北京：中国水利水电出版社，2006
27 赵明华.土力学与基础工程.武汉：武汉理工大学出版社，2003
28 东南大学，浙江大学，湖南大学.土力学.北京：中国建筑工业出版社，2006
29 刘增荣.土力学.上海：同济大学出版社，2005
30 席永慧.土力学与基础工程.上海：同济大学出版社，2006
31 王旭鹏.土力学与地基基础.北京：中国建材工业出版社，2004
32 任文杰.土力学及基础工程习题集.北京：中国建材工业出版社，2004

33 卢廷浩. 土力学. 南京：河海大学出版社，2002
34 叶书麟，叶观宝. 地基处理. 北京：中国建筑工业出版社，2004
35 白晓红. 基础工程设计原理. 北京：科学出版社，2005
36 顾晓鲁. 地基与基础. 北京：中国建筑工业出版社，2003
37 高大钊. 土力学与基础工程. 北京：中国建筑工业出版社，2006
38 肖明和，王渊辉，张毅. 地基与基础. 北京：北京大学出版社，2009
39 中华人民共和国国家标准. 岩土工程勘察规范(GB 50021—2001). 北京：中国建筑工业出版社，2001
40 中华人民共和国国家标准. 建筑地基基础设计规范(GB 50007—2002). 北京：中国建筑工业出版社，2002
41 中华人民共和国国家标准. 建筑地基基础工程施工质量验收规范(GB50202—2002). 北京：中国建筑工业出版社，2002
42 中华人民共和国行业标准. 公路路基设计规范(JTGD 30—2004). 北京：人民交通出版社，2004